EUL VERLAG

„Risikomanagement im deutschen Mittelstand: Aktueller Stand der Umsetzung und Einsatzmöglichkeiten derivativer Risikosteuerungsinstrumente auf Basis quantitativer Risikokennzahlen“

Von der Fakultät für Maschinenbau, Elektrotechnik und Wirtschaftsingenieurwesen
der Brandenburgischen Technischen Universität

zur Erlangung des akademischen Grades

Doktor der Wirtschaftswissenschaften
(Dr. rer. oec.)

genemigte Dissertation
vorgelegt von

Diplom-Ingenieur
Maik Kästner
geboren am 01.02.1979 in Cottbus

Vorsitzende: Frau Professor Dr. habil. Christiane Hipp

Gutachter: Herr Professor Dr. Klaus Serfling

Gutachter: Herr Professor Dr. habil. Elmar Lukas

Tag der mündlichen Prüfung: 22. März 2012

Reihe: Finanzierung, Kapitalmarkt und Banken · Band 82

Herausgegeben von Prof. Dr. Hermann Locarek-Junge, Dresden, Prof. Dr. Klaus Röder, Regensburg, und Prof. Dr. Mark Wahrenburg, Frankfurt

Dr. Maik Kästner

Risikomanagement im Mittelstand

Anforderungen und Ausgestaltung quantitativer Risikosteuerung

Mit Geleitworten von Prof. em. Dr. Klaus Serfling, Brandenburgische Technische Universität Cottbus, und Dr. Stephan Wuttke, Bereichsleiter Finanz- und Risikocontrolling Bausparkasse Schwäbisch Hall AG

EUL VERLAG

Bibliografische Information der Deutschen Nationalbibliothek

Die Deutsche Nationalbibliothek verzeichnet diese Publikation in der Deutschen Nationalbibliografie; detaillierte bibliografische Daten sind im Internet über <http://dnb.d-nb.de> abrufbar.

Dissertation, Brandenburgische Technische Universität Cottbus, 2012, unter dem Titel: Risikomanagement im Mittelstand – Aktueller Stand der Umsetzung und Einsatzmöglichkeiten derivativer Risikosteuerungsinstrumente auf Basis quantitativer Risikokennzahlen

ISBN 978-3-8441-0161-4
1. Auflage Juli 2012

JOSEF EUL VERLAG GmbH
Brandsberg 6
53797 Lohmar
Tel.: 0 22 05 / 90 10 6-6
Fax: 0 22 05 / 90 10 6-88
http://www.eul-verlag.de
info@eul-verlag.de

Bei der Herstellung unserer Bücher möchten wir die Umwelt schonen. Dieses Buch ist daher auf säurefreiem, 100% chlorfrei gebleichtem, alterungsbeständigem Papier nach DIN 6738 gedruckt.

Geleitwort von Prof. Dr. Klaus Serfling

Nimmt man die in der aktuellen Diskussion über gesetzlich erforderliche Reorganisationsnotwendigkeiten der Finanzmärkte genannten Angaben über die wertmäßigen Volumina verschiedener Märkte wie der für Aktien mit 63 Bill. US-Dollar, Devisenmärkte 1.007 Bill. US-Dollar, Anleihemärkte 24 Bill. US-Dollar und Derivatemärkte 708 Bill. US-Dollar im Vergleich zum globalen Wert von Gütern und Dienstleistungen (Realgütermärkte) mit 70 Bill. US-Dollar, was grob gesagt einem Verhältnis von 1,25 zu 1 der Wertvolumina bei den klassischen Wertpapiermärkten im Vergleich zu den Realgütermärkten, aber von 10 zu 1 bei den Derivatemärkten im Vergleich zu den Realgütermarkten entspricht, wird die Bedeutung des durch den Autor gewählten Themas deutlich.

Dies noch vielmehr, da der Autor die Thematik weg vom stark negativ aufgeladenen Eindruck der mittlerweile weit verbreiteten Einschätzung eines in den Finanzmärkten verbreiteten „Kasinokapitalismus" zurück in die klassische Unternehmenswelt holt und hier insbesondere in die für die deutsche Volkswirtschaft besonders bedeutende Welt des Mittelstandes.

Herr Kästner wendet sich der wichtigen Aufgabe zu, Notwendigkeit und Bedeutung derivativer Risikosteuerungsinstrumente zu beschreiben, zu diskutieren und praktikable, in den Informationsanforderungen zwar anspruchsvolle, aber nicht übertrieben „mathematisch hochstilisierte" Lösungen zu präsentieren, ein absolut dissertationswürdiges und – wie die Inhalte dann zeigen – gelungenes Vorhaben.

Die Arbeit ist eine anspruchsvolle Übertragung eines wichtigen Teilgebietes der neueren betriebswirtschaftlichen Theorie in die Anwendungsorientierung und schafft es, die Bedeutung von mathematisch-statistischen Überlegungen für das in Zeiten hoher Preis- und Ergebnisvolatilitäten notwendige Risikocontrolling und -management sichtbar zu machen. Die Arbeit „redet" nicht nur über das Thema, sondern zeigt exemplarisch, was und wie man es tun kann. Damit leistet sie gleichzeitig einen Beitrag zur

Akzeptanterhöhung und -verbesserung dessen, was man sich unter dem Begriff Allgemeine Betriebswirtschaftslehre vorstellen kann.

Prof. em. Dr. Klaus Serfling
Brandenburgische Technische Universität Cottbus

Geleitwort von Dr. Stephan Wuttke

Der deutsche Mittelstand ist zweifelsohne das Rückgrat der deutschen Wirtschaft. Die Exportstärke Deutschlands beruht zu einem großen Teil auf einer weltweit einzigartigen, dezentralisierten Struktur mit einer Vielzahl von mittelständischen Spitzenunternehmen. Keine andere Volkswirtschaft stützt sich auf einen solch breiten Mittelstand. Diese Unternehmen besetzen dabei häufig Nischenpositionen und nehmen in ihren jeweiligen Branchen zumeist Positionen als Weltmarktführer ein. Exemplarisch lässt sich dies beispielsweise auf dem Kongress der Weltmarktführer beobachten, welcher jährlich in Schwäbisch Hall stattfindet. Hier zeigt sich die hohe Dichte an innovativen und exportlastigen mittelständischen Unternehmen, welche sich ihrer gesellschaftlichen Verantwortung bewusst sind und so auch zu der in den letzten Jahren gezeigten Krisenresistenz der deutschen Wirtschaft beitragen. Um den gestiegenen Anforderungen im Rahmen einer zunehmend globalisierten Wirtschaft gerecht zu werden, ist auch für diese Gruppe von Unternehmen ein funktionsfähiges, integriertes Risikomanagementsystem überlebensnotwendig geworden. Zunächst nur für multinationale Großunternehmen relevant, finden die Erkenntnisse der in den Wirtschaftswissenschaften mittlerweile eigenständigen Disziplin des Risikomanagements in den letzten Jahren zunehmend auch Anwendung im Mittelstand. Dabei geht es um eine gezielte Identifikation, Bewertung und Steuerung aller Risiken bei gleichzeitiger Wahrung der Chancen des Unternehmens – damit letztlich um den Aufbau eines umfassenden, integrierten Chancen- und Risikomanagementsystems.

In diesem Lichte kommt der Arbeit von Herrn Kästner eine besondere Bedeutung zu. Der Autor zeigt die aktuellen Tendenzen der Umsetzung von Risikomanagementsystemen in mittelständischen Unternehmen auf und beleuchtet dabei sowohl den derzeitigen Stand der wissenschaftlichen Diskussion zu diesem Thema als auch die rechtlichen Anforderungen sowie den Umsetzungsstand in der betrachteten Zielgruppe. Zudem zeigt er einen praxisorientierten Risikosteuerungsansatz mit Hilfe von derivativen Finanzinstrumenten auf, welcher auf quantitativen Risikokennzahlen auf Basis des Value-at-Risk beruht. In seinen Simulationsverfahren implementiert er zudem aktuelle Verfahren der Volatilitätsfortschreibung.

Mit Blick auf die praktische Orientierung der Arbeit ist zu wünschen, dass die Ausführungen von Herrn Kästner großes Interesse im Mittestand finden und die entwickelte Methodik zu einer breiten Anwendung im unternehmerischen Einsatz gelangt. Die aufgezeigten Lösungsansätze können einen wertvollen Beitrag leisten, das Risikomanagement mittelständischer Unternehmen an die gestiegenen Anforderungen von Kapital- und Gesetzgebern sowie an die einer zunehmend globalisierten Wirtschaft anzupassen – hin zu chancen- und risikoorientierten, integrierten Risikomanagementsystemen.

Gez. Dr. Stephan Wuttke
Bereichsleiter Finanz- und Risikocontrolling
Bausparkasse Schwäbisch Hall AG

Inhaltsverzeichnis

Abbildungsverzeichnis

Tabellenverzeichnis

Abkürzungsverzeichnis

AIG .... American International Group
AktG .... Aktiengesetz
AktGEG .... Einführungsgesetz zum Aktiengesetz
Basel II .... Die neue Baseler Eigenkapitalempfehlung
BMJ .... Bundesministerium der Justiz
BörsZulV .... Börsenzulassungsverordnung
BW_{CiF} .... Barwert der Einzahlungen
BW_{CoF} .... Barwert der Auszahlungen
BW_{Swap} .... Barwert eines Swaps
CAPM .... Capital Asset Pricing Model
CaR .... Credit-at-Risk
CFaR .... Cash Flow-at-Risk
CFD .... Contract for Difference
C_oaR .... Cost-at-Risk
COSO .... The Committee of Sponsoring Organizations of the Treadway Commission
COV .... Kovarianz
Credit VaR .... Credit Value-at-Risk
CVaR .... Conditional Value-at-Risk
DCGK .... Deutscher Corporate Governance Kodex
DRS .... Deutscher Rechnungslegungsstandard
DRSC .... Deutsches Rechnungslegungs Standards Committee
DSR .... Deutscher Standardisierungsrat
EaR .... Earnings-at-Risk
EEX .... European Energy Exchange Group
e_j .... Ergebnisausprägung
EVT .... Extreme Value Theorie
FERMA .... Federation of European Risk Management Associations
FRA .... Forward Rate Agreement
GenG .... Genossenschaftsgesetz
GmbHG .... GmbH-Gesetz

h^* .... optimale Absicherungsrate
HGBEG .... Einführungsgesetz zum HGB
HVPI .... harmonisierten Verbraucherpreisindex der Eurozone ohne Tabakwaren
IAS .... International Accounting Standards
ICE .... Intercontinental Exchange
IfM .... Instituts für Mittelstandsforschung Bonn
INW .... Institut der Niedersächsischen Wirtschaft e.V.
ISO .... International Organization for Standardization
KAGG .... Gesetz über Kapitalanlagegesellschaften
KapCoRiLiG .... Kapitalgesellschaften- und Co-Richtliniengesetz
KMU .... kleine und mittlere Unternehmen
KonTraG .... Gesetz zur Kontrolle und Transparenz im Unternehmensbereich
N^* .... optimale Anzahl von Futures-Kontrakten
NYSE .... New York Stock Exchange
OHG .... Offene Handelsgesellschaft
OTC .... Over the Counter
PublG .... Publizitätsgesetz
Q_A .... Volumen der abzusichernden Position
Q_F .... Kontraktgröße des Futures
RAPM .... Risk Adjusted Performance Measures
RAROC .... Risk adjustesd Return on Capital
r_f .... risikofreier Zinssatz
r_i .... Eigenkapitalkosten des Unternehmens
r_m .... Rendite des gesamten Marktes
RORAC .... Return on Risk adjusted Capital
r_{Ref} .... Referenzzinssatz
s .... Standardabweichung
s^2 .... Varianz
SME .... small and medium-sized enterprises
SOX .... Sarbanes-Oxley Act
TransPuG .... Transparenz- und Publizitätsgesetz

VaR .... Value-at-Risk

WACC .... Weighted Average Cost of Capital

w_i .... Eintrittswahrscheinlichkeit

WpHG .... Wertpapierhandelsgesetz

WPO .... Wirtschaftsprüferordnung

β_i .... Unternehmens-Beta

ε .... Zufallsvariable

μ .... Erwartungswert

ρ .... Korrelationskoeffizient

σ .... Volatilität

Φ .... Wahrscheinlichkeitsverteilung

1 Einleitung

1.1 Grundüberlegungen zum Thema

Finanzderivate haben innerhalb der letzten Jahre ein rasantes Wachstum zu verzeichnen gehabt. Zum einen hat sich die Produktvielfalt enorm weiterentwickelt, wodurch selbst für exotische Basiswerte mittlerweile ein breites Spektrum an Termingeschäften und Optionen verfügbar ist. Dies zeigt sich beispielsweise bei Derivaten, denen Immobilien- oder Wetterindizes zugrunde liegen. Zum anderen haben sich die weltweiten Umsätze in Derivaten innerhalb der letzten zehn Jahre vervielfacht. Wurden im Dezember 2000 weltweit börsengehandelte Derivate im Volumen von 17,76 Billionen US-Dollar im Bestand gehalten, so belief sich das Volumen im September 2010 bereits auf 77,66 Billionen US-Dollar. Die Umsätze entwickelten sich von 383,8 Billionen US-Dollar im Jahr 2000 auf 1.661,8 Billionen in 2009.[1] Gemessen am Wert offener Kontrakte besitzt der Bereich der außerbörslich gehandelten Derivate eine noch höhere Bedeutung. Hatten diese Postionen im Dezember 2000 noch ein Volumen von 95,2 Billionen US-Dollar,[2] so belief sich der Bestand offener Positionen im September 2010 bereits auf ein Volumen von 582,7 Billionen US-Dollar.[3] Bei einem Vergleich zum weltweiten Bruttoinlandsprodukt in Höhe 57,194 Billionen US-Dollar,[4] also dem Gesamtwert aller Güter, die weltweit innerhalb eines Jahres hergestellt wurden,[5] zeigt sich die enorme Bedeutung für die weltweiten Finanzmärkte – aber durch Wechselwirkungen auch für die Realgütermärkte. Gerade der weitgehend unbeaufsichtigte Bereich außerbörslicher Derivate bereitet den weltweiten Regulierungs- und Aufsichtsbehörden Sorge, weshalb in der letzten Zeit mehrere Initiativen gestartet wurden, um die Transparenz in diesem Marktsegment zu erhöhen und das Risiko eines Versagens des Finanzsystems aufgrund des Ausfalls einzelner Marktteilnehmer zu reduzieren. Das Bestehen solcher Risiken wurde durch den Beinahezusammenbruch der Investmentbank Bear Sterns im März 2008 und die Insolvenz von Lehman Brothers

1 Vgl. BIS 2001, S. 94 sowie BIS 2010, S. A 126. Gemäß diesen Auswertungen war das Handelsvolumen in 2009 im Vergleich zu 2.210,6 Billionen US-Dollar im Jahr 2008 sogar rückläufig.

2 BIS 2001, S. 89.

3 Vgl. BIS 2010, S. A 121.

4 Vgl. United Nations Conference on Trade and Development 2010, S. 424. Weltweites BIP 2009.

5 Vgl. Cezanne 2005, S. 257.

am 15. September 2008 sowie die Rettung des zu dem Zeitpunkt weltweit größten Versicherungskonzerns American International Group (AIG) am Tag darauf offensichtlich.[6]

Durch ein breiteres Spektrum an Basiswerten und einer aufgrund des gestiegenen weltweiten Handelsvolumens erhöhten Liquidität der Märkte für Derivate hat sich auch die Auswahl an Instrumenten erhöht, die für die Absicherung finanzwirtschaftlicher Risiken herangezogen werden kann. Die erhöhte Produktvielfalt auf den Derivatemärkten sowie eine damit verbundene größere Produktpalette von Finanzinstituten sowie eine erleichterter Zugang zu Derivaten führen dazu, dass auch kleinen Unternehmen vermehrt diese Instrumente angeboten werden. Neben den etablierten Zins- und Währungsderivaten zählen dazu vor allem Rohstoffderivate, aber auch Derivate, die ehemals als Exoten galten. Da auch die Nominalbeträge in den letzten Jahren gesunken sind, werden Derivate deshalb auch für kleinere Unternehmen immer interessanter. Der Einsatz von Derivaten außerhalb des Finanzsektors verlief dabei nicht immer erfolgreich, wie Klagen wegen unerwarteter Verluste aus derivativen Instrumenten belegen.[7] Dabei hatten sich neben Unternehmen insbesondere einige Kommunen verspekuliert. Nicht zuletzt durch solche medienwirksamen Fälle sind Derivate häufig mit negativen Assoziationen belegt. Selbst eine in Investmentkreisen als Ikone betrachtete Person wie Warren Buffet bezeichnet Derivate als Massenvernichtungswaffen und Zeitbomben.[8] Auch wenn diese Sichtweise außerhalb des Finanzsektors auf ein mangelndes Verständnis für diese Finanzinstrumente schließen lässt, so zeigt sich daraus aber dennoch, dass mit dem Einsatz von Derivaten verbundene Risiko und die Notwendigkeit, die entsprechenden Ressourcen im Unternehmen aufzubauen, welche für den effektiven Einsatz von Derivaten im Unternehmen notwendig sind und ein funktionsfähiges und zielorientiertes Risikomanagement auf Basis quantitativer Kennzahlen erst ermöglichen.

---

6 Vgl. Europäische Kommission 2010.

7 Vgl. Paul 2008 sowie FAZ.net 2007.

8 Buffet 2002, S. 15. Warren Buffet betitelte Derivate als „time bomb“ und „financial weapons of mass destruction carrying dangers that, while now latent, are potentially lethal“.

1.2 Aufbau und Zielsetzung der Arbeit

Die Globalisierung und der verschärfte Wettbewerb um Absatz- und Beschaffungsmärkte und die damit verbundene hohe Volatilität von Preisen und Währungen machen es auch für mittelständische Unternehmen notwendig, daraus resultierende Risiken gezielt zu identifizieren und sich mit Absicherungsstrategien auseinanderzusetzen. Eine gezielte Behandlung des Themas Risikomanagement erscheint nicht zuletzt aufgrund der Anforderungen des Gesetzgebers und der Kapitalgeber notwendig. Aufgrund ihrer Größe besteht bei mittelständischen Unternehmen oft nicht die Preissetzungsmacht für eine Weitergabe von Kosten, welche durch diese Schwankungen auf den weltweiten Rohstoff- und Devisenmärkten verursacht werden. Daher stellt sich auch die Frage nach dem Umgang mit Derivaten. Wird im Rahmen des Risikomanagements ein Bedarf für den Einsatz von derivativen Sicherungsinstrumenten identifiziert, folgt aus diesem wiederum die Notwendigkeit eines funktionsfähigen und effizienten Risikomanagements. Dieses muss in der Lage sein, sämtliche Risiken zu erfassen sowie einer möglichst genauen quantitativen Bewertung zuzuführen und notwendige Steuerungsmaßnahmen abzuleiten. Aufgrund der Vielschichtigkeit und teilweisen Vieldeutigkeit der in der betriebswirtschaftlichen Literatur verwendeten Bezeichnungen ist es notwendig, die wesentlichen, im Rahmen dieser Arbeit verwendeten Begriffe zu definieren. Diese Definitionen bilden den Abschluss des ersten Kapitels.

Die Grundlage einer gezielten Implementierung eines auf quantitativen Kennzahlen beruhenden derivativen Steuerungssystems in ein unternehmensweites Chancen- und Risikomanagement bildet eine umfassende Analyse der Einbindung, des Aufbaus und der Funktionsweise eines solchen Risikomanagementsystems. Dafür ist zunächst eine Auseinandersetzung mit den Besonderheiten des Mittelstandes als verwendete Zielgruppe notwendig, welche den ersten Teil des zweiten Kapitels einnimmt. Der zweite Teil dieses Kapitels widmet sich der Frage nach dem aktuellen Umsetzungstand des Risikomanagements im Mittelstand. Auch wird analysiert, wie weit der Derivateeinsatzes im Rahmen der Risikosteuerung bereits verbreitet ist.

Für die Ausgestaltung eines umfassenden und wertorientierten Risikomanagements ist die Kenntnis der relevanten Risikobereiche sowie der aktuellen rechtlichen und wissenschaftlichen Anforderungen an ein effizientes Risikomanagement unerlässlich. Besondere Relevanz erhalten dabei die Instrumente und Verfahren zur Identifikation, Analyse und Bewertung der Risiken. Die notwendige Auseinandersetzung mit diesen grundlegenden Erfordernissen erfolgt in Kapitel drei, welches somit das theoretische Fundament für die Ausgestaltung eines Risikomanagementsystems analysiert. Ein Kernelement des Risikomanagements ist die Identifikation der jeweils relevanten Risiken, welche in ihrer Ausprägung sehr unterschiedlich auf das Unternehmen einwirken. Um diese Wirkung analysieren zu können, erfolgt zunächst eine Unterscheidung der verschiedenen Risikogruppen und einzelnen Risikoarten. Im Anschluss erfolgt eine Darlegung der aktuellen gesetzlichen Regelungen und Normen, welche das Thema Risikomanagement betreffen. Diese geben für die Ausgestaltung zwar allgemeine, aber dennoch verbindliche Vorgaben bzw. nützliche Anhaltspunkte, auch wenn das Risikomanagementsystem im Speziellen den jeweiligen Gegebenheiten anzupassen ist. Während aus Gesetzestexten und Normen der allgemeine Aufbau in Form einer strategischen Mindestausstattung abgeleitet werden kann, liefert die aktuelle wissenschaftliche Literatur zum Thema Risikomanagement detaillierte Hinweise zur operativen Einbindung und operativen Ausgestaltung. Daraus können die grundlegenden Bestandteile eines Risikomanagementsystems in Form eines Früherkennungs-, eines Internen Überwachungs- und eines Controllingsystems abgeleitet werden. Das dritte Kapitel beschließt mit einer Analyse der Schritte des Risikomanagementprozesses, wobei der Fokus auf einer Auseinandersetzung mit den Verfahren zur Identifikation, Analyse, Bewertung und Steuerung von Risiken liegt.

Aufgrund ihrer hohen Bedeutung zur Bewertung finanzwirtschaftlicher Risiken erfolgt die Betrachtung quantitativer Risikomaße in einem eigenständigen vierten Kapitel. Durch die Nutzung einer fundierten statistischen Datenbasis unterscheiden sich die verteilungsbasierten Risikomaße deutlich von anderen Bewertungsverfahren. Die Vorgehensweise zu Abschätzung der notwendigen Parameter sowie Ansätze zur Ermittlung der Risikohöhe, wie die historische oder die Monte-Carlo-Simulation, werden anhand des Konzepts des Value-at-Risk dargestellt, welches für den Großteil der quantitativen Risikomaße als Grundlage dient.

Für einen Einsatz von derivativen Finanzinstrumenten im Rahmen der Risikosteuerung ist des Weiteren eine Auseinandersetzung mit den Funktionsweisen, den Besonderheiten sowie der Bewertung der eingesetzten Instrumente notwendig, da nur ein fundiertes Verständnis der Sicherungsinstrumente einen effizienten und zielorientierten Einsatz von Derivaten im Unternehmen ermöglicht. Aufgrund der Vielzahl verfügbarer Derivate erfolgt in Kapitel fünf nur eine Betrachtung der wesentlichen Instrumente in Form von Futures/Forwards, Optionen und Swaps sowie die einiger interessanter Abwandlungen.

Das anschließende sechste Kapitel beinhaltet eine exemplarische Klassifikation der im weltweiten Terminhandel angebotenen derivativen Finanzinstrumente. Dabei liegt der Fokus auf der grundsätzlichen Abschätzung der Spezifikationen derjenigen Derivate, welche für das Management der wesentlichen Unternehmensrisiken herangezogen werden können.

Auf Basis der Erkenntnisse der Kapitel zwei bis sechs erfolgt in Kapitel sieben eine Entwicklung eines Excel-basierten Modells zur quantitativen Abschätzung finanzwirtschaftlicher Risiken sowie der Ableitung von exemplarischen Sicherungsstrategien anhand eines praktischen Beispielszenarios. Die Arbeit beschließt mit einer Zusammenfassung der gesammelten Erkenntnisse in Kapitel acht.

1.3 Definition wesentlicher Begriffe

1.3.1 Derivat

Der Begriff Derivat lässt sich auf seinen lateinischen Ursprung zurückführen, wobei ‚derivare' ableiten bedeutet. Somit ist ein Derivat ein Finanzinstrument, dessen Preis von der Entwicklung des jeweilig zugrundeliegenden Basiswertes abgeleitet wird.[9] Die Bezeichnung Derivat ist dabei gleichzusetzen mit dem ebenfalls oft verwendeten Term derivatives Finanzinstrument.

---

9 Vgl. Gabler Wirtschaftslexikon 2010.

Derivate zählen zu den Termingeschäften,[10] da ihre Begleichung auf einen späteren Zeitpunkt als den Vertragsabschluss ausgerichtet ist.[11] Bis zum Liefertermin handelt es sich somit um schwebende Geschäfte, da die Vertragspartner vor diesem Termin keine Leistungen erbringen müssen.[12] Charakteristisch ist auch die im Vergleich zum direkten Erwerb des Basiswertes geringere Kapitalbindung in Form einer zu leistenden Prämie bzw. der vollständige Wegfall einer Anfangsauszahlung.[13] Die Wertänderung eines Derivates ist abhängig von der „Änderung eines bestimmten Zinssatzes, Preises eines Finanzinstruments, Rohstoffpreises, Wechselkurses, Preis- oder Zinsindexes, Bonitätsratings oder Kreditindexes oder einer anderen Variablen".[14]

1.3.2 Risiko

Für den Begriff Risiko findet sich in der Literatur keine eindeutige Definition, sondern es existieren viele verschiedene Erklärungsansätze. Auch bei der Betrachtung der Wortherkunft sind unterschiedliche Interpretationen zu finden. So leitet *Romeike* Risiko aus dem frühitalienischen ‚risco' ab, wobei er auf die Klippe abzielt, die es zu umschiffen gilt.[15] Weitere mögliche Ursprünge des Wortes zeigen *Rosenkranz* und *Mißler-Behr* auf, die den Begriff auf das italienische Wort ‚rischio' bzw. das griechisch-byzantinische Wort ‚rhiziko' zurückführen und dies mit Glück, Schicksal bzw. Zufall interpretieren.[16]

10 Im Gegensatz zu einem Termingeschäft stehen bei einem Kassageschäft Vertragsabschluss und Lieferung bzw. Bezahlung in einem unmittelbaren zeitlichen Zusammenhang. Vgl. Bieg / Kußmaul 2009, S. 264. So beträgt der Zeitraum zwischen einer Wertpapierorder an der Frankfurter Wertpapierbörse und der Erfüllung des Geschäftes bei in Deutschland üblichen zwei Börsentagen. Vgl. Deutsche Börse 2010a.

11 Vgl. IAS 39.9.

12 Vgl. Deutsche Börse 2010b.

13 Vgl. IAS 39.9.

14 IAS 39.9. Gemäß IAS 39.9 sind weitere, nicht näher spezifiziert Variablen in diese Definition eingeschlossen, soweit die jeweiligen Variablen nicht spezifisch für eine Partei des Vertrages sind. So sind Versicherungsleistungen, die auf Wertänderungen in Folge von Feuer- oder Wasserschäden bei einem Vertragspartner entstehen, nicht mit der Definition von Derivaten laut IAS vereinbar. Denkbar dagegen sind Indizes, die auf Erdbebenschäden oder Temperaturen in einer Region beruhen. Vgl. IAS 39.AG12a.

15 Vgl. Romeike 2003a, S. 81.

16 Vgl. Rosenkranz / Mißler-Behr 2005, S. 1.

Inhaltlich zielen *Wöhe* und *Döring* hinsichtlich des unternehmerischen Risikos auf die Gefahr ab, dass ungewisse zukünftige Einzahlungen nicht ausreichen, um geleistete Auszahlungen zu kompensieren. Da jede unternehmerische Tätigkeit durch die Übernahme von Risiken gekennzeichnet ist, zeigt sich darin die Gefährdung der Unternehmensexistenz.[17] Die Entscheidungstheorie zeigt eine weitere Differenzierung des Risikos auf. Hier wird auf die eigentliche Entscheidungssituation abgestellt und geprüft, ob diese durch Sicherheit oder Unsicherheit geprägt ist.[18] Eine Entscheidung unter Sicherheit liegt vor, wenn der Entscheidungsträger davon ausgehen kann, dass der erwartete Erfolg auch definitiv eintritt. Dieser erwartete Erfolg ist aber oft unsicher, wodurch viele Entscheidungen unter Unsicherheit getroffen werden.[19]

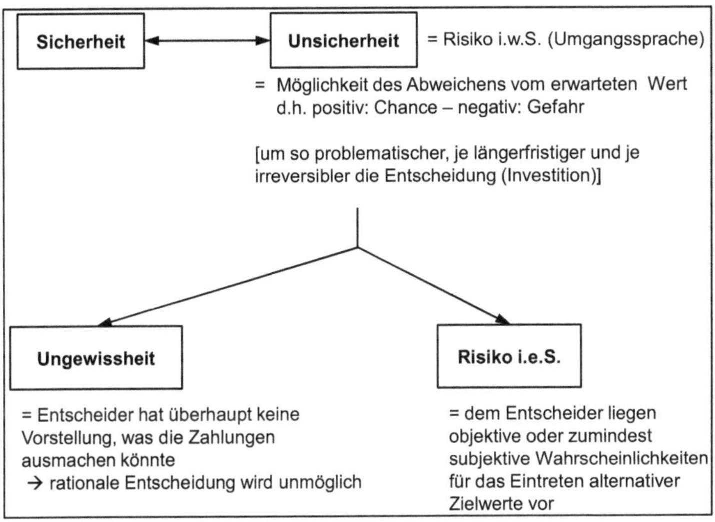

Abbildung 1: Risiko und Ungewissheit[20]

Diese Unsicherheit wird als Risiko im weiteren Sinne gesehen und allgemein als mögliche Abweichung von einem ex ante erwarteten Wert betrachtet. Die eigentliche Gefahr liegt in negativen Abweichungen. Positive Abweichungen können dagegen als

[17] Vgl. Wöhe / Döring 2010, S. 52.
[18] Vgl. Oehler / Unser 2002, S. 10.
[19] Vgl. Finke 2003, S. 85.
[20] Vgl. Perridon et al. 2009, S. 103.

Chance angesehen werden.[21] Das Risiko im eigentlichen Sinne ist durch die Informationslage des Entscheiders gekennzeichnet. Lassen sich für die Folge der Entscheidung objektive oder subjektive Wahrscheinlichkeiten für das Eintreten verschiedener Umweltzustände bestimmen, [22] so handelt es sich um eine Entscheidung unter Risiko.Lassen sich diese Wahrscheinlichkeiten nicht bestimmen, so liegt eine Entscheidung unter Ungewissheit vor.[23] Der veranschaulichte Zusammenhang ist in Abbildung 1 zusammenfassend dargestellt. Im Rahmen der Arbeit wird Risiko als unerwünschte negative Abweichung von einer Zielgröße betrachtet und somit das Gefährdungspotential für das Unternehmen in den Mittelpunkt der Betrachtungen gerückt.

1.3.3 Risikomanagement

Grundsätzlich besteht das Ziel des Risikomanagements darin, den Fortbestand des Unternehmens zu sichern. Neben der Gefährdung durch Risiken können auch nicht erkannte Chancen langfristig die Existenz des Unternehmens bedrohen. Daher ist das Risikomanagement im weiteren Sinne als unternehmensweites Chancen- und Risikomanagement anzusehen. Im Rahmen des Risikomanagements sind somit sämtliche potentiellen Chancen und Risiken zu identifizieren, zu analysieren und zu bewerten sowie abhängig von ihrer Wirkung auf die Vermögens-, Finanz- und Ertragslage des Unternehmens einer an das Gefährdungspotential angepassten Steuerung zu unterziehen.[24] Das Risikomanagement unterstützt die Unternehmensführung bei der Absicherung und damit Erreichung der Unternehmensziele sowie bei der Steigerung des Unternehmenswertes.[25] Das Risikomanagement ist im Unternehmen nicht isoliert

---

[21] Vgl. Perridon et al. 2009, S. 103 f.

[22] Zur Ermittlung objektiver Wahrscheinlichkeit werden ähnliche Entscheidungssituationen analysiert. Mit Hilfe des hierfür notwendigen statistischen Datenmaterials werden die empirischen Eintrittswahrscheinlichkeiten für die einzelnen Umweltzustände bestimmt. Dagegen sind subjektive Erfahrungen und Überlegungen die Basis subjektiver Wahrscheinlichkeiten. Vgl. Perridon et al. 2009, S. 104.

[23] Vgl. Müller 1993, S. 3814. *Oehler* und *Unser* betrachten dagegen weniger die subjektiven Wahrscheinlichkeiten an sich, sondern stellen eher den Informationsmangel in der Entscheidungssituation heraus, wobei nicht alle Parameter der möglichen Umweltzustände bzw. deren jeweilig Eintrittswahrscheinlichkeiten bekannt sind. Vgl. Oehler / Unser 2002, S. 11.

[24] Vgl. PwC 1999, S. 7.

[25] Vgl. Romeike 2004, S. 119.

zu betrachten, sondern in die bestehenden Strukturen einzubinden. Auch entspricht es einem Prozess, welcher permanent zu durchlaufen und anzupassen ist.

1.3.4 Risikomanagementprozess

Die operative Umsetzung des Risikomanagements wird in der Literatur als kontinuierlicher Prozess angesehen, welcher die systematische und andauernde Risikoanalyse und -steuerung der Geschäftsabläufe beinhaltet.[26] Dies umfasst eine möglichst lückenlose Erfassung aller Gefährdungspotentiale inklusive der Einrichtung eines Überwachungssystems, welches in der Lage ist, „den Fortbestand der Gesellschaft gefährdende Entwicklungen früh“[27] zu erkennen. Nähere Ausführungen zu diesem Prozess, welcher zumeist als Regelkreis dargestellt wird, finden sich in Kapitel 3.6.

1.3.5 Sicherungsinstrument

Ein finanzieller Vermögenswert wird als Sicherungsinstrument angesehen, wenn er in der Lage ist, Schwankungen von Zahlungsströmen aus einem Grundgeschäft bzw. Änderungen im Marktwert dieses Grundgeschäftes zu kompensieren. Dabei sind derivative Finanzinstrumente grundsätzlich zur Gruppe der Sicherungsinstrumente zu zählen, da ihr Wert sich direkt aus dem Grundgeschäft und dessen Zahlungsströmen ableiten lässt. In diesem Sinne können auch nichtderivative Vermögenswerte als Sicherungsinstrumente fungieren.[28]

1.3.6 Hedging

Unter Hedging versteht man die gezielte Kompensation von Risiken einer Position durch die Chancen einer mit ihr korrelierten weiteren Position.[29] Zumeist findet der Begriff Verwendung im Zusammenhang mit der Absicherung von Risiken, welche durch den Abschluss eines Gegengeschäftes in Form eines Verkaufs oder eines Kaufs von Derivaten auf dem Kapitalmarkt realisiert wird. Abweichend davon zielt ein ‚natu-

---

[26] Vgl. Romeike 2004, S. 114 f.
[27] § 91 Abs. 2 AktG
[28] Vgl. IAS 39.9.
[29] Vgl. Romeike 2004, S. 60.

ral hedge' auf die Kompensation der Fremdwährungsrisiken von Erträgen und Aufwendung in einem Währungsraum. Dies wird beispielsweise durch den Aufbau einer Produktion in dem Währungsraum erreicht, in welchem auch die Umsatzerlöse anfallen sowie durch eine Finanzierung in der Fremdwährung des genannten Absatzgebietes verstärkt.[30]

1.3.7 Mittelstand

Aufgrund der Vielzahl verfügbarer Mittelstandsdefinitionen erfolgt eine detaillierte Auseinandersetzung mit qualitativen und quantitativen Mittelstandskriterien in Kapitel 2.1. Generell werden im Kontext dieser Arbeit unter dem Begriff Mittelstand private Unternehmen verstanden, welche nicht zur Gruppe der Großunternehmen bzw. der Großkonzerne zählen, aber sich aufgrund ihrer Größe und Organisationsstruktur signifikant von diesen Großunternehmen und -konzernen unterscheiden.

---

[30] Vgl. Bleuel 2006, S. 482.

2 Der Mittelstand in Deutschland

2.1 Abgrenzung von KMU und mittelständischen Unternehmen

Gemäß dem Bundesministerium für Wirtschaft und Technologie ist der Mittelstand „das Herz der Sozialen Marktwirtschaft und der Motor für mehr Wachstum und Beschäftigung in Deutschland."[31] Diese Aussage ist kaum verwunderlich, gehört doch 99,7% der Gesamtzahl bundesdeutscher Unternehmen dieser Gruppe an. Auch sind in etwa vier von fünf Ausbildungs- bzw. sozialversicherungspflichte Stellen in mittelständischen Unternehmen angesiedelt, wie Abbildung 2 zu entnehmen ist:

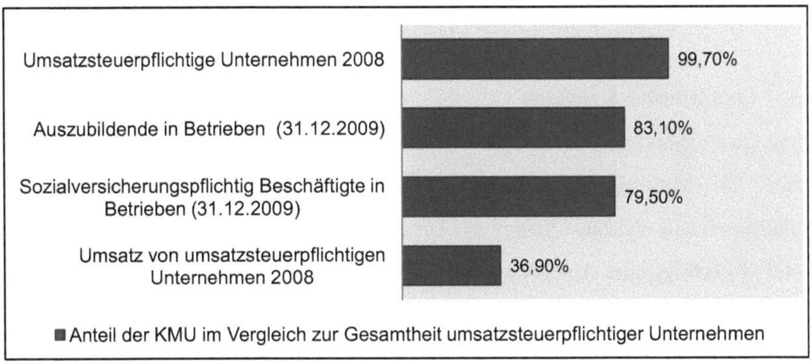

Abbildung 2: Kennzahlen zum Mittelstand 2009/2010 in Deutschland[32]

Trotz der unbestrittenen Bedeutung des Mittelstands für die deutsche Wirtschaft und der breiten Verwendung des Begriffs in den wissenschaftlichen Literatur und der Politik gleichermaßen, hat sich dennoch bisher keine allgemeine Abgrenzung für den Mittelstand dursetzen können.[33] Gemäß *Gantzel* ließen sich bereits 1962 circa 200 verschiedenen Definitionen bzw. Umschreibungen für den Begriff Mittelstand zusammentragen,[34] wobei eine Erhöhung dieser Zahl durch neu hinzugekommene Definitionen innerhalb der letzten fünf Dekaden wahrscheinlich ist. Dabei ist vom

---

31 Bundesministerium für Wirtschaft und Technologie 2011.

32 Eigene Darstellung in Anlehnung an IfM Bonn 2011b: Die abgebildeten Kennzahlen beziehen sich auf das Seitens des Instituts für Mittelstandsforschung Bonn aufbereitete Datenmaterial der Umsatzsteuerstatistik für das Jahr 2008 sowie der Beschäftigtenstatistik für Betriebe zum Stichtag 31.12.2009.

33 Vgl. Weber / Kabst 2000, S. 6; Wolter / Hauser 2001, S. 29; De Filippis 2011, S. 7; Goeke 2008, S. 9.

34 Vgl. Gantzel 1962, S. 12.

Mittelstand an sich nur in Deutschland die Rede.[35] International spricht man dagegen von kleinen und mittleren Unternehmen (KMU) bzw. von small and medium-sized enterprises (SME)[36] und grenzt sie zusätzlich von Familienunternehmen ab.[37] Die Begriffe Mittelstand, KMU und Familienunternehmen werden allerdings teilweise auch synonym verwendet.[38] Hinsichtlich der Abgrenzung werden für KMU zumeist quantitative Kriterien wie Umsatz und Beschäftigungszahlen herangezogen. Für die Identifikation von mittelständischen Unternehmen im Allgemeinen und Familienunternehmen im Speziellen wird auf die Eigentümerstruktur und andere qualitative Kriterien abgezielt.[39] Diese quantitativen und qualitativen Kriterien werden im Folgenden genauer analysiert.

2.1.1 Quantitative Kriterien

Eine in Deutschland verbreitete Klassifikation ist die quantitative KMU-Definition des Instituts für Mittelstandsforschung in Bonn (IfM), welches als Kriterium die Beschäftigtenzahl und den Umsatz des Unternehmens heranzieht.[40] Wie aus Tabelle 1 ersichtlich, erfolgt eine Aufteilung der KMU in drei Untergruppen, wobei Unternehmen mit bis zu neun Mitarbeitern und bis zu einer Million Euro Jahresumsatz zur Gruppe der kleinen Unternehmen zählen. Für mittlere Unternehmen liegen die Zahl der Mitarbeiter zwischen zehn und 499 und der im Jahr realisierte Umsatz zwischen einer Million und 50 Millionen Euro:

Tabelle 1: KMU-Definition des IfM Bonn seit 01.01.2002[41]

Größenklasse	Anzahl der Mitarbeiter	Umsatz in Euro/Jahr
Klein	bis 9	bis unter 1 Million
Mittel	10 bis 499	1 bis 50 Millionen
Groß	ab 500	ab 50 Millionen

35 Vgl. Günterberg / Wolter 2002, S. 1; Goeke 2008, S. 9.
36 Vgl. Goeke 2008, S. 9.
37 Vgl. De Filippis 2011, S. 7.
38 Vgl. Bundesministerium für Wirtschaft und Technologie 2007, S. 9; De Filippis 2011, S. 7.
39 Vgl. Bundesministerium für Wirtschaft und Technologie 2007, S. 9; Weber / Kabst 2000, S. 6.
40 Vgl. IfM Bonn 2010c.
41 IfM Bonn 2010c.

Diese branchenunabhängige Definition wurde letztmalig mit der Einführung des Euro angepasst und ist somit seit dem 01.01.2002 gültig. Bis zu diesem Termin gab es zusätzlich eine wirtschaftsbereichsbezogene Definition nach Umsatzgrößenklassen, um grundlegende Abweichungen zwischen den einzelnen Branchen zu glätten.[42] So zählten gemäß Tabelle 2 Unternehmen aus dem Bereich des Einzelhandels oder der Nachrichtenübermittlung nur bis zu einem Umsatz von 12,78 Millionen Euro zur Gruppe der mittleren Unternehmen:

Tabelle 2: Wirtschaftsbereichsbezogene Definition nach Umsatzgrößenklassen[43]

Wirtschaftsbereich	Umsatz in Euro/Jahr
Energie, Wasserversorgung, Bergbau	bis 51,13 Millionen
Verarbeitendes Gewerbe	bis 51,13 Millionen
Baugewerbe	bis 51,13 Millionen
Großhandel	bis 51,13 Millionen
Einzelhandel, Handelsvermittlung	bis 12,78 Millionen
Verkehr und Nachrichtenübermittlung	bis 12,78 Millionen
Dienstleistungen von Unternehmen und Freien Berufen	bis 12,78 Millionen

Auch international gibt es viele verschiedene quantitative Definitionen für die Gruppe der kleinen sowie der mittleren Unternehmen. Die verbreiteten Kriterien sind dabei analog zu Deutschland die Beschäftigtenzahl und der Jahresumsatz. Insbesondere die Zahl der Mitarbeiter unterscheidet sich dabei im Ländervergleich. Während in Dänemark Unternehmen mit bis zu 100 Beschäftigten zur Gruppe der KMU gezählt werden, liegt die Grenze in Schweden bei 200 Mitarbeitern und in Frankreich ebenso wie in Deutschland bei 499 Beschäftigten.[44] Die Kommission der Europäischen Gemeinschaften reagierte bereite 1996 mit einer eigenen Empfehlung auf die Vielzahlt unterschiedlicher Definitionen in den Mitgliedsstaaten.[45] Damit verbunden war das

42 Vgl. Günterberg / Wolter 2002, S. 13.

43 Vgl. Günterberg / Wolter 2002, S. 13: Die ursprünglichen Werte beliefen sich auf 100 Millionen DM bzw. auf 25 Millionen DM und wurden mit Hilfe des gültigen Kurses von 1,95583 DM je Euro in die genannten Werte umgerechnet.

44 Vgl. Günterberg / Wolter 2002, S. 11 f.

45 Vgl. EG-Kommission 1996, S. 4 ff.

Ziel, Maßnahmen zugunsten von KMU, wie aus dem Struktur- und Forschungsfonds, auf eine gleiche Datenbasis zu stellen und Wettbewerbsverzerrungen innerhalb der Gemeinschaft zu vermeiden.[46] Im Unterschied zur Definition des IfM Bonn erfolgt eine weitere Unterteilung in Kleinstunternehmen, kleine und mittlere Unternehmen. Wie Tabelle 3 zu entnehmen ist, gehört zur Gruppe der KMU ein Unternehmen mit weniger als 250 Beschäftigten sowie entweder einem Jahresumsatz von kleiner als 50 Millionen Euro oder einer Bilanzsumme von weniger als 43 Millionen Euro:[47]

Tabelle 3: Mittelstandsabgrenzung der Europäischen Kommission[48]

Größenklasse	Anzahl der Mitarbeiter		Umsatz in Euro/Jahr		Bilanzsumme in Euro
Kleinst	bis 9	und	bis 2 Millionen	oder	bis 2 Millionen
Klein	10 bis 49	und	bis 10 Millionen	oder	bis 10 Millionen
Mittel	50 bis 249	und	bis 50 Millionen	oder	bis 43 Millionen
Groß	ab 250	und	ab 50 Millionen	oder	ab 43 Millionen

Neben den beiden vorgenannten quantitativen Kriterien muss gewährleistet sein, dass es sich um ein eigenständiges Unternehmen handelt.[49] Dafür können Unternehmen, welche die KMU-Kriterien nicht erfüllen, nicht mehr als 25% der Anteile an dem betrachteten Unternehmen halten.[50]

Obwohl die beiden am weitesten verbreiteten quantitativen KMU-Definitionen einen Jahresumsatz von 50 Millionen Euro als Grenze zu den Großunternehmen ansehen, gibt es hinsichtlich des Umsatzes eine Reihe von Definitionen, in denen ein weit höheres Volumen als sinnvoll erachtet wird. Hinsichtlich einer Abgrenzung zu Großunternehmen, mit ihrem starken Finanzierungspotential auf den weltweiten Kapitalmärkten, erscheint eine Begrenzung auf ein Umsatzvolumen von 50 Millionen Euro nicht zielführend. *Goeke* erachtet in diesem Zusammenhang eine Erweiterung auf Unternehmen mit Umsätzen von bis 500 Millionen Euro als angemessen.[51] Einen

46 Vgl. EG-Kommission 2003, S. 36 Abs. 1.
47 Vgl. EG-Kommission 2003, S. S. 39 Art. 2 Abs. 1.
48 Europäische Kommission 2006, S. 14.
49 Vgl. EG-Kommission 2003, S. 39 Art. 3.
50 Vgl. Bundesministerium für Wirtschaft und Technologie 2007, S. 10.
51 Vgl. Goeke 2008, S. 11.

ähnlichen Ansatz verfolgt das Deloitte.Mittelstandsinstitut, bei welchem Unternehmen mit bis zu 3.000 Mitarbeitern und einem Jahresumsatz von bis zu 600 Millionen Euro zur Gruppe der KMU zählen.[52] Die genaue Unterscheidung in Kleinst-, Klein- und Mittlere Unternehmen ist Tabelle 4 zu entnehmen:

Tabelle 4: Mittelstandsdefinition des Deloitte.Mittelstandsinstituts[53]

Größenklasse	Anzahl der Mitarbeiter	Umsatz in Euro/Jahr
Kleinstunternehmen	bis circa 30	bis circa 6 Millionen
Kleinunternehmen	bis circa 300	bis circa 60 Millionen
Mittlere Unternehmen	bis circa 3.000	bis circa 600 Millionen
Große Unternehmen	über 3.000	über 600 Millionen

In ihrer Mittelstandsinitiative fasst die Börse Stuttgart die Definition des Mittelstandes sogar noch etwas weiter und nutzt als alternatives quantitatives Kriterium den Marktwert der im Streubesitz befindlichen Anteilsscheine börsennotierter Unternehmen. Hier werden Unternehmen erfasst, die eine Marktkapitalisierung von zehn Millionen Euro bis zu einer Milliarde Euro aufweisen.[54] Demnach wird für den Zugang zu Marktsegmenten oder für wissenschaftliche Untersuchungen der KMU-Begriff zumeist etwas weiter gefasst. Die enger gefassten Definitionen des IfM Bonn oder der Europäischen Kommission sind dagegen eher ein Grundlage für den Zugang zu Fördergeldern der Europäischen Union, des Bundes oder der Länder.[55]

2.1.2 Qualitative Kriterien

Neben den Erklärungen, die eine Abgrenzung des Mittelstandes über quantitative Größendefinitionen vornehmen, existiert auch eine Vielzahl an Definitionen, die qualitative Unterscheidungsmerkmale zu Großunternehmen herausstellen. Ansatzpunkte sind die Organisationsstruktur des Unternehmens, die Eigentümerzusammensetzung sowie die Stellung im Markt. In der Literatur wird den qualitativen Kriterien

---

52 Vgl. Becker et al. 2008, S. 21.
53 Vgl. Becker et al. 2008, S. 21.
54 Vgl. Stuttgart 2011b. Die BW Mittelstandsinitiative zielt auf Unternehmen ab, die ihren Sitz oder ihr Hauptgeschäft in Baden Württemberg haben. Der Anteil der im Streubesitz befindlichen Aktien muss dabei über fünf Prozent liegen.
55 Vgl. Goeke 2008, S. 11.

mitunter eine weitaus höhere Bedeutung zugemessen, als den quantitativen.[56] So wiesen *Wallau und Kayer* darauf hin, dass Unternehmen mit mehr als 500 Beschäftigen von ihrer Struktur durchaus als mittelständisch bezeichnet werden können. Dagegen können Unternehmen, die sich innerhalb der quantitativen KMU-Kriterien befinden, als Teil eines Konzernverbundes kaum als mittelständisch geprägt erachtet werden.[57] Die verbreitete Nutzung quantitativer Kriterien, welche aufgrund der schwierigen statistischen Erfassbarkeit qualitativer Kriterien ehemals als Hilfskriterien eingeführt wurden, erklärt sich mit dem Auftreten eines ‚Gewöhnungseffekts' im Laufe der Zeit.[58] Im Gegensatz zu einer Abgrenzung über Umsatzstatistiken und Beschäftigtenzahlen steht bei einer qualitativen Betrachtung zumeist die Leitungsperson im Mittelpunkt des Interesses. Bei einer faktischen Einheit von Unternehmen und Unternehmer(n) handelt es sich um ein eigentümergeführtes Unternehmen.[59] Davon ist auszugehen, wenn die Eigentümer gleichzeitig die Leitungsbefugnis innehaben und das unternehmerische Risiko tragen – idealerweise auch mit ihrem Vermögen haften.[60] Hinsichtlich der Haftung kommt der Rechtsform, unter der das Unternehmen firmiert, eine große Bedeutung zu. Bei einer Personengesellschaft, wie der Offenen Handelsgesellschaft (OHG), trägt zweifelsohne eine als Eigentümer agierende natürliche Person als Vollhafter das wirtschaftliche Risiko, woraus auch die Leitungsbefugnis abzuleiten ist. Allerdings ist auch bei einer Kapitalgesellschaft, die sich vollständig im Besitz der Unternehmensführung befindet, davon auszugehen, dass die Unternehmensleitung das wirtschaftliche Risiko trägt und die qualitativen Kriterien erfüllt werden können.[61] Weiterhin ist die Leitung in strategische Entscheidungen des Unternehmens eingebunden, was auch eine erhöhte Flexibilität zur Folge hat. Schließlich entfällt durch die Personalunion von Leitung und Eigentum die sonst notwendige Abstimmung zwischen beiden Gruppen.[62] Da die Firmenanteile zumeist im Besitz einer oder mehrere Familien sind, werden eigentümergeführte Unternehmen

---

[56] Vgl. Günterberg / Wolter 2002, S. 3; Goeke 2008, S. 11; Wallau 2006, S. 15.
[57] Vgl. Wallau / Kayser 2001, S. 43.
[58] Vgl. Wallau / Kayser 2001, S. 43.
[59] Vgl. Wallau 2006, S. 13 f.
[60] Vgl. Günterberg / Wolter 2002, S. 2.
[61] Vgl. Wolter / Hauser 2001, S. 36 f.
[62] Vgl. Wallau et al. 2007b, S. 5.

auch als Familienunternehmen bezeichnet.[63] Gemäß der Definition des IfM Bonn handelt es sich um ein Familienunternehmen, wenn mindestens 50% der Anteile durch bis zu zwei natürliche Personen bzw. ihre Familien gehalten werden sowie diese natürlichen Personen in der Geschäftsführung tätig sind.[64] Neben den Eigentümern können weitere externe Manager in die Unternehmensführung mit einbezogen sein. Eine ausschließliche Leitung des Unternehmens durch angestellte Manager ist gemäß der Definition ausgeschlossen.[65] Bei einem Vergleich der auf Basis qualitativer Kriterien ermittelten Familienunternehmen und der quantitativ ermittelten KMU ist eine hohe Deckungsgleichheit festzustellen. Im Jahr 2006 betrug der Anteil der KMU an der Gesamtzahl der Unternehmen in Deutschland gemäß Kriterien des IfM Bonn[66] 99,7%.[67]

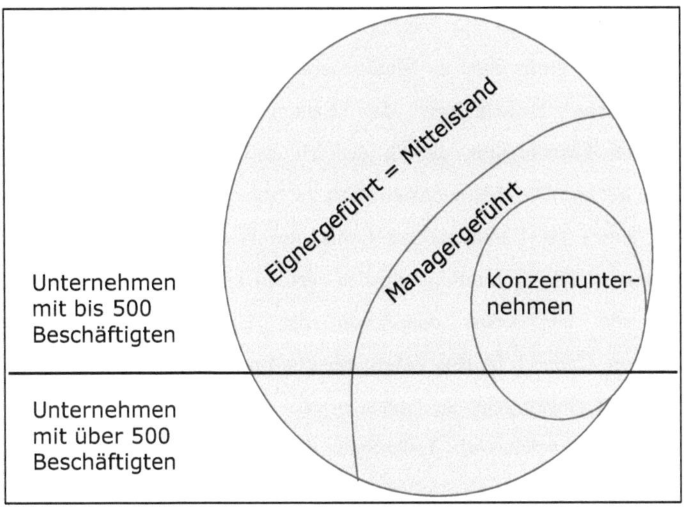

Abbildung 3: Mittelstand nach quantitativen und qualitativen Definitionsmerkmalen[68]

Zur Gruppe der Familienunternehmen gehörten gemäß Kriterien des gleichen Instituts[69] 95,3% der Unternehmen.[70] Somit kann der Großteil der Familienunter-

[63] Vgl. Goeke 2008, S. 12.
[64] Vgl. IfM Bonn 2010a.
[65] Vgl. Wallau et al. 2007b, S. 5.
[66] Vgl. IfM Bonn 2010c.
[67] Vgl. IfM Bonn 2011a.
[68] Wolter / Hauser 2001, S. 31.

nehmen auch in quantitativer Hinsicht als Mittelstand betrachtet werden (vgl. Abbildung 3). Zur Gruppe der Familienunternehmen werden auch Unternehmen gezählt, welche aufgrund ihrer hohen Umsätze oder ihrer großen Zahl an Mitarbeitern oder ihrer globalen Präsenz zu den Großunternehmen zu zählen sind. So konnte die METRO AG im Jahr 2005 weltweit einen Umsatz von 55,7 Milliarden Euro generieren und wies eine Beschäftigtenzahl von 256.915 Mitarbeitern aus, wodurch das Unternehmen in einer Untersuchung von *Wallau et al.* auf Platz eins der Liste der umsatzstärksten Familienunternehmen in Deutschland geführt wurde.[71] Auf den Plätzen zwei und drei werden mit der BMW AG und der ROBERT BOSCH GmbH zwei weitere Familienunternehmen aufgeführt.[72] Für diese kann als weltweit agierende Konzerne kaum das Atribut Mittelstand gelten. Mit ihrem Zugang zu den internationalen Kapitalmärkten haben diese Konzerne ein viel breiteres Spektrum an Finanzierungsmöglichkeiten zur Verfügung, als ein Unternehmen mittelständischer Prägung. Auch die große Zahl an Mitarbeitern bedingt eine andere Struktur, als die durch persönliche Beziehungen der Leitungsebene zu ihren Mitarbeitern gekennzeichnete Firmenkultur, die für den Mittelstand als charakteristisch erachtet wird.[73] Diese geringe Beschäftigtenzahl führt zu einem oft nur unzureichendem Controlling, da dieses im Verhältnis zur Größe des Unternehmens als zu aufwendig angesehen wird.[74] Die Controllingaufgaben werden entweder externalisiert oder im Rechnungswesen angesiedelt oder von der Unternehmensleitung zusätzlich mitübernommen. Dadurch ist eine tiefgründige und professionelle Ausgestaltung nicht möglich.[75] Damit einher geht ein fehlendes oder oft nur unzureichend ausgeprägtes Risikomanagement, welches als Teilaufgabe des Controllings verstanden wird bzw. dessen Einbindung in das Controlling empfohlen wird.[76] So konnte *Giebel* 2006 belegen, das nahezu 60% der von ihm befragten KMU kein Risikomanagement im

69 Vgl. IfM Bonn 2010a.
70 Vgl. IfM Bonn 2010b.
71 Vgl. Wallau et al. 2007a, S. 19.
72 Vgl. Wallau et al. 2007a, S. 19.
73 Vgl. Goeke 2008, S. 12.
74 Vgl. Jonen / Simgen-Weber 2008, S. 99.
75 Vgl. Winter 2008, S. 78.
76 Vgl. Winter 2008, S. 80.

Unternehmen etabliert hatten.[77] Detaillierte Ausführungen zum aktuellen Stand des Risikomanagement in KMU finden sich in Kapitel 2.2. Neben der geringen Ausstattung mit Beschäftigten sind KMU auch charakterisiert durch begrenzte technische und finanzielle Ressourcen.[78] Da die Unternehmensanteile zu einem Großteil im Familienbesitz befindlich sind, beschränkt sich das Finanzierungspotential mit Risikokapital weitgehend auf die verfügbaren Mittel der Inhaberfamilien. Eine breite Streuung sowie Nutzung der internationalen Kapitalmärkte entfällt zumeist.[79] Dies wirkt sich auch auf die Fremdfinanzierung aus. Zwar führten niedrige Zinsen verbunden mit einer restriktiven Kreditvergabe seitens der Banken im Zuge der Finanzkrise zwischen 2007 und 2009 in Deutschland zu einem Emmissionsboom bei Unternehmensanleihen, mit einer Verdreifachung des Emissionsvolumens auf 115,6 Milliarden Euro.[80] Dabei wurde auch insbesondere für Mittelständler der Bondmarkt interessant – nicht zuletzt, da die Börsenbetreiber dieses Geschäft mittlerweile als lukrativ erachten und die Börse Stuttgart mit Bondm ein eigene Mittelstandsplattform eingeführt hat.[81] Auch die Börse in Düsseldorf gründete im November 2010 ein eigenes Mittelstandssegment.[82] Die Frankfurter Wertpapierbörse öffnete im Februar 2011 ihren Entry Standard[83] für Anleiheemissionen von Mittelständlern.[84] Allerdings kommen Anleiheemissionen nur für größere Mittelständler in Betracht, da aufgrund der mit der Emission verbundenen Fixkosten das begebene Volumen mindestens 25 Millionen betragen sollte.[85] So sind unter Bondm zunächst nur zwölf Unternehmensanleihen gelistet.[86] Für kleinere Volumina bleibt der Kapitalmarkt dennoch nicht vollständig verschlossen, sondern es

77 Vgl. Giebel 2006, S. 51.

78 Vgl. Pfohl 2006, S. 18.

79 Vgl. Weber / Kabst 2000, S. 10 sowie Legenhausen 1998, S. 18.

80 Vgl. Höhmann 2011, S. 56.

81 Vgl. Cünnen / Panster 2010, S. 7.

82 Vgl. Börse Düsseldorf 2011.

83 Vgl. Deutsche Börse 2011a.

84 Vgl. PwC 2011.

85 Vgl. Höhmann 2011, S. 57. Mit der Emission sind Kosten für den Prospekt, anwaltliche Beratung und ein eventuelles Rating verbunden. Die entsprechende Beratung für den Wertpapierprospekt verursacht Kosten in Höhe von 40.000 bis 50.000 €. Wird dieser beworben, ist mit Kosten von 20.000 bis 100.000 € zu rechnen. Für ein Rating bei der auf Mittelständler spezialisierten Wirtschaftsauskunft Creditreform werden 20.000 bis 40.000 € berechnet. Die Platzierung der Anleihe selbst verursacht weitere Kosten in Höhe von circa 6% des Emissionsvolumens. Vgl. Meier-Burkert 2011, S. 25.

86 Vgl. Börse Stuttgart 2011a. Stand 10.03.2011.

bieten sich alternative, hybride Finanzprodukte an. So bietet beispielsweise die Commerzbank ihren mittelständischen Kunden langfristige Kredite an, die sie in anleiheähnlichen Schuldscheindarlehen verpackt und bei institutionellen Anlegern platziert. Volumina ab zehn Millionen Euro sind hier bereits möglich.[87] Für Unternehmen mit einem geringeren Fremdkapitalbedarf beschränken sich die Möglichkeiten allerdings auf die klassischen Finanzierungen wie Bankkredite, Kontokorrentlinien, Leasing oder Lieferantenkredite.[88]

Ein weiteres qualitatives Merkmal ist der im Vergleich zu Großunternehmen relativ beschränkte Kundenkreis.[89] Dieser wird durch eine häufig nur regionale Präsenz oder auch durch eine weitgehende Spezialisierung hervorgerufen, wodurch nur ein enges Marktsegment bedient werden kann.[90] Obwohl die Mittelständler in Deutschland im Vergleich zu denen europäischer Nachbarstaaten eine höhere Exportquote aufweisen, trägt das Auslandsgeschäft nur 17% zum Gesamtumsatz bei.[91] Insgesamt ist eine immer noch geringe Exportneigung festzustellen,[92] da insgesamt nur 23,7% der Mittelständler einen Teil ihrer Umsätze im Auslandgeschäft erwirtschaften.[93] Dies führt in Summe zu einer teilweise starken Abhängigkeit der Unternehmen von ihren Kunden.[94] Hinsichtlich der Abgrenzung zu Großunternehmen ergeben sich in Bezug auf die internationale Geschäftstätigkeit weitere signifikante Unterschiede. Verteilen Großunternehmen ihre Produktion auf mehrere Produktionsstandorte, oft auch mit Fertigungsstrecken in der Nähe der jeweiligen Kunden im Ausland, so haben mittelständische Unternehmen nur wenige oder zumeist nur einen einzigen Fertigungsstandort.[95] Dadurch entfällt die Möglichkeit der Verrechnung von Fremdwährungserlösen und -aufwendungen. Zum anderen entstehen dadurch gegebenenfalls erhöhte Transportkosten für den Lieferung

87 Vgl. Höhmann 2011a, S. 57.
88 Vgl. Bundesministerium für Wirtschaft und Technologie 2007, S. 40.
89 Vgl. Jonen / Simgen-Weber 2008, S. 99.
90 Vgl. Legenhausen 1998, S. 18.
91 Vgl. Brenken 2006, S. 3.
92 Vgl. Jonen / Simgen-Weber 2008, S. 99.
93 Vgl. Brenken 2006, S. 3. Die Exportneigung nimmt dabei mit zunehmender Unternehmensgröße zu. Liegt der Anteil der Exporteure bei Unternehmen mit weniger als zehn Mitarbeitern bei 21%, so sind bei Unternehmen mit 51 bis 500 Mitarbeitern bereits 62% im Exportgeschäft tätig. Vgl. Brenken 2006, S. 10.
94 Vgl. Jonen / Simgen-Weber 2008, S. 99.
95 Vgl. Weber / Kabst 2000, S. 10.

der Fertigprodukte an die Kunden im Ausland. Zudem fehlen die in Großunternehmen üblichen Abteilungen, welche die ökonomische Lage in den jeweiligen Auslandsmärkten analysieren und somit eventuelle Risiken frühzeitig erkennen können. Auch die Möglichkeiten der Risikoübernahme sind begrenzt bzw. ist ein Ausgleich der Risiken zwischen den einzelnen Auslandsengagements bedingt realisierbar.[96]

Die Organisationsstruktur mittelständischer Unternehmen ist sehr stark auf die Eigentümer zugeschnitten, da sie in ihrer gleichzeitigen Funktion als Unternehmensleitung in alle wichtigen Entscheidungen eingebunden sind und durch die geringe Personalausstattung eine Funktionshäufung bei der Geschäftsführung zu verzeichnen ist. Dadurch ist häufig ein patriarchalisch geprägter Führungsstil anzutreffen, welcher strategisch relevante Informationen bei der Unternehmensführung bündelt, wodurch ein nicht unerhebliches Personalrisiko bestehen kann. Auch gibt es kaum Gruppenentscheidungen, was in Summe zu unzureichenden Informationssystemen in den betroffenen Unternehmen führt.[97] Weiterhin ist der Mittelstand oft durch eine technisch orientierte Ausbildung der Mitarbeiter geprägt und der Anteil der Akademiker an der Belegschaft ist geringer als in Großunternehmen.[98]

2.2 Zum aktuellen Stand des Risikomanagements in deutschen mittelständischen Unternehmen

In den letzten Jahren wurde eine Reihe von Studien durchgeführt, welche den Implementierungsstand von Risikomanagementsystemen analysieren sollten, wobei der Fokus auf die Einhaltung der rechtlichen Regelungen sowie die Umsetzung aktueller wissenschaftlicher Erkenntnisse gelegt wurde. Dabei sind zwar einige explizit auf mittelständische Unternehmen zugeschnittene Befragungen vorhandenen. Bei der Mehrzahl der Untersuchungen sind mittelständische Unternehmen aber nur als Teilmenge in der untersuchten Grundgesamtheit enthalten. Da ein funktionierendes Risikomanagement Voraussetzung für den Einsatz von Derivaten in der Risikosteuerung ist, soll anhand der relevanten Erkenntnisse aus den im Folgenden betrachteten

---

96 Vgl. Weber / Kabst 2000, S. 10 f.

97 Vgl. Jonen / Simgen-Weber 2008, S. 103 sowie Legenhausen 1998, S. 17 f.

98 Vgl. Jonen / Simgen-Weber 2008, S. 101.

empirischen Untersuchungen der Implementierungsgrad von Risikomanagementsystemen in mittelständischen Unternehmen veranschaulicht werden. Auch deren Ausgestaltung in Bezug auf die Phasen des Risikomanagementprozesses und die verwendeten Instrumente sind dabei von Interesse. Abschließend soll anhand weiterer empirischer Studien eruiert werden, wie verbreitet die Nutzung von Derivaten in mittelständischen Unternehmen ist.

2.2.1 Ausgestaltung des Risikomanagements in Unternehmen

2.2.1.1 Implementierungsstand von Risikomanagementsystemen

In einer auf mittelständische Unternehmen ausgerichteten Studie kam die *Gossler, Gobert & Wolters Gruppe* im Jahr 2008 zu der Erkenntnis, dass zwar 94% der Unternehmen das Thema Risikomanagement als wichtig oder gar sehr wichtig erachten, dennoch 25,5% kein Risikomanagementsystem implementiert hatten – davon mit 17 Prozentpunkten der Großteil auch keine Einführung plante.[99] Bemerkenswert erscheint, dass 31,7% der befragten Unternehmen keinen oder zumindest keinen strukturierten Notfallplan für den Ausfall einer Führungskraft haben, obwohl gerade bei kleineren Unternehmen die Organisationsstruktur auf die einzelnen Führungskräfte zugeschnitten ist und somit ein erhebliches Personalrisiko besteht.[100]

Im gleichen Jahr ermittelt *Henschel* in seiner Befragung von KMU, dass sich 15,1% der Unternehmen noch nicht ausführlich mit dem Thema Risikomanagement beschäftigt haben bzw. 25,1% der Unternehmen lediglich Ansätze eines Risikomanagements aufweisen. Insgesamt ordnet er 46,6% der befragten Unternehmen der Gruppe mit kaum ausgeprägten Risikomanagementstrukturen zu, welche er als „Reaktor-Typ" klassifiziert, wobei hier primär Kleinst- und kleine eigentümergeführte Unternehmen vorzufinden sind. Er stellt somit eine Abhängigkeit der Qualität des Risikomanagements von der Unternehmensgröße fest. Als typische Vertreter der Gruppe identifiziert er das Baugewerbe, den Handel sowie die Dienstleistungs- und die Logistikbranche –

---

99 Vgl. GGW 2008, S. 2.
100 Vgl. GGW 2008, S. 3.

zumeist Branchen mit geringem Wachstums- und Innovationspotential.[101] Als typische Charakteristika des „Reactor-Typs“ beschreibt er Mängel im betriebswirtschaftlichen Methodenwissen seitens der Unternehmensleitung aufgrund ihrer eher technisch-kaufmännischen Ausbildung und der Konzentration des Risikomanagements auf den Geschäftsführer. Auch fehlen eine Geschäftsstrategie sowie Formalien in den Bereichen Unternehmensplanung, Risikoerfassung, -bewertung und -berichtswesen. Trotz der signifikanten Defizite werden nur in geringem Maße externe Berater herangezogen.[102] Bereits im Jahr 2003 stellte *Henschel* in einer früheren Studie zum Risikomanagement deutscher KMU fest, dass 66% der befragten Unternehmen ein Frühwarnsystem eingerichtet hatten.[103]

In der Befragung von *Hölscher, Giebel und Karrenbauer* gaben 50% der kleinen und mittleren Unternehmen an, sich keinen hauptamtlichen Risikomanager leisten zu können. Auch wurde nur von 40,9% dieser Unternehmen Risikomanagement als wesentlicher Bestandteil des Managements gesehen und 73% verfügten über kein institutionalisiertes Risikomanagement.[104] Auch verfügen nur 18,2% dieser Unternehmen über ein Frühwarn- bzw. Früherkennungssystem.[105]

In ihrer nur auf deutsche Kapitalgesellschaften ausgerichteten Studie ermittelten *Hoitsch, Winter und Baumann*, dass in 94,4% der Aktiengesellschaften und in 76,9% der GmbHs ein formales Risikomanagementsystem eingerichtet ist.[106] Im Jahr 2006 erscheinen diese Werte im Hinblick auf das bereits acht Jahre gültige KonTraG recht gering.

---

[101] Vgl. Henschel 2008b, S. 224.

[102] Vgl. Henschel 2008b, S. 225.

[103] Vgl. Henschel 2003, S. 333.

[104] Vgl. Hölscher et al. 2006, S. 151 f. Unternehmen mit einem Umsatz von kleiner als 32,12 Millionen Euro wurden in der Studie zur Gruppe der kleinen und mittleren Unternehmen gezählt.

[105] Vgl. Hölscher et al. 2006, S. 153.

[106] Vgl. Hoitsch et al. 2006, S. 74. Die betrachteten Unternehmen wiesen Umsätze von mehr als 50 Millionen Euro auf. Da in anderen Studien für mittelständische Unternehmen weitaus höhere Umsätze angesetzt wurden, gehören einige der befragten Unternehmen im Vergleich mit zur Gruppe der hier relevanten.

2.2.1.2 Ziele des Risikomanagements

Bei Kapitalgesellschaften ist gemäß einer Studie von *Ernst & Young* die Erfüllung der gesetzlichen Anforderungen für die Einrichtung und Ausgestaltung des Risikomanagementsystems von hoher Bedeutung. Alle Unternehmen geben als Ziel an, die geforderten Schritte zur Erkennung bestandsgefährdender Risiken abzubilden. Die Prüfbarkeit des Systems durch den Wirtschaftsprüfer ist für nur noch 65% der Unternehmen relevant.[107] Dies ist durch die Einbeziehung nicht börsennotierter Kapitalgesellschaften erklärbar, für welche die Prüfung nicht verpflichtend ist.[108] Eine wertorientierte Unternehmensführung unterstützen soll das Risikomanagementsystem nur bei 49% der Unternehmen. Als System des Chancenmanagements betrachten es 36%. Als Beitrag zur Senkung der Risikokosten sehen es nur 32% der Gesellschaften.[109]

Wiedemann identifiziert durch seine Untersuchung als primäre Ziele die Liquiditätssicherung sowie die Reduzierung finanzieller Risiken, wobei 72,1% der Unternehmen letztere nicht eingehen wollen und daher eine Absicherung der identifizierten Risiken anstreben.[110]

Glaum und Förschle ermitteln in ihrer umfassenden Industriestudie die Sicherung des Fortbestandes der Unternehmung als bedeutendstes Ziel für das Risikomanagement. Mit 3,7 auf einer Skala von 0 (unwichtig) bis 4 (sehr wichtig) hat es eine ähnlich Bedeutung, wie die in der zur Untersuchung von *Ernst & Young* ermittelte Früherkennung bestandsgefährdender Risiken – geht aber mit der Sicherung des Fortbestandes qualitativ darüber hinaus. Auch die Steigerung des Marktwertes (3,0) erhält eine noch recht hohe Relevanz. Weitere Ziele sind die Steigerung des Gewinns (2,6) und die Reduzierung von Gewinnschwankung (2,4), als auch die Reduzierung des Cash Flow-

[107] Vgl. Ernst & Young 2005, S. 7.
[108] Vgl. dazu die Ausführungen in Kapitel 3.4.2.
[109] Vgl. Ernst & Young 2005, S. 7.
[110] Vgl. Wiedemann 2000, S. 382.

Volatilität (2,4). Weniger bedeutend erscheinen als Ziele die Reduzierung der Steuerbelastung (1,8) und bilanzpolitische Beeinflussungsmaßnahmen (1,6).[111]

2.2.1.3 Organisatorische Einbindung

Bei den durch *Henschel* 2003 befragten KMU ist zu 92,1% die Geschäftsleitung verantwortlich für das Risikomanagement. Obwohl Mehrfachnennungen möglich waren, folgen das Controlling und die kaufmännische Leitung mit nur 36,5% bzw. 31,7%. Einen hauptamtlichen Risikomanager beschäftigten dagegen nur 4,8% der Unternehmen. Hier zeigt sich die starke Stellung der Geschäftsführung in KMU, welche als Eigentümer selbst ein starkes Interesse am Wohlergehen des Unternehmens und an der Handhabung von Risiken hat.[112] Gerade in der durch *Henschel* untersuchten Gruppe von Unternehmen, welche rein quantitativ von Großunternehmen abgegrenzt wird, ist die Organisationsstruktur des Unternehmens auf die Person des Geschäftsführers zugeschnitten.[113] Allerdings haben 65,1% dieser Gesellschaften kein integriertes System von Unternehmensplanung und Risikomanagement und können so die Auswirkungen von Risiken auf Erfolgs- und Liquiditätskennziffern nicht ermitteln.[114]

In ihrer hinsichtlich der Unternehmensgröße etwas weiter gefassten Studie ermittelt *Tritschler*, dass es in den von ihr befragten Unternehmen keine allgemeingültigen Regeln für die Zuordnung des Risikomanagements gibt. Bei 40,1% der Gesellschaften ist das Controlling für das Risikomanagement verantwortlich. 8,1% setzen einen speziellen Risikomanager ein und 4,5% haben eine eigene Risikomanagementabteilung. Bemerkenswert erscheint, dass 20,7% die Problematik mit Arbeitskreisen angeht, welche im Bedarfsfall die Unternehmensleitung unterrichten sollen.[115]

---

[111] Vgl. Glaum / Förschle 2000, S. 10.
[112] Vgl. Henschel 2003, S. 334.
[113] Die von Henschel befragten Unternehmen haben zu 95,6% einen Jahresumsatz von kleiner als 50 Mio. € und zu 92,2% weniger als 250 Mitarbeiter. Vgl. Henschel 2003, S. 333.
[114] Vgl. Henschel 2003, S. 334.
[115] Vgl. Tritschler 2001, S. 51 f.

Mit zunehmender Unternehmensgröße sind die Organisationsstrukturen vergleichsweise stärker ausgeprägt. Gemäß der Studie von *Glaum und Förschle*, welche Industrieunternehmen mit mehr als 150 Millionen Euro Jahresumsatz untersuchten, wird dort zu 37% die Verantwortung für das Risikomanagement auf zahlreiche Stellen verteilt. 23% haben eine Stabstelle eingerichtet, die direkt dem Vorstand unterstellt ist. Im Controlling und im Unternehmensbereich Finanzen oder Treasury ist das Risikomanagement bei 21% bzw. 12% der Unternehmen angesiedelt.[116]

Das *Institut der Niedersächsischen Wirtschaft e.V. (INW)* zeigt für Aktiengesellschaften ein noch stärker differenziertes Bild. Zwar wurde bei 61% der Gesellschaften das Risikomanagement in die Unternehmensorganisation integriert und der Risikomanagementprozess ist damit Bestandteil des Tagesgeschäftes. Auch haben weitere 28% separate Organisationseinheiten für das Risikomanagement geschaffen.[117] Allerdings unterscheidet sich die Umsetzung sehr stark und es kann kein eindeutiger Trend für die Ausgestaltung erkannt werden. So ist bei 28% der Unternehmen der Gesamtvorstand für die Umsetzung des Risikomanagements verantwortlich – bei 25% dagegen nur ein einzelnes Vorstandsmitglied. Einen zentralen Risikomanager beschäftigen 27% der Unternehmen. Bei 24% der Aktiengesellschaften ist das Controlling zuständig und die Interne Revision bei 12%.[118] Letztere ist weiterhin zu 55% die interne Kontrollinstanz für die Überwachung des Risikomanagements. Überraschenderweise hatten 24% der befragten Aktiengesellschaften zum Zeitpunkt der Untersuchung keine Kontrollinstanz installiert,[119] obwohl dies für Aktiengesellschaften als notwendig anzusehen ist. Eine Information des Aufsichtsrates über das Risikomanagementsystem bzw. die einzelnen, wesentlichen Risiken erfolgt bei 72% bzw. 71% der Unternehmen.[120]

Für börsennotierte Aktiengesellschaften kommen *Diederichs und Reichmann* hinsichtlich der Umsetzung des Risikomanagements teilweise auf höhere Werte. Bei ihrer Untersuchung ist in 56,4% der Unternehmen das Controlling verantwortlich und bei

[116] Vgl. Glaum / Förschle 2000, S. 9.
[117] Vgl. INW 2000, S. 8.
[118] Vgl. INW 2000, S. 9. Bei der Auswahl der Zuständigkeiten waren Mehrfachnennungen möglich.
[119] Vgl. INW 2000, S. 10. Zu den gesetzlichen Anforderungen bzw. Empfehlungen siehe Kapitel 3.4.
[120] Vgl. INW 2000, S. 11.

47,3% existiert ein zentraler Risikomanager. Recht ähnliche Werte zur Studie des *INW* ergeben sich hinsichtlich der Verantwortung durch den Gesamtvorstand (21,8%) bzw. seitens der Internen Revision (18,2%).[121]

Dagegen identifizieren *Hoitsch, Winter und Baumann* bei nur 14,4% die Controllingabteilung als Aufgabenträger des Risikomanagements. Laut ihrer Studie sind zu 25,2% die jeweilig verantwortlichen Manager auch für Risikomanagement verantwortlich. Eine zentrale Risikomanagementabteilung gibt es nur bei 17,1% der Unternehmen. Hinsichtlich des Risikocontrollings stellten sie fest, dass in 40,5% der Unternehmen Risikomanagement und Risikocontrolling gleichwertig nebeneinander existieren. Bei weiteren 23,6% ist das Risikocontrolling dem Risikomanagement untergeordnet. Dagegen verwenden 36,0% die beiden Begriffe synonym.[122] Insgesamt geben 47,2% der Unternehmen an, eine zentrale Risikomanagerstelle oder eine Risikomanagementabteilung eingerichtet zu haben.[123] Risikopolitische Ziele gibt es bei 72,5% und ein Risikomanagementhandbuch bei 72,7% der befragten Gesellschaften.

Bei seiner Studie unter deutschen, börsennotierten Aktiengesellschaften und den sie prüfenden Wirtschaftsprüfern stellt *Wolz* fest, dass zwar 70,3% der Unternehmen angeben, über einen Maßnahmenkatalog in Form eines entsprechenden Risikohandbuches zu verfügen, welcher die identifizierten Risiken und deren Steuerungsmaßnahmen beschreibt. Die befragten Wirtschaftsprüfer attestieren den Unternehmen allerdings nur zu 51,3% die Existenz eines solchen Risikohandbuches. Eine noch gravierendere Diskrepanz gibt es bei der Dokumentation des Risikomanagementsystems für den Abschlussprüfer. Obwohl 93,3% der Gesellschaften ihre Dokumentation als ausreichend ansehen, bestätigen dies die Wirtschaftsprüfer nur für 65,8% der Fälle.[124] Hier scheinen recht ausgeprägte Differenzen zwischen der wahrgenommenen

[121] Vgl. Diederichs / Reichmann 2003, S. 231. Auch hier waren Mehrfachnennungen möglich.
[122] Vgl. Hoitsch et al. 2006, S. 74.
[123] Vgl. Hoitsch et al. 2006, S. 75.
[124] Vgl. Wolz 2001, S. 799.

Qualität der Ausgestaltung im Unternehmen und der entsprechenden Einschätzung externer Gutachter mit ihren weitgehend objektiven Maßstäben vorhanden zu sein.[125]

In Bezug auf die Bestandteile des Risikomanagementhandbuchs im mittelständischen Unternehmen kommt *Tritschler* zu dem Ergebnis, dass nur in 3% der Unternehmen gar keine Dokumentation der Risiken vornehmen. Eine Erfassung und Dokumentation der Verantwortungsbereiche für die Risikoerkennung, -analyse und -dokumentation erfolgt bei 18,6% der Unternehmen. Dokumentationen zu Weiterleitungsregeln von zwar erkannten, aber nicht bewältigten Risiken haben 17,9% der Unternehmen und 20,9% dokumentieren die bestandsgefährdenden Risiken inklusive deren Eintrittswahrscheinlichkeit, Schadensausmaß und Entwicklung im Zeitverlauf.[126]

Hinsichtlich der IT-Unterstützung des Risikomanagements ist feststellen, dass die Nutzung von Standardsoftware über alle Unternehmensgrößenklassen weit verbreitet ist. Die verschiedenen empirischen Studien weisen in dieser Fragestellung durchgehend hohe Zustimmungswerte aus. So ermittelt *Henschel* für KMU bei der Softwarenutzung eine Verbreitung von 66,1% bei Standardbürosoftware.[127] *Tritschler* kommt mit 66,0% bei ihrer Fragestellung nach der Nutzung von Standard IT-Tools quasi auf ein identisches Ergebnis.[128] Auch *Diederichs und Reichmann* bestätigen, dass für die EDV-Unterstützung mehrheitlich Microsoft-Standardsoftware herangezogen wird.[129] Das *INW* ermittelt für Aktiengesellschaften immerhin noch einen Nutzungsgrad von Office-Anwendungen von 48%. Auf Speziallösungen von externen Softwarehäusern als auch auf Eigenentwicklungen setzen bei diesen Unternehmen dagegen nur jeweils 4%.[130] Bei den durch *Henschel* befragten KMU setzten dagegen 24,8% der Unternehmen auf Eigenentwicklungen und 3,5% auf Spezialsoftware für das Risikomanagement. Betriebswirtschaftliche Standardsoftware wie SAP nutzten immerhin 37,4%.[131]

---

[125] Vgl. Wolz 2001, S. 800 f.
[126] Vgl. Tritschler 2001, S. 50.
[127] Vgl. Henschel 2003, S. 336.
[128] Vgl. Tritschler 2001, S. 58.
[129] Vgl. Diederichs / Reichmann 2003, S. 233.
[130] Vgl. INW 2000, S. 23.
[131] Vgl. Henschel 2003, S. 336. Mehrfachnennungen waren möglich.

2.2.1.4 Identifikation, Bewertung und Steuerung von Risiken

2.2.1.4.1 Identifikation

Bei der Frage der Identifikation der für die jeweiligen Unternehmen relevanten Risiken soll zunächst analysiert werden, welche Instrumente generell Verwendung finden. Die zum Aufspüren der speziellen finanzwirtschaftlichen Risikoarten verwendeten Instrumente sind dagegen Gegenstand der Betrachtungen von Kapitel 2.2.2.

Für mittelständische Unternehmen ermittelt *Tritschler* Kennzahlenanalysen als das mit 27,5% am meisten genutzte Instrument. Sie zweifelt allerdings deren Nutzen aufgrund der mangelnden Zukunftsorientierung an und verweist auf die reine Ausschöpfung des bereits vorhandenen Wissens. Mit 24,3% Verbreitung folgt die Expertenbefragung, wobei sie aufgrund der Subjektivität der Experten vor möglicherweise verfälschten Ergebnissen warnt. Genutzt werden auch regelmäßige Risikoworkshops (18,0%), Zeitreihenanalysen (11,8%) und Brainstorming (10,8%). Im Mittelstand kaum verbreitet sind dagegen Simulations- und Entscheidungsbaumverfahren (2,7% bzw. 2,2%) oder die Verwendung künstlicher neuronaler Netze (0,5%).[132] Fraglich ist, ob *Tritschler* Checklisten mit in ihre Abfrage aufgenommen hat, da diese in anderen Studien ein weit verbreitetes Instrument darstellen.[133] So ermitteln *Hölscher, Giebel und Karrenbauer*, dass 31,8% der von ihnen befragten kleinen und mittleren Unternehmen Checklisten für die Identifikation nutzen. Bei den größeren Unternehmen in ihrer Befragung gilt dies sogar für 61,2%. Betriebsbesichtigungen sind bei kleinen und mittleren Unternehmen mit 31,8% ebenso verbreitet. Es folgen für diese Unternehmensgruppe das betriebliche Vorschlagwesen mit 27,3% und Brainstorming mit einer im Gegensatz zur Studie von *Tritschler* höheren Verbreitung von 22,7%. Expertenbefragungen und Fehlerbaumanalysen finden dagegen mit jeweils 4,5% kaum Verwendung.[134]

132 Vgl. Tritschler 2001, S. 39 f.

133 Checklisten werden in der Auswertung nicht genannt, können aber durchaus im Rahmen anderer abgefragter Verfahren Verwendung finden.

134 Vgl. Hölscher et al. 2006, S. 153.

Kajüter unterscheidet in seiner Untersuchung deutscher börsennotierter Aktiengesellschaften zwischen Mutter- und Tochtergesellschaften. Die Verwendung von Checklisten weist er für 86% der Mutter- und für 77% der Tochtergesellschaften nach. Im Vergleich zu den vorgenannten rein mittelständischen Unternehmen nimmt Brainstorming in seiner Studie mit unterschiedlichen Größenklassen eine mit 84% bzw. 70% eine weitaus höhere Bedeutung ein. Fehlerbaumanalysen finden noch bei 12% bzw. 9% der Unternehmen Verwendung.[135] Hinsichtlich der Nutzung von Checklisten kommen *Diederichs und Reichmann* mit 75% auf ein ähnliches Ergebnis wie *Kajüter*. Allerdings ist bei den von ihnen untersuchten Unternehmen die Befragung mit 70% als auch der Einsatz von Risikokennzahlen oder Frühwarnindikatoren mit 65% weiter verbreitet als das Brainstorming mit 30%.[136]

Bei ihrer ebenfalls auf börsennotierte Gesellschaften ausgerichteten Studie stellen *Vogler, Engelhard und Gundert* fest, dass die Verbreitung von Checklisten bis zu einem Umsatz von 500 Millionen Euro in Abhängigkeit der Unternehmensgröße zunimmt. Bei den von ihnen betrachteten Aktiengesellschaften nutzen 30,4% der Unternehmen mit einem Umsatz unter 50 Millionen Euro dieses Instrument. Bei einem Umsatz von 50 bis 250 Millionen Euro sind es 54,9% und bei einem Umsatz von 250 bis 500 Millionen Euro 66,7%.[137]

Bei der Frage, durch wen die Risikoidentifikation durchgeführt wird, identifiziert die Studie des *INW* in 64% der Fälle die jeweiligen Prozessverantwortlichen. Da diese in die operativen Geschäfte eingebunden sind, sollten sie die idealen Personen sein, um die Frühwarnindikatoren angemessen zu interpretieren.[138] Für die Identifikation herangezogen werden darüber hinaus die Geschäftsführung (37%), das Controlling (29%), die Finanzabteilung (18%) und das Rechnungswesen (14%), aber auch die Interne

---

135 Vgl. Kajüter 2006, S. 17. Als small SME's warden in der Studie Unternehmen mit bis zu 500 Mitarbeitern angesehen. Zu der Gruppe der large firms zählen dagegen Unternehmen mit mehr als 2.000 Angestellten. Vgl. Kajüter 2006, S. 12.

136 Vgl. Diederichs / Reichmann 2003, S. 231.

137 Vgl. Vogler et al. 2000, S. 1428.

138 Vgl. INW 2000, S. 9.

Revision (11%) und die Rechtsabteilungen (10%).[139] Eine wiederkehrende Identifikation in Form einer Risikoinventur haben 77% der befragten Gesellschaften durchgeführt. Als Verfahren dafür werden primär Besprechungen auf Bereichsebene (39%), bereichsübergreifende Workshops (36%) und Erhebungen mittels Fragebögen (34%) durchgeführt.[140]

2.2.1.4.2 Risikofelder

In den einzelnen Studien werden die zu identifizierenden Risikofelder teilweise recht unterschiedlich bezeichnet. Dennoch lassen sie sich weitgehend auf die typischen Risikoarten bzw. -felder zurückführen, wie sie bspw. im DRS 5 für die Berichterstattung empfohlen werden.[141] Als dominierendes Risikofeld in KMU ermittelt *Henschel* Marktrisiken, welche in 70,2% der befragten Unternehmen identifiziert wurden. Allerdings kann der Studie nicht entnommen werden, ob sich die angegebenen Marktrisiken eher auf Absatz- und Beschaffungsrisiken in Form von leistungswirtschaftlichen Risiken beziehen, oder ob auch Preisrisiken im Hinblick auf den Faktoreinsatz und den Absatz fertiger Erzeugnisse hier mit einfließen. Reine Finanzmarktrisiken wurden bei 38,8% der Unternehmen ermittelt. Bedeutende Risikofelder sind weiterhin strategische Risiken (60,8%) und Risiken aus Geschäftsprozessen (54,5%). Rechtliche Risiken und Risiken aus der Unternehmensführung werden bei immerhin noch 34,1% bzw. 30,2% der Unternehmen identifiziert.[142]

Durch die Befragung von Mittelständlern in sechs unterschiedlichen europäischen Ländern lassen die Ergebnisse der *Marsh-Studie* einen Vergleich mit den europäischen Wettbewerbern zu. So nehmen deutsche Mittelständler zum einen Risiken ernster als Unternehmen in den Nachbarländern. Zum anderen liegt der Fokus der deutschen Unternehmen eher auf operativen und strategischen Risiken gegenüber finanziellen Risiken, wie Rohstoffpreisrisiken oder die Zahlungsfähigkeit der Kunden, welche franzö-

---

[139] Vgl. INW 2000, S. 10.
[140] Vgl. INW 2000, S. 15.Mehrfachnennungen waren möglich.
[141] Siehe Kapitel 3.4.7 für Ausführungen zum DRS 5.
[142] Vgl. Henschel 2003, S. 335.

sische, italienische und spanische Unternehmen zumeist im Blickpunkt haben.[143] Mit 82% wird das Versagen der IT-Sicherheit in Deutschland als höchstes Risiko angesehen. Der Verlust wichtiger Mitarbeiter an die Konkurrenz (78%), zunehmender Wettbewerb (76%) und Systemausfälle (73%) werden ebenfalls als bedrohlich angesehen. Weitere operative Risiken finden sich im Bereich der rechtlichen und vertraglichen Risiken (68%), beim Arbeitsausfall von Mitarbeitern (66%) und bei Ausfällen in der Zulieferkette (65%). Bei strategischen Risiken lassen sich die recht ähnlichen Bedrohungen der Veränderung von Kundenbedürfnissen (67%) sowie der Änderung der Demografie und dem Konsumentenverhalten (66%) identifizieren. Dagegen scheinen Feuer- und Unfallrisiken als auch Zahlungsausfälle und Währungsrisiken kaum relevant. Zunehmenden Wettbewerb erachten die europäischen Konkurrenten als bedeutendstes Risiko – es liegt in der Wahrnehmung mit 65% dennoch unter dem in Deutschland ermittelten Wert. Dagegen identifizieren 49% der europäischen Unternehmen Schwankungen der Rohstoffpreise als bedeutendes Risiko.[144] Bei einer europaweiten Betrachtung der wichtigsten Risiken in verschiedenen Branchen wird dem Risiko eines verschärften Wettbewerbs in den meisten Branchen die größte Bedeutung zugemessen. Einzig in der IT- und Telekommunikationsbranche wird dem Verlust wichtiger Mitarbeiter an Konkurrenten mit 78% gegenüber 77% für den verschärften Wettbewerb mehr Beachtung geschenkt. Im verarbeitenden Gewerbe (66%) und in der Chemie- und Pharmabranche (67%) ist erwartungsgemäß das Risiko der Fluktuation von Rohstoffpreisen sehr bedeutend. In den Branchen Transport und Vertrieb (60%) sowie Einzelhandel (71%) wird dagegen die veränderte Kundennachfrage als zweithöchste Bedrohung angesehen.[145]

Deutsche Aktiengesellschaften messen gemäß der Studie von *Wolz* dem Marktpreisrisiko mit 63,0% eine große oder sehr große Bedeutung zu. Ökonomische Risiken (56,2%), Risiken aus der Geschäftstätigkeit und technologische Risiken (je 38,4%) werden ebenfalls als bedeutend angesehen. Die diese Gesellschaften prüfenden Abschlussprüfer kamen zu einer abweichenden Betrachtung. Zwar erachteten sie für 59,1% dieser Aktiengesellschaften auch das Marktpreiserisiko als sehr bedeutend. Allerdings maßen sie dem Betriebsri-

[143] Vgl. Marsh 2002a, S. 2.
[144] Vgl. Marsh 2002a, S. 3.
[145] Vgl. Marsh 2002b, S. 11.

siko (55,1%), dem Liquiditäts- und Kreditrisiko (52,3%) und den technologischen Risiken (51,4%) eine weitaus höhere Bedeutung zu als die von ihnen geprüften Gesellschaften.[146]

2.2.1.4.3 Bewertung

In ihrer Studie unterscheidet *Tritschler* explizit zwischen Risikoanalyse und -bewertung. Dabei kommt es bei ihr zu einer starken Überschneidung der Nennungen der für die Phasen Risikoidentifikation und -analyse verwendeten Instrumente.[147] Zur Einordnung der Relevanz der einzelnen Risiken werden Kennzahlenanalysen mit 17,3% als häufigstes Instrument genannt. Es folgen Befragungen (13,7%), Beobachtungen (10,7%) und Prüflisten (10,2%). Risikomanagementfragebögen und Schadensstatistiken nutzen dagegen nur 7,7% bzw. 7,2% der befragten Unternehmen.[148] Für die Quantifizierung der als bestandsgefährdend identifizierten Risiken nahmen 36,1% der befragten Unternehmen eine rein subjektive Bewertung vor. Brutto/Netto-Verfahren – also die Darstellung von Schadenshöhe und Eintrittswahrscheinlichkeit vor und nach Maßnahmen zu deren Verringerung – nutzen immerhin 24,1%. Portfolio- und Sensitivitätsanalysen werden von 18,9% bzw. 12,0% der Gesellschaften eingesetzt, wobei die Autorin nicht auf den Detaillierungsgrad dieser Instrumente eingeht. Weitergehende quantitative Verfahren wie der Value-at-Risk werden von nur 4,8% der Unternehmen genutzt, wobei häufig angemerkt wurde, dass diese Methoden entweder nicht bekannt oder zu kompliziert wären.[149] Diese Beobachtungen decken sich mit jenen von *Hölscher, Giebel und Karrenbauer*, die für den Value-at-Risk auch nur eine Verwendung bei 4,5% der von ihnen befragten kleinen und mittleren Unternehmen nachweisen. Bei größeren Unternehmen ist der Verbreitungsgrad mit 14,7% auch noch vergleichsweise gering. Auffallend ist auch hier, dass 63,6% der kleineren und mittleren Unternehmen keine Risikobewertung im engeren Sinne durchführen, sondern die Risiken eher subjektiv abschätzen und grob kategorisieren. Korrekturverfahren nutzen in dieser Gruppe 13,6% der Unternehmen, eine Risiko-Portfolio oder eine Risk-Map 9,1% und Nutzwert- bzw. Sensitivitätsanaly-

[146] Vgl. Wolz 2001, S. 798.
[147] Zu den Instrumenten der Risikoidentifikation siehe Kapitel 2.2.1.4.1.
[148] Vgl. Tritschler 2001, S. 40.
[149] Vgl. Tritschler 2001, S. 41.

sen je 4,5%.[150] Die geringe Verbreitung des Value-at-Risk bestätigt sich auch bei Aktiengesellschaften. Dort nutzen gemäß der Untersuchung von *Kajüter* nur 16% der Konzernmuttergesellschaften und 9% der Tochtergesellschaften dieses Instrument. Auch der Cash Flow-at-Risk ist bei nur 6% bzw. 3% verbreitet. Wenig genutzt werden auch risikoadjustierte Konzepte, wie die risikoadjustierte Balanced Scorecard (jeweils 3%) oder risikoadjustierte Kennzahlen (3% bzw. 2%). Auch die Monte-Carlo-Simulation wir noch selten herangezogen (7% bzw. 4%). Verbreiteter sind dagegen Risiko-Portfolios (77% und 57%), Szenarioanalysen (je 50%) und Sensitivitätsanalysen (44% bzw. 33%).[151] Die den vorgenannten Verfahren vorgelagerte Bestimmung von Risikoeintrittswahrscheinlichkeiten und Schadenshöhe führen gemäß *Diederichs und Reichmann* 80% der von ihnen befragten Aktiengesellschaften durch, wobei 70% auch Risikointerdependenzen berücksichtigen.[152]

Laut der Studie des *INW* erfassen 66% der Gesellschaften auch nicht quantifizierbare Risiken. Für quantifizierbare Risiken ermitteln 17% die Eintrittswahrscheinlichkeit in Prozentwerten und 51% in Intervallen oder Klassen. Für die Schadenshöhe wurden bei 25% absolute Zahlen verwendet und bei 43% Intervalle oder Klassen.[153] Mit in Summe 68% liegen die Werte etwas unter den von Diederichs und Reichmann ermittelten. *Ernst & Young* stellten hinsichtlich der Risikobewertung recht große Unterschiede zwischen börsennotierten und nicht börsennotierten Kapitalgesellschaften fest. Während zwei Drittel der börsennotierten Unternehmen die Risiken quantitativ bewertet und die Hälfte Wechselwirkungen zwischen den Einzelrisiken erfasst, bewerten nicht börsennotierte Gesellschaften die Risiken zu zwei Drittel nur qualitativ und Wechselwirkungen werden nur zu einem Drittel erfasst.[154]

2.2.1.4.4 Steuerung

Im Rahmen der Risikosteuerung geht es zunächst um die Festlegung der Strategien, um das Gesamtrisiko und die Risikotragfähigkeit des Unternehmens in Einklang zu bringen.

---

[150] Vgl. Hölscher et al. 2006, S. 153.
[151] Vgl. Kajüter 2006, S. 17.
[152] Vgl. Diederichs / Reichmann 2003, S. 231.
[153] Vgl. INW 2000, S. 17.
[154] Vgl. Ernst & Young 2005, S. 8.

Für die Risikoselbsttragung entschieden sich dabei 34,9% der von *Tritschler* befragten Unternehmen. Gemäß der Autorin lässt dies darauf schließen, dass die Unternehmen entweder sehr risikofreudig agieren oder das Management nicht vollständig über die Produktpalette von Risikosteuerungsinstrumenten und deren Funktionsweisen informiert ist.[155] Dies könnte dazu führen, dass die Auswirkungen der Risiken bei ungünstiger Geschäftsentwicklung die Risikotragfähigkeit des Unternehmens übersteigt und somit eine Bestandsgefährdung ohne ausreichende Steuerungsmechanismen besteht. Die Risikoverminderung ist mit 32,8% die zweite verbreitete Strategie, gefolgt von der Risikoüberwälzung mit 21,1%. Die Risikovermeidung wird dagegen nur von 11,2% der Unternehmen als Strategie gewählt, da hier auch die Gefahr der Vermeidung von Chancen besteht.[156] Hinsichtlich der Bewältigungsstrategien für bestandsgefährdende Risiken bestimmen 28,5% der Unternehmen einen Verantwortlichen, der explizit für die Steuerung des Risikos zuständig ist. Auf einen Maßnahmenkatalog setzen 26,9% und 24,9% bewältigen Risiken mit situativen Ad-hoc-Maßnahmen. Dagegen analysieren 19,7% nur die Wirkung bereits erfasster Maßnahmen und eine detaillierte Strategie ist nicht erkennbar.[157]

Unter Verwendung von Mehrfachnennungen identifizieren *Hölscher, Giebel und Karrenbauer* die Risikoübertragung, die Risikominderung und die Risikovermeidung mit 83%, 76% bzw. 65% als verbreitete Strategien. Maßnahmen zur Risikostreuung wurden nur von 33% der Unternehmen verwendet. Mit 86% werden Versicherungen bei Großunternehmen intensiver für die Übertragungen von Risiken genutzt als bei kleinen und mittleren Unternehmen mit 64%. Derivate sind laut der Studie nur bei einer Minderheit von 30% der Großunternehmen im Einsatz – bei kleinen und mittleren Unternehmen liegt der Anteil gar nur bei 5%.[158]

Gemäß der *Marsh-Studie* tragen deutsche Mittelständler im Vergleich zu anderen Europäischen Ländern Risiken eher selbst, obwohl sie sich intensiver mit den einzelnen Risi-

155 Vgl. Tritschler 2001, S. 43.
156 Vgl. Tritschler 2001, S. 43.
157 Vgl. Tritschler 2001, S. 44.
158 Vgl. Hölscher et al. 2006, S. 154.

ken auseinandersetzen.[159] Auch haben weniger als die Hälfte der deutschen Unternehmen gemäß dieser Befragung für die Bewältigung von Risiken offizielle Verfahren.[160]

2.2.1.5 Qualität und Akzeptanz der Risikomanagementsysteme

Henschel stellt in seiner Studie heraus, dass die Unternehmensgröße der entscheidende Faktor für die Qualität eines Risikomanagementsystems ist. Eine signifikante Abhängigkeit von der Branche kann er dagegen nicht identifizieren. Einzig der Implementierungsstand ist in hochentwickelten Branchen wie dem Maschinenbau und der Informationstechnologie weiter fortgeschritten.[161] Bei einer Bewertung der Qualität der Risikomanagementsysteme mit Hilfe von Scoringvariablen ermittelt er für Kapitalgesellschaften einen höheren Wert als für Personengesellschaften. Neben der Abhängigkeit von der Rechtsform wird die Qualität der Risikomanagementsysteme auch von der Zugehörigkeit zu einem Konzernverbund positiv beeinflusst. Wenig überraschend weisen auch Unternehmen, die ihren Jahresabschluss prüfen lassen, eine höhere Qualität des Risikomanagements auf, da diese von der Erfahrung der Wirtschaftsprüfer profitieren sowie für ein Prüftestat eine entsprechende Qualität vorweisen müssen.[162]

Während *Hölscher, Giebel und Karrenbauer* das strategische Risikomanagement von 26,8% der von ihnen betrachteten Großunternehmen als gut / sehr gut oder bei 47,4% zumindest als nur mit Mängeln behaftet bewerten, stellen sie für 68,2% der Unternehmen eine nur unzureichende Ausgestaltung fest. Das operative Risikomanagement bewerten sie bei immerhin noch 40,9% der kleinen und mittleren Unternehmen als unzureichend, wobei eine solch schlechte Bewertung nur bei 9,5% der Großunternehmen zu verzeichnen ist.[163] In der Gesamtbewertung des industriellen Risikomanagements schneiden 13,6% der kleinen und mittleren Unternehmen mit gut ab. Mit Mängeln versehen ist es bei 27,3% und unzureichend bei 59,1% dieser Unternehmen.[164]

---

159 Vgl. Marsh 2002a, S. 4.
160 Vgl. Marsh 2002b, S. 13.
161 Vgl. Henschel 2008b, S. 229.
162 Vgl. Henschel 2008a, S. 178.
163 Vgl. Hölscher et al. 2007, S. 6.
164 Vgl. Hölscher et al. 2007, S. 7.

In der Studie von *Hoitsch, Winter und Baumann* bewerten 46,8% der Kapitalgesellschaften die Qualität ihres Risikomanagementsystems selbst mit hoch oder sehr hoch. 38,5% betrachten es noch als mittelmäßig und 14,7% als unzureichend. Das ebenfalls einzuschätzende Risikocontrolling wird zu 36,9% als gut oder sehr gut, zu 44,7% mittelmäßig sowie zu 18,4% als unzureichend angesehen. Bemerkenswert sind die bei 88,9% der Unternehmen als mittelmäßig oder nur gering angesehen Kosten des Risikomanagements. Demgegenüber steht der zu 78,9% nur als mäßig oder gering erachtete Beitrag des Systems zum Unternehmenserfolg. Auch die Akzeptanz ist bei 61,1% der Gesellschaften nur mäßig oder gering.[165]

2.2.1.6 Problemfelder

In der Identifikation der Risiken sehen sowohl die von Wolz befragten Aktiengesellschaften mit 34,3% als auch deren Wirtschaftsprüfer mit 30,1% das größte Problem. Die Messung der Effektivität des Risikomanagementsystems sehen 18,7% der Unternehmen und 19,5% der Wirtschaftsprüfer als Problemfeld. Weitere Problemfelder liegen in der Zuordnung der Aufgaben (14,1% / 15,4%) und der Kompetenzen (13,3% / 11,1%) innerhalb des Systems sowie in der Ermittlung des Nutzens der Implementierung eines Risikomanagementsystems (13,7% / 17,4%). Die Kontrolle der Kosten für die Implementierung des Systems wird dagegen sowohl von den Aktiengesellschaften (5,9%) als auch von den Wirtschaftsprüfern (6,5%) kaum als Problemfeld angesehen.[166]

2.2.1.7 Übersicht empirischer Studien zum Stand des Risikomanagements

Zusammenfassend soll mit Hilfe von Tabelle 5 ein Überblick über die in der Arbeit behandelten Studien zum aktuellen Stand des Risikomanagements gegeben werden. Nicht alle der Untersuchungen haben einen direkten Fokus auf die quantitativ bestimmbare Gruppe der KMU oder sind auf Basis qualitativer Kriterien auf den Mittelstand ausgerichtet. Im Hinblick auf die Zielgruppen der Studien gibt es aber einige Überschneidungen, weshalb einige eher auf große Unternehmen ausgerichtete

[165] Vgl. Hoitsch et al. 2006, S. 75.
[166] Vgl. Wolz 2001, S. 797 f.

Untersuchungen mit in die Betrachtungen eingeflossen sind. Dies erlaubt in einigen Bereichen auch einen Vergleich hinsichtlich der Ausgestaltung der Systeme in kleinen und mittleren Unternehmen zur Umsetzung in Großunternehmen.

Tabelle 5: Studien zum Risikomanagement

Autoren und Jahr	Titel	Untersuchungsschwerpunkt	Zielgruppe
Diederichs / Reichmann 2003	Risikomanagement und Risikocontrolling in der Praxis	Fragebogen zur Implementierung von Risikomanagementsystemen gemäß der Forderungen des KonTraG und der Anforderungen des IDW 340	Befragung 253 deutscher Aktiengesellschaften aus DAX 30, MDAX, SMAX und NEMAX 50, Rücklaufquote 22%
Ernst & Young 2005	Ernst & Young Best Practice Survey "Risikomanagement 2005"	Befragung zum Stellenwert des Risikomanagements in deutschen Unternehmen sowie zum aktuellen Stand und zu Entwicklungstrends	500 befragte Unternehmen, Unterscheidung zwischen börsennotierten AGs und nicht börsennotierten AGs sowie GmbHs. 54% mit einem Umsatz unter 1 Mrd. €.
GGW 2008	Risikomanagement im Mittelstand	Onlineumfrage zum Stellenwert des Risikomanagements	275 teilnehmende Unternehmen, Anteil Teilnehmer nach Umsatz: kleiner 25 Mio. €: 28,1%, zw. 25 und 500 Mio. €: 59,1%, über 500 Mio. €: 12,8%.
Glaum / Förschle 2000/PwC	Finanzwirtschaftliches Risikomanagement deutscher Industrie- und Handelsunternehmen	Fragebogen zur Darstellung der Praxis des finanzwirtschaftlichen Risikomanagements	Rücklaufquote von 48% bei 154 befragten, börsennotierten Unternehmen mit einem Umsatz größer 150 Mio. € unter Ausschluss von Banken und Versicherungen.
Henschel 2003	Risikomanagement im Mittelstand	Fragebogen zum Stand des Risikomanagements in deutschen KMU hinsichtlich der Integrationsfähigkeit von Risikomanagement und Unternehmensplanung	Rücklaufquote von 16% bei 1.692 befragten Unternehmen. Anteil von 95,6% der Unternehmen mit Jahresumsatz unter 50 Mio. € und 92,2% unter 250 Mitarbeitern
Henschel 2008b	Risikomanagement Typologie: Eine empirische Untersuchung an deutschen KMU	Fragebogen zur Bestimmung der Risikomanagement-Praktiken in deutschen KMU sowie zur Konstruktion von Scoringvariablen zur Bestimmung der Qualität der Risikomanagementsysteme	Rücklaufquote von 17,4% bei 1.801 angeschriebenen Unternehmen. Stichprobenauswahl aus der Hoppenstedt-Datenbank für Unternehmen mit maximal 250 Mitarbeitern und 50 Mio. € Jahresumsatz.
Hoitsch et al. 2006	Risikocontrolling bei deutschen Kapitalgesellschaften	Fragebogen zum Stand, der Rolle, der Ausgestaltung und der Wahrnehmung des Risikocontrollings bei Nicht-Finanzunternehmen.	Rücklaufquote von 23,9% bei 500 befragten Kapitalgesellschaften (AG und GmbH) mit mehr als 500 Mitarbeitern und 50 Mio. € Umsatz.
Hölscher et al. 2006	Stand und Entwicklungstendenzen des industriellen Risikomanagements	Onlinefragebogen zur Ermittlung des Aufbaus und der Struktur des Risikomanagements in deutschen Industrieunternehmen	Rücklaufquote von 7% bei 2.000 befragten Unternehmen. 116 Großunternehmen und 22 kleine und mittlere Unternehmen mit einem Jahresumsatz unter 32,12 Mio. €
INW 2000	Entwicklungstrends des Risikomanagements von Aktiengesellschaften in Deutschland	Umfrage zum aktuellen Stand des Risikomanagements in deutschen Aktiengesellschaften	Befragung von 85 AGs aus den Bereichen Industrie, Handel, Dienstleistungen, Energiewirtschaft, Telekommunikation und Medien.
Kajüter 2006	Risk Management Systems: Empirical Evidence from German listed firms	Fragebogen zur Ermittlung verschiedener Arten von Risikomanagementsystemen und Betrachtung von deren Komponenten und deren Effektivität	Rücklaufquote von 52,5% bei 552 angeschrieben börsennotierten AGs. Anteil Teilnehmer nach Mitarbeitern: bis 500 Mitarbeiter: 35,9%, 501 bis 2.000 Mitarbeiter: 27,6%, über 2.000 Mitarbeiter: 36,5%.

Autoren und Jahr	Titel	Untersuchungsschwerpunkt	Zielgruppe
Marsh Studie 2002	Risikomanagement in Europa 2002: Eine Untersuchung mittelständischer Unternehmen	Umfrage zur Erforschung der wichtigsten Risiken in den Bereichen finanzielles, strategisches, operatives Risiko und Gefahren	Interviews mit je 100 Unternehmen mit einem Jahresumsatz zwischen 50 und 500 Mio. € und 50 bis 500 Mitarbeitern aus sechs europäischen Ländern.
Tritschler 2001	Risikomanagementsysteme - eine empirische Studie zum aktuellen Stand der Integration in deutschen und internationalen Unternehmen	Onlinefragebogen zur Ermittlung des aktuellen Stands von Risikomanagementsystemen in Unternehmen gem. §91 Abs. 2 AktG	Rücklaufquote von 16% bei 940 angeschriebenen Unternehmen. Größenklassifikation über Umsatz: klein (kleiner 25 Mio. €): 27%, mittel (zw. 25 und 500 Mio. €) 41%, groß (über 500 Mio. €) 32%.
Vogler et al. 2000	Risikomanagementsysteme - Stand der Umsetzung	Fragebogen zum Stand der Implementierung von Risikomanagementsystemen und der eingeführten Systemelemente wie Erfassung, Bewertung, Konsolidierung und Kommunikation der Risiken	Rücklaufquote von 29% bei 700 befragten börsennotierten AGs. Umsatzklassifikation: kleiner 50 Mio. €: 13%, 50 bis 250 Mio. €: 29%, 250 bis 500 Mio. €: 9%, größer 500 Mio. €: 49%.
Wiedemann 2000	Studie "Finanzielles Risikomanagement in Unternehmen"	Fragebogen zur Ermittlung des aktuellen Stands des finanziellen Risikomanagements inkl. der genutzten Risikosteuerungsinstrumente	Rücklaufquote von 26% bei 500 befragten Unternehmen unter Ausschluss von Banken, Versicherungen und Finanzdienstleistern.
Wolz 2001	Zum Stand der Umsetzung von Risikomanagementsystemen aus der Sicht börsennotierter Aktiengesellschaften und ihrer Prüfer	Umfrage zur Erhebung des gegenwärtigen Stands der Umsetzung von Risikomanagementsystemen bei Aktiengesellschaften	Rücklaufquote von 29,6% der befragten Aktiengesellschaften und von 15,6% der sie prüfenden Wirtschaftsprüfer. Keine Umsatz-untergrenze – Umsatz kleiner 1 Mrd. € bei 18,9% der Unternehmen.

2.2.2 Einsatz von Derivaten im Rahmen des Risikomanagements

Im Folgenden soll durch Auswertung verschiedener Studien zum Derivateeinsatz ermittelt werden, welche Verfahren zur Messung der einzelnen Risikoarten herangezogen und wie die Risiken begrenzt werden. Im Mittelpunkt steht dabei die Frage, inwieweit der Einsatz von Derivaten in deutschen Industrieunternehmen bereits verbreitet ist. Kern des überwiegenden Teils der Untersuchungen bilden die Bereiche Wechselkurs-, Zins- und Rohstoffrisiken. Da die Befragten der Untersuchungen zumeist angeben, risikoavers zu agieren und mit dem Einsatz von Derivaten Risiken eher vermeiden oder vermindern wollen, werden Einsatzmotive von Derivaten, die sich nicht auf das Risikomanagement beziehen, in Industrieunternehmen weitestgehend als nicht existent angesehen.[167] Spekulationsmotive oder andere Motive für den Einsatz von Derivaten, wie der Einsatz im Rahmen von Unternehmensübernahmen, welche im Rahmen der versuchten Übernahmen von der Continental AG durch die Schaeffler-

[167] Vgl. Glaum / Klöckner 2009, S. 16 und Wiedemann 2000, S. 382.

Gruppe und der VW AG durch die Porsche SE bekannt geworden sind, bleiben bei den Betrachtungen außen vor.[168]

Hinsichtlich des generellen Einsatzes von Derivaten stellen *Bodnar und Gebhardt* in ihrer vergleichenden Studie fest, dass die Nutzung von Derivaten in den befragten deutschen Unternehmen mit 77,8% weiter verbreitet ist, als in den US-amerikanischen Unternehmen mit 56,9%. Auch stellen sie fest, dass die Nutzung von Derivaten generell mit sinkender Unternehmensgröße abnimmt, wobei ein direkter Bezug zur Unternehmensgröße bei Umsätzen unter 500 Millionen Euro festzustellen ist. Bei den darüber liegenden Umsatzgrößengruppen ergeben sich, wie Tabelle 6 zu entnehmen ist, schwankende Ergebnisse sowohl für die Vereinigten Staaten als auch für Deutschland:

Tabelle 6: Nutzung von Derivaten in Abhängigkeit der Unternehmensgröße[169]

	USA			**Deutschland**		
Umsatzgruppen	Anzahl	Ja	Nein	Anzahl	Ja	Nein
	(% von Gesamt)	(% von Anzahl)	(% von Anzahl)	(% von Gesamt)	(% von Anzahl)	(% von Anzahl)
> 5 Mrd. €	30	***27***	3	36	***27***	9
(> $ 6.66b)	15,2%	***90,0%***	10,0%	28,6%	***75,0%***	25,0%
2,5 Mrd. € - 5 Mrd. €	24	***19***	5	18	***17***	1
($6.66b - $3.33b)	12,2%	***72,9%***	20,8%	14,3%	***94,4%***	5,6%
1,25 Mrd. € - 2,5 Mrd. €	28	***16***	12	24	***21***	3
($3.33b - $1.67b)	14,2%	***57,1%***	42,9%	19,0%	***87,5%***	12,5%
0,5 Mrd. € - 1,25 Mrd. €	45	***29***	16	25	***21***	4
($1.67b - $0.66b)	22,8%	***64,4%***	35,6%	19,8%	***84,0%***	16,0%
0,25 Mrd. € - 0,5 Mrd. €	32	***14***	18	11	***6***	5
($0.66b - $0.33b)	16,2%	***43,8%***	56,3%	8,7%	***54,5%***	45,5%
< 0,25 Mrd. €	38	*7*	31	12	***6***	6
(< $0.33b)	19,3%	***18,4%***	81,6%	9,5%	***50,0%***	50,0%
Gesamt	197	***112***	85	126	***98***	28
		56,9%	**43,1%**		**77,8%**	**22,2%**

Auch im Hinblick auf die von den Autoren untersuchten Branchen ergeben sich einige interessante Erkenntnisse. So wurden im Dienstleistungssektor bei allen befragten Unternehmen Derivate eingesetzt, was sonst nur noch im Maschinenbau der Fall war,

168 Vgl. Herz / Nagl 2008, S. 12. Bei beiden Übernahmeversuchen wurden sogenannte Cash-basierte Optionen und Swaps verwendet, mit deren Hilfe sich die übernehmenden Unternehmen Aktienpostionen der Übernahmeziele sicherten.

169 Vgl. Bodnar / Gebhardt 1998, S. 4.

wenngleich diese Verbreitung dort eher zu vermuten wäre. Wie in Abbildung 4 zu erkennen, unterscheiden sich diese Ergebnisse für Deutschland recht stark von denen in den USA, wo diese Sektoren eine Derivatenutzung von nur 56,8% und 62,5% aufweisen:

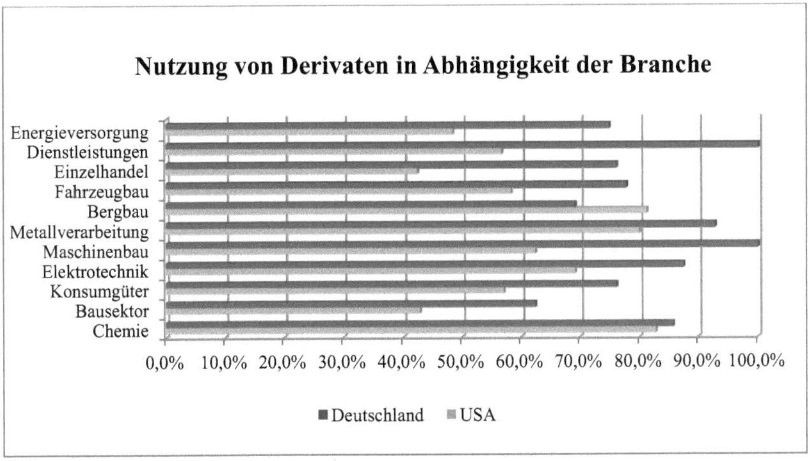

Abbildung 4: Nutzung von Derivaten in Abhängigkeit der Branche[170]

Die Nutzung von Derivaten ist im Bausektor in Deutschland mit 62,5% am geringsten verbreitet. In den Vereinigten Staaten betrifft dies ebenfalls den Bausektor (42,9%) sowie den Einzelhandel (42,4%).[171]

2.2.2.1 Wechselkursrisiken

Für nur 10,3% der von *Glaum und Klöckner* befragten Unternehmen ist das Wechselkursrisiko ohne Bedeutung, wobei diese Unternehmen zumeist nur im Eurowährungsraum aktiv sind. Die restlichen Unternehmen sind von Währungsschwankungen betroffen und 62,0% messen dem daraus resultierenden Risiko eine große oder gar sehr große Bedeutung zu.[172] Risiken aus Währungsschwankungen erachten 83,7% der von *Wiedemann* befragten Unternehmen als relevant und geben an, diese

[170] Vgl. Bodnar / Gebhardt 1998, S. 4.
[171] Vgl. Bodnar / Gebhardt 1998, S. 4.
[172] Vgl. Glaum / Klöckner 2009, S. 13.

auch zu managen. Von diesen Unternehmen messen wiederum nur 73,1% dieses Risiko. Als Messverfahren werden wiederum bei diesen zu 77,2% Normalszenarien eingesetzt. Komplexere at-Risk-Konzepte wie der Value-at-Risk (39,2%) und der Cash Flow-at-Risk (19,0%) werden dagegen weit seltener eingesetzt. Ergänzende Stresstests in Form von weiteren Szenarioanalysen fließen zu 39,2% in die Messverfahren ein.[173] Limitverfahren sind in den Unternehmen zur Begrenzung des Wechselkursrisikos weit verbreitet. Mit 81% nutzt der Großteil der Befragungsteilnehmer einfache Nominallimits. Stop-Loss- bzw. Take-Profit-Limits finden bei 46,8% bzw. 17,7% Verwendung – Produktlimits dagegen nur bei 15,2%.[174] Hinsichtlich der Risikosteuerung stellt *Wiedemann* eine starke Fokussierung auf OTC-Derivate fest. Forwards (79,6%), außerbörsliche Optionen (58,3%) und Swaps (52,8%) dominieren bei der Produktauswahl. Börslich gehandelte Futures (15,7%) und Optionen (13,9%) werden dagegen kaum verwendet.[175] Diese Ergebnisse unterscheiden sich sehr stark von denen der Studie von *Bartram, Brown und Conrad.* Diese stellen für die Verwendung von Forwards (27,3%), Optionen (12,4%) und Swaps (10,6%) für das Währungsrisikomanagement eine weit geringere Verbreitung fest.[176] Dagegen ermitteln *Bodnar und Gebhardt* im Vergleich zu *Wiedemann* recht ähnliche Werte für die Nutzung von Forwards (75,5%). Die Nutzung anderer Produkte ist bei den von ihnen befragten Unternehmen dagegen weniger ausgeprägt und erreicht für außerbörsliche Optionen und Swaps nur Werte von 18,1% bzw. 13,8%.[177] Bei der generellen Frage nach dem Einsatz von Derivaten für das Währungsrisikomanagement erhalten *Glaum und Klöckner* eine Zustimmung von 82,9%.[178] Auch ermitteln Sie einen hohen Zentralisierungsgrad hinsichtlich der Entscheidungsfindung für oder gegen eine Absicherung von Währungsrisiken. Bei 83,3% der Unternehmen wird diese Auswahl in der Konzernzentrale getroffen.[179] Hinsichtlich der Ausführung sind 65,7% zu Hedging-Transaktionen mit der Konzernzentrale verpflichtet, also zu

---

[173] Vgl. Wiedemann 2003, S. 205 f.
[174] Vgl. Wiedemann 2003, S. 207.
[175] Vgl. Wiedemann 2003, S. 208.
[176] Vgl. Bartram et al. 2006, S. 31. Hierbei ist zu beachten, dass die Autoren eine Auswertung von Jahresabschlüssen vorgenommen haben. Die im Vergleich zu anderen Untersuchungen durchweg geringeren Werte lassen vermuten, dass die Jahresabschlüsse nur bedingt Aufschluss über den Einsatz von Derivaten geben.
[177] Vgl. Bodnar / Gebhardt 1998, S. 14.
[178] Vgl. Glaum / Klöckner 2009, S. 28.
[179] Vgl. Glaum / Klöckner 2009, S. 20 f.

einer internen Absicherung mit hohem Zentralisierungsgrad.[180] In Bezug auf die Sicherungspolitik von Wechselkursrisiken liegen die Extreme in einem vollständigen Verzicht auf eine Absicherung bei 9,7% und einer sofortigen vollständigen Absicherung bei 15,5% der Unternehmen. 23,3% bevorzugen einen regelbasierte[181] und 50,5% führen eine selektive Absicherung durch – teilweise unter Einhaltung einer Mindestabsicherung.[182] Sehr ähnliche Ergebnisse für die Sicherungspolitik ermittelten auch *Glaum und Förschle* in einer früheren Studie.[183] Bei der selektiven Kurssicherungsstrategie werden nur die Positionen abgesichert, für die ein Währungsverlust befürchtet wird. Exposures mit vermutlichen Währungsgewinnen werden bewusst offen gelassen.[184] Die dafür notwendigen Wechselkursprognosen setzen 73% der befragten Unternehmen ein. Als wichtigste Informationsquelle werden dafür unentgeltlich von Banken und Beratern zur Verfügung gestellte Informationen herangezogen, gefolgt von der Durchführung eigener Fundamentalanalysen. Persönlichen Erwartungen und charttechnischen Analysen wird nur eine mittlere Bedeutung zugemessen. Kaum eine Rolle spielen dagegen entgeltlich erworbene Kursvorhersagen.[185] Hinsichtlich des abzusichernden Grundgeschäftes geben bei *Glaum und Klöckner* 67,0% der Unternehmen an, für die das Wechselkursrisiko relevant ist, innerhalb der nächsten zwölf Monate geplante Transaktionen abzusichern. Bei geplanten Transaktionen, die länger als zwölf Monate in der Zukunft liegen, beträgt die Absicherungsquote noch 34,9%. Für bilanzierte Vermögenswerte und Schulden ergibt sich eine Absicherungsquote von 55,7% und für außerbilanzielle Verpflichtungen von 50,9%.[186] In Bezug auf die verschiedenen Ausprägungen des Währungsrisikos liegt der Fokus der von *Glaum und Förschle* befragten Unternehmen primär auf dem Transaktionsrisiko, für welches 64% der befragten Unternehmen eine zielgerichtete Steuerung in Form von Absicherungsgeschäften vorsehen. Selten gesteuert werden das

---

180 Vgl. Glaum / Klöckner 2009, S. 21 f.

181 Hier erfolgte eine partielle Absicherung. Bspw. wird gemäß einer Konzernvorgabe grundsätzlich ein fester Prozentsatz des Exposures durch Termingeschäfte abgesichert. Alternativ ist auch der sogenannte ‚Drittelmix‘ verbreitet, wobei je ein Drittel als offene Position bestehen bleibt, durch Termingeschäfte fixiert wird oder durch Optionen abgesichert wird. Vgl. Glaum / Förschle 2000, S. 44.

182 Vgl. Glaum / Klöckner 2009, S. 31.

183 Vgl. Glaum / Förschle 2000, S. 44.

184 Vgl. Glaum / Förschle 2000, S. 45.

185 Vgl. Glaum / Förschle 2000, S. 50 f.

186 Vgl. Glaum / Klöckner 2009, S. 34.

Translationsrisiko (16%) und das ökomische Risiko (15%). Für diese sind jeweils zu einem Drittel keine Maßnahmen vorgesehen oder sie unterliegen in der Hälfte der Fälle nur einer regelmäßigen und systematischen Beobachtung.[187]

2.2.2.2 Zinsrisiken

Risiken aus Zinsänderungen haben bei *Glaum und Klöckner* für die meisten befragten Unternehmen eine mittlere Bedeutung. Die Extremwerte mit einer sehr hohen Bedeutung bzw. gar keiner Bedeutung spielen nur für 9,5% bzw. 6,0% eine Rolle.[188] Zinsrisiken haben bei *Wiedemann* mit 83,7% der befragten Unternehmen die gleiche Relevanz wie Risiken aus Währungsschwankungen. Von diesen Unternehmen messen wiederum 91,6% dieses Risiko, womit dieser Wert deutlich über dem des Währungsrisikos liegt. Hinsichtlich der Messverfahren sind Szenarioanalysen, denen Änderungen an der Zinsstrukturkurve zu Grunde liegen, am weitesten verbreitet. Hierzu zählen die Parallelverschiebung (58,6%), die Drehung (36,4%) und ein Steigungsanstieg (36,4%) der Zinsstrukturkurve. Knapp die Hälfte der Unternehmen ermittelt die Duration (48,5%). Bei jeweils rund einem Drittel der Befragungsteilnehmer werden Konzepte wie Value-at-Risk (36,4%), Basis Point Value (30,3%) und Stressszenarien (29,3%) verwendet.[189] Das Spektrum der eingesetzten Messmethoden ist somit im Vergleich zur Messung des Währungsrisikos in den Unternehmen in Summe breiter. Bei den eingesetzten Limitverfahren dominieren mit 76,1% auch hier einfache Nominallimits. Ähnlich ist ebenso die Verwendung von Stop-Loss- bzw. Take-Profit-Limits mit 31,3% bzw. 11,9% sowie von Produktlimits mit 11,9%. Markant höher ist einzig die Nutzung von Sensitivitätslimits.[190] Im Rahmen der Risikosteuerung wiederholt sich bei *Wiedemann* die Fokussierung auf OTC-Derivate. Forwards (50,9%), außerbörsliche Optionen (49,1%) und Swaps (79,2%) dominieren auch die Produktauswahl zur Steuerung von Zinsrisiken. Börsengehandelte Futures (15,1%) und Optionen (10,4%) werden selten eingesetzt.[191] Die primäre Verwendung von Swaps für das Zinsrisikomanagement bestätigen *Bodnar und Gebhardt*. Bei den von ihnen befragten Unternehmen werden Swaps

---

187 Vgl. Glaum / Förschle 2000, S. 41.
188 Vgl. Glaum / Klöckner 2009, S. 13 f.
189 Vgl. Wiedemann 2003, S. 208 f
190 Vgl. Wiedemann 2003, S. 210
191 Vgl. Wiedemann 2003, S. 211

zu 80,0% als wichtigstes Steuerungsinstrument genutzt. Andere Instrumente spielen nur eine untergeordnete Rolle.[192] Die Ergebnisse von *Bartram, Brown und Conrad* zeigen wiederum eine weit weniger ausgeprägte Verwendung von Derivaten. Swaps werden in ihrer Studie nur bei 17,7% der Unternehmen eingesetzt – Optionen nur bei 9,4% und Forwards nur bei 1,8%.[193]

Bei *Glaum und Klöckner* sichern dagegen 72,7% der Teilnehmer Zinsrisiken generell mit Derivaten ab, ohne auf die verwendeten Produkte einzugehen.[194] Der Zentralisierungsgrad hinsichtlich der Entscheidungsfindung für oder gegen eine Absicherung von Zinsrisiken ist mit 86,1% noch höher als bei Währungsrisiken. Gleiches gilt für den Zentralisierungsgrad bei der Ausführung von Hedging-Transaktionen mit 76,6%.[195] Als Sicherungspolitik für Zinsrisiken entscheiden sich 18,9% der Unternehmen für einen vollständigen Verzicht auf eine Absicherung und 12,3% für eine sofortige vollständige Absicherung. Die regelbasierte Absicherung bevorzugen 15,1% und 53,8% eine selektive Absicherung.[196] In Bezug auf das abzusichernde Grundgeschäft liegt der Fokus der Unternehmen, welche das Zinsrisiko als relevant erachten, mit einer Absicherungsquote von 55,5% primär bei bilanzierten Vermögenswerten und Schulden. Bei geplanten Transaktionen, die weniger (mehr) als zwölf Monate in der Zukunft liegen, beträgt die Absicherungsquote 24,5% (15,5%) und für außerbilanzielle Verpflichtungen 16,4%.[197]

2.2.2.3 Rohstoffrisiken

Eine sehr breite Streuung für die Wahrnehmung des Rohstoffrisikos ermitteln *Glaum und Klöckner*. Während es für 30,2% der Unternehmen keine Bedeutung besitzt, sehen 35,3% darin eine große oder gar sehr große Bedeutung. Dies erscheint nachvollziehbar, wenn diese Betrachtungen hinsichtlich verschiedener Branchen aufgeschlüsselt werden.

---

[192] Vgl. Bodnar / Gebhardt 1998, S. 18
[193] Vgl. Bartram et al. 2006, S. 31
[194] Vgl. Glaum / Klöckner 2009, S. 28
[195] Vgl. Glaum / Klöckner 2009, S. 21 f
[196] Vgl. Glaum / Klöckner 2009, S. 31. In Relation zu einer früheren Studie von *Glaum und Förschle* hat sich der Anteil der selektiven Absicherung zu Gunsten der verbleibenden Ansätze reduziert. Vgl. Glaum / Förschle 2000, S. 59.
[197] Vgl. Glaum / Klöckner 2009, S. 34

Unternehmen mit einem hohen Rohstoffbedarf reagieren weitaus sensibler auf Änderungen bei den Rohstoffpreisen, als Unternehmen, die keinen oder nur einen geringen Bedarf an Rohstoffen haben.[198] Unternehmen aus Branchen, die direkt mit der Verarbeitung der Rohstoffe in Verbindung kommen, messen diesem Risiko zumeist eine große oder sehr große Bedeutung zu. Wie Tabelle 7 zu entnehmen ist, betrifft dies primär die Branchen Grundstoffe mit in Summe 81,9% und Verbrauchsgüter mit 61,1% sowie die Versorger mit 57,2%:

Tabelle 7: Bedeutung des Rohstoffpreisrisikos in unterschiedlichen Branchen[199]

	ohne Bedeutung				sehr große Bedeutung
Branchen	1	2	3	4	5
Grundstoffe	0,00%	9,10%	9,10%	36,40%	45,50%
Industrieunternehmen	12,90%	19,40%	29,00%	25,80%	12,90%
Verbrauchsgüter	11,10%	11,10%	16,70%	27,80%	33,30%
Gesundheitswesen	46,20%	23,10%	7,70%	23,10%	0,00%
Verbraucherservice und Telekommunikation	58,80%	23,50%	0,00%	5,90%	11,80%
Versorger	14,30%	14,30%	14,30%	14,30%	42,90%
Technologie	70,60%	11,80%	17,60%	0,00%	0,00%

Dagegen ist dieses Risiko in den Bereichen Verbraucherservice und Telekommunikation (82,3%) sowie Technologie (82,4%) und im Gesundheitswesen (69,3%) nicht oder wenig relevant, welche eher durch den Faktor Personal beeinflusst werden.

Auch *Wiedemann* ermittelt für das Rohstoffrisiko bei den befragten Unternehmen mit 41,1% eine vergleichsweise geringe Bedeutung, wobei eine Steuerung sogar nur bei 30,2% erfolgt. Kennzeichnend für die betroffenen Unternehmen ist der Handel mit Edelmetallen, Agrarprodukten oder mit Energie. Von den betroffenen Unternehmen messen des Weiteren nur 19,4% das Ausmaß der jeweiligen Rohstoffrisiken.[200] Dafür werden vor allem Normalszenarien (48,0%) und Stressszenarien (28,0%) verwendet. Bei dieser Risikoart sind auch die at-Risk-Konzepte mit 36,0% für den Value-at-Risk und 16,0% für den Cash Flow-at-Risk etwas weiter verbreitet. Immerhin 32,0%

[198] Vgl. Glaum / Klöckner 2009, S. 14
[199] Vgl. Glaum / Klöckner 2009, S. 15
[200] Vgl. Wiedemann 2003, S. 211

berechnen auch Optionspreissensitivitäten.[201] Bei den eingesetzten Limitverfahren dominiert mit 76,2% ebenfalls das Nominallimit. Produktbezogene Limits werden mit 23,8% bei der Steuerung von Rohstoffrisiken dagegen häufiger eingesetzt als bei anderen Risikoarten – Stop-Loss- und Take-Profit-Limits (23,8% bzw. 9,5%) dagegen ähnlich häufig.[202] Für die Steuerung des Risikos überweigt die Nutzung von OTC-Derivaten, wobei Forwards mit 41,0% weitaus häufiger Verwendungen finden als Optionen (23,1%) und Swaps (20,5%). Börsengehandelte Futures (41,0%) und Optionen (17,9%) werden aber nahezu genauso oft herangezogen, wie die jeweilig verwandten außerbörslichen Produkte.[203] Im Bereich der Rohstoffe wird demnach ein größerer Wert auf Standardisierung und Liquidität der Produkte gelegt, als bei Zins- und Währungsprodukten. Als primär verwendetes Produkt identifizieren *Bodnar und Gebhard* mit 43,2% börsengehandelte Futures. Genutzt werden aber auch Swaps (27,3%) und Forwards (13,6%) und börsengehandelte und außerbörsliche Optionen (je 9,1%).[204] Diese Ergebnisse stehen im starken Widerspruch zu denen von *Bartram, Brown und Conrad*, da bei den durch sie analysierten Unternehmen Futures (1,8%), Optionen und Swaps (je 0,5%) nahezu keine Rolle spielen.[205] *Glaum und Klöckner* ermitteln für 39,3% der Unternehmen zumindest generell den Einsatz von Derivaten.[206] Gegenüber Währungs- und Zinsrisiken liegt der Zentralisierungsgrad hinsichtlich der Entscheidungsfindung für oder gegen eine Absicherung von Rohstoffrisiken mit 60,3% als auch bei der Ausführung von Hedging-Transaktionen mit 53,2% erheblich niedriger.[207] Rund ein Drittel (34,3%) der befragten Unternehmen verzichtet in Bezug auf die Sicherungspolitik vollständig auf eine Absicherung und 10,0% führt eine sofortige, vollständige Absicherung durch. Weiterhin nutzen 15,7% eine regelbasierte und 35,7% eine selektive Absicherung.[208] Gesichert werden hauptsächlich Transaktionen mit einem Betrachtungszeitraum von weniger als zwölf Monaten (39,0%). Darüber liegende Zeiträume werden noch zu 18,3% gesichert. Die

[201] Vgl. Wiedemann 2003, S. 212
[202] Vgl. Wiedemann 2003, S. 213
[203] Vgl. Wiedemann 2003, S. 214
[204] Vgl. Bodnar / Gebhardt 1998, S. 20
[205] Vgl. Bartram et al. 2006, S. 31
[206] Vgl. Glaum / Klöckner 2009, S. 28
[207] Vgl. Glaum / Klöckner 2009, S. 21 f
[208] Vgl. Glaum / Klöckner 2009, S. 31

Absicherungsquote für bilanzierte Vermögenswerte liegt bei 25,6% sowie bei 13,4% für außerbilanzielle Verpflichtungen.[209]

2.2.2.4 Adressenausfallrisiken

Adressenausfallrisiken werden im Gegensatz zu Marktpreisrisiken, wie den genannten Zins-, Wechselkurs- und Rohstoffrisiken, der Gruppe der Ausfallrisiken oder der Kreditrisiken zugordnet.[210] Da für den Bereich des Adressenausfallrisikos auch derivative Absicherungsinstrumente zur Verfügung stehen, wird dieser mit in die Übersicht aufgenommen, obwohl der Großteil der Absicherungsmaßnahmen über klassische Bank- und Versicherungsprodukte abgewickelt wird. Gemäß der Untersuchung von *Wiedemann* messen 88,4% der Unternehmen dem Adressenausfallrisiko – also der fehlenden Einbringbarkeit von Forderungen – eine sehr hohe Bedeutung zu. Für die Messung des Ausfallrisikos werden primär die Daten von Auskunfteien (73,5%) und Ratings (60,2%) herangezogen. Eine eigene Jahresabschlussanalyse führen 39,8% der Unternehmen durch. Branchenanalysen werden dagegen nur bei einem Sechstel (16,8%) der Unternehmen genutzt.[211] Hinsichtlich der Begrenzung von Risiken finden bei den befragten Unternehmen zu 47,3% Kundenlimits, zu 34,1% Bankenlimits und zu 25,6% Länderlimits Verwendung.[212] Für die Steuerung des Risikos eines Forderungsausfalls nutzen nur 12% der Unternehmen Kreditderivate. Verbreitet sind dagegen die bereits erwähnten klassischen Produkte wie Akkreditive (76,1%), Exportkreditversicherungen (63,2%) und Dokumenteninkassi (51,3%). Über Anzahlungen sichern 68,4% der Unternehmen einen Teil des Zahlungsstroms ab. Als weitere Möglichkeit nutzen die Unternehmen den Forderungsverkauf in Form der Fortfaitierung (33,3%) und des Factorings (17,1%).[213]

2.2.2.5 Übersicht empirischer Studien zum Einsatz von Derivaten

Die Verwendung der einzelnen Produkte aus dem Angebot verfügbarer Derivate am Markt ist in der anschließenden Tabelle zusammenfassend dargestellt. Nicht in allen

---

209 Vgl. Glaum / Klöckner 2009, S. 34

210 Vgl. Wolke 2008, S. 7 bzw. Oehler / Unser 2002, S. 9 sowie die Ausführungen in Kapitel 3.3.5.2.

211 Vgl. Wiedemann 2003, S. 201

212 Vgl. Wiedemann 2003, S. 202

213 Vgl. Wiedemann 2003, S. 202 f

Studien wurden die einzelnen Produkte abgefragt, sondern es wurde stattdessen eine Abfrage nach Produktgruppen durchgeführt. Die Auflistung ist daher an die jeweiligen Darstellungen in den einzelnen Studien angelehnt:

Tabelle 8: Prozentuale Nutzung von Derivaten in Bezug auf die Risikoarten

<table>
<tr><th rowspan="2">Autoren und Jahr</th><th colspan="5">Währungsderivate</th><th colspan="5">Zinsderivate</th><th colspan="5">Rohstoffderivate</th><th rowspan="2">Kreditderivate</th></tr>
<tr><th>Forwards</th><th>Futures</th><th>OTC-Optionen</th><th>Optionen</th><th>Swaps</th><th>Forwards</th><th>Futures</th><th>OTC-Optionen</th><th>Optionen</th><th>Swaps</th><th>Forwards</th><th>Futures</th><th>OTC-Optionen</th><th>Optionen</th><th>Swaps</th></tr>
<tr><td>Wiedemann 2003</td><td>79,6</td><td>15,7</td><td>58,3</td><td>13,9</td><td>52,8</td><td>50,9</td><td>15,1</td><td>49,1</td><td>10,4</td><td>79,2</td><td>41,0</td><td>41,0</td><td>23,1</td><td>17,9</td><td>20,5</td><td>12,0</td></tr>
<tr><td>Bartram et al. 2006</td><td colspan="2">27,3</td><td colspan="2">12,4</td><td>10,6</td><td colspan="2">1,8</td><td colspan="2">9,4</td><td>17,7</td><td>-</td><td>1,8</td><td colspan="2">0,5</td><td>0,5</td><td>-</td></tr>
<tr><td>Bodnar / Gebhardt 1998</td><td>75,5</td><td>4,3</td><td>18,1</td><td>0</td><td>13,8</td><td>21,8</td><td>4,6</td><td>12,6</td><td>0</td><td>51,7</td><td>32,6</td><td>17,4</td><td>2,2</td><td>0</td><td>6,5</td><td>-</td></tr>
<tr><td>Glaum / Klöckner 2009</td><td colspan="5">82,9</td><td colspan="5">72,7</td><td colspan="5">39,3</td><td>-</td></tr>
<tr><td>Glaum / Förschle 2000</td><td>95,0</td><td>j*</td><td>59,4</td><td>j*</td><td>j*</td><td>-</td><td>j*</td><td>-</td><td>-</td><td>90,0</td><td colspan="5">j*</td><td>-</td></tr>
</table>

j*) In der Studie erfolgen nur generelle Angaben zum Einsatz, nicht aber über die prozentuale Verteilung.

Zusammenfassend soll mit Hilfe von Tabelle 9 ein Überblick über die in der Arbeit behandelten Studien zum Einsatz von Derivaten in Unternehmen gegeben werden. Die Untersuchungen haben weder einen direkten Fokus auf die quantitativ bestimmbare Gruppe der KMU noch sind sie auf Basis qualitativer Kriterien auf den Mittelstand ausgerichtet. Dennoch sind auch KMU bzw. mittelständische Unternehmen in der Gruppe der untersuchten Unternehmen enthalten, weshalb diese Studien einen guten Überblick über den generellen Derivateeinsatz geben.

Tabelle 9: Studien zum Derivateeinsatz

Autoren und Jahr	Titel	Untersuchungsschwerpunkt	Zielgruppe
Bartram et al. 2006	Effects of Derivatives on Firm Risk and Value	Analyse von Jahresabschlüssen zur Ermittlung des Einflusses der Nutzung von Derivaten auf den Firmenwert	6.888 analysierte Jahresabschlüsse von börsennotierten Unternehmen außerhalb des Finanzsektors, davon 395 aus Deutschland.
Bodnar / Gebhardt 1998	Derivatices Usage in Risk Management in US and German Non-Financial Firms: A Comparative Study	Fragebogen zum Vergleich des Einsatz von Derivaten in US-amerikanischen und deutschen Unternehmen außerhalb des Finanzsektors	Rücklaufquote von 34,2% bei 368 befragten Unternehmen mit einem Umsatz von mehr als 100 Mio. €.
Glaum / Förschle 2000/PwC	Finanzwirtschaftliches Risikomanagement deutscher Industrie- und Handelsunternehmen	Fragebogen zur Darstellung der Praxis des finanzwirtschaftlichen Risikomanagements	Rücklaufquote von 48% bei 154 befragten, börsennotierten Unternehmen mit einem Umsatz größer 150 Mio. € unter Ausschluss von Banken und Versicherungen.
Glaum / Klöckner 2009	Hedging von Finanzrisiken und Hedge Accounting gemäß IAS 39: Ergebnisse einer Befragung zur Bilanzierung von Sicherungsbeziehungen	Fragebogen zur Ermittlung eines Überblicks über das Management von Finanzrisiken und die Anwendung von Hedge Accounting bei Nichtbanken	Rücklaufquote von 20,1% bei 583 börsennotierten Nichtbanken in Deutschland und der Schweiz. Deutsche Unternehmen aus: DAX, MDAX, SDAX, TecDAX und ohne Indexzugehörigkeit.
Wiedemann 2000	Studie "Finanzielles Risikomanagement in Unternehmen"	Fragebogen zur Ermittlung des aktuellen Stands des finanziellen Risikomanagements inkl. der genutzten Risikosteuerungsinstrumente	Rücklaufquote von 26% bei 500 befragten Unternehmen unter Ausschluss von Banken, Versicherungen und Finanzdienstleistern.

2.2.2.6 Probleme im Zusammenhang mit der Nutzung von Derivaten

Wie in einigen prominenten Fällen zu beobachten war, birgt die Nutzung von Derivaten in Unternehmen auch eine nicht unerhebliche Gefahr. Interessant erscheint daher die Frage, wie die Unternehmen selbst den Derivateeinsatz wahrnehmen und welche Probleme sie sehen. *Glaum und Förschle* identifizieren als größtes Problem im Umgang mit derivativen Finanzinstrumenten die Beurteilung der Risiken dieser Derivate. Auch fehlendes Wissen über die Derivate selbst und deren Bewertung sowie über die Risikopositionen im Unternehmen werden als kritisch erachtet. Interessant ist in diesem Zusammenhang, dass die verschiedenen Rechnungslegungsvorschriften als problematisch für den Einsatz von Derivaten gesehen werden. Hervorgehoben werden dabei insbesondere die deutschen Rechnungslegungsvorschriften. Aber auch in den internationalen Vorschriften werden Probleme gesehen, genauso wie in der Heterogenität der verschiedenen Rechnungslegungsvorschriften.[214] Eine relativ geringe Bedeutung hat gemäß dieser Studie dagegen die Wahrnehmung in der Öffentlichkeit. Diesem Punkt wird in der Untersuchung von *Bodnar und Gebhardt* in

[214] Vgl. Glaum / Förschle 2000, S. 37

deutschen Unternehmen aber gerade die höchste Bedeutung zugemessen. Hinsichtlich der Risiken, der Bewertung und dem Wissensstand von Derivaten sammeln die Autoren ansonsten recht ähnliche Ergebnisse. Allerdings zeigen sich deutsche Unternehmen im Vergleich zu amerikanischen in Summe weitaus weniger besorgt im Hinblick auf den Einsatz von Derivaten.[215]

2.3 Mittelstandabgrenzung im Sinne einer Arbeitsdefinition

Wie in Kapitel 2.1.2 dargestellt, sind quantitative Kriterien für die Abgrenzung des Mittelstands nur bedingt geeignet und haben vor allem aufgrund eines gewissen Gewöhungseffektes im praktiven Einsatz ihre Relevanz erlangt. Grundsätzlich ist dagegen eine strukturelle Abgrenzung gegenüber Großkonzernen notwendig, welche sich vom Mittelstand durch ihre Finanzierungsmöglichkeiten, ihre Beschaffungs- und Absatzstrukturen aber auch durch ihre klaren Organisationsstrukturen signifikant von mittelständischen Unternehmen unterscheiden. Demnach ist der Mittelstand qualitativ durch die häufige Abhängigkeit von einigen Schlüsselkunden gekennzeichnet, was weiterhin eine fehlende Preissetzungsmacht gegenüber Großkunden bedingt und die Weitergabemöglichkeiten von Preissteigerungen im Einkauf reduziert. Auch fehlen in mittelständischen Unternehmen eigene Controlling- oder Research-Abteilungen bzw. sind diese in ihrer Größe stark limitiert. Dies wirkt sich auch auf die Risikomanagementabteilungen sowie das vorhandene Wissen über Derivate aus, welches gemäß den behandelten Studien oft als zu gering angesehen wird. Auch Prognosen der zukünftigen Marktentwicklungen können durch das Fehlen der entsprechenden Abteilungen häufig nur extern bezogen werden, wodurch die Bildung von Marktmeinungen im Mittelstand erschwert wird. Insgesamt erfolgt eine starke Fokussierung der Verantwortlichkeiten auf die Unternehmensführung, wodurch wiederum die Breite des verfügbaren Spezialwissens zum Risikomanagement und zum Einsatz von Derivaten beschränkt wird. Schließlich führt der relativ geringe Umsatz zu Hemmnissen in der Nutzbarkeit börsengehandelter Termingeschäfte, da diese mit teilweise recht hohen Nominalbeträgen ausgestattet sind. Sollen die qualitativen Kriterien dennoch um quantitative ergänzt werden, so darf die Abgrenzung nicht zu eng gezo-

[215] Vgl. Bodnar / Gebhardt 1998, S. 10

gen werden. In diesem Zusammenhang scheint die von *Goeke* vorgeschlagene Umsatzgrenze in Höhe von 500 Millionen Euro im Hinblick auf die qualitativen Kriterien am ehesten eine sinnvolle Ergänzung darzustellen.[216]

[216] Vgl. Goeke 2008, S. 11 sowie Kapitel 2.1.1.

3 Risikomanagement als ganzheitlicher Prozess

3.1 Risikomanagement als Grundlage der Solvenz- und Ertragssicherung

Unternehmen sind beständig wechselnden Geschäftsbedingungen unterworfen. Die zunehmende Globalisierung der Märkte und die Änderung gesetzlicher Regelungen führen zu verstärktem Wettbewerb.[217] Für Unternehmen heißt es, sich diesem Wettbewerb zu stellen. Schließlich ist jede unternehmerische Tätigkeit mit dem Eingehen von Risiken verbunden, ohne die das Wahrnehmen der damit verbundenen Chancen nicht möglich wäre.[218] Der Wandel in den Geschäftsbedingungen zeigte sich in den letzten Jahren in den unterschiedlichsten Branchen. Selbst in sogenannten Branchen mit Zukunftstechnologien, wie im Anlagenbau zur Erzeugung erneuerbarer Energien, sind deutsche Unternehmen trotz ihrer Vorreiterrolle einem enormen Wettbewerb ausgesetzt. Dagegen wurden in klassischen Branchen Marktzutrittsbeschränkungen sukzessive abgebaut und ehemals monopolistische Strukturen durch wettbewerbsorientierte Märkte ersetzt. Dies betraf bspw. die Telekommunikationsbranche oder die Energie- und Gasversorgung. Daneben verändern neue Technologien, sich wandelnde Kundenbedürfnisse oder gesellschaftliche Veränderungen[219] permanent die Risikosituationen, denen sich Unternehmen ausgesetzt sehen. Zusätzlich werden die Reaktionszeiten immer kürzer und Unternehmen werden mit neuen Erfordernissen im Hinblick auf Umwelt- und Verbraucherschutz konfrontiert. In diesem von Unsicherheit geprägten Unternehmensumfeld kommt einem wirksamen Risikomanagementsystem eine besondere Bedeutung zu. Es soll die Unternehmensführung dabei unterstützen, sich an die sich ändernden Rahmenbedingungen anzupassen sowie das Unternehmen bei der Erreichung seiner Ziele unterstützen und vor (existenzbedrohenden) Verlusten bewahren.[220] Die dargestellten Rahmenbedingungen betreffen dabei global agierende Großkonzerne und mittelständische Unternehmen gleichermaßen, wobei Großkonzerne weitaus bessere Möglichkeiten haben, mit internationalen Produktions-

---

[217] Vgl. Pritzer 1999, S. 146.
[218] Vgl. Ruso 2009, S. 35.
[219] Bspw. der Übergang zu einer Informationsgesellschaft oder der demographische Wandel in Deutschland.
[220] Vgl. Pritzer 1999, S. 146.

standorten sowie durch Nutzung der weltweiten Kapitalmärkte auf Veränderungen zu reagieren. Im Rahmen großer Wertschöpfungsketten ist weiterhin das Phänomen zu beobachten, dass Forschungs- und Entwicklungsaktivitäten vermehrt auf Zulieferer verlagert werden, was für diese meist mittelständisch geprägten Unternehmen ein zusätzliches Investitionsrisiko darstellt. In Verbindung mit einer traditionell eher geringen Eigenkapitalausstattung wird ein funktionsfähiges Risikomanagement somit überlebensnotwendig.[221] In diesem Zusammenhang ist Risikomanagement als ein umfassendes System anzusehen, welches in die Unternehmensstrategie eingebettet ist und sich über den kurzfristigen, mittelfristigen und langfristigen Zahlungshorizont erstreckt. Neben der reinen Aufgabe der Existenzsicherung hat ein umfassendes Risikomanagement auch einen Beitrag zur Steigerung des Unternehmenswertes zu liefern.[222] Mit der Stabilisierung von Einzahlungsüberschüssen werden die liquiditätsbezogene Existenzgefährdung und mögliche Insolvenzkosten reduziert – häufig auch verbunden mit einer Glättung der Gewinnentwicklung. Dies wiederum stabilisiert den Innenfinanzierungspielraum von Unternehmen und sichert somit nicht zuletzt auch die Investitionspolitik sowie die Durchführung des Investitionsprogramms.[223] Diese Verknüpfung einer zahlungsstromorientierten und einer eher leistungswirtschaftlich orientierten Sichtweise führt somit zu dem eingangs beschriebenen chancenorientierten Risikomanagement, bei welchem das Risikomanagement in letzter Konsequenz auch dafür Sorge zu tragen hat, dass mit wertsteigernden Investitionen verbundene Risiken durch Bereitstellung der notwendigen Risikokapitalbeträge bewusst eingegangen und somit Chancen genutzt werden können.[224] In diesem Zusammenhang erscheint es notwendig, die weit verbreitete Auffassung, Risikomanagement als reinen Kostenfaktor anzusehen, zu hinterfragen. Nicht zuletzt leistet auch jeder vermiedene Verlust im Rahmen einer ertragsorientierten Sichtweise einen Beitrag zum Wert des Unternehmens.[225]

---

221 Vgl. Klatt et al. 2005, S. 68.
222 Vgl. Hachmeister 2005, S. 134.
223 Vgl. Hachmeister 2005, S. 139.
224 Vgl. Hachmeister 2005, S. 140.
225 Vgl. Stallinger 2011, S. 15 ff.

3.2 Risiko aus quantitativer Sicht

Wie bereits in Kapitel 1.3.2 einführend dargestellt, wird der Begriff Risiko in der Betriebswirtschaftslehre in vielen verschiedenen Facetten verwendet. Wird der Informationsstand eines Entscheidungsträgers in den Vordergrund gestellt, so handelt es sich um einen formalen Risikobegriff. Die der Entscheidungssituation zugrunde liegenden Ereignisse sind mittels ihrer Eintrittswahrscheinlichkeiten quantifizierbar und das Risiko wird damit im Sinne eines versicherbaren Risikos messbar. Nicht messbare Unsicherheit und nicht quantifizierbares Wagnis werden in dieser Form aus dem Begriffsumfang ausgeschlossen. Eine Orientierung an den potentiellen Auswirkungen im Sinne einer Verlustgefahr steht dagegen für den materiellen Risikobegriff.[226] Dieser stellt auf ein reines Risiko in Form eines Vermögensverlustes ab, welchem keine Chancen auf eine Vermögensmehrung gegenüberstehen – also auf eine reine Schadensgefahr.

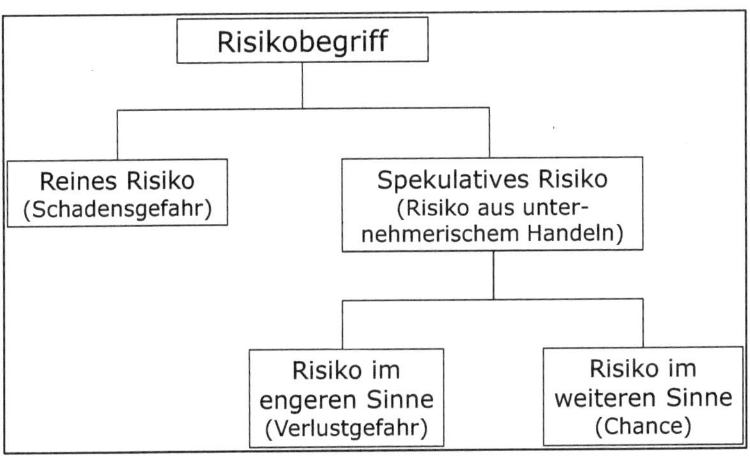

Abbildung 5: Systematik des Risikobegriffs[227]

Demnach muss es im unternehmerischen Handeln auch Alternativen geben, die sowohl die Möglichkeit einer Vermögensminderung als auch einer Vermögensmehrung in sich tragen. Das damit verbundene Risiko wird gegenüber dem vorgenannten reinen

[226] Vgl. Wittenzeller 1997, S. 10.
[227] Vgl. Kless 1998, S. 93.

Risiko als spekulatives Risiko oder Risiko aus unternehmerischem Handeln bezeichnet. Die damit verbundene Verlustgefahr bildet das Risiko im engeren Sinne sowie die Chance das Risiko im weiteren Sinne.[228] Diese Systematik des Risikobegriffs verdeutlicht Abbildung 5. Demnach ist eine Risikosituation eine Entscheidungssituation unter Unsicherheit, wobei dem Entscheidungsträger Wahrscheinlichkeiten für das Eintreten der möglichen Umweltzustände bekannt sind. Diese Wahrscheinlichkeiten können objektiv oder subjektiv sein. Objektive Wahrscheinlichkeiten werden aus vergleichbaren Entscheidungssituationen über empirische Häufigkeitsverteilungen ermittelt und können oftmals sehr exakt bestimmt werden. Subjektive Wahrscheinlichkeiten werden dagegen subjektiv aus Erfahrungen und Schätzungen abgeleitet.[229] In dieser Form stellt der Begriff des Risikos ein Grundelement des betriebswirtschaftlichen Denkens dar, wobei die Belohnung für das Eingehen von Risiken in Form von möglichen Gewinnen erfolgt, welche mit der Höhe des jeweiligen Risikos korrespondieren sollten.[230] Liegen mehrere Handlungsalternativen (j) und Ergebnisausprägungen (e_j) je Alternative vor und sind deren Eintrittswahrscheinlichkeiten (w_i) bekannt, wird in diesem Zusammenhang häufig der Erwartungswert als Entscheidungskriterium herangezogen. Es ist also die Alternative zu wählen, die den höchsten Erwartungswert respektive den höchsten erwarteten Gewinn verspricht. Der zumeist mit μ bezeichnete Erwartungswert einer Alternative j ermittelt sich wie folgt:[231]

$$\mu_j = \sum_{i=1}^{n} e_{ji} * w_i \qquad 3.1$$

In diesem Zusammenhang besteht das Risiko darin, dass der realisierte Gewinn unter dem erwarteten Gewinn liegt. Um dieses Risiko zu quantifizieren, wird neben dem Erwartungswert zumeist auch die Streuung der Ergebnisausprägungen (e_i) um ihren Erwartungswert (μ_j) ermittelt. Die Varianz einer Alternative j ergibt sich aus der gewichteten quadrierten Differenz der Ergebnisausprägungen und ihrem Erwartungswert:

---

228 Vgl. Gleißner et al. 2004, S. 12.
229 Vgl. Perridon et al. 2009, S. 104.
230 Vgl. Stocker 2006, S. 9.
231 Vgl. Wöhe / Döring 2010, S. 95, Perridon et al. 2009, S. 108 f. sowie Kruschwitz 2009, S. 297. Das zugrunde liegende Prinzip wird μ-Prinzip oder auch Bayes-Prinzip genannt.

$$\sigma_j^2 = \sum_{i=1}^{n} \left(e_{ji} - \mu_j\right)^2 * w_i \qquad 3.2$$

Da die Varianz durch die Verwendung der quadrierten Differenz eine andere Dimension als der Erwartungswert aufweist, wird eher auf die aus der Quadratwurzel der Varianz ermittelte Standardabweichung zurückgegriffen:

$$\sigma_j = \sqrt{\sigma_j^2} \qquad 3.3$$

Als zweiseitiges Risikomaß gibt die Standardabweichung die Schwankungsintensität um einen Erwartungswert wieder.[232] Somit enthält die mögliche Streuung sowohl eine Chance in Form einer Überschreitung als auch ein Risiko in Form einer Unterschreitung des Erwartungswertes. Durch die Quadrierung der Differenz aus Ergebnisausprägung und Erwartungswert werden große Abweichungen stärker gewichtet. Eine hohe Bedeutung besitzen Varianz und Standardabweichung in vielen Modellen, bei denen eine Normalverteilung der Ergebnisausprägungen unterstellt wird. Darin wird die Verteilung der Ergebnisse durch Erwartungswert und Standardabweichung vollständig bestimmt.[233] In diesem Zusammenhang ist auch eine Erweiterung um die Tragweite des Risikos notwendig. Ergebnisse, die sehr stark vom Erwartungswert abweichen, allerdings nur eine sehr geringe Eintrittswahrscheinlichkeit besitzen, gehen nur mit einem geringen Anteil in die Berechnung von Erwartungswert und Standardabweichung ein und werden in diesen kumulierten Darstellungen in Form von zwei Kennzahlen nicht nach außen sichtbar. Ein Beispiel soll dies verdeutlichen. Ein Unternehmen mit 5 Millionen Euro Eigenkapital hat eine Investitionsmöglichkeit in ein Projekt, welches bei einer Investitionssumme von 10 Millionen Euro mit einer Wahrscheinlichkeit von 95% Rückflüsse in Höhe von 11 Millionen Euro generiert. Es besteht aber auch die Möglichkeit, dass das Projekt scheitert und mit einer Wahrscheinlichkeit von 5% nur ein Liquidationserlös in Höhe von 1 Million Euro erzielt werden kann. Der Erwartungswert der Rückflüsse aus beiden Szenarien ergibt sich aus

$$\mu = 0{,}95 * 11\ Mio.€ + 0{,}05 * 1\ Mio.€$$

[232] Vgl. Böhm-Dries / Rempel-Oberem 2007, S. 908.

[233] Vgl. Oehler / Unser 2002, S. 12.

mit 10,5 Millionen Euro und die Standardabweichung aus:

$$\sigma = \sqrt{(11\, Mio.€ - 10{,}5\, Mio.€)^2 * 0{,}95 + (1\, Mio.€ - 10{,}5\, Mio.€)^2 * 0{,}05}$$

zu 2,18 Millionen Euro. Gemäß den gegebenen Daten lässt das Projekt einen gewichteten Gewinn in Höhe von 0,5 Millionen Euro erwarten. Obwohl der maximale Gewinn bei 1 Million Euro liegt, signalisiert die Standardabweichung eine höhere Chance, die in der Form nicht realisierbar ist. Weiterhin ist das Risiko in Form eines Verlustes von 9 Millionen Euro nicht erkennbar. Dieser würde allerdings die Risikotragfähigkeit des Unternehmens in Höhe von 5 Millionen Euro verfügbarem Eigenkapital bei weitem übersteigen. Auch wenn die Wahrscheinlichkeit für eine negative Projektrealisation nur gering ist, so ist im Falle des Eintretens dennoch die Existenz des Unternehmens bedroht – die Tragweite des Risikos übersteigt somit die Fähigkeit des Unternehmens, Verluste aufzufangen. Daher muss bei Entscheidungen unter Risiko auch immer geprüft werden, ob das Unternehmen in der Lage ist, die bei einem negativen Verlauf auftretenden Verluste aufzufangen.[234] Ist dies nicht der Fall, so sind zwingend weitere Steuerungsmaßnahmen für das jeweilige Risiko einzuleiten, welche in Kapitel 3.6.7 einer genaueren Betrachtung unterzogen werden. Ein realisierter Verlust, auch wenn er nicht sehr wahrscheinlich war, kann gerade für mittelständische Unternehmen die Insolvenz zur Folge haben, da deren tendenziell schwache finanzielle Basis in wirtschaftlich schwierigen Zeiten den Ausgleich von Verlusten und Liquiditätsengpässen erschwert.[235] Ein weiteres Problem bei der Verwendung des Erwartungswert ergibt sich aus der Tatsache, dass in dem genannten Beispiel nur zwei Realisationen möglich sind: Ein Gewinn von einer Million Euro oder ein Verlust von neun Millionen Euro. Der theoretische, mathematisch ermittelte Erwartungswert als gewichteter Durchschnitt der Ergebnisrealisationen kann praktisch nicht erreicht werden. Sinnvolle Ergebnisse liefert der Erwartungswert nur bei einer ausreichenden Anzahl von Wiederholungen mit gleichbleibenden Wahrscheinlichkeiten, wodurch sich der Durschnitt der Ergebnisrealisationen dem Erwartungswert annähern wird.[236] Weitgehend erfüllt erscheint diese Forderung im Bereich der finanzwirtschaftlichen Risiken, für die sich bspw. aus den täglichen Wertstellungen der Investitionsobjekte

[234] Vgl. Wöhe / Döring 2010, S. 100.
[235] Vgl. Deutsche Bundesbank 2006, S. 41.
[236] Vgl. Kruschwitz / Husmann 2010, S. 144.

Renditen und deren Wahrscheinlichkeitsverteilungen ableiten lassen. Für operative Risiken aus Realgüterinvestitionen kann die Forderung nach einer entsprechend hohen Anzahl von Wiederholungen häufig nicht erfüllt werden.[237] Dennoch wird auch hier ein Erwartungswert ermittelt, welcher sich allerdings von vorgenanntem unterscheidet. Im Gegensatz zum Erwartungswert (μ) als gewichtetem Durschnitt der Ergebnisausprägungen bezieht sich dieser nur auf die mögliche negative Abweichung von einer Zielgröße – zielt also auf eine Quantifizierung der o.g. Schadensgefahr im Sinne eines reinen Risikos ab. Der Erwartungswert ergibt sich hierbei aus der Multiplikation von Schadenshöhe oder Tragweite des Risikos und dessen Eintrittswahrscheinlichkeit.[238] Hierdurch soll die Stärke des Risikos ermittelt werden, wobei Risiken mit einer geringen Eintrittswahrscheinlichkeit und einem hohen Ausmaß den gleichen Erwartungswert haben können, wie Risiken mit einer vergleichsweisen hohen Eintrittswahrscheinlichkeit und geringem Schadensausmaß. Daher ist auch hier unbedingt die absolute Tragweite des Risikos zu beachten.[239] Der so ermittelte Erwartungswert wird für eine Rangordnung von Risiken herangezogen, um die so im Unternehmen identifizierten Risiken in einer sogenannten Risk-Map oder Risikomatrix darzustellen.[240]

In diesem Zusammenhang sei darauf hingewiesen, dass externe Risiken, wie die höherer Gewalt, als Risiken angesehen werden, deren Eintreten als unsicher und damit im Sinne der vorgehenden Ausführungen als nicht berechenbar gilt. Dennoch gibt es statistische Aufzeichnungen über die Häufigkeit von Blitzschlägen, Hochwasser oder Erdbeben sowie die daraus resultierenden Schäden. Aus versicherungstechnischer Sicht lassen sich diese Risiken somit mit der gleichen Methodik bewerten.[241]

---

[237] Die sehr unterschiedlichen Ausgangssituationen zeigen sich zum Beispiel beim Vergleich eines mehrjährigen Investitionsprojektes mit der Betrachtung von Ausschussquoten in der Massenproduktion. Für beide Sachverhalte lassen sich Ergebnisausprägungen und deren Wahrscheinlichkeiten bestimmen. Die Wiederholbarkeit und damit Übertragung auf einen sinnvollen Erwartungswert erscheint aber nur bei der Massenproduktion sinnvoll.

[238] Vgl. Romeike 2003c, S. 157.

[239] Vgl. Stocker 2006, S. 14 f.

[240] Vgl. Romeike 2003c, S. 157 f. Für weitere Ausführungen zur Risikobewertung und zur Verwendung einer Risk Map siehe Kapitel 3.6.6.

[241] Vgl. Keitsch 2007, S. 7.

Im Rahmen der quantitativen Risikobetrachtung muss auch die unterschiedliche Wirkung von Risiken auf die Positionen der Bilanz und der Gewinn- und Verlustrechnung in den Fokus gerückt werden. Zwar führt ein unerwarteter Vermögensschaden über eine außerordentliche Abschreibung sowohl zu einer Erfolgsminderung in der Gewinn- und Verlustrechnung als auch zu einer Vermögensminderung. Im Rahmen der Risikosteuerung gibt es allerdings durchaus gegenläufige Wirkungen auf die Bilanz- und GuV-Positionen. Eine barwertige Sichtweise entspricht einer bilanzorientierten Sichtweise – hier liegt der Fokus auf dem Barwert von Vermögensgegenständen und damit der Wertänderung in der Bilanz. Alternativ dazu kann eine zahlungsstrom- oder GuV-orientierte Betrachtung der Ein- und Auszahlungen oder der Erträge und Aufwendungen stattfinden. Aus dieser Sichtweise ergeben sich somit Ertrags- bzw. Cash Flow-Risiken. Eine solch differenzierte Betrachtung von Barwert- und Cash Flow-Risiken ist insbesondere beim Einsatz von Derivaten angebracht, da mit diesen eine Steuerung dieser Risiken angestrebt wird und diese Risiken teilweise gegeneinander ausgetauscht werden. So ergibt sich aus variabel verzinslichen Wertpapieren ein Cash Flow-Risiko, da die Höhe der Zinszahlungen über den Investitionszeitraum nicht fest steht und als unsicher anzusehen ist. Festverzinslichen Wertpapieren wohnt dagegen kein Cash Flow-Risiko inne, da die Zinszahlungen ex ante bestimmt sind.[242]

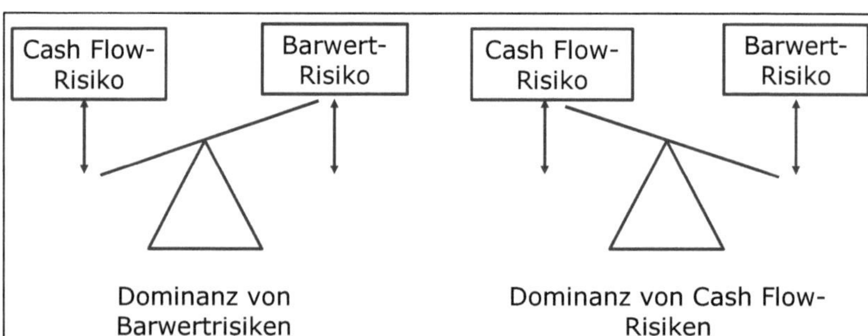

Abbildung 6: Barwert- oder Cash Flow-Risikosteuerung[243]

[242] Mit Ausnahme von Zahlungsausfällen.
[243] Vgl. Priermeier 2005, S. 35.

Dagegen führen Zinssteigerungen am Kapitalmarkt zu Kursverlusten in diesen Wertpapieren. Aus dieser Gefahr von Zinsänderungen ergibt sich somit ein Barwertrisiko. Mit Hilfe von Swaps lassen sich bspw. Barwert- und Cash Flow-Risiken gegeneinander austauschen. Eines der beiden Risiken wird aber bestehen bleiben und lässt sich in dieser Form nicht absichern.[244] Aus diesem in Abbildung 6 dargestellten Zielkonflikt ergibt sich demnach die Frage nach einer Grundsatzentscheidung, welches der beiden Risiken als zu steuerndes bestimmt wird.

Somit muss das Unternehmen zwischen Cash Flow-Volatilität und -Stabilität wählen, wobei im Falle der Stabilität die Auswirkungen auf die Bilanz in Kauf genommen werden müssen. Über die Totalperiode gleichen sich aber zum Beispiel für Zinspostionen Barwertänderungen und GuV-orientierter Zinsüberschuss aus. Aufgrund der besseren Steuerbarkeit hat sich für solche Positionen aber eine Barwertsteuerung durchgesetzt, da diese genauer und aussagekräftiger ist.[245] Die besondere Bedeutung von Zinsrisiken im Allgemeinen sowie für deutsche KMU im Speziellen wird in den Kapiteln 2.2.2.2 sowie 3.3.5.3.1 einer genaueren Betrachtung unterzogen.

3.3 Risikoarten

Für die Einteilung und Zuordnung von Risiken zu Risikohaupt- und -untergruppen wurden viele verschiedene Ansätze entwickelt. Die Variabilität der Klassifizierungsmöglichkeiten wird sehr breit gefächert von *Rosenkranz und Mißler-Behr* aufgezeigt. So lassen sich Risiken nach ihrer Zuordnung zum Unternehmensbereich, nach Entstehungszeitpunkt und Fristigkeit, hinsichtlich der Höhe und der Frequenz des jeweiligen Risikos klassifizieren. Auch unterscheiden die Autoren in Einzel- und Gruppenrisiken, objektive und subjektive Risiken, Sach- und Personenrisiken, Gefahren, finanzielle und nichtfinanzielle Risiken sowie statische und dynamische Risiken.[246] Weitere Möglichkeiten der Kategorisierung zeigt *Maier* auf. Er unterscheidet in eindimensionale und zweidimensionale Risiken, in quantifizierbare und nicht quantifizierbare Risiken, in systematische und unsystematische Risiken sowie in

[244] Vgl. Wiedemann / Hager 2004, S. 726.
[245] Vgl. Wolke 2008, S. 106.
[246] Vgl. Rosenkranz / Mißler-Behr 2005, S. 27 ff.

existenzielle und finanzielle Risiken.[247] Die vorgenannten Klassifizierungsmöglichkeiten sind vielfältig und illustrieren das breite Variantenspektrum – mit ihrer jeweiligen Einteilung in nur zwei Gruppen sind sie im Sinne der Arbeit allerdings nicht zweckdienlich. *Keitsch* dagegen nutzt eine etwas stärker gegliederte Kategorisierung von Risiken. Bei einer grundsätzlichen Aufteilung auf externe Risiken, welche das Umfeld des Unternehmens betreffen und deren Auswirkungen auf das Unternehmen ausstrahlen, und interne Risiken, welche die Geschäftstätigkeit des Unternehmens an sich betreffen, wählt er die in Abbildung 7 ersichtliche weitere Untergliederung:

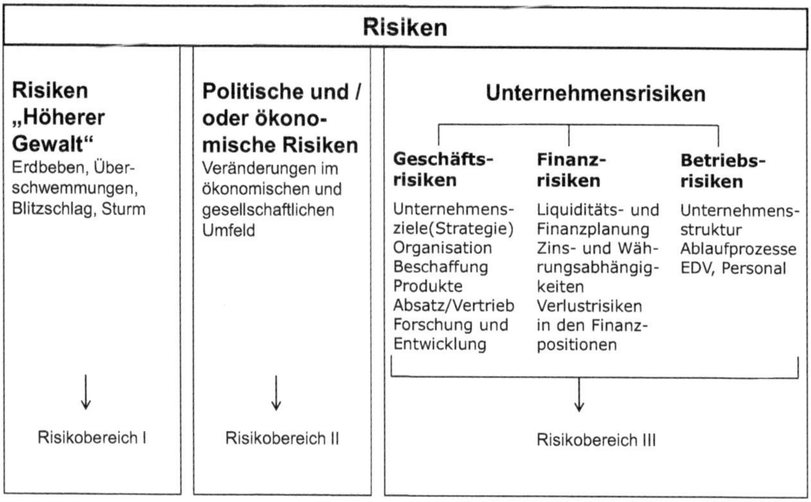

Abbildung 7: Übersicht der Risikokategorien mit ihrem Schwerpunkt im Unternehmen[248]

Im Risikobereich I: Risiken höherer Gewalt sind sämtliche Naturkatastrophen zusammengefasst. Die Auswirkungen von Erdbeben, Überschwemmungen, Stürmen aber auch Blitzschlägen können für Unternehmen verheerend sein und bis zum Totalschaden für das Unternehmen führen.[249] Dabei können diese Risiken auch indirekt auf Unternehmen wirken, wie die massiven Flugausfälle in Europa im Jahr 2010 in Folge eines Vulkanausbruchs in Island zeigen. Hier waren neben den direkt

[247] Vgl. Maier 2007, S. 10 ff.
[248] Vgl. Keitsch 2007, S. 6.
[249] Vgl. Keitsch 2007, S. 6.

betroffenen Fluglinien viele Unternehmen des Finanz- und Beratungssektors betroffen, deren Mitarbeiter durch Flugausfälle nicht oder stark verspätet ihre Zieldestinationen erreichten und deren Arbeitskraft nicht genutzt werden konnte. Das starke Erdbeben in Fukushima / Japan zeigte darüber hinaus, dass selbst ganze Volkswirtschaften massiv unter den Folgen der Risiken höherer Gewalt zu leiden haben. Gemein ist diesen Risiken, dass sie aus Sicht des Unternehmens weitgehend durch Versicherungen abgedeckt werden und somit deren Wirkungen auf das Unternehmen beschränkt werden können.[250] Durch die Aufteilung auf eine Versicherungsgemeinschaft oder die Weiterreichung an den Kapitalmarkt werden Risiken, die für einzelne Versicherte verheerend wären, auf ein tragfähiges Maß reduziert.[251] Risiken aus einer Veränderung des ökonomischen oder politischen Umfeldes werden gemäß *Keitsch* dem Risikobereich II zugeordnet. Mögliche Veränderungen in diesem Bereich werden häufig als unsicher angesehen. Dennoch lassen sich bspw. im politischen Bereich Tendenzen häufig frühzeitig erkennen und mögliche Auswirkungen teilweise abschätzen, wodurch diese ehemals unsicheren Änderungen als Risiken partiell quantifizierbar werden.[252] Die Auswirkungen auf einzelne Unternehmen bzw. Branchen können auch hier erheblich sein. Die deutsche Energiepolitik mit ihrer politisch gewollten „Energiewende" führte während des letzten Jahrzehnts zu einer erheblichen Förderung der sogenannten „erneuerbaren Energien" sowie zu einem zweimaligen Atomausstieg. Neben einer Erhöhung der Strompreise, die zum Teil auch dem erhöhten Anteil erneuerbarer Energien zugeschrieben wird, sind Branchen wie die Hersteller von Photovoltaikanlagen und Windkraftanlagen aber auch Kraftwerksbetreiber mit Atommeilern in ihrem Kraftwerkspark erheblich von solchen Änderungen im politischen und ökonomischen Umfeld betroffen.[253]

---

[250] Vgl. Keitsch 2007, S. 7.

[251] Zum einen fallen für Unternehmen Versicherungsprämien an, welche die finanzielle Belastung für das Unternehmen von einem möglichen Totalverlust im Idealfall auf die laufenden Prämienzahlungen reduzieren. Zum anderen transferieren Versicherungsunternehmen ihre Risiken aus Großschadensereignissen durch sogenannte Katastrophenanleihen (CAT-Bonds) an den Kapitalmarkt. Im Schadensfall werden Zinszahlungen oder Rückzahlungen reduziert bzw. fallen teilweise oder vollständig aus, wodurch die im Einzelfall hohe Schadensbelastung auf eine breite Anlegerschar verteilt und dadurch tragfähig gemacht wird.

[252] Vgl. Keitsch 2007, S. 7.

[253] Vgl. Mihm 2011.

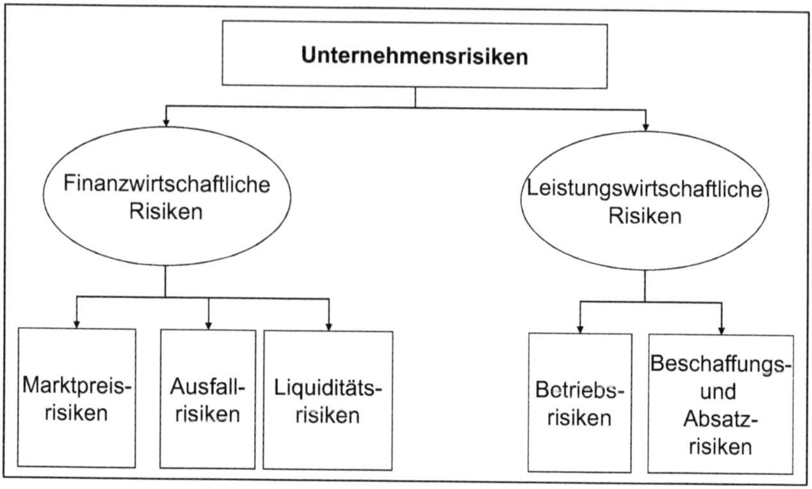

Abbildung 8: Systematik der unternehmerischen Risikoarten[254]

Für die im Risikobereich III dargestellten Unternehmensrisiken bietet sich eine alternative, etwas detailliertere Darstellung an, wie sie von *Wolke* genutzt wird. Dieser fasst die von *Keitsch* verwendeten Geschäftsrisiken und Betriebsrisiken zur Gruppe der leistungswirtschaftlichen Risiken zusammen. Für finanzwirtschaftliche Risiken erfolgt eine weitere Unterteilung in Marktpreisrisiken, Ausfallrisiken und Liquiditätsrisiken, wie sie auch in Abbildung 8 dargestellt ist. Dabei fallen die Beschaffungs- und Absatzrisiken in den von *Keitsch* dargestellten Bereich der Geschäftsrisiken. Insgesamt wird den Marktpreisrisiken mit steigender Unternehmensgröße eine zunehmende Bedeutung zugemessen. In einer Befragung von KMU ermittelt *Henschel* bei Unternehmen mit einem Jahresumsatz von über 50 Millionen Euro das von ihm als Finanzmarktrisiko bezeichnete Marktpreisrisiko als bedeutendstes Risiko. Bei kleineren Unternehmen ist dieses Risiko in der Wahrnehmung nur auf dem vierten oder fünften Platz angesiedelt. Bei Unternehmen mit einem Jahresumsatz von unter zwei Millionen Euro ist dagegen das strategische Risiko in Form der Geschäftsfeldstruktur, der eigenen Marken und des Images von höchster Bedeutung, gefolgt von Marktrisiken in Form von Markttrends und der technologischen Entwicklung. Eine ähnliche Bedeutung, allerdings mit umgekehrter Priorisierung, haben die

[254] In Anlehnung an Wolke 2008, S. 7.

beiden vorgenannten Risikofelder für Unternehmen mit einem Umsatz zwischen zwei und 50 Millionen Euro. In dieser Gruppe sind auch Geschäftsprozessrisiken in Bezug auf den Fertigungsprozess, die Qualitätsanforderungen sowie die Personalausstattung von relativ hoher Bedeutung. Die gesammelten Ergebnisse lassen sich Tabelle 10 entnehmen:

Tabelle 10: Risikofelder nach Jahresumsatz[255]

	< 2 Mio €		2-10 Mio €		10-50 Mio €		> 50 Mio €		keine Angabe		Gesamt	
Strategisches Risiko	14	25,0%	101	20,0%	52	19,0%	2	16,7%	11	17,7%	180	19,8%
Marktrisiko	13	23,2%	118	23,4%	61	22,3%	1	8,3%	12	19,4%	205	22,6%
rechtliches Risiko	8	14,3%	46	9,1%	36	13,2%	1	8,3%	10	16,1%	101	11,1%
Finanzmarktrisiko	7	12,5%	65	12,9%	32	11,7%	3	25,0%	13	21,0%	120	13,2%
Beteiligungsrisiko	1	1,8%	12	2,4%	12	4,4%	1	8,3%	2	3,2%	28	3,1%
aus Auslandsbeteil.	*1*	*1,8%*	*4*	*0,8%*	*5*	*1,8%*	*1*	*8,3%*	*1*	*1,6%*	*12*	*1,3%*
Managementrisiko	6	10,7%	56	11,1%	25	9,2%	2	16,7%	5	8,1%	94	10,4%
Geschäftsprozessrisiko	6	10,7%	98	19,4%	54	19,8%	1	8,3%	9	14,5%	168	18,5%
sonstiges Risiko	1	1,8%	4	0,8%	1	0,4%	0	0,0%	0	0,0%	6	0,7%
keine Angabe	0	0,0%	4	0,8%	0	0,0%	1	8,3%	0	0,0%	5	0,6%
Gesamt	**56**	**100%**	**504**	**100%**	**273**	**100,0%**	**12**	**100,0%**	**62**	**100,0%**	**907**	**100%**

Auch der Bereich der rechtlichen Risiken sowie der Managementrisiken erreicht ein signifikantes Niveau über die verschieden Umsatzgrößengruppen hinweg. Insgesamt ist die wahrgenommene Bedeutung der Risikofelder, die den leistungswirtschaftlichen Risiken zuzuordnen sind, erheblich höher im Vergleich zu den finanzwirtschaftlichen Risiken.[256] Im Folgenden soll der Bereich der Unternehmensrisiken nach *Keitsch* und *Wolke* einer detaillierteren Betrachtung unterzogen werden.

3.3.1 Risiken höherer Gewalt

Unter Risiken höherer Gewalt werden Ereignisse zusammengefasst, die von außen auf das Unternehmen einwirken und auf die das Unternehmen keinen Einfluss hat – die allerdings erheblich Folgen haben können.[257] Zum einen fallen in diese Kategorie Kriegsereignisse, Epidemien und innere Unruhen.[258] Zum anderen zählen sogenannte Naturrisiken wie Vulkanausbrüche, Erdbeben und Überschwemmungen zu solchen Ereignissen. Insbesondere für Naturrisiken besteht ein breites Angebot an

---

[255] Henschel 2010, S. 76.
[256] Vgl. Henschel 2010, S. 76.
[257] Vgl. Keitsch 2007, S. 6 sowie Wolke 2008, S. 212.
[258] Vgl. Maslen 2010, S. 13.

Versicherungen, welches zur Steuerung dieser Risiken in Form einer Verminderung der finanziellen Auswirkungen herangezogen werden kann.[259]

3.3.2 Politische, ökonomische und rechtliche Risiken

Risikofaktoren aus diesem Bereich betreffen Veränderungen im Umfeld des Unternehmens.[260] Veränderte Verbrauchergewohnheiten, aber auch langfristige Trends, verändern das gesellschaftliche Umfeld und somit die ökonomische Handlungsgrundlage des Unternehmens.[261] So verschiebt sich die Nachfrage der Bevölkerung durch ein allmählich steigendes Umweltbewusstsein immer mehr in Richtung nachhaltig erzeugter Produkte – nicht nur im Bereich der Lebensmittel, sondern quer über alle möglichen Arten von Konsumgütern. Hier sei auf das gestiegene Interesse an Bio-Produkten, aber auch an Automobilen mit immer geringerem Schadstoffausstoß verwiesen. Ebenso verändert der demographische Wandel mit einer im Durschnitt alternden und schrumpfenden Bevölkerung die Konsumgewohnheiten und damit die Absatzmöglichkeiten des Unternehmens. Diese Trends müssen frühzeitig erkannt werden und mit ihren Wirkungen auch im Bereich der strategischen Geschäftsrisiken Beachtung finden.

Rechtliche Risiken betreffen zunächst Gesetzesänderungen – insbesondere wenn diese unerwartet auftreten.[262] Neben der Änderung von Gesetzen fallen in den Bereich der Rechtsrisiken auch Risiken aus Verstößen gegen Gesetztexte, Verträge und Vereinbarungen sowie rechtliche Auflagen. Umweltrisiken in Form von Verschmutzungen aber auch Delikte von Drittparteien können unter Umständen den rechtlichen Risiken zugeordnet werden. Zur Steuerung dieser Risiken werden bei Bedarf externe Rechtsberater herangezogen oder bei wachsender Unternehmensgröße auch eigene Rechtsabteilungen im Unternehmen etabliert. Zur Prozesskostenminimierung wird darüber hinaus auch auf Rechtsschutzversicherungen zurückgegriffen.[263]

---

259 Vgl. Wolke 2008, S. 213.
260 Vgl. Keitsch 2007, S. 6.
261 Vgl. Gleißner 2008, S. 91.
262 Vgl. Oehler / Unser 2002, S. 15.
263 Vgl. Wolke 2008, S. 212.

Politische Risiken beziehen sich, wie bereits erwähnt, auf Änderungen des politischen Umfeldes in Form einer geänderter Subventions- und Förderpolitik – durch die Funktion der Politik als gesetzgebendes Organ, aber auch auf Änderungen des rechtlichen Umfeldes. Somit sind politische und rechtliche Risiken häufig miteinander verbunden.

3.3.3 Außenhandelsrisiken

Die Unsicherheit, die bei grenzüberschreitenden Transaktionen durch den Eintritt in einen anderen Rechtsraum auftritt, kann ebenso als rechtlich-politisches Risiko erachtet werden und wird auch als Außenhandels- oder Länderrisiko bezeichnet. Im Jahr 2009 trug der Export von Waren und Dienstleistungen 40,8% zum deutschen Bruttoinlandsprodukt bei. Diese Exportquote liegt weit über der anderer großer europäischer Industrienationen wie Frankreich (23,0%), Großbritannien (27,7%) oder Italien (24,0%). Noch ausgeprägter ist der Unterschied im Vergleich zur weltgrößten Volkswirtschaft, da der Export der USA nur 11,2% zum dortigen BIP beitrug.[264] Auch wenn es Überschneidungen zu anderen Risikokategorien gibt, ist es aufgrund der Bedeutung des Exports zweckmäßig, die Außenhandelsrisiken einer separaten Betrachtung zu unterziehen. Bei Auslandsgeschäften werden Unternehmen mit soziokulturellen Rahmenbedingungen konfrontiert, die sich von denen des Heimatmarktes grundlegend unterscheiden können. Sich aus unterschiedlicher Sprache, Mentalität und Kultur sowie aus administrativen Problemen ergebende Problemfelder können als allgemeine Risiken in der Außenwirtschaft bezeichnet werden.[265] Neben diesen kulturellen Nebenbedingungen hat sich in der entsprechenden Literatur für die Einordnung von Außenhandelsrisiken eine Unterteilung in politische und wirtschaftliche Länderrisiken durchgesetzt,[266] welche im Folgenden genauer aufgeschlüsselt werden. Im Zusammenhang mit Auslandsgeschäften ist auch das Wechselkursrisiko von Bedeutung. Da dies aber auch bei Importen von Rohstoffen oder beim Betrieb von ausländischen Produktionsstandorten von Relevanz ist, erfolgt die Betrachtung des Wechselkursrisikos global in Kapitel 3.3.5.3.2.

---

264 Vgl. Statistisches Bundesamt Deutschland 2011.

265 Vgl. Altmann 2001, S. 289.

266 Vgl. Altmann 2001, S. 292, von Bernstorff 2008, S. 34, Büschgen 1997, S. 285 oder Sperber / Sprink 1999, S. 267.

3.3.3.1 Politische Länderrisiken

Elemente des politischen Risikos liegen zum einen in gewaltsamen Auseinandersetzungen wie Krieg, Aufruhr oder Revolten, wodurch Waren und Produktionsstrecken zerstört oder anderweitig dem Einfluss des Unternehmens entzogen werden können. Auch staatliche Maßnahmen, welche die Wirtschaftsstruktur des Ziellandes erheblich verändern, sowie staatliche Beschränkungen von Waren- und Zahlungsströmen, wie Zölle, Kontingentierung bis hin zu Im- und Exportverboten, können hierzu gezählt werden.[267] Aus Sicht eines Exporteurs ergibt sich eine unterschiedliche Risikorelevanz in Abhängigkeit von der jeweilige Phase des Auslandsgeschäftes. Während der Fabrikationsphase können Ereignissc eintreten, die zu einem Produktionsabbruch führen oder den Versand der Ware unmöglich machen. Dies können sowohl kriegerische Handlungen und Revolten, als auch ein Embargo des Ziellandes seitens der Bundesregierung oder eines Transitlandes sein. Dieses Risiko wird auch als Fabrikationsrisiko bezeichnet. Während der Lieferphase besteht das Versandrisiko darin, dass während dieser Phase eines der vorgenannten Ereignisse eintritt und die Ware zurückbeordert sowie einer Ersatzverwendung zugeführt werden muss. Auch besteht die Gefahr, dass die Ware beschlagnahmt oder zerstört wird.[268] Nach Übergang der Ware an den Abnehmer besteht neben dem klassischen betriebswirtschaftlichen Forderungsausfallrisiko auch ein politisch bedingtes Forderungsrisiko, welches dazu führt, dass die Forderung des Exporteurs nicht durchsetzbar ist.[269] Zum einen ist dabei das Konvertierungsrisiko zu nennen, welches darin besteht, dass der Umtausch der Landeswährung des Abnehmers in eine andere Währung unterbunden wird. Auch kann es ein Transferrisiko in Form eines Verbotes geben, Zahlungen bzw. Guthaben ins Ausland zu transferieren. Das Zahlungsverbot beinhaltet stattdessen ein umfassendes Verbot von Zahlungen an ausländische Unternehmen. Im Gegensatz dazu entspricht ein Moratorium einem Zahlungsaufschub, mit Stundung und späterer Begleichung von Forderungen.[270]

---

[267] Vgl. von Bernstorff 2008, S. 34 f.
[268] Vgl. Häberle 2002, S. 38.
[269] Vgl. Häberle 2002, S. 39.
[270] Vgl. von Bernstorff 2008, S. 36.

3.3.3.2 Wirtschaftliche Länderrisiken

In Abgrenzung zu den politischen Länderrisiken in Form einer Zahlungsunwilligkeit können wirtschaftliche Länderrisiken als Zahlungsunfähigkeit beschrieben werden.[271] Das Hauptproblem liegt dabei in der Schwierigkeit, die Zahlungsfähigkeit von ausländischen Vertragspartnern und den an der Vertragsabwicklung beteiligten Unternehmen zu beurteilen.[272]

Wirtschaftliche Risiken treten im Auslandsgeschäft primär auf, wenn der Exporteur dem Importeur ein Zahlungsziel einräumt oder in Fremdwährung abgerechnet wird.[273] Nach Abschluss des Kaufvertrages gibt es neben dem politisch auch ein wirtschaftlich bedingtes Fabrikationsrisiko. Dies entsteht durch die Lossagung des Importeurs vom Vertrag oder schwere Verstöße gegen vertraglich vereinbarte Pflichten, wodurch die Erfüllung des Vertrages unwahrscheinlich wird. Auch die Zahlungseinstellung durch den Importeur aufgrund der Verschlechterung der wirtschaftlichen Situation bis hin zur Insolvenz führt dazu, dass der Exporteur gezwungen ist, die Produktion abzubrechen oder vom Versand der Ware abzusehen.[274] Weiterhin besteht ein Abnahmerisiko, falls der Käufer die bereits im Importland befindliche Ware nicht oder nicht rechtzeitig abnimmt. In Folge dessen ist der Exporteur gezwungen, den Rücktransport der Ware zu veranlassen, einen Notverkauf zu einem möglicherweise weit niedrigeren Verkaufspreis durchzuführen oder die Ware vernichten zu lassen.[275] Dieses Abnahmerisiko ist auch Teil des Forderungs-, Kredit- oder Delkredererisikos, welches allgemein die Gefahr der Nichterfüllung des Zahlungsanspruchs des Exporteurs bezeichnet.[276] Es beinhaltet demnach die Gefahr der Zahlungsunfähigkeit, des Zahlungsverzugs und der Zahlungsunwilligkeit.[277] Bei Auslandgeschäften, bei denen bereits zum Vertragsabschluss eine Begleichung zum Festpreis vereinbart wird, besteht ein nicht unerhebliches Preisrisiko, wenn sich das gesamte Geschäft über einen längeren Zeitraum er-

[271] Vgl. Sperber / Sprink 1999, S. 270.
[272] Vgl. von Bernstorff 2008, S. 37.
[273] Vgl. Häberle 2002, S. 9.
[274] Vgl. Häberle 2002, S. 15.
[275] Vgl. Wittenzeller 1997, S. 114.
[276] Vgl. Altmann 2001, S. 297.
[277] Vgl. Epstein 1999, S. 58.

streckt. Die Überwälzung von gestiegenen Rohstoffpreisen mit Hilfe von Preisgleitklauseln, die im Inland durchaus üblich ist, ist bei Auslandsgeschäften nicht immer durchsetzbar, wodurch bei feststehendem Abnahmepreis andere Preissicherungsgeschäfte genutzt werden müssen.[278] Auch das bei Inlandsgeschäften bestehende Transportrisiko – die Beschädigung oder gar des Verlustes der Ware auf dem Weg zum Bestimmungsort – ist aufgrund längerer und zum Teil unwegsamer Transportwege bei Auslandsgeschäften von höherer Relevanz.[279] Abschließend sei auf die besondere Bedeutung des Rechtsrisikos hingewiesen, da Auslandsgeschäfte stets mindestens zwei verschiedene Rechtssysteme berühren. Bereits bei Vertragsabschluss stellt sich die Frage, nach welcher Rechtsnorm der Vertrag geschlossen wird – ob er also deutschem Recht oder ausländischem Recht unterliegt. Da international eher englische oder französische Rechtsnormen gebräuchlich sind, kann sogar eine dritte Rechtsordnung zur praktischen Anwendung kommen. Aus den unterschiedlichen Normen ergeben sich teilweise erhebliche Unterschiede in Bezug auf die Rechtsfolgen oder die Durchsetzbarkeit von Ansprüchen.[280] Dies illustriert sich bspw. in der Frage des Eigentumsübergangs, da nach deutschem Recht das Transportrisiko beim Exporteur liegt – in ausländischen Rechtsnormen dagegen häufig beim Importeur.[281]

3.3.3.3 Behandlung von Länderrisiken

Das Länderrisiko wird häufig über Länderratings und entsprechende Risikoaufschläge im Vergleich zu Ländern erstklassiger Bonität an den Kapitalmärkten bepreist und fließt auch in die Risikobewertung nicht-staatlicher Handelspartner mit ein. So wird das Rating eines Unternehmens auch an seinem Heimatland ausgerichtet und wird durch die Ratingagenturen mit einer Höchstgrenze in Form des Länderratings versehen.[282] Der Vorteil von Ratingverfahren liegt in der Verdichtung sämtlicher Ratingkriterien zu einer einzigen Risikokennzahl, was eine Einordnung des Länderrisikos in einen internationalen Vergleich ermöglicht. Diese Vergleichbarkeit wird durch die Anwendung eines systematischen, für alle Länder gleichen Ratingverfahrens herge-

---

[278] Vgl. von Bernstorff 2008, S. 109 f.
[279] Vgl. Wittenzeller 1997, S. 124.
[280] Vgl. von Bernstorff 2008, S. 49.
[281] Vgl. von Bernstorff 2008, S. 51.
[282] Vgl. Schneck 2008, S. 65.

stellt, wobei sowohl qualitative als auch quantitative Variablen in das Gesamturteil einfließen.[283] Kategorien, die in die Betrachtung mit einfließen sind dabei Wirtschaftspolitik, -entwicklung und -struktur, das Schulden- und Liquiditätsmanagement, die Entwicklung auf den internationalen Kapitalmärkten, politische Risiken sowie institutionelle Rahmenbedingungen.[284] Über die Zuordnung der Ratingnote zu einer entsprechenden Ausfallwahrscheinlichkeit lässt sich die jeweilig notwendige Risikoprämie für das Land relativ einfach ermitteln. Der Nachteil der Verdichtung auf eine einzelne Risikokennzahl liegt allerdings auf der Hand. Landestypische Risikotreiber gehen in diesem Durchschnitt verloren, was dazu führen kann, dass Länder mit einer sehr unterschiedlichen Risikostruktur der gleichen Risikokategorie zugeordnet werden. Nachteilig wirkt sich darüber hinaus auch der starke Vergangenheitsbezug des Ratings aus, da quantitative Kriterien nur mit einer Verzögerung in die Kennzahl einfließen, wodurch die Aktualität der Ratingnote leiden kann.[285] Neben Länderratings, als kombinierte Verfahren aus objektiver Analyse und Bewertung anhand der Gewichtung von quantitativen Daten sowie subjektiver Expertenbewertung qualitativer Faktoren, gibt es noch eine Reihe weiterer Verfahren, die nur einen der beiden vorgenannten Ansätze verfolgen.[286] Im Bereich der qualitativen Methoden gibt es zum einen vollständig-qualitative Verfahren in Form von Länderberichten. Durch eine individuelle Betrachtung können die spezifischen Stärken und Schwächen des Landes analysiert und die Einzelheiten der ökonomischen, politischen und sozialen Lage detailliert aufbereitet werden. Allerdings leidet unter dem hohen Individualisierungsgrad die Vergleichbarkeit verschiedener Länderberichte. Um diese Vergleichbarkeit herzustellen, werden zum anderen auch strukturiert-qualitative Verfahren angewendet. Mit Hilfe eines für alle Länder gleichen Standardschemas werden volkswirtschaftliche Statistiken ausgewertet, sowie Trendanalysen aufgestellt und Erwartungswerte abgeschätzt. Beiden Verfahren gemein ist der Nachteil der subjektiven Darstellung sowie Auswahl der Risikoindikatoren.[287] Als objektivere Analysen bieten sich Verfahren an, deren Ergebnis auf der Auswertung quantitativer, also messbarer Daten beruht.

[283] Vgl. Büschgen 1997, S. 295 f.
[284] Vgl. Hromadka / Döhring 2007, S. 261.
[285] Vgl. Sperber / Sprink 1999, S. 276.
[286] Vgl. Stocker 2006, S. 46.
[287] Vgl. Büschgen 1997, S. 295.

Mathematisch-statistische Verfahren in Form von Diskriminanz-, Logit-, Regressions- und Cluster-Analysen dienen als Grundlage für entscheidungsunterstützende Frühwarnsysteme. Problematisch ist auch hier der Vergangenheitsbezug der Inputdaten. Auch die Auswahl der verwendeten Indikatoren, die in die Berechnungen mit einfließen kann als subjektiv bezeichnet werden. Um die Entwicklung wichtiger Indikatoren in der zukünftigen Entwicklung des Landes zu prognostizieren, wird dagegen auf Simulationsmodelle zurückgegriffen. Anwendung finden solche Simulationen im Rahmen der Investitionsplanung langlaufender Projekte, um mögliche Ursachen-Wirkungsbeziehungen so realitätsnah wie möglich darzustellen und mögliche Szenarien aufzudecken. Allerdings sind solche Modellierungen sehr rechenintensive und teilweise recht teuer und werden gerade bei längerfristigen Prognosen sehr ungenau.[288] Aufgrund der jeweiligen Schwächen der vorgenannten Analysen und deren teilweise sehr hohen Kosten sind trotz der Verdichtung und dem Wegfall von Detailinformationen Ratings aus dem Wirtschaftsgeschehen kaum wegzudenken, nicht zuletzt, da sie einer breiten Investorenbasis zur Verfügung stehen.[289]

3.3.4 Leistungswirtschaftliche Risiken

3.3.4.1 Geschäftsrisiken

Geschäftsrisiken beinhalten gemeinhin das allgemeine Unternehmerrisiko und beziehen sich auf die Kernbereiche der Geschäftstätigkeit. Hierzu zählen Risiken aus den Zielen und der Strategie des Unternehmens, aber auch aus dem Bereich von Forschung und Entwicklung. Im Mittelpunkt der Betrachtung stehen die Produkte des Unternehmens und damit korrespondierend die Bereiche Beschaffung und Absatz.[290] Zwar gibt es gerade im Beschaffungsbereich im Hinblick auf Rohstoffpreisrisiken direkte Wirkungen auf finanzwirtschaftliche Größen und somit Wechselwirkungen mit finanzwirtschaftlichen Risiken. Generell wird aber im Bereich der Geschäftsrisiken der gesamte Fertigungsprozess analysiert und es sind nur begrenzt Steuerungsstrategien anwendbar, die im Bereich der finanzwirtschaftlichen Risiken eingesetzt werden.[291]

---

[288] Vgl. Sperber / Sprink 1999, S. 278 f.
[289] Vgl. von Bernstorff 2008, S. 294.
[290] Vgl. Keitsch 2007, S. 6.
[291] Vgl. Oehler / Unser 2002, S. 14 f.

Das Beschaffungsrisiko lässt sich in weitere Verlustgefahren unterteilen. Stehen die benötigten Produktionsfaktoren nicht mengen- und termingerecht zur Verfügung, so spricht man vom Bedarfsdeckungsrisiko. Beschädigungen und Verluste der Produktionsfaktoren auf dem Weg vom Lieferanten zur Produktionsstätte fallen in den Bereich des Transportrisikos – nach dem Übergang ins Lager des Unternehmens auftretende Wertminderungen werden dementsprechend als Lagerrisiko bezeichnet. Lieferausfall, Liefermängel und unerwartet höhere Lieferpreise fallen in den Bereich des Lieferrisikos.[292]

Eine ähnliche Unterteilung ist auch für Absatzrisiken möglich. Das Lagerrisiko bezieht sich hier auf fertige Erzeugnisse – analog auch das Transportrisiko nach Verlassen des Lagers vor Gefahrenübergang beim Kunden. Können vertraglich vereinbarte Leistungen nicht erbracht werden, so handelt es sich um ein Erfüllungsrisiko. Nimmt der Kunde dagegen die Produkte nicht entgegen, so wird dies als Abnahmerisiko bezeichnet. Weiterhin besteht ein Verkaufsrisiko, sollten die geplanten Preise oder Mengen nicht realisiert werden können oder gar kein Käufer gefunden werden.[293]

Im Gegensatz zu den vorgenannten operativen Risiken mit einem eher kurzfristigen Zeithorizont sind strategische Risiken als Bedrohungen für die langfristigen Erfolgsfaktoren des Unternehmens anzusehen. Dies betrifft Bereiche wie die Kernkompetenzen des Unternehmens, die Geschäftsfeldstruktur und die Wettbewerbssituation in einzelnen Geschäftsfeldern als auch die Gestaltung der Wertschöpfungskette.[294] Strategische Risiken können sich sehr differenziert darstellen und sind insbesondere davon abhängig, in welcher Lebenszyklusphase sich das Unternehmen befindet und welchem Typus das Unternehmen zuzuordnen ist. So sind Wachstumsunternehmen vor allem von Risiken betroffen, welche sich eben aus ihrem schnellen Wachstum heraus ergeben. Dies betrifft zum einen den Mangel an personellen und finanziellen Ressourcen als auch Schwächen in der Organisationsstruktur in Form notwendiger Reorganisationen im Hinblick auf die Aufgaben- und

[292] Vgl. Wolke 2008, S. 214 f.
[293] Vgl. Wolke 2008, S. 220.
[294] Vgl. Gleißner 2008, S. 61.

Kompetenzzuordnung.[295] Etablierte Unternehmen mit einem Markenartikelsortiment sind eher von Risiken betroffen, die das Image der Marke gefährden, wie beispielsweise Umweltschäden, oder sich in Form von nicht identifizierten Änderungen der Kundengewohnheiten in einer verfehlten Markenpolitik manifestieren.[296] Dagegen entsteht bei Familienunternehmen häufig primär ein Risiko aus der Unternehmensnachfolge, bei welcher kein oder kein geeigneter Führungsnachwuchs gefundenen werden kann, was bis zur Einstellung des Geschäftsbetriebes gehen kann. Risiken entstehen auch durch eingeschränkte Finanzierungsmöglichkeiten oder die fehlende Bereitschaft, externe Kapitalgeber am Unternehmen zu beteiligen sowie nicht selten durch die Vermischung privater und unternehmerischer Interessen.[297]

Im Hinblick auf Risiken aus Forschung und Entwicklung stellt sich primär die Frage, inwieweit das Unternehmen einem technologischen Wandel ausgesetzt ist, ob das Unternehmen also davon abhängig ist, permanent neue oder weiterentwickelte Produkte an den Markt zu bringen.[298]

3.3.4.2 Betriebsrisiken

Betriebsrisiken resultieren aus den Ablaufprozessen im Unternehmen und können durch menschliches Versagen oder dem Ausfall von IT-Systemen hervorgerufen werden, aber auch durch technische Defekte in den Produktionsanlagen des Unternehmens sowie durch mangelnde Kontrollprozesse.[299] Bezeichnet werden diese teilweise auch als Leistungsrisiken bzw. im Banken- und Versicherungssektor auch als operationelle Risiken.[300] Eine weitere Untergliederung erfolgt bspw. in Personen-, Prozess- und Systemrisiken.

---

295 Vgl. Gleißner 2008, S. 67.
296 Vgl. Gleißner 2008, S. 68.
297 Vgl. Gleißner 2008, S. 69.
298 Vgl. Romeike 2003b, S. 171. So kämpfen Branchen wie die IT-Branche oder der Automobilbau mit tendenziell kürzer werdenden Produktlebenszyklen. Aber auch die Pharmabranche ist von neuen Wirkstoffen und Präparaten abhängig, da der Patentschutz für erfolgreiche Medikamente nur befristet zur Verfügung steht und nach dessen Ablauf ein erheblicher Preisdruck durch Nachahmermedikamente (Generika) entsteht.
299 Vgl. Keitsch 2007, S. 7 sowie Oehler / Unser 2002, S. 14 f.
300 Vgl. Gleißner 2008, S. 93.

Personenrisiken können durch den Ausfall von Personen entstehen, indem bei längerer Krankheit oder dem Ausscheiden von Spezialisten oder Führungskräften entsprechende Qualifikationen im Unternehmen für längere Zeit nicht zur Verfügung stehen. Gerade bei kleineren und mittleren Unternehmen ist der Ausfall von Führungskräften zumeist von erheblicher Bedeutung für den Unternehmenserfolg. Gleiches gilt für Risiken aus einer mangelnden Qualifikation der Mitarbeiter, welche nicht zuletzt durch die oft eher technisch-kaufmännisch geprägte Ausbildung hervorgerufen wird. Aber auch eine mangelnde Motivation, ein unzureichender Führungsstil, fehlende Kommunikation und ein schlechtes Betriebsklima im Allgemeinen kann zu Personenrisiken führen. Um aus solchen Ursachen entstehende Schäden zu vermeiden oder deren Auswirkungen zu vermindern, werden häufig interne Schulungsmaßnahmen eingesetzt bzw. entsprechende Versicherungen – wie bspw. Berufshaftpflichtversicherungen – abgeschlossen.[301]

Treten Störungen in der primären Wertschöpfungskette auf, so werden diese auch als Prozessrisiken bezeichnet und betreffen zumeist die Aufbau- und Ablauforganisation und das Interne Kontrollsystem.[302] Teilweise werden diese Risiken auch als Supply-Chain-Risiken bezeichnet, da die Wertschöpfungsketten stark mit denen von Lieferanten und Kunden verknüpft sind. Entstehen können diese Risiken bereits durch fehlerhafte Kalkulationen und Projektumsetzungen, fehlende Termintreue in Einkauf und Absatz sowie durch unvollständige oder fehlerhafte Informationsübermittlung. Problematisch ist der Produktionsausfall bzw. ein Betriebsstillstand durch den technischen Ausfall von Maschinen oder der betrieblichen Infrastruktur bis hin zu Unfällen oder gar intern ausgelösten Katastrophenfällen, wie Großfeuer.[303]

Risiken aus den im Unternehmen eingesetzten IT-Systemen werden als Systemrisiken bezeichnet. Hierzu zählen der Verlust oder die Verfälschung von Daten und somit deren Verfügbarkeit, aber auch der Ausfall von IT-Systemen als Ganzes in den Bereichen Hardware, Software oder ganzer Netzwerke. Risiken entstehen auch, wenn

---

[301] Vgl. Wolke 2008, S. 210 f.
[302] Vgl. Wolke 2008, S. 211.
[303] Vgl. Gleißner 2008, S. 94.

gesetzliche Anforderungen nicht erfüllt werden, was insbesondere im Bereich der Datensicherheit wiederholt zu Fällen erhöhter negativer Medienpräsenz führt. Zur Steuerung dieser Risiken sind häufig hohe Investitionen in die IT-Sicherheit aber auch in die Aktualität der IT-Systeme notwendig, verbunden mit Schulungen und der Erarbeitung von Zugriffsregelungen.[304]

3.3.5 Finanzwirtschaftliche Risiken

3.3.5.1 Liquiditätsrisiken

Unter Liquiditätsrisiken werden sämtliche Risiken zusammengefasst, die sich negativ auf die Liquidität des Unternehmens auswirken können, wobei diese durch ungeplante Auszahlungen ausgelöst werden können oder die Höhe der Einzahlungen bzw. ihre Zeitpunkte nicht den Planungvorgaben entsprechen.[305] Das Liquiditätsrisiko enthält ein allgemeines Liquiditätsrisiko in der Form, dass ein Unternehmen nicht in der Lage ist, seinen Zahlungsverpflichtungen termingerecht nachzukommen.[306] Dadurch kann eine der Existenzbedingungen des Unternehmens – die Wahrung des finanziellen Gleichgewichts in Form der Aufrechterhaltung der Zahlungsfähigkeit[307] – verletzt werden, was in letzter Konsequenz als bestandsgefährdendes Risiko zur Eröffnung des Insolvenzverfahrens führen kann.[308] Ein weiteres Element des Liquiditätsrisikos liegt in einer unzureichenden Marktliquidität, wodurch Vermögenspositionen aufgrund fehlender Markttiefe oder durch Marktstörungen nicht zu fairen Preisen oder gar nicht veräußert werden können.[309]

Das wichtigste Instrument für die Steuerung des allgemeinen Liquiditätsrisikos ist eine möglichst präzise Liquiditätsplanung.[310] Deren Aufgabe ist neben der permanenten

---

304 Vgl. Wolke 2008, S. 211 f.
305 Vgl. Gleißner 2008, S. 85.
306 Vgl. Scharpf 2000, S. 256.
307 Vgl. Wöhe / Döring 2010, S. 35.
308 Vgl. Wöhe / Döring 2010, S. 275 f.
309 Vgl. Eller et al. 2002, S. 19. Abhängig ist die Marktliquidität eines Finanzinstrumentes neben der Marktgängigkeit auch von dessen Handelsort sowie der Anzahl der möglichen Handelspartner, wie bspw. der Höhe des Streubesitzes bei börsennotierten Aktiengesellschaften. Generell ist die Marktliquidität börsengehandelter Finanzinstrumente gegenüber außerbörslichen Produkten als höher zu bewerten.
310 Vgl. Scharpf 2000, S. 265 f.

Sicherung der Zahlungsfähigkeit auch die Minimierung der Finanzierungs- und Transaktionskosten, der Kosten der Kassenhaltung sowie die Wahrung der finanziellen Unabhängigkeit – zumeist im Rahmen des Treasury.[311] Generell sollte die Summe aus Ein- und Auszahlungen unter Einbeziehung von möglichen Kassenbeständen und Finanzierungslinien in keinem Zeitpunkt negativ sein. Dies entspricht einer zahlungsstromorientierten Sichtweise des Liquiditätsrisikos.[312] Zwar werden Liquiditätsrisiken den finanzwirtschaftlichen Risiken zugeordnet – sie können aber nicht durch Strategien und Produkte gesteuert werden, welche für die beiden nachfolgend erörterten Kategorien der Ausfall- und Marktpreisrisiken zur Verfügung stehen. Die Lösungsansätze sind im Hinblick auf eine detaillierte Liquiditätsplanung somit primär organisatorischer Natur.[313] Bei der Messung des Liquiditätsrisikos gibt es dagegen Ansätze, die sich an vergleichbaren Methoden für Ausfall- und Marktpreisrisiken orientieren. Beispielsweise ist hier die Kennzahl Liquidity-at-Risk zu nennen, welche im Bankenbereich als Höhe des Auszahlungsüberschusses verstanden wird, die gemäß eines vorgegebenen Konfidenzintervalls für den Betrachtungszeitraum nicht überschritten wird.[314]

3.3.5.2 Ausfallrisiken

Unter dem Begriff Ausfallrisiko wird generell der Ausfall einer Gegenpartei des Unternehmens – also eines Vertragspartners – verstanden.[315] Im Gegensatz zum Marktpreisrisiko, welches durch Preisschwankungen verursacht wird und somit sowohl zu Gewinnen und Verlusten führen kann, bezieht sich das Ausfallrisiko auf mögliche Verluste – welche auch von der Höhe her signifikant sein können und bis zu einem Totalverlust reichen. Im Bankenbereich betrifft dies vor allem das Kredit- und Anleihegeschäft und wird zumeist als Kreditrisiko bezeichnet. Für Industrieunternehmen ist dagegen eher der Ausfall von Forderungen aus Lieferungen und Leistungen

311 Vgl. Scharpf 2000, S. 260.
312 Vgl. Wolke 2008, S. 184 f.
313 Vgl. Oehler / Unser 2002, S. 15.
314 Vgl. Wolke 2008, S. 188. Für Ausführungen zu dem zugrundeliegenden Value-at-Risk-Konzept siehe Kapitel 4.2. Aufgrund der primären Anwendung im Bankenbereich wird auf eine weitere Erläuterung des Liquidity-at-Risk verzichtet.
315 Vgl. Gleißner 2008, S. 87.

relevant.[316] Im Bezug auf Anleiheportfolien ergibt sich für Investoren weiterhin ein sogenanntes Bonitätsrisiko als Teil des Kreditrisikos. Bei einer Verschlechterung der Bonität des Schuldners wird sich die Risikoprämie am Markt erhöhen und im Umkehrschluss zu einer Reduzierung des Marktwertes der Forderung führen. Auch das Risiko des Ausfalls eines Adressaten (Adressenausfallrisiko) kann in unterschiedliche Ausprägungen unterteilt werden. Kann der Vertragspartner seinen Zahlungsverpflichtungen nicht nachkommen, so handelt es sich um ein Zahlungsrisiko. Dies betrifft sowohl das Kreditgeschäft als auch Forderungen aus physischen Grundgeschäften. Dagegen handelt es sich um ein Wiedereindeckungsrisiko, wenn der Vertragspartner nicht mehr in der Lage ist, seinen Liefer- oder Abnahmeverpflichtungen nachzukommen und das Unternehmen einen Ersatz für den Vertragspartner finden muss, wobei dies möglicherweise nur zu schlechteren Marktkonditionen durchführbar ist. [317] Im Beschaffungsbereich kann dies einen Einfluss auf die ganze Produktion haben, denn neben der Gefahr, die Ersatzlieferung nur zu einem höheren Preis vereinbaren zu können, ergeben sich Suchkosten für die Auswahl eines neuen Lieferanten oder auch längere Lieferzeiten, die zu einem Stillstand der nachfolgenden Produktionsstufen führen können.[318] Im Bereich des Absatzes muss bei Ausfall eines Vertragspartners ein neuer Käufer gefunden werden, was umso schwieriger ist, je stärker das Produkt auf individuelle Kundenwünsche zugeschnitten ist. Bei einem hohen Spezialisierungsgrad ist ein Verkauf an einen alternativen Vertragspartner somit eventuell gar nicht oder nur unter hohen Abschlägen möglich. Ein weiteres Verlustpotential ergibt sich aus den im Zuge des Vertragsverhältnisses bereits erbrachten Vorleistungen, die bei einem Ausfall des Vertragspartners nicht vergütet werden.

Zur Überprüfung der Bonität der Geschäftspartner bzw. der Kreditnehmer werden häufig Ratings eingesetzt. Zur Messung des Kreditrisikos gibt es Konzepte, die aufbauend auf Wahrscheinlichkeitsverteilungen und Rückzahlungsquoten erwartete und unerwar-

---

[316] Vgl. Wolke 2008, S. 156.

[317] Vgl. Bünting 2007, S. 398 f.

[318] So führte der Produktionsausfall vieler japanischer Unternehmen in Folge des schweren Erdbebens und des anschließenden Tsunamis auch in Deutschland zu Lieferengpässen in der Produktion von Unterhaltungselektronik, da entsprechende Bauteile aus Japan nicht mehr geliefert werden konnten.

tete Verluste quantifizieren. Auf weitere Ausführungen zu den im Rahmen der Ausfallrisikomessung verwendeten Risikomaßen wird in dieser Stelle verzichtet, da diese Inhalt späterer Kapitel der Arbeit sind.[319]

3.3.5.3 Marktpreisrisiken

Die Gruppe der Marktpreisrisiken ist sehr vielschichtig. Gemein ist allen zu dieser Gruppe gehörigen Risiken, dass eine Position (ein Bestandsposition aber auch Zahlungsströme) des Unternehmens dem Risiko einer Wertänderung unterliegt. Ein Wertverlust kann dabei durch Veränderung von Zinssätzen, von Wechselkursen, aber auch von Vermögenswerten sowie von Indizes hervorgerufen werden.[320] Die Bedeutung der jeweiligen Risikoart hängt von der Branche sowie den individuellen Gegebenheiten des Unternehmens – wie die Art der Finanzierung und die Exportlastigkeit – ab.[321] Für Industrieunternehmen sind primär die Risiken aus Wechselkurs-, Zins- und Rohstoffpreisänderungen relevant.[322] Diese und weitere Risikoarten sollen im Folgenden einer genaueren Betrachtung unterzogen werden. Charakteristisch für Marktpreisrisiken als Ganzes ist, dass deren Handhabung im Risikomanagement am weitesten fortgeschritten ist und sie transformierbar sowie an liquiden Märkten handelbar sind.[323] Entsprechende Risikomaße und Steuerungsinstrumente für die jeweiligen Risiken sind Teil weiterer Ausführungen späterer Kapitel dieser Arbeit.

3.3.5.3.1 Zinsänderungsrisiko

Im Allgemeinen ist unter dem Zinsrisiko eine negative Abweichung von einer geplanten Erfolgsgröße – wie dem Zinsergebnis – zu verstehen bzw. eine negative Auswirkung auf den Barwert von bilanziellen oder außerbilanziellen Finanzpositionen des Unternehmens.[324] Die Verlustgefahr resultiert aus einer nicht antizipierten Veränderung des aktuellen Zinsniveaus oder einer Verschiebung bzw. einer Steigungsänderung der Zinsstrukturkurve. Dieses Risiko besteht sowohl für Zahlungsströme als auch Aktiv- und

---

[319] Zu Risikomaßen siehe Kapitel 4.
[320] Vgl. Oehler / Unser 2002, S. 14.
[321] Vgl. Wolke 2008, S. 104.
[322] Siehe Ausführungen zum aktuellen Stand des Risikomanagement, insbesondere Kapitel 2.2.2.
[323] Vgl. Härle-Willerich / von Rekowski 2005, S. 4 sowie Wolke 2008, S. 104.
[324] Vgl. Büschgen 1997, S. 359.

Passivpostionen der Bilanz.[325] Prinzipiell sind alle Unternehmen vom Zinsänderungsrisiko betroffen, da es bei allen Unternehmen vom aktuellen Marktzins abhängige Zahlungsströme gibt oder Bilanzpositionen vom Marktzins abhängen.[326] Das Spektrum der betroffenen Position reicht von der Verzinsung von Sichteinlagen bei Kreditinstituten, über Investitionen in Anleihen bis zu langfristigen Fremdfinanzierungen. Hinsichtlich der bilanziellen Struktur in Bezug auf zinstragende Instrumente lassen sich ein aktivistisches und ein passivisches Zinsänderungsrisiko unterscheiden. Für den Fall, dass die Festzinspostionen der Passivseite die der Aktivseite nominell übersteigen,[327] spricht man von einem aktivistischen Zinsänderungsrisiko. Bei fallenden Zinsen bleiben die Zahlungsverpflichtungen der Passivseite fixiert – auf der Aktivseite stehen dem geringere Zinseinnahmen gegenüber. Von einem passivischen Zinsänderungsrisiko spricht man im umgekehrten Fall, wenn die Festzinspositionen der Aktivseite die der Passivseite übersteigen. Im Falle steigender Zinsen führt dies zu steigenden Zinsaufwendungen für die variabel verzinslichen Finanzierungen, denen aufgrund der festverzinslichen Aktivpositionen keine Mehreinnahmen gegenüberstehen.[328]

In Bezug auf Anlagen in festverzinsliche Wertpapiere wird das Zinsänderungsrisiko in die beiden Komponenten Marktwert- und Endwertänderungsrisiko unterteilt. Das Marktwertänderungsrisiko besteht in Kursänderungen des Wertpapiers – respektive im Risiko von Kursverlusten im Falle von steigenden Marktzinsen.[329] Das Endwertänderungsrisiko wird dagegen durch fallende Zinsen hervorgerufen. In diesem Fall können Gelder, die zur Wiederanlage zur Verfügung stehen (bspw. laufende Zinszahlungen), nicht mehr zu einem entsprechend hohen Zinssatz angelegt werden und der geplant Endwert kann aufgrund des geringeren Zinsniveaus nicht mehr erreicht werden.[330]

---

325 Vgl. Sperber / Sprink 1999, S. 239.

326 Vgl. Büschgen 1997, S. 359.

327 Dies bezieht sich insbesondere auf aktivistische Anlagen in variabel verzinsliche Positionen.

328 Vgl. Büschgen 1997, S. 361.

329 Da eine Investition in alternative Wertpapiere, deren höherer Verzinsung dem Marktzins entspricht attraktiver erscheint, wird sich der Kurs des Wertpapiers in Folge von Verkäufen so weit reduzieren, bis die risikoadjustierte Rendite des Wertpapiers dem Marktzins entspricht.

330 Vgl. Perridon et al. 2009, S. 189. Dem Endwertänderungsrisiko kann durch Investition in Nullkuponanleihen (Zerobonds) entgangen werden, da bei diesen keine laufenden Zinszahlungen anfallen, sondern diese unter Berücksichtigung des Zinseszinseffektes am Laufzeitende kumuliert ausgezahlt werden.

Abbildung 9 zeigt die Entwicklung des 3-Monats-EURIBOR in der Zeit von 1999 bis 2011.

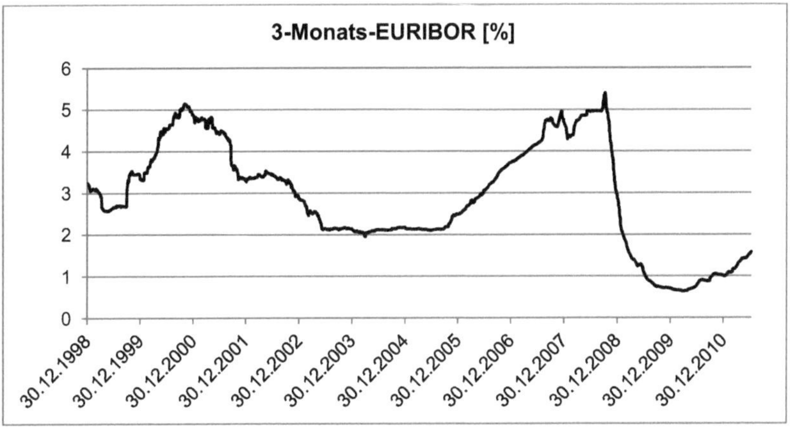

Abbildung 9: Entwicklung des 3-Monats-EURIBOR[331]

Besonders Perioden mit steigendem Zinsniveau können für Unternehmen, die sich variabel finanziert haben, problematisch sein. Der 3-Monats-EURIBOR zeigt im Zeitraum von September 2005 bis Oktober 2008 einen deutlichen Anstieg von 2,14% auf 5,11%.

Auf der anderen Seite zeigen sich zwei starke Einbrüche des Zinsniveaus zwischen 2000 und 2003 und noch intensiver in den Jahren 2008 und 2009. Unternehmen, die sich im Vorfeld dieser Zeiträume durch festverzinsliche Kredite finanziert hatten, wurden nun mit einem Zinsniveau konfrontiert, welches bis zu 400 Basispunkte unter dem Vorjahrwert lag (2009 verglichen mit 2008).

3.3.5.3.2 Wechselkursrisiko

Ein Wechselkursrisiko, welches auch Währungskursrisiko oder Währungsrisiko genannt wird, besteht für international tätige Unternehmen, welche Transaktionen durchführen, deren Abrechnung in einer anderen als der Heimatwährung erfolgt.[332] Das Risiko besteht in einer Abweichung des Wechselkurses vom erwarteten Wert zum Abrechnungs-

[331] Eigene Darstellung auf Basis der Zinssätze gem. Deutsche Bundesbank 2011a.
[332] Vgl. Büschgen 1997, S. 307.

oder Umrechnungszeitpunkt.[333] Durch die exportorientierte Wirtschaftsstruktur Deutschlands als weltweite zweitgrößte Exportnation sind die deutschen Unternehmen sehr stark von diesem Risikofeld betroffen. Dies gilt nicht nur für Großunternehmen, welche durch die Nutzung international gestreuter Produktionsstandorte sogar eine Reduzierung des Risikos vornehmen können, sondern in weiten Teilen auch für mittelständische Unternehmen, welche neben ihrer Exportorientierung weitestgehend auf heimische Produktionsstandorte setzen.[334] Mit der Einführung des EURO im Jahr 1999 hat sich die Relevanz des Wechselkursrisikos teilweise reduziert. Schließlich liegt der Anteil der Importe bzw. der Exporte in Mitgliedsländer des EURO am gesamten Außenhandel deutscher Unternehmen bei circa 40%.[335] Da der überwiegende Teil des weltweiten Rohstoffhandels in US-Dollar abgerechnet wird, ergibt sich für produzierende Unternehmen dennoch ein indirektes Währungsrisiko. Dies wird den entsprechenden Unternehmen durch die Einschaltung von Zwischenhändlern, mit denen die Verträge in Euro abgerechnet werden, teilweise nicht bewusst. Dieses Risiko ist Teil des ökomischen oder auch strategischen Wechselkursrisikos und wird durch nachhaltige Wechselkursänderungen hervorgerufen, welches die Wettbewerbsfähigkeit von Unternehmen auf lange Sicht beeinflussen kann.[336] Bei Einbeziehung aller ökonomischer Einflussfaktoren der Auswirkung von Wechselkursschwankungen auf den langfristigen Erfolg des Unternehmens ist die Bewertung des ökomischen Risikos von erheblicher strategischer Bedeutung für die Unternehmensplanung – insbesondere bei der strategischen Bewertung von Fremdwährungsinvestitionen. Für die kurzfristige Steuerung von Wechselkursrisiken ist das Konzept des ökonomischen Risikos allerdings kaum verwendbar. Zum einen bestehen kaum finanzwirtschaftliche Steuerungsinstrumente für langfristige Wechselkursrisiken. Zum anderen ist der Aufwand der Datenbeschaffung, -aufbereitung und -auswertung für eine kurzfristige Steuerung sehr hoch.[337]

---

333 Vgl. Sperber / Sprink 1999, S. 210.
334 Vgl. Wolke 2008, S. 105.
335 Vgl. Bundesministerium für Wirtschaft und Technologie 2007, S. 28 f.
336 Vgl. Gleißner et al. 2004, S. 59 f.
337 Vgl. Büschgen 1997, S. 310 f.

Hauptelement der Währungsrisikosteuerung ist das Transaktionsrisiko (auch Währungstransaktionsrisiko oder Transaction Exposure). Dieses Risiko entsteht durch offene Fremdwährungspositionen sowohl in Form von Zahlungsverpflichtungen als auch von Fremdwährungsforderungen.[338] Die Unsicherheit besteht in dem zukünftigen Wechselkurs, zu welchem eine feststehende Fremdwährungsposition verrechnet werden kann. Dies betrifft sowohl bereits gestellte Rechnungen, deren Begleichung mit einem Zahlungsziel versehen noch aussteht, als auch bereits feststehende Zahlungsströme aus vertraglichen Vereinbarungen. Die Höhe der offenen Position – des Exposures – lässt sich ohne großen Aufwand bestimmen und auch der zeitlichen Rahmen ist zumeist überschaubar. Neben der Möglichkeit, gegenläufige Transaktionen, die in der gleichen Währung denominiert sind und zeitnah fällig werden, miteinander aufzurechnen (netting) und somit die Höhe der abzusichernden Position zu reduzieren, gibt es eine Vielzahl von Sicherungsinstrumenten, die für die Steuerung des Transaktionsrisikos herangezogen werden können, wodurch es gemeinhin als beherrschbar angesehen wird.[339]

Der dritte Aspekt des Wechselkursrisikos betrifft das sogenannte Translationsrisiko (auch Währungsumrechnungsrisiko, Bilanzrisiko oder Accounting Exposure). Dieses Risiko entsteht im Rahmen der Konzernrechnungslegung durch die Konsolidierung der Jahresabschlüsse von ausländischen Tochtergesellschaften in den Jahresabschluss einer heimischen Konzernmuttergesellschaft.[340] Die Fremdwährungspositionen der Tochtergesellschaften werden zu den jeweiligen Wechselkursen der Stichtage bewertet und in die konsolidierte Bilanz übernommen. Bei einer ungünstigen Wechselkursentwicklung zwischen den Stichtagen kann es somit zu umrechnungsbedingten Buchwertverlusten kommen.[341] Da sowohl die Ergebnisse der möglichen Umrechnungsverfahren zur Erfolgsermittlung der Muttergesellschaften sehr stark divergieren als auch keine Liquiditätswirksamkeit aus der Umrechnung folgt, erscheint eine Einbeziehung der

338 Vgl. Stocker 2006, S. 27.
339 Vgl. Büschgen 1997, S. 316 f.
340 Vgl. Stocker 2006, S. 27.
341 Vgl. Büschgen 1997, S. 312.

Translationsrisikos in eine liquiditätswirksame Wechselkursrisikosteuerung nicht sinnvoll.[342]

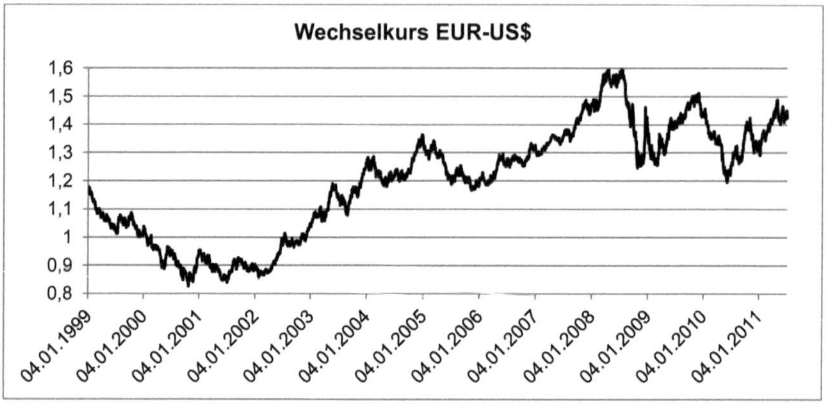

Abbildung 10: Wechselkurs des EURO zum US-Dollar - 1999 bis 2011[343]

Für die kurzfristige Steuerung von Wechselkursrisiken kommt somit dem Transaktionsrisiko eine besondere Bedeutung zu. Dies zeigt sich auch in Abbildung 10, da selbst in vergleichsweise geringen Zeiträumen in den letzten Jahren recht starke Wechselkursschwankungen zu verzeichnen waren.

3.3.5.3.3 Rohstoffpreisrisiko

Rohstoffpreisrisiken oder Commodity-Risiken bestehen für Unternehmen durch Preisschwankungen an den weltweiten Rohstoffmärkten. Das Risiko besteht in einer Abweichung der Preise für den Einkauf als auch für den Vertrieb von Rohstoffen von den geplanten Werten. Auch der Wert der im Bestand befindlichen Rohstoffe wird durch diese Preisschwankungen beeinflusst.[344] Besonders deutlich wird dieser letzte Punkt bei Minenbetreibern, deren wichtigste Ressource das Vorkommen an förderbaren Rohstoffen ist und deren Aktienkurse überproportional auf Preisänderun-

[342] Vgl. Büschgen 1997, S. 316.
[343] Eigene Darstellung auf Basis der Zinssätze gem. Deutsche Bundesbank 2011b.
[344] Vgl. Eller et al. 2010, S. 92.

gen an den Rohstoffmärkten reagieren.[345] Dieses auch als Vermögensrisiko bezeichnete Risiko ist insbesondere in konjunkturellen Schwächephasen problematisch, wenn zum einen Lagerbestände durch sinkende Absatzzahlen zunehmen und durch Preisrückgänge an den Rohstoffmärkten die im Lager befindlichen Positionen an Wert verlieren. [346] Neben den Preisen für Industriemetalle und Agrarrohstoffe haben insbesondere die Preise für Energierohstoffe – und damit in letzter Konsequenz die Energiepreise – einen erheblichen Einfluss auf die Gewinnsituation von deutschen Unternehmen.[347] So beliefen sich die Aufwendungen für Material im Durchschnitt der letzten 13 Jahre auf 62,5% der Gesamtaufwendungen deutscher Unternehmen.[348] Dies spiegelt zwar nicht den gesamten Rohstoffeinsatz wider, da im Zuge der unternehmerischen Wertschöpfung auch die Produktionsfaktoren Arbeit und Betriebsmittel in den Wert der Vorprodukte einfließen, die als unfertige Erzeugnisse in den Materialaufwand einbezogen werden. Dennoch sind Rohstoffe die Basis sämtlicher Erzeugnisse und die hohe Materialaufwandsquote spiegelt deren gesamtwirtschaftliche Bedeutung dennoch wider. Im Zusammenhang mit dem Rohstoffpreisrisiko wird auch häufig auf das Mengenrisiko hingewiesen. Dieses ist, wie bereits erwähnt, dem leistungswirtschaftlichen Geschäftsrisiko zuzurechnen und besteht in der Gefahr, dass geplante bzw. benötigte Mengen im Vertrieb bzw. Einkauf nicht realisiert werden können. Die Bedeutung des Mengenrisikos in Bezug auf eine gesicherte Rohstoffversorgung der deutschen Unternehmen zeigt sich aktuell bei der Diskussion um die Versorgung mit den sogenannten „Seltenen Erden“,[349] weshalb an dieser Stelle explizit auf diese Komponente des allgemeinen Rohstoffrisikos hingewiesen sei, welche auch als Versorgungsrisiko bezeichnet werden kann.

Ein weiteres Risiko besteht in Form des sogenannten Spreadrisikos. Hiervon sind primär rohstoffaufbereitende Unternehmen betroffen, die sowohl im Einkauf von der Preisentwicklung von Basisrohstoffen abhängig sind als auch von Preisschwankungen

345 Ein gutes Beispiel bietet die Newmont Mining Corp., deren Aktienkurs die Schwankungen des Goldpreises in den letzen Jahren nachempfunden und teilweise übertroffen hat.
346 Vgl. Kühne 2010, S. 109.
347 Vgl. Eller et al. 2010, S. 92.
348 Vgl. Deutsche Bundesbank 2010, S. Tabelle I.
349 Vgl. Mihm 2010.

der veredelten Rohstoffe im Absatz. In energieintensiven Branchen wie der Stahl- oder Aluminiumerzeugung erweitert sich das Risiko um Preisschwankungen für die eingesetzten Energierohstoffe.[350] Wie relevant dieses Risiko im Einzelnen ist, zeigt sich in Abbildung 11.

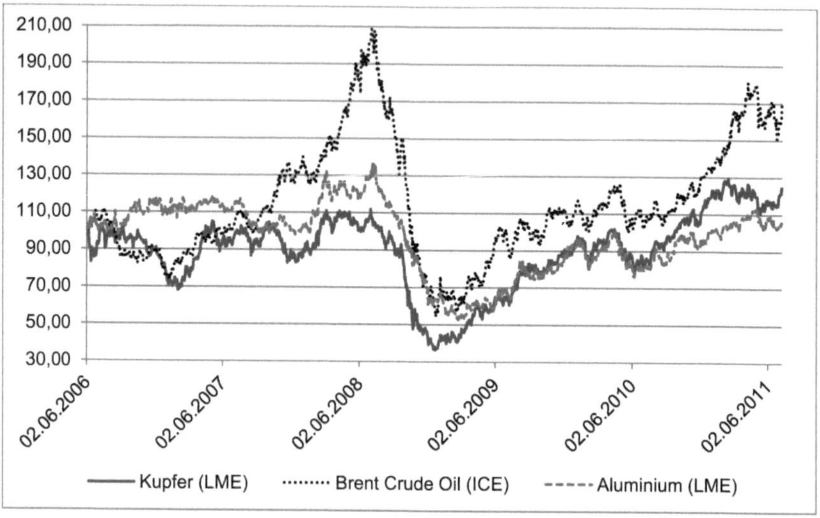

Abbildung 11: Indizierte Preisentwicklung verschiedener Rohstoffe[351]

Insbesondere der starke Ölpreisanstieg bis Mitte 2006 und der anschließende Einbruch um nahezu 75% erschwerte die Planung für Unternehmen erheblich. Auch bei Kupfer und Aluminium waren die Schwankungen enorm – wenn auch weniger ausgeprägt. Erkennbar ist auch der Einfluss der Subprimekrise im Jahr 2008, welche aufgrund einer geringeren prognostizierten Rohstoffnachfrage im Rahmen einer sich abkühlenden Weltkonjunktur zu einem signifikanten Einbruch der Rohstoffpreise führte. Viele Unternehmen sichern zwar die beiden vorgenannten Marktpreisrisikokategorien – Zins- und Wechselkursrisiken – ab, die Absicherung von Rohstoffpreisrisiken hat allerdings erst in den letzten Jahren tendenziell an Bedeutung gewonnen. Bisher wurde stattdessen eher versucht, dem Kostendruck aus steigenden Rohstoffpreisen durch

350 Vgl. Kühne 2010, S. 109.

351 Eigene Darstellung auf Basis der Kurse gem. Ariva 2011 (02.06.2006 = 100 Punkte).

Investitionen in rohstoff- und energiesparende Innovationen zu begegnen.[352] Die Höhe des Exposures in Zins- und Währungsrisiken lässt sich mit relativ überschaubarem Aufwand auf Gesamtunternehmensebene aggregieren und es besteht somit die Möglichkeit einer zentralen Steuerung. Bei Rohstoffpreisrisiken zeigt sich der direkte Bezug zur Leistungserstellung des Unternehmens. Für die Steuerung dieses Risikos ist eine enge Abstimmung zwischen der zentralen Risikosteuerung des Unternehmens und den einzelnen betroffenen Einheiten notwendig, da Bereiche wie Einkauf und Absatz weitaus näher am Marktgeschehen sind und somit Preisschwankungen besser einschätzen können. Für die Steuerung selbst steht ein breites Spektrum an Finanzinstrumenten zur Verfügung. Gerade das Angebot an standardisierten Produkten der weltweiten Warenterminbörsen sowie die Liquidität darin haben sich in den letzten Jahren erhöht. Neben klassischen Kontrakten in Agrarrohstoffen gibt es eine Vielzahl verschiedener Kontrakte für Edel- und Industriemetalle aber auch für Energierohstoffe.[353]

3.3.5.3.4 Wertpapierrisiko

Das Wertpapierrisiko oder Anlagekursrisiko resultiert aus einer negativen Abweichung von geplanten Zielgrößen wie einem prognostizierten Endvermögen oder einem erwarten Gewinn je Periode aus der Anlage in Wertpapieren.[354] Es gibt eine Vielzahl von Szenarien, in denen Unternehmen von Risiken aus Wertpapieranlagen betroffen sein können. Eine Möglichkeit entsteht aus dem Aktienkursrisiko aus der Investition in ein Portfolio von Einzelaktien. Auch wenn für produzierende Unternehmen dieses Szenario denkbar erscheint – bspw. in Form der Eigenverwaltung von Anlagegeldern aus Pensionsrückstellungen zur Sicherung zukünftiger Pensionszusagen – betrifft das Aktienkursrisiko im Rahmen des Portfoliomanagements eher Kapitalanlagegesellschaften. Da im Rahmen dieser Arbeit primär Industrieunternehmen Kern der Betrachtungen sind, wird an dieser Stelle auf eine ausführliche Erörterung des Aktienkursrisikos verzichtet.[355]

---

[352] Vgl. Eller et al. 2010, S. 94.

[353] Vgl. Rudolph / Schäfer 2005, S. 11. Zum Angebot an standardisierten Derivaten siehe auch Kapitel 6.1.

[354] Vgl. Wolke 2008, S. 145.

[355] Für ausführliche Erläuterungen sei auf die reichhaltige Literatur zum Thema Portfoliotheorie und Portfoliomanagement sowie zum Capital Asset Pricing Model (CAPM) verwiesen. Ein guter

Dagegen sind viele Unternehmen damit konfrontiert, überschüssige Liquidität über einen absehbaren, zumeist kurzfristigen Zeitraum anlegen zu müssen, um in der Zeit, in welcher die Liquidität nicht benötigt wird, Erträge zu erzielen. Für diese kurzfristigen Anlagen werden weitgehend festverzinsliche Wertpapiere herangezogen.[356] Diese unterliegen einem Zinsänderungsrisiko, welches in Kapitel 3.3.5.3.1 betrachtet wurde. Aufgrund des beschriebenen häufig recht kurzfristigen Anlagehorizonts sind sowohl das Marktwert- als auch das Endwertänderungsrisiko nur von geringer Relevanz, sofern die Restlaufzeiten der verzinslichen Wertpapiere dem Anlagehorizont entsprechen. Werden die Gelder stattdessen in langfristige Anlagen investiert, wird insbesondere das Marktwertänderungsrisiko in Form von möglichen Wertverlusten aufgrund von Zinserhöhungen bis zum Liquidationszeitpunkt tragend. Weiterhin besteht bei Wertpapieranlagen die Gefahr, dass deren Marktliquidität zum Verkaufszeitpunkt nicht ausreichend ist und die Anlagen nicht oder nur zu ungünstigen Kursen veräußert werden können.[357]

Für Unternehmen, die strategische Beteiligungen an anderen Gesellschaften in Form des Kaufs von Aktienpaketen eingehen, ist das Aktienkursrisiko als Ausprägung des Wertpapierrisikos von erheblicher Bedeutung. Das Ziel solcher Beteiligungen besteht meist nicht in der Erzielung von Kursgewinnen, sondern in der Erlangung eines maßgeblichen Einflusses auf das Unternehmen – bspw. um einen Zugriff auf die Technologie oder die Kundenstruktur des Zielunternehmens zu erhalten. Da sich Kursverluste im Beteiligungsportfolio direkt als Vermögensminderungen in der Bilanz des Unternehmens widerspiegeln, ist die Steuerung des Aktienkursrisikos durchaus von Interesse.[358] Strategische Beteiligungen sind Teil der globalen Unternehmensstrategie. Eine Steuerung muss also im Rahmen der globalen, strategischen

---

Überblick zu diesen Themen findet sich in deutsch- und englischsprachigen Standardlehrbüchern wie Perridon et al. 2009, S. 252 ff, Copeland et al. 2008, S. 153 ff, Brealey et al. 2011, S. 213 ff, Berk / DeMarzo 2011, S. 292 ff oder Hillier et al. 2010, S. 256 ff.

356 Vgl. Bange 2005, S. 241.

357 Vgl. Bange 2005, S. 243. Zu den Ausprägungen des Liquiditätsrisikos siehe Kapitel 3.3.5.1.

358 Vgl. Wolke 2008, S. 145.

Unternehmenssteuerung erfolgen, wodurch eine Steuerung im Rahmen des Finanzrisikomanagements nur bedingt möglich ist oder zumindest Restriktionen unterliegt.[359]

Erwähnt sei an dieser Stelle, dass sich eine gewisse Relevanz von Aktienkursrisiken darüber hinaus für Aktiengesellschaften ergibt, die bis zu 10% ihres Grundkapitals in Form von eigenen Aktien halten und im Umlaufvermögen ausweisen.[360] Diese sind gem. §253 Abs. 4 HGB mit dem Niederstwertprinzip zu bewerten, wodurch Kursverluste sich ebenfalls direkt in der Bilanz niederschlagen.[361]

3.3.5.3.5 Immobilienpreisrisiko

Ähnlich wie Wertpapiere unterliegen auch Immobilienpreise erheblichen Schwankungen. Dies wurde nicht zuletzt im Zuge der Immobilienpreisblase in den Vereinigten Staaten sichtbar, während derer es zu einem stetigen Wachstum der Häuserpreise kam, wobei sich der US-Housing Price Index von 100 Punkten im Jahr 1991 bis auf 224,02 Punkte im zweiten Quartal des Jahres 2007 mehr als verdoppelte, bevor er sieben Quartale in Folge verlor und innerhalb dieser kurzen Zeit 11,5% von seinem Höchststand einbüßte.[362] Auch wenn das Immobilienpreisrisiko in der Wahrnehmung von Unternehmen eine geringere Rolle spielt, als Anlagen in Anleihen und Aktien, so ist aufgrund des hohen Kapitalbedarfs und der möglichen Preisschwankungen eine Betrachtung aus Gründen der Vollständigkeit angebracht. Das Risiko einer Investition in Immobilien besteht – analog zu Investitionen in Wertpapiere – in einer ungeplanten negativen Abweichung der laufenden Zahlungen sowie des erwarteten Endvermögens. Bei durch Unternehmen selbstgenutzte Immobilien können ein erhöhter Verschleiß oder extern verursachte Schäden einen zusätzlichen Investitionsbedarf nach sich ziehen. Werden Immobilien als Kapitalanlagen gehalten, so besteht die Gefahr in verminderten Mieteinnahmen oder in Wertminderungen des Objektes.[363] Signifikant wird die Gefahr eines Wertverlustes durch die hohe Kapitalbindung und damit

---

[359] Vgl. Bange 2005, S. 241.

[360] S. §71 Abs. 1 Nr. 1, 2 ,3 ,7 und 8 AktG i.V.m. §71 Abs. 2 S. 1 AktG.

[361] Dieses Szenario betrifft eher Fragestellungen der Bilanzierung statt der Risikosteuerung, weshalb eine detaillierte Analyse des Szenarios entfällt.

[362] Vgl. Federal Housing Finance Agency 2009.

[363] Vgl. Wolke 2008, S. 154.

verbundenen geringen Diversifikationsmöglichkeiten durch Investitionen in verschiedene Objekte. Dazu kommen eine lange Nutzungsdauer und beschränkte Fungibilität, welche durch eine geringe Markttransparenz in Verbindung mit hohen Transaktionskosten verursacht wird. Durch die Heterogenität der einzelnen Immobilien ist weiterhin eine Standardisierung, welche für eine breite Nutzung von Sicherungsinstrumenten notwendig ist, nur bedingt möglich.[364] Dennoch gibt es Versuche, auch für den Immobilienmarkt derivative Sicherungsinstrumente zur Verfügung zu stellen, wie der seit 2008 an der EUREX gehandelte Futures-Kontrakt auf den britischen Immobilienindex zeigt.[365] Neben den nicht oder nur eingeschränkt zur Verfügung stehenden Steuerungsinstrumenten sind auch die Konzepte zur Messung von Marktpreisrisiken für das Immobilienpreisrisiko nur mit Abstrichen anwendbar. Hier kann zumindest noch auf das RoRaC-Konzept[366] zurückgegriffen werden, wobei in der praktischen Anwendung die Nutzung reiner Renditeschätzungen überwiegen.[367]

3.3.5.3.6 Inflationsrisiko

Der andauernde Verlust der Kaufkraft bzw. die Abnahme des Geldwertes oder auch der anhaltende Anstieg des Preisniveaus wird als Inflation bezeichnet.[368] Aus Unternehmenssicht besteht das Risiko darin, inflationsbedingte Kostensteigerungen nicht in Form höherer Preise an den Markt weiterreichen zu können, wodurch es zu einer permanenten Reduzierung der Gewinnmarge kommt. Bleibt diese Konstellation längerfristig erhalten, so besteht die Gefahr, dass das Unternehmen inflationsbedingt in die Verlustzone gerät und sein Eigenkapital aufzehrt.[369] Ursachen der Inflation können neben Kostensteigerungen oder einem Nachfrageboom im Inland auch Preissteigerungen im Ausland und somit eine importierte Inflation sein. Auch eine geldmengeninduzierte Inflation ist möglich.[370] Die Höhe der aktuellen Inflationsrate wird über Preisindizes ermittelt, indem Preisniveaus verschiedener Jahre miteinander verglichen

---

364 Vgl. Maier 2007, S. 59 f.
365 Vgl. Wilkens / Wimschulte 2009, S. 20.
366 Für Ausführungen zur Funktionsweise des RaRoC-Konzeptes siehe Kapitel 4.9.
367 Vgl. Wolke 2008, S. 155.
368 Vgl. Lachmann 2003, S. 259.
369 Vgl. Frey 2005, S. 332.
370 Vgl. Frey 2005, S. 329 sowie Lachmann 2003, S. 267.

werden.[371] Neben dem Problem der Überwälzung gestiegener Kosten auf die Verkaufspreise ergeben sich für Unternehmen weitere Problemfelder aus der Inflation. Eine steigende Inflationsrate führt im Normalfall zu steigenden Nominalzinsen, wodurch der Barwert der im Bestand befindlichen Anleihen sinkt. Im Allgemeinen werden Schuldner durch Inflation schlechter gestellt, da der reale Wert ihrer Forderung sinkt, sofern es in den Kreditverträgen keine Klauseln zur Inflationsanpassung gibt.[372]

Die Steuerung des Inflationsrisikos ist in vielen Fällen nur über besagte Anpassungsklauseln in Verträgen möglich, sofern eine Überwälzung inflationsbedingter Kostensteigerungen auf die Preise nicht branchenüblich ist. Schließlich ist nur eine begrenzte Anzahl inflationsindizierter Finanzinstrumente verfügbar.[373] Eines dieser Instrumente ist bspw. ein Inflationsswap, welcher als außerbörsliches Finanzinstrument zwischen zwei Vertragspartner abgeschlossen werden kann und zumeist eine Mindestkontraktgröße von fünf Millionen Euro aufweist.[374] Ein standardisiertes, börsengehandeltes Produkt ist dagegen der von der EUREX angebotene Futures-Kontrakt auf den HVPI ex Tabak.[375]

3.3.5.3.7 Wetterrisiko

Unter dem Begriff Wetterrisiko können negative Einflüsse des Wetters auf den wirtschaftlichen Erfolg eines Unternehmens zusammengefasst werden.[376] Die Aufnahme der Kategorie Wetterrisiko in den Bereich der Marktpreisrisiken scheint im ersten Moment nicht nachvollziehbar, da hier nicht eine unerwartete Abweichung von Marktpreisen im Zentrum der Betrachtungen steht. Auch stellen die Auswirkungen von Wettereinflüssen für Unternehmen zumeist Mengenrisiken dar, die in den Bereichen Beschaffung, Produktion und Absatz Relevanz erhalten.[377] So sind für Gasversorgungsunternehmen sowohl die Menge des absetzbaren Gases als damit verbunden

[371] Vgl. Lachmann 2003, S. 261.
[372] Vgl. Wilkens / Wimschulte 2008a, S. 22.
[373] Vgl. Frey 2005, S. 332.
[374] Vgl. Frey 2005, S. 340.
[375] Vgl. Wilkens / Wimschulte 2008a, S. 24. HVPI: harmonisierten Verbraucherpreisindex der Eurozone ohne Tabakwaren.
[376] Vgl. Gort 2003, S. 3.
[377] Vgl. Meissner / Priermeier 2005, S. 292 f.

auch die Menge des zu beschaffenden Gases direkt von den Temperaturen im Winter abhängig. Dagegen ist die Produktionsmenge eines Windparkbetreibers direkt mit der Windstärke korreliert. Obwohl die Variablen von Wettereinflüssen keine direkten Verbindungen zu den Finanz- und Gütermärkten haben, so werden ihre Merkmalsausprägungen mit Hilfe von Indizes dennoch für die Kapitalmärkte in eine handelbare Form überführt. Hierfür werden Variablen wie Sonnenstunden, Niederschlagshöhen, Temperaturen oder Windgeschwindigkeiten innerhalb eines vorgegebenen Zeitraums kumuliert und indiziert. Diese Indizes bieten die Möglichkeit, Risiken, die sich aus Abweichungen der Variablen von erwarteten Werten ergeben, an den Kapitalmarkt zu transferieren und handelbar zu machen.[378] Da Schätzungen meteorologischer Forschungseinrichtungen zufolge etwa 80% der weltweiten Unternehmenstätigkeit direkt oder indirekt von meteorologischen Einflüssen abhängig ist,[379] bietet sich somit dennoch eine Einbeziehung des Wetterrisikos in die Betrachtungen der Marktpreisrisiken an.

Für die Steuerung von Wetterrisiken sind einige weitere Besonderheiten meteorologischer Ausprägungen zu beachten. So beschränkt sich die Möglichkeit der Indizierung auf ein lokales, geographisch abgegrenztes Gebiet.[380] Es ist offensichtlich, dass für eine Absicherung des Gasabsatzes eines Versorgungsunternehmens in Berlin nicht die Temperaturwerte von Hamburg oder Freiburg herangezogen werden können. Gleiches gilt wohl auch für Regenmengen oder Windstärken. Weiterhin sind Wetterausprägungen zeitlich begrenzt und die Wirkungen auf einzelne Unternehmen sind sehr spezifisch und von dessen Größe, Branche, Produktionsverfahren und nicht zuletzt von den jeweiligen Standorten abhängig.[381] Weitere Risiken ergeben sich auch aus saisonalen Wetterschwankungen und der Kundenstruktur.[382]

Trotz der hohen Spezifika dieser Risiken und der damit verbundenen schwierigen Standardisierbarkeit hat sich dennoch ein Markt für Wetterderivate entwickelt. Neben

---

[378] Vgl. Schirm 2000, S. 722.
[379] Vgl. Müller / Grandi 2003, S. 1.
[380] Vgl. Gort 2003, S. 6.
[381] Vgl. Gort 2003, S. 7.
[382] Vgl. Hee / Hofmann 2006, S. 51.

außerbörslich angebotenen Kontrakten gibt es bspw. bereits seit 1999 einen Handel mit Wetterderivaten an der Chicago Mercantile Exchange (CME).[383]

3.4 Rechtliche Grundlagen des Risikomanagements in Deutschland

Neben volkswirtschaftlichen Rahmenbedingungen, wie der Deregulierung im Strommarkt oder an den Finanzmärkten und dem technologischen Fortschritt mit immer kürzeren Produktlebenszyklen und schnellerer Informationsverbreitung, bedingen auch die rechtlichen Rahmenbedingungen die Einrichtung eines Risikomanagementsystems in Unternehmen.[384] In den letzten Jahrzehnten war die Weltwirtschaft geprägt durch eine fortschreitende Globalisierung, welche für Unternehmen einen zunehmenden Wettbewerb, aber auch die Erschließung neuer Wirtschaftsräume und damit einhergehend eine Internationalisierung der Unternehmen mit sich brachte. Den daraus resultierenden Chancen stehen für die Unternehmensleitung Herausforderungen, wie eine gestiegene Komplexität samt kürzeren Reaktionszeiten im unternehmerischen Handeln, gegenüber. Dieses geänderte Umfeld gilt als Ursache für eine Vielzahl von Unternehmenskrisen oder gar Insolvenzen. Beispielhaft zu nennen sind namhafte Unternehmen wie Philipp Holzmann, die Berliner Bankgesellschaft oder die Kirch-Gruppe, wie auch auf internationaler Ebene die Barings Bank oder der Sumitomo Corporation.[385] Häufig wurden aufgrund mangelnder Frühwarnsysteme oder eines unzureichenden Controllings Risiken nicht rechtzeitig erkannt und Gegenmaßnahmen zu spät eingeleitet.[386] Insbesondere wurde der Umgang mit Risiken auf der Führungsebene kritisiert. Dies führte weltweit zu verschiedenen Verhaltensregeln zu guter Unternehmensführung und Überwachung (Corporate Governance-Grundsätze oder Codes of Best Practise) und verbindlichen gesetzlichen Vorschriften.[387] Die für das Risikomanagement relevanten Regelungen werden im Folgenden genauer betrachtet.

---

[383] Vgl. Schirm 2000, S. 722.
[384] Vgl. Wolke 2008, S. 2 f.
[385] Vgl. Hommelhoff / Mattheus 2000, S. 7.
[386] Vgl. Romeike 2003a, S. 67.
[387] Vgl. Hommelhoff / Mattheus 2000, S. 7.

3.4.1 Das Gesetz zur Kontrolle und Transparenz im Unternehmensbereich

Als Reaktion auf die zahlreichen Unternehmenskrisen, aber auch die verstärkte Nutzung internationaler Kapitalmärkte durch deutsche Publikumsgesellschaften, trat am 01. Mai 1998 das Gesetz zur Kontrolle und Transparenz im Unternehmensbereich (KonTraG) in Kraft.[388] Das KonTraG ist dabei kein eigenständiges Gesetz, sondern ein Rahmengesetz, welches primär das Handelsgesetzbuch (HGB) und das Aktiengesetz (AktG) ändert.[389] Gemäß der Begründung zum Gesetzentwurf erstrecken sich die Zielsetzungen des KonTraG neben einer Reform des Aufsichtsrates auch „[...] auf eine Erhöhung der Transparenz, auf eine Stärkung der Kontrolle durch die Hauptversammlung [...], auf eine Verbesserung der Qualität der Abschlussprüfung und der Zusammenarbeit zwischen Aufsichtsrat und Abschlussprüfer sowie auf eine kritische Prüfung des Beteiligungsbesitzes der Kreditinstitute.“[390] Explizit weist der Gesetzgeber auf die stärkere Risikoorientierung und die damit erhöhten Anforderungen an den Prüfungsinhalt und den Prüfungsbericht hin, wodurch der Aufsichtsrat bessere Informationen zu bestehenden und drohenden Risiken erhalten soll.[391] Das KonTraG zielt somit auf die Verminderung unternehmerischer Risiken, die Erhöhung der Transparenz gegenüber Anteilseignern, Anlegern und der Öffentlichkeit sowie die Stärkung der Kontrollsysteme ab.[392] Die drei wesentlichen Neuerungen zur Erreichung der genannten Ziele sind die Verpflichtung zur Einrichtung eines Risikomanagementsystems, die Offenlegung der künftigen Risiken im Lagebericht sowie die Ausweitung der Abschlussprüfung auf die Funktionsfähigkeit des Risikofrüherkennungssystems.[393]

---

388 Vgl. BT-Drucksache 13/9712 1998, S. 11.

389 Vgl. Meyding / Mörsdorf 1999, S. 5. Neben dem HGB und dem Aktiengesetz betreffen die Änderungen das Publizitätsgesetz (PublG), das Genossenschaftsgesetz (GenG), das Wertpapierhandelsgesetz (WpHG), die Börsenzulassungsverordnung (BörsZulV), die Wirtschaftsprüferordnung (WPO), das Gesetz über Kapitalanlagegesellschaften (KAGG), das GmbH-Gesetz (GmbHG), das Einführungsgesetz zum Aktiengesetz (AktGEG) und das Einführungsgesetz zum HGB (HGBEG). Vgl. Meyding / Mörsdorf 1999, S. 11.

390 BT-Drucksache 13/9712 1998, S. 11.

391 Vgl. BT-Drucksache 13/9712 1998, S. 11.

392 Vgl. Reichling et al. 2007, S. 210.

393 Vgl. Martin / Bär 2002, S. 38.

Gemäß §91 Abs. 2 AktG hat der Vorstand „[...] geeignete Maßnahmen zu treffen, insbesondere ein Überwachungssystem einzurichten, damit den Fortbestand der Gesellschaft gefährdende Entwicklungen früh erkannt werden.“[394] Solche Entwicklungen können risikobehaftete Geschäfte, Verstöße gegen gesetzliche Bestimmungen, welche maßgebliche Auswirkungen auf die Finanz- und Ertragslage des Unternehmens haben, aber auch Unregelmäßigkeiten in der Rechnungslegung sein. Die interne Überwachung muss im Unternehmen in der Form ausgestaltet sein, dass bestandsgefährdende Entwicklungen so frühzeitig erkannt werden können, dass entsprechende Gegenmaßnahmen zur Sicherung des Fortbestandes der Gesellschaft rechtzeitig eingeleitet werden können. Die konkrete Ausgestaltung des Überwachungssystems gibt der Gesetzgeber dagegen nicht vor, sondern verweist auf eine Ausformung in Abhängigkeit von Größe, Branche, Struktur und Kapitalmarktzugang des jeweiligen Unternehmens.[395] Aus dem Gesetzestext und der dazugehörigen Begründung[396] ergibt sich aber die Forderung nach einem Frühwarnsystem, einem internen Überwachungssystem sowie einem Risikocontrolling, wobei innerhalb des KonTraG das Frühwarnsystem als das Risikomanagementsystem im engeren Sinne gilt. Die methodische Unterstützung erfolgt durch das Controlling und die Sicherheit der Prozessabläufe ist durch das interne Überwachungssystem zu gewährleisten.[397]

Grundsätzlich betreffen die genannten Regelungen zunächst nur Aktiengesellschaften, da der Gesetzgeber in der Begründung zum KonTraG explizit auf den Verzicht entsprechender Gesetzesänderungen im GmbH-Gesetz hinweist.[398] Dennoch ist davon auszugehen, „dass für Gesellschaften mit beschränkter Haftung je nach ihrer Größe, Komplexität ihrer Struktur usw. nichts anderes gilt und die Neuregelung Ausstrahlwirkung auf den Pflichtrahmen der Geschäftsführer auch anderer Gesellschaftsformen hat.“[399] Welche Unternehmen nun letztendlich von der Ausstrahlwirkung betroffen sind, hängt vom jeweiligen Einzelfall ab. Hier wird in der Rechtsauffassung nicht zu-

[394] §91 Abs. 2 AktG
[395] Vgl. BT-Drucksache 13/9712 1998, S. 15.
[396] Siehe §91 Abs. 2 AktG i.V.m. BT-Drucksache 13/9712 1998, S. 15.
[397] Vgl. Reichling et al. 2007, S. 211.
[398] Vgl. BT-Drucksache 13/9712 1998, S. 15.
[399] BT-Drucksache 13/9712 1998, S. 15.

letzt auf die mittelgroßen Kapitalgesellschaften gem. §267 Abs. 1 abgestellt, sowie einige Personengesellschaften entsprechend dem Kapitalgesellschaften- und Co-Richtliniengesetz (KapCoRiLiG), für die in Summe verschärfte Pflichten hinsichtlich der Rechnungslegung sowie der Offenlegung und Prüfung anzuwenden sind und damit analog auch die Regelungen des KonTraG zum Tragen kommen.[400] Dies betrifft somit Unternehmen mit einer Mitarbeiterzahl über 50, einem Umsatz von größer als 9,68 Millionen Euro oder mit einer Bilanzsumme von größer als 4,84 Millionen Euro.[401] Dennoch gibt es keine pauschale Ausstrahlwirkung auf GmbHs bzw. Kapitalgesellschaften & Co., sondern dies ist vom Gesetzgeber nur für Gesellschaften gewünscht, die von ihrer Struktur mit Aktiengesellschaften vergleichbar sind.[402] Gerade bei kleinen und mittleren GmbHs ist zu prüfen, welchen Risiken sie regelmäßig ausgesetzt sind und ob eine eigenständiger Bereich der Risikovorsorge im Unternehmen eingerichtet werden muss.[403]

Neben den Anforderungen an die Unternehmensteuerung mit einem entsprechenden risikoorientierten Überwachungssystem wird durch das KonTraG auch eine Offenlegung der Risiken im Lagebericht gefordert. Demnach ist im „[...] Lagebericht die voraussichtliche Entwicklung mit ihren wesentlichen Chancen und Risiken zu beurteilen und zu erläutern“.[404] Weiterhin ist Auskunft zu geben über „[...] die Risikomanagementziele und -methoden der Gesellschaft, einschließlich ihrer Methoden zur Absicherung aller wichtigen Arten von Transaktionen, die im Rahmen der Bilanzierung von Sicherungsgeschäften erfasst werden“.[405] Explizit fordert der Gesetzgeber auch Informationen über die einzelnen „[...] Preisänderungs-, Ausfall- und Liquiditätsrisiken sowie die Risiken aus Zahlungsstromschwankungen, denen die Gesellschaft ausgesetzt ist.“[406] Gleiches gilt gemäß §315 Abs. 1 und 2 HGB auch für den Konzernlagebericht. Laut Begründung zum KonTraG kann der Lagebericht nur ein unter §286 Abs. 1. S. 1

400 Vgl. Gleißner 2008, S. 25 sowie BT-Drucksache 14/2353 1999, S. 5 und §264a Abs. 1 HGB
401 Siehe §267 Abs. 1 HGB und vgl. Gleißner 2008, S. 25.
402 Vgl. Martin / Bär 2002, S. 40.
403 Vgl. Hommelhoff / Mattheus 2000, S. 29.
404 §289 Abs. 1 S. 4 HGB
405 §289 Abs. 2 S. 2a HGB
406 §289 Abs. 2 S. 2b HGB

(bzw. §315 Abs. 1 Satz 1 HGB für den Konzernlagebericht) gefordertes, den tatsächlichen Verhältnissen der Gesellschaft entsprechendes Bild vermitteln, wenn er die zukünftigen Risiken für das Unternehmen darlegt.[407] Dabei ist der Risikobericht eng mit dem Prognosebericht verknüpft. Im Prognosebericht ist die voraussichtliche, zukünftige Entwicklung des Unternehmens darzustellen – im Risikobericht sind mögliche negative Abweichung von diesen Prognosen aufzuzeigen.[408] In die Berichterstattung sollen jedoch nicht sämtliche Risiken mit aufgenommen werden, da für die Aufstellung des Lageberichts weiterhin der Grundsatz der Wesentlichkeit gilt. Wesentlich in diesem Zusammenhang sind Risiken, die sich negativ auf Vermögens-, Finanz- und Ertragslage auswirken oder in Form bestandgefährdender Risiken eine Insolvenzgefahr für das Unternehmen beinhalten. Beide Risikoarten können einen erheblichen Einfluss auf die Wertentwicklung haben und rufen ein Informationsinteresse seitens der Investoren hervor.[409]

Wie bereits angedeutet, ist der dritte Kernbereich ausgelegt auf die Erweiterung der Abschlussprüfung. Mit dem Ziel der qualitativen Verbesserung einher gehen erhöhte Anforderungen an Prüfungsinhalt und Prüfungsbericht sowie eine stärker risikoorientierte Prüfung.[410] Grundsätzlich ist die Abschlussprüfung darauf auszulegen, Unrichtigkeiten und Verstöße gegen gesetzliche Vorschriften bzw. gegen den Gesellschaftervertrag oder die Unternehmenssatzung zu erkennen,[411] insbesondere die Verstöße, welche den Einblick in die Vermögens-, Finanz- und Ertragslage beeinträchtigen.[412] Explizit ist dabei zu prüfen, „[...] ob die Chancen und Risiken der künftigen Entwicklung zutreffend dargestellt sind",[413] ob also die Darstellung der Risiken den gegebenen Fakten entspricht[414] bzw. getroffene Annahmen plausibel und vollständig dargelegt sind.[415] Dies bedingt unter Nutzung betriebswirtschaftlicher

407 Vgl. BT-Drucksache 13/9712 1998, S. 26.
408 Vgl. Baetge / Schulze 1998, S. 941.
409 Vgl. Baetge / Schulze 1998, S. 942.
410 Vgl. BT-Drucksache 13/9712 1998, S. 11.
411 Siehe §317 Abs. 1 S. 2 und 3 HGB
412 Vgl. Forster 1999, S. 194.
413 §317 Abs. 2 S. 2 HGB
414 Vgl. Forster 1999, S. 195.
415 Vgl. Böcking / Orth 1999, S. 424.

Kennzahlen eine intensive Auseinandersetzung mit dem den künftigen Risiken, damit sich der Abschlussprüfer ein eigenes Urteil dazu bilden kann.[416] Für börsennotierte Aktiengesellschaften erstreckt sich die Prüfung weiterhin darauf, „[...] ob der Vorstand die ihm nach § 91 Abs. 2 des Aktiengesetzes obliegenden Maßnahmen in einer geeigneten Form getroffen hat und ob das danach einzurichtende Überwachungssystem seine Aufgaben erfüllen kann.“ [417] Hierbei erfolgt nur eine Systemprüfung hinsichtlich der Maßnahmen für die eigentliche Risikofrüherkennung – die getroffenen Maßnahmen zur Bewältigung der identifizierten Risiken bleiben außen vor.[418] Dafür ist eine Analyse der Aufbau- und Ablauforganisation unerlässlich.[419] Inhaltlich erfolgt eine Prüfung der getroffenen Maßnahmen anhand deren Dokumentationen, wobei insbesondere dem Risikomanagementhandbuch des Unternehmens eine besondere Rolle zufällt. Weiterhin sind die Maßnahmen hinsichtlich der Erfüllung der gesetzlichen Anforderung zu bewerten, was sich auf die vollständige und rechtzeitige Erfassung und Kommunikation der relevanten Risiken bezieht, und abschließend in Stichproben sowohl auf ihre Wirksamkeit als auch ihre Anwendung im Unternehmen hin zu prüfen.[420]

Aussagen über eine Prüfung des Überwachungssystems erfolgen gemäß §321 Abs. 4 HGB ausschließlich im Prüfbericht. Dieser wurde im Rahmen des KonTraG an die neuen Erfordernisse der Prüfung angepasst, um eine problemorientierte Darstellung gemäß der Änderungen in §317 Abs. 4 HGB geben zu können. Wurde geprüft, ob das seitens des Vorstands eingerichtete Risikomanagement sowie die Interne Revision entsprechend den Erfordernissen angemessen sind, ist einem gesonderten Teil des Prüfberichtes auf die Ergebnisse der Beurteilung einzugehen und darzulegen, ob das

---

[416] Vgl. Forster 1999, S. 195 sowie Böcking / Orth 1999, S. 424.
[417] §317 Abs. 4 HGB
[418] Vgl. Jacob 1998, S. 1047.
[419] Vgl. Böcking / Orth 1999, S. 425.
[420] Vgl. Jacob 1998, S. 1047. Für die Stichprobenprüfung empfiehlt Jacob die Durchsicht von Unterlagen zur Risikoerfassung und Risikokommunikation sowie von Prüfprogrammen und Arbeitspapieren der Internen Revision, aber auch Befragungen und Beobachtungen über die Einhaltung der entsprechenden Kontrollmaßnahmen.

System seine Aufgaben im hinreichenden Maße erfüllt. Auch sind etwaige Mängel und Hinweise auf mögliche Verbesserungsmaßnahmen zu benennen.[421]

Betroffen durch das KonTraG sind primär das Aktiengesetz und das Handelsgesetzbuch. Gemäß §91 Abs. 2 AktG wird der Vorstand zur Einrichtung und zum Betrieb eines Risikomanagement- und Überwachungssystem verpflichtet. Die Bestimmungen des HGB verlangen eine Beurteilung des Risikomanagements und des Überwachungssystems durch den Abschlussprüfer. Zudem sieht das KonTraG eine Haftungserweiterung hinsichtlich der Schadensansprüche vor.[422] So kann der Prüfer bei Verletzung seiner Sorgfaltspflicht belangt werden.[423] Auch können Schadensersatzansprüche gegen den Aufsichtsrat geltend gemacht werden, wenn dieser seine Überwachungspflichten gem. §116 Aktiengesetz vernachlässigt. Schließlich kann auch der Abschlussprüfer bei Fahrlässigkeit haftbar gemacht werden, wobei die entsprechenden Haftungsgrenzen erhöht wurden.[424] Die dargestellten Neuerungen des KonTraG wurden in „Anhang 1: Das KonTraG im Überblick" zusammenfassend dargestellt.

3.4.2 IDW Prüfungsstandard 340

In Reaktion auf die Verabschiedung des KonTraG wurde am 25.06.1999 seitens des Instituts der Wirtschaftsprüfer der Prüfungsstandard 340 beschlossen, welcher die Anforderungen an ein funktionsfähiges Risikomanagementsystem konkretisieren soll.[425] Zwar ist eine Prüfung des Risikomanagementsystems durch den Abschlussprüfer nur für börsennotierte Aktiengesellschaft verpflichtend. Für andere Gesellschaften besteht dennoch die Möglichkeit, den Prüfauftrag auf eine freiwillige Prüfung des Risikomanagementsystems analog zu den Regularien von §317 Abs. 4 HGB auszuweiten. Von dieser Option wird in zunehmendem Maße sowohl im Interesse von Banken als auch auf Wunsch von Aufsichtsräten Gebrauch gemacht.[426] Im vorhergehenden

421 Vgl. BT-Drucksache 13/9712 1998, S. 29
422 Vgl. Romeike 2003a, S. 69 ff.
423 Siehe §91 AktG , §289 HGB i.V.m. §76 AktG und §43 Abs. 1 GmbHG
424 Siehe § 323 Abs. 2 HGB sowie vgl. Romeike 2003a, S. 69ff und Keitsch 2007, S. 14.
425 Vgl. Gleißner 2008, S. 26.
426 Vgl. Eggemann / Konradt 2000, S. 506.

Kapitel wurde bereits festgestellt, dass die Prüfung gemäß §317 Abs. 4 HGB eine reine Systemprüfung ist.[427] Die Qualität der Risikobewältigung wird dagegen nicht beurteilt. Somit bezieht sich die Prüfung, wie auch in Abbildung 12 dargestellt, auf die Risikoidentifikation, Risikobewertung und -analyse, die Risikokommunikation und die Risikoüberwachung.

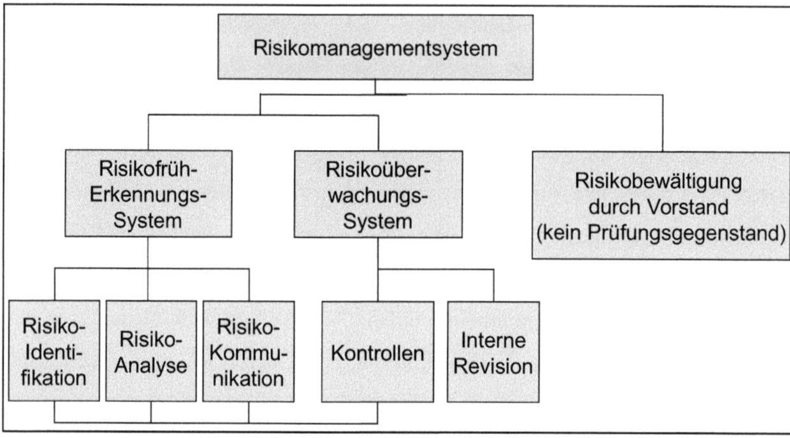

Abbildung 12: Prüfungsumfang gemäß §317 Abs. 4 HGB[428]

Im Sinne des IDW PS 340 umfasst das Risikomanagement alle zur Risikoerkennung und zum Umgang mit diesen Risiken getroffenen organisatorischen Regelungen und Maßnahmen, wobei letztere eine Risikobewältigung oder eine bewusste Akzeptanz des quantifizierten Risikos zum Ziel haben, sowie ein Überwachungssystem zur Überprüfung der Einhaltung der getroffenen Maßnahmen.[429] Für die Festlegung der Risikofelder sind alle Unternehmensbereiche darauf zu untersuchen, ob in ihnen – einzeln oder kumuliert – bestandsgefährdende Risiken entstehen können, wobei die identifizierten Risiken und Risikoarten zu definieren sind.[430]

[427] Siehe Kapitel 3.4.1 sowie §317 Abs. 4 HGB
[428] Vgl. Eggemann / Konradt 2000, S. 506.
[429] Vgl. IDW PS 340 Tz. 4
[430] Vgl. IDW PS 340 Tz. 7 und 8.

Für die Risikoidentifikation ist ein entsprechendes Risikobewusstsein bei den Mitarbeitern notwendig, damit diese neben den klar definierten Risiken auch neue Risiken rechtzeitig erkennen können. Vor allem in besonders risikobehafteten Unternehmensbereichen ist dieses Bewusstsein fortlaufend weiterzuentwickeln.[431] Die Analyse der Risiken umfasst eine Bewertung der Eintrittswahrscheinlichkeiten der Risiken sowie der quantitativen Tragweite, als auch der Korrelation mit anderen Risiken.[432] Die Berichterstattung muss sicherstellen, dass Risiken, die auf einer vorgelagerten Stufe noch nicht bewältigt wurden, an die verantwortlichen Entscheidungsträger kommuniziert werden. Hierfür sind für die Risiken Schwellenwerte einzureichen, welche bei Überschreitung eine Berichtspflicht auslösen.[433] Für die Funktionsfähigkeit der Risikokommunikation ist es unabdingbar, dass den entsprechenden Unternehmensbereichen und Berichtsempfängern explizit die notwendigen Verantwortlichkeiten und Aufgaben übertragen werden.[434] Das Überwachungssystem muss durch regelmäßige Kontrollen die Einhaltung der Maßnahmen im Früherkennungssystem sicherstellen, wobei die Interne Revision deren Angemessenheit und kontinuierliche Anwendung prüfen muss.[435] Die eingerichteten Elemente des Risikofrüherkennungs- und des Überwachungssystems sind in einem Risikohandbuch zu dokumentieren, damit unabhängig von den handelnden Personen die Funktionsfähigkeit des Systems aufrecht erhalten werden kann.[436]

Die Durchführung der Prüfung an sich gliedert sich in die drei Phasen Informationsgewinnung durch eine Bestandsaufnahme, Beurteilungen der Maßnahmen zur Analyse der Angemessenheit sowie Prüfung der Wirksamkeit. Die für die einzelnen Phasen relevanten Betrachtungsobjekte sind in Anhang 2 zusammenfassend dargestellt.

---

431 Vgl. IDW PS 340 Tz. 9.
432 Vgl. IDW PS 340 Tz. 10.
433 Vgl. IDW PS 340 Tz. 11.
434 Vgl. IDW PS 340 Tz. 13 und 14.
435 Vgl. IDW PS 340 Tz. 15 und 16.
436 Vgl. IDW PS 340 Tz. 17.

3.4.3 Der Deutsche Corporate Governance Kodex

Der am 26. Februar 2002 verabschiedete Deutsche Corporate Governance Kodex (DCGK) enthält wesentliche gesetzliche Vorschriften für die Leitung und Überwachung börsennotierter Gesellschaften in Deutschland. Ziele des Kodex sind die Stärkung der Transparenz und der Nachvollziehbarkeit des Systems der verantwortungsvollen Unternehmensführung (‚good Corporate Governance' im eigentlichen Sinne) sowie des Vertrauens von Mitarbeitern, Kunden und Investoren in deutsche Publikumsgesellschaften.[437] Er enthält neben verpflichtenden Bestimmungen, die zwingend einzuhalten sind, Empfehlung, von denen die Gesellschaft abweichen kann, dies dann aber im Geschäftsbericht offenlegen muss.[438] Darüber hinaus enthält er weitere Anregungen, von denen das Unternehmen ohne Offenlegung abweichen kann. Hatte der Kodex mit seiner Einführung zunächst nur im Rahmen einer freiwilligen Selbstverpflichtung Gültigkeit,[439] so wurde der DCGK mit dem Transparenz- und Publizitätsgesetz (TransPuG) zum 01. Januar 2003 gesetzlich bindend.[440] Dies betrifft die gemäß §161 Abs. 1 AktG geforderte Erklärung zum Corporate Governance Kodex.[441] Neben börsennotierten Unternehmen als den eigentlichen Adressaten, wird auch nicht börsennotierten Unternehmen die Anwendung des DCGK empfohlen.[442] Die Notwendigkeit, aus der die Einführung des DCGK vorangetrieben wurde, liegt in der Principal-Agent-Problematik begründet. Dabei hat der Agent (hier die Geschäftsführung) einen Informationsvorsprung gegenüber dem Prinzipal (hier die Gruppe von Eigentümern, welche den Agenten mit der Geschäftsführung beauftragt haben) besitzt. Charakterisiert ist diese Beziehung dadurch, dass der Agent Entscheidungen zu seinem eigenen Wohl trifft, die ebenso das Nutzenniveau des Prinzipals beeinflussen.[443] Um den Kodex

[437] Vgl. DCGK 2010, S. 1: Präambel.

[438] Eventuelle Abweichungen von den Empfehlungen des DCGK sind gemäß Ziffer 3.10 des DCGK im Corporate Governance Bericht zu erläutern.

[439] Vgl. Romeike 2003a, S. 73.

[440] Vgl. Gleißner 2008, S. 28.

[441] In §161 Abs. 1 AktG heißt es dazu: „Vorstand und Aufsichtsrat der börsennotierten Gesellschaft erklären jährlich, dass den […] gemachten Empfehlungen der „Regierungskommission Deutscher Corporate Governance Kodex" entsprochen wurde und wird oder welche Empfehlungen nicht angewendet wurden oder werden und warum nicht."

[442] Vgl. DCGK 2010, S. 2: Präambel.

[443] Vgl. Romeike 2003a, S. 72 sowie Franz 2000, S. 43.

fortlaufend auf dem aktuellen Stand nationaler und internationaler Entwicklungen zu halten, wird dieser einmal im Jahr angepasst.[444]

Neben Verhaltensstandards und Prinzipien für Vorstände und Aufsichtsräte sowie generellen Informationspflichten gegenüber den Eigentümern enthält der DCGK eine Reihe von Vorschriften zum Risikomanagement.[445] So treten Entscheidungen, welche die Vermögens-, Finanz- und Ertragslage erheblich beeinflussen, nur unter Vorbehalt der Zustimmung durch den Aufsichtsrat in Kraft.[446] Auch hat der Vorstand hinsichtlich der Risikolage und des Risikomanagements eine regelmäßige und zeitnahe Berichtspflicht gegenüber dem Aufsichtsrat. Abweichungen von Plänen und Zielvorgaben in der Geschäftsentwicklung sind dabei zu erläutern. Die genaue Ausgestaltung der Informations- und Berichtspflichten legt ebenfalls der Aufsichtsrat fest.[447] Diese Grundsätze präzisieren die generelle Forderung nach einer engen Zusammenarbeit zwischen Vorstand und Aufsichtsrat zum Wohle des Unternehmens sowie nach der regelmäßigen Abstimmung der strategischen Ausrichtung des Unternehmens.[448] Explizit herausgestellt wird, dass der Vorstand für eine angemessenes Risikomanagement und Risikocontrolling im Unternehmen zu sorgen hat.[449] Dies wurde allerdings nicht als verpflichtende Bestimmung in den Kodex aufgenommen, sondern spiegelt die für börsennotierte Aktiengesellschaften aktuellen gesetzlichen Bestimmungen gemäß §91 Abs. 4 AktG wider.[450] Dem Aufsichtsratsvorsitzenden wird empfohlen, sich regelmäßig mit dem Vorstand zur Strategie und zur Geschäftsentwicklung sowie zum Risikomanagement des Unternehmens auszutauschen. Zusätzlich ist der Aufsichtsratsvorsitzende zwingend und unverzüglich über für die Lage und Entwicklung des Unternehmens wichtige Ereignisse zu informieren.[451] Eine weitere Empfehlung betrifft die Einrichtung eines Prüfungsausschusses (hier ‚Audit Committee' genannt) durch den Aufsichtsrat, welche das Risikomanagement und die Compliance des Unternehmens überwacht. Den Vorsitz des

---

444 Vgl. DCGK 2010, S. 2: Präambel, in der Fassung vom 26. Mai 2010.
445 Vgl. Romeike 2003a, S. 73, Gleißner 2008, S. 28 sowie Keitsch 2007, S. 17.
446 Vgl. DCGK 2010, S. 4, Tz. 3.3
447 Vgl. DCGK 2010, S. 4, Tz. 3.4
448 Vgl. DCGK 2010, S. 4, Tz. 3 und 4
449 Vgl. DCGK 2010, S. 6, Tz. 4.1.4
450 Vgl. Keitsch 2007, S. 18.
451 Vgl. DCGK 2010, S. 9 f, Tz. 5.2 Abs. 3 Satz 1 und 2.

Audit Committees soll eine unabhängige, in Fragen der Rechnungslegung und internen Kontrolle erfahrene Person übernehmen.[452] Neben dem hier auszugsweise dargestellten Deutschen Coporate Governance Kodex existieren weltweit circa 50 weitere Grundsätze ordnungsgemäßer Unternehmensführung, welche als Leitlinien für die Unternehmenslenker eine wachsende Bedeutung erfahren.[453] Durchgesetzt haben sich diese ‚Codes of Best Practice' vor allem im den angelsächsischen Raum,[454] wobei insbesondere der COSO-Report eine starke Bedeutung erlangt hat und aus diesem Grund in Kapitel 3.4.5 einer genaueren Betrachtung unterzogen wird.

3.4.4 Sarbanes-Oxley Act

International von Interesse ist der Sarbanes-Oxley Act (SOX). Obwohl dessen Regelungen teilweise weit über die des KonTraG hinausgehen, sind beide von der Bedeutung dennoch vergleichbar.[455] Der Sarbanes-Oxley Act gilt als die Reaktion des amerikanischen Gesetzgebers auf Bilanzierungsskandale wie Enron und Worldcom. Dessen Vorschriften gelten sowohl für US-amerikanische Unternehmen und deren Tochtergesellschaften im Ausland als auch für ausländische Unternehmen, deren Wertpapiere an US-Börsen gehandelt werden.[456] Für ausländische Unternehmen gelten die Regelungen für alle Jahresabschlüsse nach dem 15. April 2005.[457] Ein Schwerpunkt betrifft die korrekte Darstellung der Vermögens-, Finanz- und Ertragslage, deren wahrheitsgemäße Darstellung gemäß Section 302 durch die Unternehmensleitung zu bestätigen ist.[458] Für die Richtigkeit der Aussagen haftet sie gemäß Section 906 auch persönlich. Der zweite Schwerpunkt liegt in der Einrichtung eines internen Kontrollsystems gemäß Section 404. Dieses ist zu dokumentieren sowie auf seine Effizienz hin zu prüfen und durch den Wirtschaftsprüfer

---

452 Vgl. DCGK 2010, S. 10, Tz. 5.3.2. Weitere Aufgaben umfassen die Überprüfung der Rechnungslegung, der Unabhängigkeit der Abschlussprüfer und deren Honorarvereinbarung sowie die Erteilung des Prüfauftrages und die Festlegung der Prüfungsschwerpunkte. Der Vorsitzende sollte dabei in den vorangegangenen zwei Jahren nicht in Funktion eines Vorstandsmitglieds im Unternehmen tätig gewesen sein.

453 Vgl. Keitsch 2007, S. 17.

454 Vgl. Romeike 2003a, S. 72.

455 Vgl. Keitsch 2007, S. 21.

456 Vgl. Hünermann / Dietrich 2010, S. 361.

457 Vgl. Gleißner 2008, S. 28.

458 Vgl. Keitsch 2007, S. 21.

zu bestätigen.[459] Die Wirksamkeit ist auf Basis eines anerkannten Rahmenwerkes zu prüfen. Das wichtigste Rahmenwerk, um die Anforderungen des Sarbanes-Oxley Acts zu erfüllen, ist dabei das sogenannte COSO Internal Control Framework bzw. dessen Weiterentwicklung COSO Enterprise Risk Management Framework.[460] Da für die Anforderungen an ein Risikomanagementsystem die Ausführungen dieses Rahmenwerkes von Interesse sind, wird dieses im Folgenden genauer dargestellt und auf weitere Ausführungen zum Sarbanes-Oxley-Act verzichtet.

3.4.5 COSO Framework

Das 1985 gegründete ‚Committee of Sponsoring Organizations of the Treadway Commission' (COSO) verabschiedete 1992 das Rahmenwerk ‚Interne Kontrolle – Übergreifendes Rahmenwerk' (auch COSO I oder COSO Internal Contol – Integrated Framework).[461] Als Verhaltenskodex hat er weltweite Akzeptanz erlangt – nicht nur in den USA, wo er von der amerikanischen Aufsicht SEC empfohlen wird – sondern über den Prüfstandard 261 des Instituts für Wirtschaftspraxis hielt er auch Einzug in die deutsche Prüfpraxis.[462] COSO I bietet Unternehmen eine Anleitung zur Identifikation, Bewertung, Kommunikation und Überwachung von Risiken und fasst die wesentlichen Aspekte eines Internen Kontrollsystems im sogenannten COSO-Würfel zusammen.[463] Als Weiterentwicklung und Ergänzung von COSO I wurde 2004 das Rahmenwerk ‚Unternehmensweites Risikomanagement – Übergreifendes Rahmenwerk‘ (Auch COSO II oder COSO Enterprise Risk Management Framework) veröffentlicht. Aufbauend auf dem Internen Kontrollsystem gemäß COSO I soll dieses Unternehmen mit einer einheitlichen Terminologie ein Kernkonzept geben, mit dessen Hilfe sie das Kontrollsystem zu einem umfassenden, unternehmensweiten Risikomanagement-system ausbauen können.[464]

---

[459] Vgl. Gleißner 2008, S. 28.
[460] Vgl. Amling / Kaczmarek 2010, S. 41, Ruud / Sommer 2006, S. 126 sowie COSO 2004, Vorwort.
[461] Vgl. COSO 2004, Vorwort.
[462] Vgl. Amling / Kaczmarek 2010, S. 42.
[463] Vgl. Kühne 2010, S. 115.
[464] Vgl. COSO 2004, Vorwort.

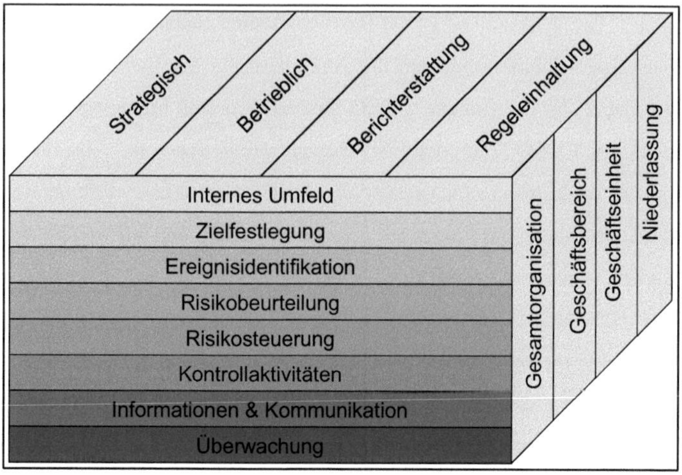

Abbildung 13: Aufbau eines Risikomanagementsystems nach COSO[465]

Gemäß COSO wird unternehmensweites Risikomanagement als ein ganzheitlicher Prozess verstanden, der durch die Mitarbeiter auf allen Organisationsebenen getragen und im gesamten Unternehmen ab dem Zeitpunkt der Strategiefestlegungen permanent angewendet wird. Es ist in der Form zu gestalten, dass es die Zielerreichung der Organisation mit einer hinreichenden Sicherheit gewährleisten kann. Zu diesem Zweck muss es mögliche, auf die Organisation einflussnehmende Ereignisse erkennen und eine Basis für die Steuerung der Risiken entsprechend der jeweiligen Risikoneigung bilden.[466] Der durch COSO II mit den zusätzlichen Bereichen ‚Internes Umfeld', ‚Ereignisidentifikation' und ‚Risikosteuerung' erweiterte COSO-Würfel mit seinen nun acht Komponenten ist in Abbildung 13 dargestellt. Das Risikomanagementsystem wird gemäß COSO II anhand von drei sich wechselseitig beeinflussenden Dimensionen dargestellt. Die Komponenten-Dimension beinhaltet dabei die Elemente des Risikomanagementprozesses, welche in Kapitel 3.6 ausführlichen Betrachtungen unterzogen werden. Ergänzt wird sie durch die Organisations-Dimension, welche die Organisationseinheiten des Unternehmens abbildet sowie durch eine Ziel-Dimension.[467] Die Ziele der Organisation gliedern sich in übergeordnete strategische Ziele, auf den wirksamen und wirtschaftlichen

---

465 Vgl. COSO 2004, S. 5.
466 Vgl. COSO 2004, S. 2.
467 Vgl. Nimwegen / Koelen 2010, S. 2012.

Ressourceneinsatz ausgerichtete betriebliche Ziele, die Zuverlässigkeit der Berichterstattung sowie die Einhaltung der anzuwendenden Gesetze und Verordnungen. Die Zielerreichung soll durch ein funktionsfähiges Risikomanagement in allen Zielkategorien sichergestellt werden. Die Funktionsfähigkeit selbst wird anhand des Vorhandenseins und der Wirksamkeit der acht Risikokomponenten geprüft.[468]

3.4.6 ISO-Norm 31000

Als Alternative zum COSO Framework wurde seitens der ‚International Organization for Standardization' (ISO) im November 2009 die ISO-Norm 31000 ‚Risk management Guidelines and principles" veröffentlicht, welche auf eine Standardisierung von Internen Kontroll- und Risikomanagementsystemen abzielt. Um als umfassendes Rahmenwerk Anwendung zu finden und alle Risiken abzudecken, ist die Norm bewusst allgemein gehalten. Eine Untergliederung erfolgt in die drei Teilbereiche Grundsätze des Risikomanagements, Rahmenbedingungen sowie Darstellung des Risikomanagementprozesses.[469] Die Grundsätze werden dabei als Leitprinzipien angesehen. Sie stellen darauf ab, dass das Risikomanagement Teil der Entscheidungsfindung ist und systematisch, strukturiert, transparent und umfassend auf das Unternehmen maßgeschneidert ist. Es muss auf Veränderungen reagieren, die Organisation verbessern und somit schließlich einen Wertbeitrag leisten. Innerhalb der Rahmenbedingungen werden die Risikopolitik, Verantwortlichkeiten und Ressourcen festgelegt. Auch werden Überwachung und Bewertung des Risikomanagements mit dem Ziel der kontinuierlichen Verbesserung geregelt.[470] In der Praxis hat sich hierfür die Erstellung eines Risikomanagementhandbuchs bewährt.[471] Der Risikomanagementprozess gemäß ISO 31000, wie er in Anhang 3 dargestellt ist, beginnt mit der Festlegung der Kriterien, mit Hilfe derer die Risiken in verschieden Kategorien eingestuft und hinsichtlich ihres Ausmaßes deklariert werden können. Sie werden demnach in den Kontext der Gegebenheiten des Unternehmens gebracht. Der Prozess der Risikobeurteilung umfasst deren Identifikation,

[468] Vgl. COSO 2004, S. 3 und 5.
[469] Vgl. Erben et al. 2010, S. 32 f.
[470] Vgl. Brühweiler 2008, S. 37 f.
[471] Vgl. Schneiter / Cajos 2009, S. 530.

Analyse und Bewertung. Aus den Erkenntnissen sind Maßnahmen zur Bewältigung der Risiken abzuleiten und umzusetzen.[472]

Innerhalb des dargestellten Prozesses kommt dem Informationsaustausch eine besondere Bedeutung zu und sorgt für eine Integration in die Organisationsstruktur. Durch die Rückkopplungen aus Überwachung und Überprüfung soll das System dynamisch auf Veränderungen reagieren können und eine stetige Verbesserung ermöglichen.[473]

3.4.7 Deutscher Rechnungslegungs-Standard Nr. 5

Hinsichtlich der Ausgestaltung der gemäß KonTraG geforderten Risikoberichterstattung im Lagebericht[474] bzw. im Konzernlagebericht[475] finden sich im Handelsgesetzbuch nur recht allgemein gehaltene Vorgaben zur Berichterstattung über Ereignisse, die einen erheblichen oder gar bestandsgefährdenden Einfluss auf die Lager des Unternehmens haben. Eine Konkretisierung der Anforderungen findet sich in den Deutschen Rechnungslegungsstandards (DRS) Nr. 5 und Nr. 15.[476] Diese wurden durch den Deutschen Standardisierungsrat (DSR) verabschiedet und sind im Sinne von §342 Abs. 2 HGB als Grundsätze ordnungsgemäßer Buchführung auf die Konzernrechnungslegung anzuwenden. Der DSR fungiert als unabhängiges Standardisierungsgremium unter dem Dach des Deutschen Rechnungslegungs Standards Committees (DRSC), welches durch das Bundesministerium der Justiz (BMJ) als privates Rechnungslegungsgremium im Sinne von § 342 Abs. 1 HGB anerkannt wurde.[477]

Der DRS 15 präzisiert die Anforderungen an die Lageberichterstattung, mit dem Ziel, dem Leser des Berichtes alle entscheidungsrelevanten Informationen zur Verfügung zu

[472] Vgl. Brühweiler 2008, S. 38.
[473] Vgl. Brühweiler 2008, S. 38.
[474] Siehe §289 Abs. 1 HGB
[475] Siehe §315 Abs. 1 HGB
[476] Vgl. Kajüter / Winkler 2004, S. 249.
[477] Vgl. DRSC 2011: Ziel des Gesetzgebers war die stärkere Annäherung der Rechnungslegungsvorschriften an die internationalen Grundsätze, da deutsche Unternehmen vermehrt mit dem Wettbewerb um internationale Kapitalgeber konfrontiert wurden. Für eine schnellere und flexiblere Anpassung an internationale Erfordernisse sollte das DRSC als privates und mit Fachleuten besetztes Gremium die deutsche Rechnungslegung weiterentwickeln. Die Anerkennung seitens des BMJ erfolgte mit Vertrag vom 3. September 1998.

stellen, welche er benötigt, um sich ein verlässliches Bild von der Lage des Konzerns zu machen. Dabei sind auch die wesentlichen, auf den Geschäftsverlauf einwirkenden, Chancen und Risiken darzustellen.[478] Der DRS 5 ist die Ergänzung der Regelungen zur Lageberichterstattung hinsichtlich der Risikoberichterstattung im Konzern.[479] Zwar ist er ausgerichtet auf Erstellung eines Konzernlageberichts gemäß §315 Abs. 1 HGB,[480] dennoch wird eine Anwendung auch für kleinere Unternehmen empfohlen.[481] In dem Standard erfolgte eine explizite Unterscheidung zwischen Chancen und Risiken, wobei inhaltlich auf eine positive bzw. negative Entwicklung der wirtschaftlichen Lage abgestellt wird. Das Risikomanagement wird als ganzheitliches System definiert, welches die Elemente Identifikation, Analyse, Bewertung, Steuerung, Dokumentation sowie Kommunikation der Risiken als auch die Überwachung dieser Elemente umfasst.[482] Berichtspflichtig sind die mit der Geschäftstätigkeit des Konzerns verbundenen Einzelrisiken, wobei bestandsgefährdende Risiken und Risikokonzentrationen zu deklarieren sind.[483] Weiterhin ist – sofern möglich – eine Quantifizierung der Risiken erforderlich, wobei die verwendeten Methoden und die zugrundeliegenden Annahmen darzulegen sind. Auch die Maßnahmen, die zur Bewältigung der Risiken getroffen wurden, sind offenzulegen.[484] Weiterhin müssen die Risiken in Kategorien zusammengefasst werden.[485] Beispielhaft wird eine Einteilung in folgende Kategorien empfohlen:[486]

- Umfeld- und Branchenrisiken, wie volkswirtschaftliche Risiken oder politische, rechtliche und Branchenentwicklungen,
- Unternehmensstrategische Risiken, betreffend das Produkt- und Beteiligungsportfolio,
- Leistungswirtschaftliche Risiken, bspw. aus Entwicklung, Fertigung, Beschaffung und Vertrieb,
- Personalrisiken, wie Fluktuationen, Personalbeschaffung- und Entwicklung oder Besetzung von Schlüsselpositionen,

478 Vgl. DRSC 2010.
479 Vgl. DRS 5.1.
480 Vgl. DRS 5.5.
481 Vgl. DRS 5.8.
482 Vgl. DRS 5.9.
483 Vgl. DRS 5.11, 13 und 14.
484 Vgl. DRS 5.20.
485 Vgl. DRS 5.16.
486 Vgl. DRS 5.17.

- Informationstechnische Risiken, wie Datensicherheit und Datenverfügbarkeit,
- Finanzwirtschaftliche Risiken, wie Kredit-, Wechselkurs- oder Zinsänderungsrisiken,
- Sonstige Risiken, wie Arbeitsschutz, Besteuerung oder rechtliche Risiken.

Wesentliche Änderungen gegenüber dem Vorjahreszeitraum hinsichtlich der erfassten Risiken sind darzustellen, soweit dies im Sinne eines besseren Risikoverständnisses notwendig erscheint.[487] Neben der Beschreibung der einzelnen Risiken ist auch das Risikomanagementsystem als Ganzes im Risikobericht darzustellen.[488]

3.4.8 Basel II

Die neue Baseler Eigenkapitalempfehlung (Basel II) richtet sich zwar an Kreditinstitute und hat damit keine direkte Geltung für mittelständische Industrieunternehmen. Wie aber bereits in Kapitel 2.1.2 herausgestellt, ist der klassische Bankkredit gerade für kleinere Unternehmen immer noch eine der wichtigsten Fremdfinanzierungsformen. Somit hat Basel II für diese kleineren Unternehmen indirekt eine höhere Bedeutung als jede der bisher dargestellten rechtlichen Regelungen und Normen. Die kumulierten Risiken des kreditnehmenden Unternehmens schlagen sich als Kreditrisiko bei der kreditgebenden Bank nieder, welche wiederum den Kredit mit einem risikoadjustierten Eigenkapitalsatz unterlegen muss. Die Ausfallwahrscheinlichkeit des Schuldners – also dessen Bonität – bestimmt somit die Höhe des vorzuhaltenden Eigenkapitals. Die damit verbundenen Kosten wird die Bank in Form höherer Kreditzinsen an den Kreditnehmer weiterreichen.[489] Die dargestellte Vorgehensweise betrifft die erste Säule der drei Säulen von Basel II. Dieses Drei-Säulen-Konzept ist in Anhang 4 veranschaulicht.

Diese erste Säule betrifft die Mindestkapitalanforderungen, welche eine Eigenkapitalunterlegung für Kredit-, Markt- und operative Risiken fordert. Als Änderung gegenüber den vorhergehenden Regelungen gemäß Basel I, welche eine pauschale Eigenkapitalunterlegung für Kredite in Höhe von 8% der Kreditsumme vorsahen, sind Kreditinstitute nun angehalten, höhere Eigenkapitalunterlegungen vorzuneh-

---

487 Vgl. DRS 5.36.
488 Vgl. DRS 5.28.
489 Vgl. Reichling et al. 2007, S. 39.

men, je höher das Ausfallrisiko ist. Die zweite Säule stellt eine qualitative Ergänzung der ersten Säule um ein aufsichtsrechtliches Überprüfungsverfahren dar, mit welchem dem Gesamtrisiko eines Instituts Rechnung getragen werden soll. Explizit gefördert wird die Weiterentwicklung internen Verfahren zur Beurteilung der jeweiligen bankenspezifischen Risikosituation, wobei auch externe Faktoren in die Betrachtungen einfließen. Die dritte Säule erhöht Offenlegungspflichten für Banken hinsichtlich der Anwendung der Eigenkapitalvorschriften, der Ausstattung und der Struktur des Eigenkapitals der Kreditinstitute sowie die Darstellung der eingegangenen Risiken.[490] Insbesondere bei Nutzung interner Verfahren zur Beurteilung der Kreditrisiken sind intensive Risikoanalysen bei den kreditnehmenden Unternehmen notwendig. Neben der Vermögens-, Finanz- und Ertragslage hat auch das Vorhandensein eines Risikomanagement- und -controllingsystems einen Einfluss auf die Bonität des zu bewertenden Unternehmens.[491] Das für die Kreditkonditionen entscheidende Rating hängt sehr stark von der Bereitschaft zur Offenlegung von entscheidungsrelevanten Informationen durch die Unternehmen ab. Förderlich ist eine detaillierte Stellungnahme im Lagebericht zur Situation des Unternehmens, aber auch ein in seiner Funktionsfähigkeit testiertes Risikofrüherkennungssystem. Werden die Anforderungen gemäß KonTraG erfüllt, verbessert dies entscheidend das Rating und damit den Fremdkapitalzugang des Unternehmens.[492]

3.4.9 Implikationen für die Ausgestaltung des Risikomanagementsystems

Welche Implikationen lassen sich nun für die Anforderungen an ein Risikomanagementsystem ziehen? Es ist festzuhalten, dass es keine einheitliche Empfehlung für den Aufbau eines solchen Systems gibt. Aufgrund der jeweiligen unternehmensspezifischen Gegebenheiten hinsichtlich Größe, Branche und Organisationsstruktur ist eine pauschale Empfehlung seitens des Gesetzgebers oder normgebender Organisationen auch nicht gewünscht. Ziel der meisten Regelungen ist es, Unternehmen Mindestanforderungen für ein funktionsfähiges System der Risikofrüherkennung aufzuzeigen. Eine darüber hinausgehende Ausgestaltung und

---

490 Vgl. Deutsche Bundesbank 2007.
491 Vgl. Romeike 2003a, S. 77.
492 Vgl. Gaumert / Coenen 2006, S. 49 f.

Verbesserung des Systems liegt dagegen im Eigeninteresse des Unternehmens, um zum einen den eigenen Fortbestand zu sichern und zum anderen insbesondere im Hinblick auf die Ratinganforderungen die eigenen Kapitalkosten zu minimieren. Die Einrichtung eines Risikomanagementsystems ist zumeist nur für die größeren Mittelständler verpflichtend, welche als Kapitalgesellschaften firmieren oder Publizitätspflichten unterliegen. Für kleinere Mittelständler ist die Einrichtung eines solchen, auf ihre Bedürfnisse angepassten Systems dennoch empfehlenswert, da Banken im Rahmen der Kreditvergabe in Folge von Basel II eine Risikoanalyse bei ihren Kreditnehmern durchführen müssen. Empirisch belegt ist, dass ein im Unternehmen eingerichtetes Risikomanagement das Rating verbessert.[493] Als Orientierung für die sinnvolle Einrichtung eines anerkannten Risikomanagementsystems bieten sich insbesondere das COSO ERM Rahmenwerk bzw. ISO-Norm 31000 an. Hinsichtlich einer auf die Anforderungen der Kapitalgeber ausgerichteten Berichterstattung bietet der DRS 5 Anhaltspunkte.

3.5 Bestandteile des Risikomanagementsystems

Wie bereits in Kapitel 3.4.1 dargestellt, ergibt sich aus den Regelungen des KonTraG für viele Unternehmen ein Handlungsbedarf, indem aus den gesetzlichen Regelungen die Verpflichtung der Unternehmensleitung erwächst, für die Einrichtung eines angemessenen Risikomanagementsystems Sorge zu tragen. Bereits vor dem Inkrafttreten des KonTraG gehörte das Managen von Risiken zu den Pflichten des Vorstandes. Neu war allerdings die Forderung nach einem internen Überwachungssystem, welches in der Lage ist, eventuelle bestandsgefährdende Entwicklungen frühzeitig zu erkennen. Auch die Berichtspflichten des Vorstands im Lagebricht über potentiellen künftigen Risiken wurden ausgeweitet, was implizit ein System zur Früherkennung von Risiken voraussetzt. Die aus dem KonTraG abgeleiteten Bestandteile eines Risikomanagementsystems ergeben sich somit im Einzelnen aus einem System zur Früherkennung sowie einem internen Überwachungs- und einem Controllingsystem.[494]

---

493 Vgl. Rautenstrauch / Wurm 2008, S. 108. Bei der Auswertung empirischer Studien zum Risikomanagement in deutschen KMU kommen *Rautenstrauch* und *Wurm* zu dem Ergebnis, dass die Existenz eines Risikomanagementsystems das Rating eines Unternehmens verbessert.

494 Siehe Kapitel 3.4.1.

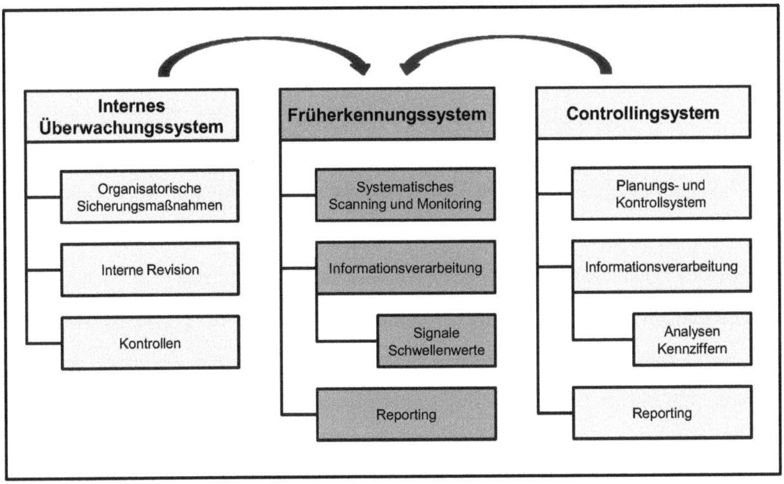

Abbildung 14: Komponenten des Risikomanagementsystems[495]

Dabei ist das Früherkennungssystem nicht isoliert zu betrachten, sondern es resultiert aus den Tätigkeiten des Überwachungs- und des Controllingsystems.[496] Das Gesamtsystem lässt sich daher in der Art von Abbildung 14 darstellen. Diese einzelnen Komponenten sollen nun einer genaueren Betrachtung unterzogen werden.

3.5.1 Früherkennungssystem

Mit Hilfe eines Früherkennungssystems soll zeitnah die Entwicklung von für den Unternehmenserfolg relevanten Faktoren prognostiziert werden. Dies können unternehmensexterne Faktoren wie Rohstoffpreise, Wechselkurse oder die Nachfrageentwicklung sein, aber auch unternehmensinterne Kennzahlen wie Erlöse, Gewinne und Cash Flows.[497] In diesem Zusammenhang erfolgt auch eine Unterscheidung in Frühwarn-, Früherkennungs- und Frühaufklärungssysteme. Frühwarnsysteme sind dabei auf die Erkennung von Risiken ausgerichtet, um den Entscheidungsträgern in Unternehmen eine hinreichende Reaktionszeit auf Bedrohungen zu verschaffen. Früherkennungssysteme sollen dagegen auch latent vorhandene Chancen identifizieren

[495] Vgl. Dörner / Doleczik 2000, S. 200.
[496] Vgl. Dörner / Doleczik 2000, S. 199 f.
[497] Vgl. Gleißner 2008, S. 214.

können.[498] Diese Sichtweise ist zu präferieren, da sich auch aus verpassten Chancen – wie die Einstiegsmöglichkeit in neue Produktfamilien, welche mittelfristig die bisherigen Produkte des Unternehmens ersetzen könnten – über einen längeren Zeitraum Risiken entwickeln können. Bei einer reinen Anlehnung der Ausgestaltung an das KonTraG besteht dagegen die Gefahr einer zu starken Übergewichtung der Risikosicht unter der Ausblendung von Chancen.[499] Das besagte Früherkennungssystem lässt sich auch zu einem Frühaufklärungssystem weiterentwickeln, indem neben der Erkundung von Chancen und Risiken parallel auch Maßnahmen zur Steuerung und Kontrolle der identifizierten Faktoren ermittelt werden. Solche Systeme weisen allerdings eine höhere Komplexität auf und werden bspw. mit Hilfe von künstlichen neuronalen Netzen implementiert.[500]

Zusammengefasst ermitteln Früherkennungssysteme als Prognosesysteme somit grundlegende Informationen, welche in die Unternehmensplanung eingehen.[501] Hierzu werden interne und externe Daten analysiert und deren Entwicklung sowie deren Wirkung auf die kritischen Erfolgsfaktoren des Unternehmens überwacht. Für das Berichtswesen werden die gewonnenen Daten aufbereitet und mit Schwellenwerten und Signalgrenzen oder Limiten versehen.[502]

3.5.2 Internes Überwachungssystem

Die Interne Überwachung beinhaltet, wie in Abbildung 14 dargestellt, organisatorische Sicherungsmaßnahmen, die Interne Revision sowie die Interne Kontrolle. Organisatorische Sicherungsmaßnahmen sollen einen vordefinierten Mindestsicherheitsstandard gewährleisten und durch organisatorische Eingriffe in die Aufbau- oder Ablauforganisation die Möglichkeit von Fehlern oder von Täuschung minimieren – insbesondere für sensible Einheiten wie den Finanzbereich. Prinzipiell sollen ausführende und überwachende Tätigkeiten funktionell voneinander getrennt werden. Hierzu zählen Instrumente wie Stellenbeschreibungen, Vertretungsregeln und Arbeits-

[498] Vgl. Romeike 2003b, S. 165 f.
[499] Vgl. Wolbert 1999, S. 113.
[500] Vgl. Romeike 2003b, S. 166.
[501] Vgl. Gleißner 2008, S. 215.
[502] Vgl. Dörner / Doleczik 2000, S. 200.

anweisungen mit eindeutigen Zuweisungen von Verantwortlichkeiten bzw. standardisierte Arbeitsabläufe.[503] Auch in der Datenverarbeitung sind entsprechenden Sicherungsmaßnahmen wie Zugriffsbeschränkungen zu implementieren, wie auch Regelungen für den Belegfluss im Unternehmen.[504] Die Interne Revision ist eine direkt dem Vorstand unterstellte Organisationseinheit, welche unabhängig die Funktionen und Aktivitäten des Unternehmens überwacht. Auch überprüft sie die Wirksamkeit des implementierten Kontrollsystems.[505] Ebenso obliegt ihr die Prüfung des Finanz- und Rechnungswesens, der Leistungen der Unternehmensführung sowie des organisatorischen Aufbaus. Darüber hinaus entwickelt sie eigene Verbesserungsvorschläge und tritt somit als Gutachter und Berater auf.[506] Im Rahmen des Risikomanagements fallen der internen Revision weitere Aufgaben zu, wie die Prüfung der vollständigen Erfassung aller Risikoarten sowie der Maßnahmen zu ihrer Erfassung und deren Kommunikation, als auch die Überprüfung der permanenten Anwendung dieser Erfassungsmaßnahmen.[507] Das Interne Kontrollsystem ist dagegen direkt in die Prozessabläufe des Unternehmens eingebunden.[508] Die Kontrollmaßnahmen können dabei präventiven Charakter haben, um Fehler oder andere unerwünschte Ereignisse zu vermeiden, oder detektiven Charakter, um entsprechende Fehler aufzudecken. Auch können sie sowohl automatisiert als auch manuell durchgeführt werden. Die Wirksamkeit automatisierter, präventiver Maßnahmen ist dabei am höchsten.[509] Zu diesen Maßnahmen zählen bspw. Qualitäts- und Buchungskontrollen oder im Rahmen des Risikomanagements insbesondere die Überwachung von Limits, Terminen und Finanzkennzahlen sowie die Kontrolle der Risikoberichterstattung.[510]

3.5.3 Controllingsystem

Generell ist „Controlling als informationsversorgendes System zur Unterstützung der Unternehmensführung durch Planung, Kontrolle und Analyse und Entwicklung von

---

503 Vgl. Martin / Bär 2002, S. 131 f.
504 Vgl. Dörner / Doleczik 2000, S. 200.
505 Vgl. Soll / Labes 1999, S. 196.
506 Vgl. Martin / Bär 2002, S. 134.
507 Vgl. Martin / Bär 2002, S. 136.
508 Vgl. Dörner / Doleczik 2000.
509 Vgl. Piening et al. 2008, S. 398.
510 Vgl. Martin / Bär 2002, S. 133.

Handlungsalternativen zur Steuerung des Betriebsgeschehens zu verstehen."[511] Das Controllingsystem unterstützt somit als idealerweise unabhängige Serviceeinheit das Management und die operativen Einheiten bei der zielorientierten Anpassung an veränderte Rahmenbedingungen und erleichtert die Wahrnehmung von Steuerungsaufgaben.[512] Im Rahmen des Risikomanagements liegen die Aufgaben des (Risiko-)Controllings im Speziellen bereits in der Mitwirkung bei der Festlegung der Risikostrategie sowie in der Aggregation von Risiken zur Bestimmung des Gesamtrisikos und der Ermittlung von Schwellenwerten für die einzelnen Risikofelder. Neben der Koordination und Kontrolle der Risikobewältigungsmaßnahmen und der eingerichteten Schwellenwerte zählen auch Plausibilitätsprüfungen sowie die Risikoberichterstattung an den Vorstand zu den Aufgaben. Aufgrund der Expertise in diesem Bereich sollten im Risiko-Controlling bei Bedarf auch Vorschläge zur Risikobewältigung erarbeitet werden und an den entsprechenden Risikomanagementbereich übermittelt werden.[513] Dies scheint aus der im anschließenden Kapitel 3.6 behandelten prozessualen Risikomanagementsicht sinnvoll, da das Risiko-Controlling als für die Unternehmensführung entscheidungsunterstützende Einheit mit in die planerische Erhebungs- und Bewertungsphase eingebunden werden sollte, welche der Risikosteuerung vorgelagert ist.[514]

3.6 Der Risikomanagementprozess

3.6.1 Ein Steuerungssystem in Form eines Regelkreislaufs

Risikomanagement ist ein sich beständig wiederholender Prozess. Dieser Prozess wird somit in der betriebswirtschaftlichen Literatur häufig als Kreislauf oder als Rückkopplungsprozess[515] dargestellt. Für beide Darstellungsformen gibt es wiederum eine Vielzahl von Ausgestaltungsvarianten, die sich zumeist in der Zahl der verwendeten Prozessschritte unterscheiden.

---

511 Serfling 1992, S. 18.
512 Vgl. Dörner / Doleczik 2000, S. 201.
513 Vgl. Martin / Bär 2002, S. 123.
514 Vgl. Burger / Buchhart 2002a, S. 155.
515 Für die Darstellung in Form eines Rückkopplungsprozesses siehe bspw. Rosenkranz / Mißler-Behr 2005, S. 40 oder Hölscher et al. 2006, S. 150 oder Kapitel 3.4.6 und die dort Dargestellte ISO-Norm 31000.

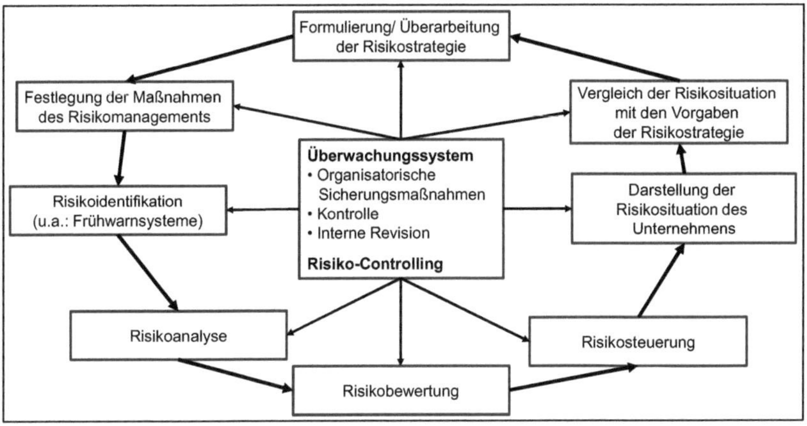

Abbildung 15: Regelkreislauf des Risikomanagementsystems und Überwachungssystems[516]

Neben einer Unterteilung in vier Prozessschritte mit einer starken Zusammenfassung des Ablaufs ist die von *Lück* eingeführte Darstellung eines Regelkreislaufs mit einer Unterteilung des Risikomanagementprozesses in acht Schritte Grundlage vieler betriebswirtschaftlicher Ausführungen zu diesem Thema. Abbildung 15 zeigt die auch in dieser Arbeit verwendete Unterteilungsmethodik.

Aufbauend auf der übergeordneten Risikostrategie des Unternehmens werden die Maßnahmen festgelegt, welche die Grundlage einer funktionsfähigen Risikoidentifikation, -analyse, -bewertung und -steuerung bilden. In regelmäßigen Intervallen ist zudem die Risikoberichterstattung zu erstellen, sowie ein Soll-Ist-Abgleich mit der Risikostrategie durchzuführen, um die Risikostrategie ihrerseits an aktuelle Erfordernisse anpassen zu können.[517] Dieser Prozess wird von einem, wie im vorangegangen Kapitel beschriebenen Internen Überwachungssystem sowie einem Controllingsystem begleitet. Die acht Elemente des besagten Regelkreislaufs werden im Weiteren genauer betrachet.

516 Vgl. Lück 1998, S. 1926.
517 Vgl. Lück 1998, S. 1926.

3.6.2 Festlegung der Risikostrategie

Die Festlegung der Risikostrategie bildet den Grundstein des gesamten Risikomanagementprozesses. In ihr muss die Unternehmensleitung festlegen, welche Einstellung das Unternehmen gegenüber Risiken einnimmt und wie mit ihnen umgegangen werden soll.[518] Die Risikostrategie leitet sich aus der übergeordneten Unternehmensstrategie ab und wird schließlich in sie mit eingebunden. Aus der Unternehmensstrategie lassen sich die Kernkompetenzen, Geschäftsfelder, Wettbewerbsvorteile und der grundsätzliche Aufbau der Wertschöpfungskette ermitteln. Insbesondere die Kernkompetenzen sind dabei von Interesse, leisten diese doch einen erheblichen Beitrag zum Kundennutzen, sind für Mitbewerber schwer zu kopieren und sind für mehrere Geschäftsfelder von Bedeutung.[519] Im Rahmen der Festlegung der Risikostrategie ist damit primär zu analysieren, welche Risikofaktoren die Erfolgspotentiale bedrohen und welche Kernrisiken das Unternehmen selbst tragen kann.[520] Diese Kernrisiken entstehen aus den Kernkompetenzen und aus der Nutzung der Wettbewerbsvorteile des Unternehmens. Eine Übertragung dieser Risiken im Sinne einer Ausgliederung im Rahmen der Gestaltung der Wertschöpfungskette erscheint bei diesen Risiken nicht sinnvoll.[521] Neben der Behandlung der Kernrisiken ist im Rahmen der Risikostrategie festzulegen, ob Risiken bspw. wegen einer geringen Bedeutung aus der Betrachtung ausgeschlossen oder alle Risiken umfassend betrachtet sowie ob gewichtete Abstufungen in der Behandlung vorgenommen werden sollen. Auch ist eine maximale Verlustgrenze zu ermitteln,[522] die das Unternehmen vertragen kann.[523] In Summe enthält die Risikostrategie demnach Vorgaben über die Risiken, welche eingegangen werden dürfen, wie der Umgang mit diesen zu erfolgen hat und über das Verhältnis von Chancen und Risiken.[524]

---

518 Vgl. Rosenkranz / Mißler-Behr 2005, S. 41.
519 Vgl. Gleißner 2000, S. 1927.
520 Vgl. Gleißner 2000, S. 1625.
521 Vgl. Dangl / Kopel 2004, S. 434.
522 Auch als Risikotragfähigkeit bezeichnet.
523 Vgl. Mißler-Behr 2008, S. 81.
524 Vgl. Martin / Bär 2002, S. 90.

3.6.3 Festlegung der Maßnahmen des Risikomanagements

Bei der Festlegung der Maßnahmen geht es darum, eine Grundlage für die operative Durchführung des Risikomanagements in Form von dokumentierten Verhaltensregeln zu schaffen, um unternehmensweit einen einheitlichen Umgang mit Risiken zu gewährleisten.[525] Eine standardisierte Risikoidentifikation, -analyse und -bewertung soll es dem Vorstand ermöglichen, sich das geforderte Bild über die Art und das Gefährdungspotential der Unternehmensrisiken zu machen. Diese gewonnen Informationen bilden wiederum die Basis für die Festlegung der Steuerungsmaßnahmen. Dies bedingt eine klare Festlegung der Prozessschritte, von der Identifikation bis zur Steuerung der Risiken, sowie eine möglichst präzise Abstimmung zwischen den Schritten.[526] Aufbauend auf der in der Risikostrategie festgelegten maximalen Verlustgrenze sind die Limite für die einzelnen Risiken festzulegen, wofür auch eine Abgrenzung zwischen Kern- und Randrisiken vorzunehmen ist, um eine geeignete Aufteilung des möglichen Gesamtrisikos auf die Einzelrisiken vornehmen zu können. Festzulegen ist neben der Vorgehensweise bei der Bewertung auch die bei einer Priorisierung der Maßnahmen der Risikobewältigung.[527] Notwendig ist ebenfalls die Festlegung verschiedener Schwellenwerte. Mit diesen ist zu regeln, bis zu welchen Grenzen Risiken auf den jeweiligen Unternehmensebenen behandelt werden können bzw. wann deren Weitergabe an übergeordnete Einheiten einzuleiten ist oder wann eine gesonderte Steuerung der Risiken erfolgt. Insbesondere potentiell bestandsgefährdende Risiken sind mit solchen Identifikationsmerkmalen zu versehen.[528]

Anzumerken ist, dass die Prozessschritte Strategie- und Maßnahmenfestlegung im Rahmen der Entwicklung einer Risikopolitik auch zusammengefasst dargestellt werden. Die Risikopolitik soll neben der Schaffung der formellen Rahmenbedingungen für das Risikomanagement, wie der Erstellung von Dokumentationen und Anweisungen, auch eine Risikokultur im Unternehmen etablieren. Damit wird auf die Begründung eines gemeinsamen Normen- und Wertegerüstes abgestellt, um die Mitglieder

---

[525] Vgl. Gleißner 2008, S. 36.
[526] Vgl. Lück 1998, S. 1926.
[527] Vgl. Gleißner 2008, S. 37.
[528] Vgl. Dörner / Doleczik 2000, S. 202.

der gesamten Organisationsstruktur des Unternehmens für angemessenes und risikobewusstes Verhalten und eine entsprechende Risikokommunikation zu sensibilisieren.[529]

3.6.4 Risikoidentifikation

Im Rahmen der Risikoidentifikation sind sämtliche Risiken im Unternehmen möglichst vollständig und kontinuierlich zu erfassen. Für die Identifikation spielt es keine Rolle, ob sich die Auswirkungen aus den Risiken quantitativ – bspw. in Form von Schadenshöhen – oder nur qualitativ – bspw. in Form von Reputationsverlusten – erfassen lassen.[530] Für eine systematische und strukturierte Risikoerhebung ist eine unternehmensweit einheitliche Risikodefinition hilfreich sowie die Entwicklung eines unternehmensspezifischen Risikokatalogs sinnvoll. Ziel des Identifikationsprozesses ist die Erstellung einer umfassenden Übersicht zu Chancen und Risiken des Unternehmens.[531] Die Anforderungen an diesen Prozess liegen in der Vollständigkeit der Ermittlung der aktuellen und potentiellen Risiken, in der Aktualität der verwendeten Informationen sowie in seiner Wirtschaftlichkeit. Dies bedeutet, dass zwischen zunehmendem Detailierungsgrad und steigenden Kosten für den Identifikationsprozess abgewogen werden muss.[532] Das zu bevorzugende Instrument zur Chancen- und Risikoidentifikation ist ein institutionalisiertes Früherkennungssystem, welches auch für latente Risiken in der Lage ist, diese mit ausreichend zeitlichem Vorlauf mit Hilfe von Frühwarnindikatoren aufzudecken.[533] Darüber hinaus gibt es eine Vielzahl von Methoden, die für die Identifikation von Risiken zur Verfügung stehen, wobei diese teilweise auch Teil eines standardisierten Früherkennungssystems sein können. Die Auswahl der Methoden hängt von der jeweiligen, spezifischen Unternehmenssituation ab. Somit hat die folgende Auflistung der Methoden weder einen Anspruch auf Vollständigkeit noch einen Empfehlungscharakter:

- *Checklisten* sind weit verbreitete und einfache Hilfsmittel der Identifikation von Risiken. Unternehmen können aus dem großen Angebot an vorgefertigten Checklisten auswählen, wobei darauf zu achten ist, dass eine Anpassung an die Bedürf-

[529] Vgl. Wittmann 1999, S. 142 sowie Gleißner 2008, S. 35.
[530] Vgl. AKEIÜ 2010, S. 1249.
[531] Vgl. Denk et al. 2006, S. 21.
[532] Vgl. Wolf / Runzheimer 2003, S. 41.
[533] Vgl. Lück 1998, S. 1927.

nisse des Unternehmens vorzunehmen ist.[534] Sie bieten Anhaltspunkte für das Aufspüren von Risiken, sollten aber nur als Unterstützung und Ideengeber dienen, da sie weder die vollständige Unternehmenssituation abdecken können, noch eine Priorisierung zulassen.[535] Neben der binären Risikoabfrage (Risiko vorhanden / nicht vorhanden) wird mit Hilfe der Checklisten mitunter auch eine vereinfachte Risikobewertung durchgeführt. Allerdings ist die Zuordnung zu den Unterklassen der Ordinalskalen – typischerweise Schadensausmaß und Eintrittswahrscheinlichkeit – als recht subjektiv anzusehen.[536]

- Durch Einsatz von *SWOT-Analysen*[537] kann das Unternehmen gezielt aus mehreren Blickwinkeln betrachtet werden. Mit Hilfe dieser Analyse sollen Informationen zu den eigenen Kernkompetenzen, den Zielgruppen, der Wettbewerbssituation und der unternehmenseigenen Position darin ermittelt werden. Stärken, Schwächen, Chancen und Risiken ergeben sich aus der Betrachtung der Organisations- und Marktstruktur[538] – also aus einer Kombination von interner und externer Sichtweise.[539]
- Für die Analyse technischer Systeme hinsichtlich ihrer Sicherheit bieten sich *Fehlerbaumanalysen* an. Hierzu werden zu möglichen, unerwünschten Zuständen die auslösenden Ursachen sowie gegenseitige Abhängigkeiten gesucht.[540]
- Aus dem Bereich der elektronischen Datenverarbeitung kommt die *Flow-Chart-Analyse.* Darin werden die Geschäfts- und zugehörigen Informationsprozesse mit Hilfe von Datenflussdiagrammen visualisiert, um mögliche Fehler und deren Auswirkungen zu identifizieren.[541]
- Im Qualitätsmanagement wird häufig die *Fehlermöglichkeits- und -einflussanalyse (FMEA)*[542] eingesetzt. Mit ihrer Hilfe werden einzelne Komponenten eines Systems auf Störungszustände hin untersucht, wobei dieses Gesamtsystem im Vorfeld

---

534 Vgl. Mißler-Behr 2008, S. 82.
535 Vgl. Wolf / Runzheimer 2003, S. 44.
536 Für eine breite Auswahl solcher Checklisten siehe bspw. Keitsch 2007, S. 290 ff.
537 Strengths, Weaknesses, Opportunities, Threats.
538 Vgl. Romeike 2003b, S. 175.
539 Vgl. Mißler-Behr 2008, S. 83.
540 Vgl. Wolf / Runzheimer 2003, S. 44.
541 Vgl. Wolf / Runzheimer 2003, S. 45.
542 Auch Ausfalleffekteinflussanalyse.

zu beschreiben und in seine funktionellen Bestandteile zu zerlegen ist. Dadurch lassen sich die Auswirkungen auf das System sowie in einem weiteren Schritt Schadensausmaße und Eintrittswahrscheinlichkeiten ermitteln.[543] Anwendung findet die FMEA bei System-, Produkt- und Prozessanalysen.[544]

- Im Rahmen der Unternehmensplanung wird eine Vielzahl von Annahmen getroffen, welche als Plandaten Basis der Budgetierung, der operativen Planung oder des Controllings sind. An dieser Stelle setzen *Annahmen- und Abweichungsanalysen* an. Im Rahmen der prospektiven Annahmenanalyse wird untersucht, welche der in der Unternehmensplanung verwendeten Annahmen auf unsicheren Erwartungen beruhen. Ein Risiko ergibt sich somit aus einer risikobehafteten Planannahme. Die Abweichungsanalyse ist dagegen ein retrospektiv ausgerichteter Soll-Ist-Vergleich (oder genauer: Plan-Ist-Vergleich). Hierbei werden Planabweichungen zur Risikoidentifikation auf ihre Ursachen hin untersucht, falls sie sich nicht mit fehlerhaften Annahmen erklären lassen.[545]
- Liegt der Fokus auf der Suche nach neuen Risiken, ohne eine ausreichende Datenbasis vorweisen zu können, die in den vorgenannten Verfahren benötigt wird – bspw. in Situationen ohne Vergleichswerte, wie dem Aufbau neuer Geschäftsfelder – so wird auf Kreativitätstechniken wie das *Brainstorming* zurückgegriffen. In einer Gruppe von idealerweise fünf bis sieben interdisziplinären Teilnehmern soll unter Ausschaltung denkpsychologischer Blockaden das Lösungsspektrum erweitert werden.[546]
- Ein exploratives Prognoseverfahren zur Abschätzung zukünftiger Entwicklungstrends ist die *Szenarioanalyse*. Unter Bestimmung der wesentlichen externen Einflussfaktoren auf ein klar abgegrenztes Untersuchungsobjekt werden mögliche Verläufe der zukünftigen Entwicklung skizziert – die Szenarien. Auch Störereignisse können in die Betrachtung mit einbezogen werden. Die Schar der möglichen Szenarien wird dabei durch Extremszenarien begrenzt, welche prinzipiell die schlechteste und die beste mögliche Entwicklungstendenz abbilden. Diese begren-

543 Vgl. Romeike 2003b, S. 176.
544 Vgl. Wolf / Runzheimer 2003, S. 46.
545 Vgl. Gleißner 2008, S. 48 f.
546 Vgl. Romeike 2003b, S. 177.

zen sämtliche plausiblen Szenarien, aus welche sich wiederum ein Trendszenario ableiten lässt.[547] Diese Vorgehensweise lässt sich hin zu Simulationsverfahren erweitern, bei welchen mehrere Tausend Szenarios simuliert werden und in die Betrachtung einfließen. Für finanzwirtschaftliche Größen wird bspw. die *Monte-Carlo-Simulation* genutzt, welche in Kapitel 4.3.3 einer genaueren, theoretischen Betrachtung unterzogen wird und deren Anwendung in Kapitel 7.5 dargestellt wird. Die Simulationsergebnisse selbst, können dabei auch wieder einer Szenarioanalyse unterzogen werden.[548]

- Im Rahmen einer *Besichtigungsanalyse* wird dagegen ein konkretes Objekt visuell auf mögliche Risiken untersucht. Dies kann bspw. eine Aggregat, eine Produktionsanlage oder eine gesamte Produktionsstätte sein.[549]
- Für die Ermittlung einer externen Sichtweise auf die Risikosituation kann auf eine *Expertenbefragung* zurückgegriffen werden. Dies kann auch in Form der *Delphi-Methode* in einem mehrstufigen Verfahren durchgeführt werden. Für die Erfassung interner Risiken ist dagegen eine *Mitarbeiterbefragung* sinnvoll, da die involvierten Personen die eigentlichen Fachkundigen in Bezug auf die internen Abläufe sind.[550]
- Für eine erste Risikoabschätzung bietet sich auch die *Dokumentenanalyse* an. Risiken sollen hier durch die Sichtung von Primärdokumenten wie Verträgen oder Bauplänen bzw. Sekundärdokumenten wie innerbetrieblichen Statistiken identifiziert werden.[551] Aus diesen Statistiken können Prognosen über Forderungsausfälle oder Garantieansprüche abgeleitet werden.[552]
- Bei einer erstmaligen Risikoidentifikation in einem Bereich oder einem Unternehmen als Ganzes bietet sich die Durchführung eines *Risikoworkshops* an, bei welchem verschiedene Instrumente kombiniert zur Anwendung kommen können. Insbesondere operative Risiken sowie rechtliche, politische und IT-Risiken lassen sich in dieser Form strukturiert erfassen. Für die üblicherweise zweitägigen

[547] Vgl. Wolf / Runzheimer 2003, S. 47 f.
[548] Siehe Kapitel 4.10 Backtesting, Stresstests und Szenarioanalysen.
[549] Vgl. Martin / Bär 2002, S. 92.
[550] Vgl. Gleißner 2008, S. 59.
[551] Vgl. Martin / Bär 2002, S. 92.
[552] Vgl. Mißler-Behr 2008, S. 82.

Veranstaltungen werden externe Experten (abteilungsextern oder auch unternehmensextern) in Form von Moderatoren mit einem Team von relevanten Mitarbeitern zusammengebracht, welche für den zukünftigen Projektablauf verantwortlich zeichnen.[553]

- Für die Identifikation sowie Quantifizierung finanzwirtschaftlicher Risiken gibt es eine ganze Reihe weiterer Methoden wie *Korrelations-, Zeitreihen-, Trend- und Regressionsanalysen.*[554] Detailliertere Ausführungen zu den relevanten Verfahren in diesem Bereich finden sich im Kapitel 4.1 und folgende.
- Eine Vielzahl von externen Informationen und aggregierten Wirtschaftsdaten lässt sich über eine *Benchmarking-Analyse* oder über eine *Indexanalyse* nutzbar machen. Für die Abschätzung der Konjunkturentwicklung bietet sich bspw. der IFO-Konjunkturindex an. Insolvenzwahrscheinlichkeiten und kumulierte Ausfallraten für einzelne Bonitätsklassen lassen über den Moody's Index ermitteln. Aussagen zu Insolvenzverteilungen in einzelnen Branchen gibt dagegen der Creditreform Indikator Risiko Branche (CRI-Branche).[555]
- Neben den dargestellten Verfahren lassen sich weitere Methoden für die Risikoidentifikation heranziehen. Exemplarisch lassen sich *Einzelschadensanalysen, What-If-Analysen, Human-Error-Analysen, Sicherheitsüberprüfungen* und *Motivationsanalysen* nennen.[556]

3.6.5 Risikoanalyse

Die in der Phase der Risikoidentifikation ermittelten Risiken sind anschließend auf ihren Ursprung hin zu untersuchen. Diese Ursachenforschung ist dabei als kontinuierlicher Prozess im Unternehmen zu implementieren. Bei diesen regelmäßigen Untersuchungen ist auch die Aktualität der Risikostrategie zu bewerten sowie im Falle eines ermittelten Handlungsbedarfs anzupassen.[557] Durch die Untersuchung der Ursache-Wirkungs-Kette soll sichergestellt werden, dass nicht nur die wahrnehmbaren

---

553 Vgl. Gleißner 2008, S. 49 ff.
554 Vgl. Gleißner 2008, S. 47.
555 Vgl. Mißler-Behr 2008, S. 82 sowie Gleißner 2008, S. 47.
556 Vgl. Denk et al. 2006, S. 21Wala / Messner 2006 sowie Gleißner 2008, S. 47.
557 Vgl. Lück 1998, S. 1927.

Symptome der jeweiligen Risiken erkannt werden, sondern die grundlegenden Auslöser. Im Ergebnis entsteht durch die Analyse eine Kategorisierung in exogene, nicht beeinflussbare Risiken und in Risiken, welche im Einflussbereich des Unternehmens liegen.[558] Daraus ergeben sich erste Anhaltspunkte für die Risikosteuerung.[559]

Die Übergänge zur Phase der Risikoidentifikation sind dabei fließend bzw. lassen sich die Phasen nicht immer klar voneinander trennen. Die genannten Methoden der Risikoidentifikation sind demnach teilweise auch für die Analyse geeignet. Andere sind von vornherein auf die Betrachtung von Ursache-Wirkungsbeziehungen ausgelegt und identifizieren darüber die Risiken.[560]

3.6.6 Risikobewertung

Die in den vorhergehenden Phasen identifizierten und analysierten Risiken sind anschließend einer quantitativen Bewertung bzw. einer qualitativen Beurteilung zu unterziehen.[561] Das Ziel der Bewertung liegt in einer monetären Quantifizierung des Schadensausmaßes bzw. in einer Klassifizierung der Risiken und einer Einordnung in Schadensklassen. Häufig spiegeln sich diese Kategorien dann in einem unternehmensweiten Risikoportfolio oder auch in einer Risikomatrix wider.[562] Üblicherweise erfolgt eine Quantifizierung der Risiken durch die Multiplikation der Eintrittswahrscheinlichkeit mit dem Ausmaß des potentiellen Schadens – also durch Risikoerwartungswerte,[563] deren Methodik bereits in Kapitel 3.2 dargestellt wurde. Dieser Wert wird auch als Risk-Exposure oder Risikoexposure bezeichnet. Als weitere Komponente wird in einigen Fällen auch die Häufigkeit des Auftretens während eines Zeitraums mit in die Bewertung einbezogen.[564] Für finanzwirtschaftliche Risikopositionen, die einen liquiden Handel auf organisierten Märkten aufweisen, ist eine Quantifizierung zumeist problemlos möglich. Auch versicherbare Risiken haben die

---

558 Vgl. Rosenkranz / Mißler-Behr 2005, S. 44.
559 Vgl. Lück 1998, S. 1927.
560 Vgl. bspw. Fehlerbaum-, Flow-Chart- oder Szenarioanalysen in Kapitel 3.6.4.
561 Vgl. Romeike 2003d, S. 183.
562 Vgl. Hahn et al. 2000, S. 2625.
563 Vgl. Burger / Buchhart 2002a, S. 154.
564 Vgl. Wolf / Runzheimer 2003, S. 59.

Eigenschaft, dass sich die Bewertungsparameter bestimmen lassen, da die Ermittlung einer Versicherungsprämie im Grunde nichts anderes als eine Risikobewertung zuzüglich eines Verwaltungszuschlages darstellt. Auch lässt sich aus dieser Form der Risikobewertung relativ gut ableiten, ob eine Bestandsgefährdung vorliegt. Allerdings lassen sich auch Risiken identifizieren, für die eine Quantifizierung kaum oder nicht möglich ist. Für diese Risiken ist nur eine qualitative Bewertung möglich.[565] Dabei werden ähnliche Bewertungsschemen wie für quantifizierbare Risiken angewandt, wobei statt der Ermittlung eines monetären Verlustbetrages nur eine Klassifizierung in Verlustkategorien erfolgt.[566] Zu solchen schwer quantifizierbaren Risiken zählen operative Risiken. Für solche Risiken wird häufig auf eine Schätzung zurückgegriffen. Diese beruht auf den Erfahrungswerten der beteiligten Mitarbeiter und muss daher als sehr subjektiv angesehen werden. Für die Abschätzung der Schadenshäufigkeit und des Ausmaßes kann zum Beispiel ein Klassen- oder Notensystem genutzt werden. So sind die Risiken nach der (vermuteten) Häufigkeit ihres Auftretens von unbedeutend oder selten bis hin zu oft oder sehr oft zu klassifizieren. Das Ausmaß wird über die Einordnung in Schadensintervalle bestimmt. Der vermutete Verlust wird also über die Angaben einer Verlustspanne bewertet, wobei sich auch hier die Intervalle von unbedeutend oder gering bis zu sehr hoch oder gar kritisch ergeben – also aus der Bedeutung des jeweiligen Risikos.[567]

Der Nutzen der Risikobewertung liegt darin begründet, dass erst durch sie ein Vergleich zwischen den einzelnen Unternehmensrisiken möglich wird und deren Priorität festgelegt werden kann. Mit einer Umrechnung auf Risikomaße können die Risiken auch in den Kontext ihres Wertbeitrages zum Unternehmenserfolg gesetzt werden. Auch bedingt die aggregierte Darstellung des unternehmerischen Gesamtrisikos eine vorherige Quantifizierung der Einzelrisiken. Erst mit diesen Daten kann eine Risikotragfähigkeitsberechnung in Sinne der Verlustauffangfähigkeit des Eigenkapitals erfolgen. Auch ist es nur mit quantifizierten Risiken möglich, Einschätzungen zur

---

565 Vgl. Bitz 2000, S. 40 f.
566 Vgl. Burger / Buchhart 2002a, S. 154.
567 Vgl. Keitsch 2007, S. 170.

Planungssicherheit im Rahmen der unternehmerischen Planung und des Controllings zu geben.[568]

Für die eigentliche Risikobewertung steht eine Reihe von Verfahren zur Verfügung, deren vollständige Behandlung den Rahmen dieser Ausführungen sprengen würde. Für eine bessere Übersichtlichkeit unterteilt *Romeike* die Methoden beispielsweise in Top-Down- und Bottom-Up-Ansätze. Bei Erstgenannten stehen die Auswirkungen der betrachten Risiken auf die ökonomischen Größen des Unternehmens im Mittelpunkt der Betrachtungen. Sie sind zwar prinzipiell relativ schnell und kostengünstig zu implementieren, geben aber nur grobe Einblicke in die Risikosituation des Unternehmens. Die Bottom-Up-Ansätze zielen dagegen auf eine detaillierte Analyse der Ursache-Wirkungsbeziehungen der Risiken ab und sind damit weitaus aufwendiger. Beide Methodengruppen lassen sich auch jeweils in quantitative und qualitative Ansätze untergliedern.[569] Eine ausführlichere Auflistung mit einer Unterteilung in Top-Down- und Bottom-Up-Ansätze ist Anhang 5 zu entnehmen. Aufgrund der Vielzahl verfügbarer Methoden stellt sie nur einen Auszug aus dem möglichen Instrumentrarium dar. Die bereits erwähnte Risikobewertung mittels der Kombination von Eintrittswahrscheinlichkeit und Schadensausmaß lässt sich in dieses Schema allerdings nicht einordnen – ist aber im praktischen Einsatz weit verbreitet. Bei einer objektiven Quantifizierbarkeit der beiden Eingangsparameter ist sie den quantitativen Methoden zuzuordnen, wobei sie mit der Bewertung der Einzelrisiken und Aggregation zu einer gesamten Risikolandschaft zu den Bottom-Up-Verfahren zu zählen ist.[570] Ist nur eine qualitative, subjektive Abschätzung hinsichtlich der Höhe des Schadens (bspw. gering – mittel – schwerwiegend) und der Eintrittswahrscheinlichkeit (bspw. unwahrscheinlich bis sehr wahrscheinlich) möglich, so kann dieses Verfahren den qualitativen Bottom-Up-Verfahren zugeordnet werden.[571] Lässt sich dagegen nur eine Mindesteintrittswahrscheinlichkeit abschätzen und keine genauere Skalierung, so bietet sich eine weiter vereinfachte Bewertung in Form einer Relevanzeinschätzung an. Mit Hilfe

---

[568] Vgl. Gleißner 2008, S. 101 f.
[569] Vgl. Romeike 2003d, S. 184 ff.
[570] Vgl. Bitz 2000, S. 40.
[571] Vgl. Bitz 2000, S. 45.

der Einordnung der Risiken in Relevanzklassen nach dem Grad der Risikoauswirkung auf die ökomischen Größen des Unternehmens ist die Erstellung eines Risikorankings möglich. Damit können auf der einen Seite Risiken erfasst werden, die einen bestimmten Schwellenwert überschreiten, aber Erfolgsgrößen bzw. das Eigenkapital kaum beeinflussen. Zum anderen können Risiken dargestellt werden, die einen schwerwiegenden Einfluss auf die besagten ökonomischen Größen haben oder sogar eine Bestandsgefährdung darstellen.[572]

Für die generelle Risikobewertung auf Unternehmensebene in Form der Ermittlung der risikoadjustierten Eigenkapitalkosten wird häufig auf das Capital Asset Pricing Model (CAPM) zurückgegriffen. Hierfür wird das Risiko des Unternehmens im Verhältnis zum Marktrisiko gesetzt. Das Marktrisiko wird als systematisch und nicht diversifizierbar angesehen – das individuelle Risiko des Unternehmens ist somit das unsystematische Risiko. Letzteres wird durch den unternehmensspezifischen Beta-Faktor ausgedrückt, welcher den Risikobetrag eines Unternehmens zu einem Marktportfolio wiedergibt. Die Eigenkapitalkosten des Unternehmens r_i lassen sich somit aus der Addition von risikofreiem Zinssatz r_f und unternehmensindividueller Risikoprämie ermitteln. Letztere ergibt sich aus der Multiplikation von Marktrisikoprämie $(r_m - r_f)$ mit dem Unternehmens-Beta β_i, wobei r_m der Rendite des gesamten Marktes – des Marktportfolios – entspricht:

$$r_i = r_f + (r_m - r_f)\beta_i \qquad 3.4$$

Eine problemlose Anwendung ist dabei allerdings nur für börsennotierte Unternehmen gewährleistet, die sich zudem einem Marktportfolio wie einem Index zuordnen lassen. Dieses Modell bildet aber die Grundlage für eine Vielzahl von abgewandelten Modellen und zeigt eine Möglichkeit auf, das Gesamtunternehmensrisiko in die Kalkulation einzupreisen. Beispiele liegen in der Ermittlung der Kapitalkosten nicht börsennotierter Unternehmen durch den Vergleich mit börsennotierten Unternehmen identischen Risikos oder in der Ermittlung der Kapitalkosten einzelner Geschäftsbereiche über einen solchen Risikovergleich.[573]

---

[572] Vgl. Gleißner 2008, S. 104.
[573] Vgl. dazu ausführlich Brealey et al. 2011, S. 220 ff oder Copeland et al. 2008, S. 218 ff.

Im praktischen Einsatz weit verbreitet sind ebenfalls Korrekturverfahren. Darüber ist auch eine Einbeziehung der Risikopräferenz des Entscheidungsträgers möglich.[574] Im Rahmen der Risikozuschlagmethode wird dies durch einen Risikoaufschlag auf die Renditeforderung der Kapitalgeber umgesetzt und erhöht damit risikobedingt die Kapitalkosten. Zu beachten ist, dass die über das CAPM ermittelten Kapitalkosten bereits als risikoadjustiert gelten und der Risikozuschlag somit nur aus Sicht eines risikoaversen Entscheiders von Relevanz ist. Alternativ kann das Korrekturverfahren in Form der Sicherheitsäquivalenzmethode angewandt werden.[575] Dabei ist Sicherheitsäquivalent jene sichere Zahlung, für die ein Entscheider eine durch den Erwartungswert der Verteilung bestimmte unsicher Zahlung aufgibt. Für einen risikoaversen Entscheider liegt das Sicherheitsäquivalent unter dem Betrag des Erwartungswerts – im Falle der Risikoindifferenz entsprechen sich beide Werte.[576] Umsetzung findet dieses Verfahren bei Plandaten, indem geschätzte Einzahlungen mit einem Risikoabschlag vermindert oder Auszahlungen durch einen Risikoaufschlag erhöht werden.[577] Trotz der weiten Verbreitung ist das Verfahren als kritisch anzusehen. Zum einen erfolgt damit nur eine recht grobe Risikobewertung und dadurch nur ein pauschalisierter Risikoübertrag in die Kalkulation. Es wird sehr stark auf das sogenannte „Fingerspitzengefühl“ des Entscheiders abgestellt. Zum anderen orientiert sich die Methode in dieser Form rein an den schlechtesten denkbaren Umweltzuständen, was wiederum dem Grundmodell der Entscheidungstheorie widerspricht.[578]

Für die Quantifizierung von Risiken auf Basis von bekannten oder geschätzten Verteilungsfunktionen werden in vielen Fällen Risikomaße auf Basis des Value-at-Risk-Konzepts ermittelt. Diese Kennzahlen haben den Vorteil, dass die den Vergleich von Risiken und die Allokation von Risikokapital ermöglichen. Auch können damit aggregierte Wechselwirkungen zwischen Einzelrisiken berücksichtigt sowie Risiken selbst identifiziert werden. Durch die Verknüpfung mit Erfolgskennzahlen lässt sich weiterhin

[574] Vgl. Kruschwitz 2009, S. 315 f.
[575] Vgl. Wala / Messner 2006, S. 72.
[576] Vgl. Drukarczyk / Schüler 2009, S. 39.
[577] Vgl. Kruschwitz 2009, S. 316.
[578] Vgl. Kruschwitz 2009, S. 317 f.

ein risikoadjustierter Projektvergleich realisieren.[579] Aufgrund ihrer hohen Bedeutung im Rahmen der quantitativen Risikomessung und -steuerung werden diese Risikomaße in Kapitel 4 einer eigenen ausführlichen Betrachtung unterzogen.

Die Realisation von Extremwerten – also Ereignissen, die sehr selten auftreten, aber ein enormes Schadensausmaß generieren – lässt sich über diese verteilungsbasierten Risikomaße nicht befriedigend abbilden, da die resultierenden Schäden mit diesen Kennzahlen unterschätzt werden. Für solche Ereignisse wird auf die Extremwerttheorie (Extreme Value Theorie, EVT) zurückgegriffen, welche sich der „fat tail"-Problematik annimmt. Im Zentrum der Betrachtungen steht die Frage, was im Falle der jeweils am negativsten anzusehenden Ereignisse passieren könnte und welcher Schaden sich daraus ergibt. Da Erdbeben oder extreme Witterungseinflüsse als solche Extremszenarien angesehen werden können, ist der Einsatz in der Finanzwirtschaft – insbesondere in der Versicherungswirtschaft – bereits üblich. Aber auch für Industrieunternehmen ist der Einsatz der Extremwerttheorie denkbar, da auch bei diesen die Frage beantwortet werden muss, was im Extremfall passiert.[580]

Für qualitative Top-Down-Analysen können weiterhin sogenannte indikatorbasierte Bewertungsmethoden genutzt werden. Dabei werden aus der identifizierten und analysierten Ursache-Wirkungs-Struktur des Unternehmens nur einzelne Teilbereiche herausgesucht, die als risikorelevant angesehen werden. Für diese werden dann Schlüsselindikatoren ermittelt, mit Hilfe derer auf das Risiko des gesamten Unternehmens oder von Teilbereichen geschlossen wird. Da auf diese Weise nur jeweils ein kleines Segment des Unternehmens betrachtet werden kann, erfolgt bspw. durch Verwendung der Nutzwertanalyse eine Kombination mehrerer solcher Schlüsselindikatoren zu einer Gesamtrisikodarstellung. Zu diesen Methoden zählen Key Risk Indicator (KRI), Key Performance Indicator (KPI) oder Key Control Indicator (KCI) aber auch das Drei-Werte-Verfahren.[581] Für letzteres Verfahren werden drei Szenarien geschätzt. Neben einem optimistischen und einem pessimistischem Erwartungswert für die untersuchte

[579] Vgl. Gleißner 2008, S. 110.
[580] Vgl. Chavez-Demoulin 2004, S. 43 f.
[581] Vgl. Strohmeier 2007, S. 64 f.

Größe wird ein sehr wahrscheinlicher Erwartungswert ermittelt. Daraus wir ein Koeffizient als Indikator ermittelt, indem die Abweichungen der beiden erstgenannten zum Mittelwert bestimmt und dann zueinander ins Verhältnis gesetzt werden.[582]

Im Bereich der quantitativen Bottom-Up-Bewertung werden auch häufig Simulationsverfahren und Sensitivitätsanalysen angewendet. Im Rahmen von Sensitivitätsanalysen werden sämtliche Einflussfaktoren, die auf eine Zielgröße wirken, als Konstanten behandelt. Nur für einen einzelnen Faktor erfolgt eine gezielte Variation, um die Auswirkung auf die Zielgröße zu untersuchen. Dabei wird auch analysiert, wie sensitiv – also wie stark – die Zielgröße auf eine Faktoränderung reagiert.[583] Mit Simulationsmodellen wird dagegen das Unternehmen oder der betrachtete Teilbereich modellhaft nachgebildet. Auf Basis statistischer Analysen werden die benötigten Parameter für das Modell ermittelt. Mit Hilfe des Simulationsmodells lassen sich dann viele verschiedene Umweltzustände simulieren und die Auswirkungen auf das Modell und somit auf das Unternehmen bestimmen.[584] Der wohl bekannteste Vertreter der Simulationsmodelle ist die Monte-Carlo-Simulation. Diese wird ihm Rahmen der Value-at-Risk-Betrachtungen in Kapitel 4 genauer analysiert.[585] Während mit Simulationsmodellen viele verschiedene Szenarien durchlaufen und deren Ergebnisse zu einer aggregierten Betrachtung zusammengefasst werden, erfolgt bei der klassischen Szenarioanalyse eine Betrachtung und Analyse der einzelnen Szenarien. Hierbei wird der Einfluss einzelner Risikofaktoren auf das Gesamtrisiko des Unternehmens analysiert. Durch gezielte Veränderung der Faktoren werden plausible Zukunftskonstellationen – die Szenarien – gebildet, welche anschließend auf Chancen und Risiken hin untersucht und bewertet werden.[586]

Grundsätzlich zählen neben der Einzelbewertung der Risiken auch die Risikoklassifizierung und die Aggregation zum Gesamtrisiko des Unternehmens zur Phase der Risikobewertung. Neben einer quantitativen Aggregation in Form von Risikomaßen, bei

---

[582] Vgl. Romeike 2003d, S. 190 f.
[583] Vgl. Süchting 1995, S. 390.
[584] Vgl. Romeike 2003d, S. 191.
[585] Siehe Kapitel 4.3.3 Monte-Carlo-Simulation.
[586] Vgl. Gerpott / Hoffmann 2008, S. 11.

welchen in der Methodik bereits die Erstellung einer Spitzenkennzahl enthalten ist, gibt es weitere, eher qualitative Darstellungsformen. Beispiele dafür sind Risikoinventar, Risikomatrix und Risikoportfolio. Das Risikoinventar orientiert sich an der eingangs dieses Kapitels dargestellten Relevanzeinschätzung. Hier werden die als wesentlich eingestuften Risiken nach absteigender Relevanz aufgelistet. Zur Veranschaulichung findet sich eine beispielhafte Darstellung des Risikoinventars in Anhang 7. Eine solche Liste gibt somit eine Priorisierung des Handlungsbedarfs wieder. Das Risikoinventar kann auch für eine erste qualitative Risikokategorisierung genutzt und nach einer Quantifizierung überarbeitet werden.[587]

Eine zweidimensionale Darstellungsform bietet ein Standardinstrumentarium des Risikomanagements – die Risk-Map oder auch Risikomatrix. Nach der Bewertung der Risiken hinsichtlich Eintrittswahrscheinlichkeit und Schadensausmaß erfolgt eine Priorisierung der Risiken prinzipiell in Form einer Kartographierung.[588] Dieses Instrument gibt es in verschiedenen Ausgestaltungsformen – eine generelle Darstellung lässt sich somit nicht ableiten. Prinzipiell muss unterschieden werden, ob die Risiken qualitativ oder quantitativ bewertet wurden. Bei einer qualitativen Bewertung liegen weder quantifizierte Eintrittswahrscheinlichkeiten noch monetäre Schadenshöhen vor. Hier ist somit nur eine Kategorisierung möglich von unwahrscheinlich bis wahrscheinlich bzw. von niedrigen Auswirkungen bis hohen Auswirkungen auf das Unternehmen. Bei einer quantitativen Bewertung können für die Erstellung solcher Kategorien auch explizite Wahrscheinlichkeiten oder bewertete Schadenshöhen angesetzt werden. Für eine Zuordnung der Risiken zu den Kategorien bietet sich bspw. die Empfehlung der *Federation of European Risk Management Associations (FERMA)* an, welche in ihrem Risikomanagementstandard veröffentlicht ist. Eine hohe Eintrittswahrscheinlichkeit wird für ein Risiko angesetzt (Einstufung als wahrscheinlich), wenn es kürzlich eingetreten ist bzw. das Potential besitzt, innerhalb eines vorgegebenen Zeitraums (bspw. innerhalb von 10 Jahren) mehrmals aufzutreten oder eine quantitative Eintrittswahrscheinlichkeit von über 25% aufweist. Eine niedrige Eintritts-

[587] Vgl. Gleißner 2008, S. 118.
[588] Vgl. Gleißner / Wolfrum 2006, S. 149.

wahrscheinlichkeit mit einer Klassifizierung als unwahrscheinlich ergibt sich, wenn das Risiko in der Vergangenheit noch nicht eingetreten ist und ein Eintreten über den Zeitraum von bspw. zehn Jahren als nicht wahrscheinlich angesehen wird. Die quantitative Eintrittswahrscheinlichkeit wird dabei mit unter 2% angesetzt. Eine mittlere Eintrittswahrscheinlichkeit mit einer Einstufung als möglich wird einem Risiko zugeordnet, wenn ein Eintreten im vorgegebenen Zeitraum eben als möglich angesehen wird sowie aufgrund externer Einflussfaktoren als schwer zu bewältigen gilt. Die Eintrittswahrscheinlichkeit liegt dafür zwischen 2% und 25%.[589] Ausgehend von dieser Darstellung nutzen andere Autoren eine feinere Untergliederung und führen weitere Klassen ein. So erweitern *Wolf und Runzheimer* den oberen und unteren Rand qualitativ mit sehr wahrscheinlich und unmöglich.[590] Eine analoge Eingruppierung wird auch für das Schadensausmaß empfohlen. Ein hoher Schaden entspricht dabei einer bedeutsamen Auswirkung auf die Strategie oder die operativen Tätigkeiten des Unternehmens, welche ein hohes Interesse der Stakeholder hervorruft. Der Schaden eines mittleren Risikos ist mit mäßig einzuschätzen und der eines niedrigen Risikos als sehr gering. Für eine quantitative Einordnung sind abhängig von der jeweiligen Unternehmenssituation monetäre Grenzen zu ermitteln, mit Hilfe derer das Gefährdungspotential eingestuft wird.[591] Auch hier ist eine weitere Untergliederung der Kategorien möglich, wobei *Wolf und Runzheimer* eine Erweiterung der Schadenshöhe um unbedeutend und existenzbedrohend vornehmen.[592]

Zusammengefasst ergeben sich damit zwei mögliche Ausgestaltungen der Risikomatrix. Für qualitativ erfasste Risiken bietet sich die Nutzung einer qualitativen Matrix analog zur linken Darstellung in Abbildung 16 an. Für quantitativ bestimmte Risiken kann folglich eine quantitative Risikomatrix herangezogen werden. Zwar lässt sich auch eine qualitative Risikomatrix beliebig fein untergliedern. Ab einer gewissen Anzahl von Kategorien ist der Sinn einer weiteren Untergliederung aber zu hinterfragen, da die Zuordnung der Risiken zu den Kategorien oftmals auf Basis subjektiver Schätzung

[589] Vgl. Federation of European Risk Management Associations 2003, S. 8.
[590] Vgl. Wolf / Runzheimer 2003, S. 82.
[591] Vgl. Federation of European Risk Management Associations 2003, S. 8.
[592] Vgl. Wolf / Runzheimer 2003, S. 82.

vorgenommen wird. Es ist daher nicht verwunderlich, dass in der Literatur häufig eine Beschränkung auf nur jeweils drei Kategorien vorgenommen bzw. bei Abweichungen davon kaum mehr als fünf Kategorien anzutreffen sind. Durch die Quantifizierung der Parameter bietet eine quantitative Risikomatrix somit aus ihrer Konstruktion heraus feinere Differenzierungsmöglichkeiten zwischen den Risiken.

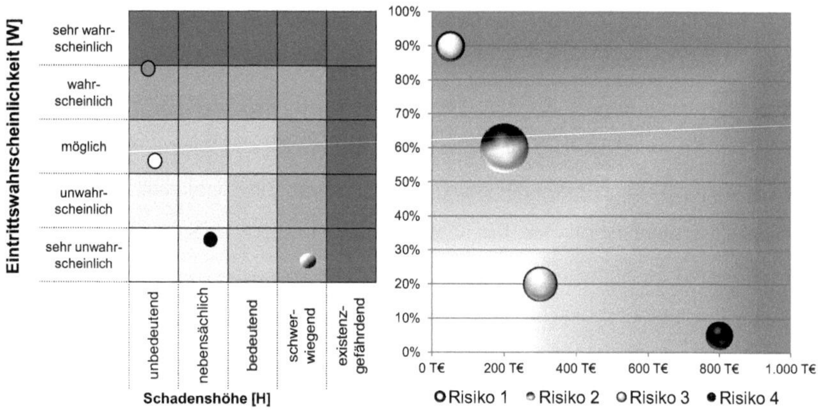

Abbildung 16: Qualitative und quantitative Risikomatrix[593]

Mit der Erstellung der Risikokategorien und damit der Risikofelder der Matrix sind auch jeweilige Handlungsanweisungen zu verknüpfen. Je nach Wesentlichkeit der Risiken sollten mindestens drei Vorgaben mit den Kategorien verknüpft werden. Für A-Risiken ergibt sich ein zwingender Handlungsbedarf, da diese als bestandsgefährdend anzusehen sind. Es müssen unbedingt weitere Maßnahmen ergriffen werden. B-Risiken bedürfen einer beständigen Überprüfung und Maßnahmen sollten für diese mittleren Risiken zumindest in Erwägung gezogen werden. Für C-Risiken sind zunächst keine Maßnahmen nötig, da sie als leichte, unwesentliche Risiken gelten. Eine weitere Beobachtung sollte dennoch vorgenommen werden, da durch Kumulierung die Wesentlichkeitsgrenze erreicht werden kann.[594]

---

[593] Vgl. Burger / Buchhart 2002b, S. 164.
[594] Vgl. Hahn et al. 2000, S. 2626.

Die in Abbildung 16 aufgezeigte Vorgehensweise entspricht der Überlegung, dass eine Zuordnung zu einem nächst höheren Risikobereich abhängig von der Risikokategorie der beiden Parameter Eintrittswahrscheinlichkeit und Schadensausmaß ist, was argumentativ noch plausibel erscheint. Häufig wird die Priorisierung der Risiken dagegen über Diagonalen in der Risikomatrix ausgedrückt (von links oben nach rechts unten). Die höchste Priorität ergibt sich somit durch die Kombination der höchsten Wahrscheinlichkeit mit dem höchsten Schaden. Darauf folgen die Felder höchste Wahrscheinlichkeit und zweithöchster Schaden und umgekehrt. Die Wertigkeit der Risiken sinkt zum Ursprung hin somit mit jeder weiteren Diagonalen. *Gleißner* bemerkt zu Recht, dass die Felder der Risikomatrix aus dem Risikoerwartungswert – also der Multiplikation von Wahrscheinlichkeit und Schadenshöhe gebildet werden. Die Diagonalen können daher nicht gleiche Risiken ausdrücken – dazu wären Hyperbeln notwendig. Er weist ebenso darauf hin, dass die besagte, inhaltlich unkorrekte Darstellung sich so in der Praxis verbreitet hat, dass sie nicht mehr hinterfragt wird.[595] Da die klassische Risikomatrix primär auf binomialverteilte Risiken ausgerichtet ist, für die nur festgestellt wird, ob das Risiko eintritt oder nicht eintritt, schlägt er alternativ die Nutzung eines Risikoportfolios vor. Um verschiedene Risikoverteilungen – also die genannte Binomialverteilung ebenso wie die für finanzwirtschaftliche Risiken oft unterstellte Normalverteilung bzw. die Lognormalverteilung – in einem System darstellen zu können, wird dafür der Erwartungswert als die im Periodendurchschnitt zu erwartende Ergebnisbelastung durch ein Risiko dargestellt. Als Risikomaß wird der zu dem jeweiligen Risiko ermittelte Höchstschaden herangezogen. Für finanzwirtschaftliche Risiken wird dazu der Value-at-Risk als wahrscheinlicher Höchstschaden genutzt.[596] In Summe ergibt sich aus beiden Werten die von *Gleißner und Wolfrum* vorgeschlagene Darstellung eines Risikoportfolios entsprechend der Abbildung in Anhang 8. Vorteilhaft an dieser Darstellung ist, dass der für die jeweiligen Risiken benötigte Betrag an Risikokapital daraus ersichtlich wird, da das Unternehmen in der Lage sein muss, die Verluste aus den Schäden durch entsprechend

[595] Vgl. Gleißner / Wolfrum 2006, S. 149.
[596] Vgl. Gleißner 2008, S. 122.

hohes Eigenkapital aufzufangen.[597] Alternativ kann daraus ein Handlungsbedarf in Form einer notwendigen Absicherungsmaßnahme bspw. in Form einer Risikoüberwälzung abgeleitet werden. Für die Erwartungswerte der mittleren Schäden je Periode bietet sich dagegen eine Übernahme in die Kalkulation an.

Eine Kombination verschiedener Bewertungsverfahren – meist unter Nutzung von Checklisten – sind Scoringverfahren. Mit diesen können qualitative und quantitative Bewertungsverfahren zu einem Bewertungsmodell zusammengefasst werden. Vorteilhaft sind sie weiterhin, wenn Sachverhalte mehreren Kriterien unterliegen oder subjektive Bewertungen in die Betrachtungen einfließen sollen. Für jedes zu bewertende Kriterium wird eine Punkteskala definiert. Die einzelnen Risiken werden dann auf diese Kriterien hin untersucht und in Abhängigkeit ihres Kriteriumsbeitrags mit einem Punktwert versehen. Der Entscheidungsmaßstab ergibt sich aus der Summation der einzelnen Punktwerte je Kriterium, wobei letztere eine Gewichtung im Verhältnis zu ihrer Relevanz für das Gesamtergebnis erhalten.[598] Das Scorecard-Konzept lässt sich auf eine Vielzahl von Bewertungsproblemen anwenden. Neben der Bewertung des Zahlungsverhaltens von Kunden und damit eines Kredit-Scorings ist es beispielwiese auch bei der Bewertung von neuen Produkten einsetzbar.[599] Das Konzept lässt sich aber auch bis hin zu einem komplexen Ratingsystem weiterentwickeln, bei welchem der Punktwert in eine Risikoklasse überführt wird und Ausfallwahrscheinlichkeiten geschätzt werden.[600] Eine Kombination mehrere Scoringmodelle zu einem Scorecard-System findet sich dagegen in den verschiedenen Balanced Scorecard-Konzepten.[601]

3.6.7 Risikosteuerung

Die Phasen der Risikoidentifikation, -analyse und -bewertung sowie die Aggregation zu einem Risikoportfolio des Unternehmens bilden die Grundlage der Risikosteuerung. Die als relevant identifizierten Risiken, für welche ein Handlungsbedarf ermittelt wurde, sind

---

[597] Vgl. Gleißner / Wolfrum 2006, S. 151.
[598] Vgl. Burger / Buchhart 2002b, S. 156 f.
[599] Vgl. Kreutzer 2008, S. 143 f.
[600] Vgl. Bernet / Westerfeld 2008, S. 8 f.
[601] Für ausführlich Betrachtungen und Umsetzungsempfehlungen siehe bspw. Horváth & Partners 2007.

im Rahmen der unternehmensweiten Risikostrategie so zu behandeln, dass ein möglichst optimales Chancen- und Risikoprofil generiert wird und bestandsgefährdende Risiken auf ein für das Unternehmen verträgliches Maß reduziert werden.[602] Diese Einordnung der Risikosteuerung in die besagten Schritte des Risikomanagementprozesses entspricht der Darstellung in Abbildung 17.

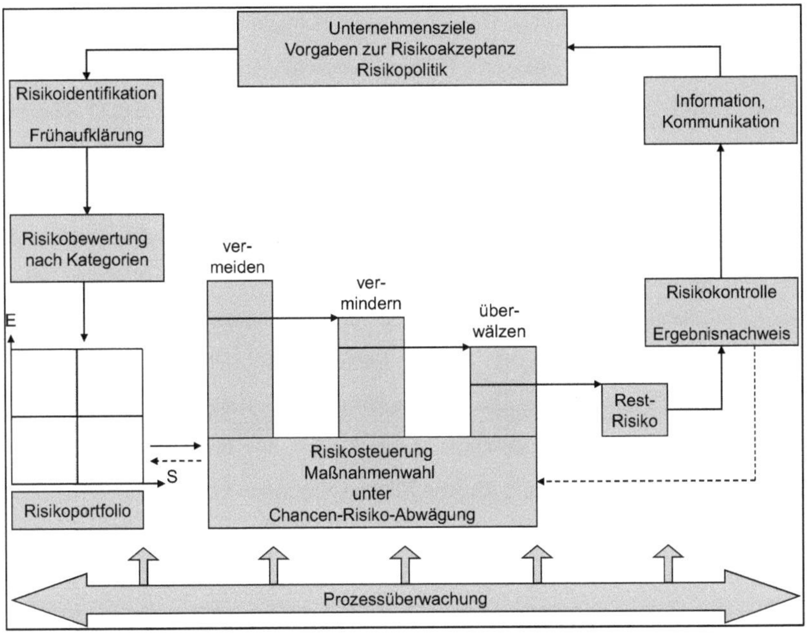

Abbildung 17: Risikosteuerung im Rahmen des Risikomanagements[603]

Dabei ist das gesamte Risikoportfolio des Unternehmens am Stück zu betrachten – inklusive eventueller Korrelationen sowie durch Kumulation irrelevanter kleinerer Einzelrisiken verursachter Risikohäufungen, welche in Summe relevant werden. Je nach Bedeutung der jeweiligen Risiken können diese durchaus dezentral in den verschiedenen Ebenen des Unternehmens gesteuert werden. Besonders wesentliche oder gar bestandsgefährdende Risiken sind aber auf Ebene der Unternehmensführung zu steuern. Deren Aufgabe liegt darin, entsprechende Schwellenwerte für die

[602] Vgl. Denk et al. 2006, S. 24 sowie Lück 1998, S. 1927.
[603] Vgl. Gabler Wirtschaftslexikon 2011, ähnlich auch Wolf / Runzheimer 2003, S. 89.

Risikohandhabung in den einzelnen Unternehmensebenen festzulegen.[604] Die generellen Maßnahmen für die Risikosteuerung liegen in der Vermeidung, Verminderung, Überwälzung oder bewussten Akzeptanz der Risiken, wobei das Ziel der drei ersten Varianten in einer Verringerung der Eintrittswahrscheinlichkeit oder des Schadensausmaßes liegt.[605] Auch wenn durch die Vermeidung von Risiken deren Gefährdungspotential von vornherein eliminiert wird, kann eine pauschale Vermeidungsstrategie nicht im Sinne unternehmerischen Handelns liegen. Schließlich werden dadurch auch sämtliche Chancen ausgeschlossen. Unternehmerische Tätigkeit setzt aber das bewusste Eingehen von Risiken voraus. Dies heißt also, dass eine bewusste Vermeidung von Risiken im Einzelfall für jedes Geschäftsfeld und jedes Projekt zu prüfen ist. Es handelt sich hierbei um strategische Entscheidungen, da diese Geschäftsfelder aufgegeben bzw. nicht realisiert werden.[606] Eine Risikovermeidung kommt in Betracht, wenn die Eintrittswahrscheinlichkeit und Schadenshöhe bestandsgefährdende Ausmaße annehmen und diese Parameter nicht durch andere Steuerungsmaßnahmen vermindert werden können oder sich das Risiko nicht transferieren lässt[607] – das Risiko also die Tragfähigkeit des Unternehmens übersteigt. Problematisch sind in diesem Zusammenhang Risiken aus dem Kerngeschäft des Unternehmens, da diese gemeinhin als jene Risiken angesehen werden, für welche das Unternehmen in der Lage sein muss, diese selbst zu tragen.[608]

Im Gegensatz zur Vermeidung werden Chancen bei der Verminderung von Risiken wahrgenommen – deren Eintrittswahrscheinlichkeit oder deren Schadensausmaß werden allerdings begrenzt. Daher ist diese Variante im praktischen Einsatz auch die bevorzugte.[609] Angestrebt ist eine proaktive Begegnung der Risiken in ihren Ursprüngen. Prinzipiell soll die Zahl an Fehlern, Unfällen und Schäden durch personelle, technische oder organisatorische Maßnahmen reduziert werden. Dies zielt somit auf eine Reduzierung der Eintrittswahrscheinlichkeiten. Hierfür wird zum einen ein

[604] Vgl. Burger / Buchhart 2002a, S. 155.
[605] Vgl. Dangl / Kopel 2004, S. 439.
[606] Vgl. Keitsch 2007, S. 185.
[607] Vgl. Gerpott / Hoffmann 2008, S. 12.
[608] Vgl. Dangl / Kopel 2004, S. 439.
[609] Vgl. Wolf / Runzheimer 2003, S. 90.

funktionsfähiges System von Frühwarnindikatoren benötigt, um unerwünschten Entwicklungen frühzeitig entgegenwirken zu können. Zum anderen sollen Kontroll- und Sicherungsmaßnahmen Fehlentwicklungen vermeiden.[610] Die Wirkung gerade im Bereich operativer Risiken ist dabei offensichtlich, lässt sich doch die Zahl der Unfälle durch Schulung der Mitarbeiter, Sicherheitsanweisungen sowie eine generelle Erhöhung des Arbeitsschutzes verringern. Neben Arbeits- und Sicherheitsanweisungen zählen auch Zugriffsregelungen und -beschränkungen im Bereich der IT-Systeme oder die Funktionstrennung in risikointensiven Bereichen zu den organisatorischen Sicherungsmaßnahmen der Risikovermeidung.[611] Weiterhin wird mit wirkungsbezogenen Maßnahmen versucht, das Verlustausmaß im Schadensfall zu reduzieren. Dafür werden vielfältige Limitsysteme eingesetzt, welche das Risiko für einen bestimmten Betrachtungsbereich auf eine vorgegebene Grenze beschränken sollen. Erfolgt dabei eine Aufteilung auf mehrere Risikoträger mit kleineren Limiten, kann im Zuge dessen auch eine Risikodiversifikation erfolgen.[612] Grundsätzlich bieten sich Limitsysteme für den Finanzbereich an.[613] Anwendung finden sie aber auch bei der Begrenzung der Abhängigkeit von einzelnen Lieferanten[614] oder bei der Begrenzung des Ausfallrisikos im Kundengeschäft. Dabei ist der Einsatz genereller Kontrahentenlimite, in Bezug auf die Bonität individueller Kunden ermittelter Einzellimitierungen oder von Pauschallimiten möglich, welche das Risiko für Geschäfte in einzelnen Branchen oder Ländern begrenzen sollen.[615]

Durch die Risikoüberwälzung wird ein möglicher Vermögensschaden auf Dritte übertragen. Dies kann im klassischen Fall durch den Abschluss eines Versicherungsvertrages erfolgen, bei welchem das Versicherungsunternehmen als Gegenpartei gegen Zahlung einer Prämie in das Risiko eintritt.[616] Alternativ kann die Risikoübertragung auch durch eine entsprechende Vertragsgestaltung im Tagesge-

---

610 Vgl. Keitsch 2007, S. 185.
611 Vgl. Bitz 2000, S. 53.
612 Vgl. Rosenkranz / Mißler-Behr 2005, S. 45 f.
613 Vgl. Martin / Bär 2002, S. 104.
614 Vgl. Keitsch 2007, S. 185.
615 Vgl. Ertl 2009, S. 39 ff.
616 Vgl. Lück 1998, S. 1927 f.

schäft des Unternehmens erfolgen. Beim Erwerb eines Finanzinstrumentes zur Absicherung eines Risikos spricht man dagegen auch von Risikokompensation.[617] Da das Risiko indirekt über den Kapitalmarkt an einen anderen Marktteilnehmer oder durch ein Direktgeschäft (zumeist ein OTC-Geschäft[618]) an einen Finanzintermediär weitergereicht wird, entspricht die Risikokompensation somit ebenfalls einer Risikoübertragung. Versicherungen nehmen im Risikomanagement eine bedeutende Rolle ein.[619] Das primäre Einsatzfeld in Industrieunternehmen liegt in der Absicherung von Sachschäden und Unfällen. Der Vorteil von Versicherungslösungen liegt darin begründet, dass diese durch die Verteilung der Schäden auf ein Versicherungskollektiv aus ökonomischer Sicht günstiger sein können, als alternative Steuerungsmaßnahmen.[620] Dies gilt vor allem für Elementarschäden, welche unversichert die Existenz des Unternehmens bedrohen – aufgrund ihrer teilweise geringen Eintrittswahrscheinlichkeit bei einer Übertragung auf ein Versicherungskollektiv aber überschaubare Kosten in Form der Versicherungsprämie verursachen. Darüber hinaus gibt es eine Vielzahl weiterer Anwendungsgebiete, für die Versicherungen zwar die sicherste Lösung darstellen – aber auch die kostenintensivste.[621] Neben den genannten Sachversicherungen, wie bspw. gegen Feuer- und Sturmschäden, und Unfallversicherungen, werden auch Lösungen für Betriebsunterbrechungen oder technische Versicherungen für Maschinen, Montage und Bauleistungen angeboten. Einen weiteren Teilbereich bilden die Haftpflicht- (bspw. Umwelthaftpflicht oder Produkthaftpflicht), Rechtsschutz- (z. B. Topmanager-Rechtsschutz) und KfZ-Versicherungen oder auch Transportversicherungen.[622] Eine besondere Kategorie von Versicherungen bilden Lösungen, welche die Risiken im Auslandsgeschäft absichern, wie Waren- und Ausfuhrkreditversicherungen, bspw. die staatlich gedeckten Euler-Hermes-Bürgschaften.[623] Eine ausführlichere Übersicht der auf dem Versicherungsmarkt

617 Vgl. Wolke 2008, S. 85.

618 OTC: Over the Counter-Geschäft. Ein außerbörsliches Geschäft, meist mit einem Finanzintermediär.

619 Vgl. Malakowski / Petry 2008, S. 60.

620 Vgl. Wolke 2008, S. 88.

621 Vgl. Martin / Bär 2002, S. 104.

622 Vgl. Gleißner 2008, S. 168.

623 Für Absicherungsmöglichkeiten im Außenhandel über Exportkreditversicherungen vgl. bspw. Altmann 2001, S. 307 ff.

verfügbaren Industrieversicherungen findet sich in „Anhang 10: Übersicht zu Versicherungslösungen“. Um zu prüfen, ob Risiken versicherbar sind, müssen verschiedene Kriterien erfüllt sein. Das zu versichernde Risiko muss eindeutig identifizierbar und der Schadenseintritt schätzbar sein, bspw. über eine Schadenshistorie mit Schadenshöhen und -häufigkeiten. Weiterhin müssen die einzelnen Risikorealisationen unabhängig voneinander und zufällig sein. Schließlich darf die Risikohöhe nicht die Tragfähigkeit des Versicherungskollektives übersteigen bzw. eine Weiterreichung an eine Rückversicherung muss möglich sein.[624]

Allerdings sind nicht für alle Risiken aus dem operativen Geschäft von Unternehmen Versicherungslösungen verfügbar bzw. sind die für manche Risiken angebotenen Lösungen wie bereits erwähnt zu kostenintensiv. Daher sind im Rahmen der Risikosteuerung auch Möglichkeiten zu prüfen, durch eine entsprechende Vertragsgestaltung die Risiken auf Vertragspartner zu übertragen. Einfache Lösungen zur Absicherung des Ausfallrisikos liegen hier bereits in der Deklaration des Eigentumsvorbehaltes oder bei unbekannten Vertragspartnern in der Lieferung nur gegen Vorkasse. Unter Umständen lassen sich auch Vertragskonditionen mit den Kunden über die entsprechende Anpassung der Allgemeinen Geschäftsbedingungen direkt an den Lieferanten durchreichen, wenn dies die Lieferanten nicht über Gebühr belastet.[625] Andere vertragliche Regelungen liegen im Abschluss von Haftungsvereinbarungen, Gewährleistungsregelungen oder in Sicherheitsbestandsverträgen. Allerdings ist zu beachten, dass diese Möglichkeiten bei Auslandsgeschäften immer abhängig von den gültigen Rechtsordnungen sind, welche sich teilweise sehr von den deutschen unterscheiden.[626] Dieser Kategorien von Steuerungsmaßnahmen werden je nach Ausgestaltung auch Leasingverträge sowie Factoring-Verträge zugerechnet,[627] bei welchen eine Übertragung des Ausfallrisikos stattfindet.[628] Prinzipiell gehören auch Outsourcingmaßnahmen in diesen Bereich, da die Risiken aus der Produktion oder aus Forschung und Entwicklung aus dem Unternehmen ausgegliedert und einem Lieferan-

---

624 Vgl. Malakowski / Petry 2008, S. 58.
625 Vgl. Bitz 2000, S. 50.
626 Vgl. Keitsch 2007, S. 186 f.
627 Vgl. Wolke 2008, S. 85.
628 Vgl. Bitz 2000, S. 49.

ten übertragen werden.[629] Diese Maßnahmen sind mit anderen nur schwer zu vergleichen, da es sich hierbei um strategische, langfristige Entscheidungen der Produktionsverlagerung handelt.

Im Rahmen der Risikokompensation wird dagegen auf Finanzinstrumente zurückgegriffen, welche Verluste aus Vermögenspositionen kompensieren. Im Idealfall ist die Wertentwicklung dieser Finanzinstrumente direkt aus der Wertentwicklung der Vermögensposition abgeleitet (aus diesem Sinnzusammenhang ergibt sich, wie bereits in 1.3.1 dargestellt, die Bezeichnung *Derivat*). Anderweitig ist nach Instrumenten zu suchen, welche die Wertentwicklung möglichst ähnlich abbilden.[630] Für die Risikokompensation steht eine Vielzahl von unterschiedlichen Derivaten zur Verfügung. Diese werden in den Kapiteln 0 und 6 einer genaueren Analyse unterzogen. Entsprechende Absicherungsstrategien werden dagegen in Kapitel 7 betrachtet.

Die Risikoakzeptanz oder Risikoübernahme oder auch Risikoselbsttragung ist grundsätzlich die bewusste Übernahme des Restrisikos, welches nach Anwendung der aufgezeigten Risikosteuerungsmaßnahmen im Unternehmen verbleibt. Für Risiken mit einer geringen Schadenshöhe ist dies zumeist die effizienteste Lösung und die daraus prognostizierten Verluste sollten über Zuschläge in der Kalkulation kompensiert werden. Auch ist zu prüfen, inwieweit sehr unwahrscheinliche Risiken ebenfalls in diese Kategorie fallen.[631] Dies gilt natürlich nicht im Falle eventueller wesentlicher oder existenzbedrohender Schadenshöhen. Wie bereits dargestellt, können allerdings auch Risiken aus dem Kerngeschäft in diese Kategorie fallen, deren potentielles Schadenausmaß nicht durch entsprechende Maßnahmen reduziert werden kann, wodurch eine besonders intensive Beobachtung notwendig erscheint. Für eine bewusste Übernahme des Restrisikos ist es notwendig, den maximalen Verlustbetrag zu bestimmen, den ein Unternehmen verkraften kann, ohne dass von einer Bestandsgefährdung ausgegangen werden muss. Diese Verlustobergrenze wird als Risikotragfähigkeit bezeichnet und ergibt sich aus der im Unternehmen zur Verfügung stehenden Risiko-

---

[629] Vgl. Keitsch 2007, S. 186.
[630] Vgl. Wolke 2008, S. 85 f.
[631] Vgl. Rosenkranz / Mißler-Behr 2005, S. 46.

deckungsmaße.[632] Dieser Risikopuffer bezeichnet somit den maximalen Gesamtverlust, welchen ein Unternehmen tragen kann, ohne eine Insolvenz anmelden zu müssen [633] Das Risikopotential muss also zu jedem Zeitpunkt kleiner als die Risikodeckungsmaße sein. Diese Sichtweise lässt sich auch auf die Allokation von Risikokapital über die verschiedenen Unternehmensbereiche herunterbrechen. Dort ist dafür Sorge zu tragen, dass die realisierten Verluste die je Unternehmensbereich zugewiesenen Verlustlimitierungen nicht überschreiten.[634] Das Deckungspotential des Unternehmens entspricht dabei grundsätzlich dem Eigenkapital des Unternehmens sowie dem realisierten Gewinn (aus anderen Geschäftsbereichen, die den Verlustbringern gegenüberstehen).[635] Da stille Reserven – bspw. aus Beteiligungen und Liegenschaften – prinzipiell auch zum Ausgleich von Verlusten herangezogen werden können, wird für die Ermittlung der Risikotragfähigkeit daher die Verwendung des Substanzwertes statt des Buchwertes empfohlen. Von dieser Berechnung für Industrieunternehmen abweichend, ergibt sich bei Kreditinstituten das sogenannte regulatorische Eigenkapital aus der Summation von Kernkapital („hartes" Eigenkapital) sowie Ergänzungs- und Nachrangkapital.[636]

Da die einzelnen Risiken im Unternehmen sich teilweise gegenseitig beeinflussen und auch die Steuerungsstrategien nicht losgelöst von anderen Risiken betrachten werden können – siehe bspw. der Konflikt zwischen einer barwert- und einer Cash Floworientierten Sichtweise – ist eine optimale Kombination der Risikosteuerungsmaßnahmen schwierig. Eine Zusammenstellung des Instrumentenmix im Risikomanagement sollte daher anhand von Kosten-Nutzen-Betrachtungen sowie des gewünschten Sicherheitsniveaus der Risikostrategie erfolgen.[637] Zusammenfassend lässt sich für jedes Unternehmen ausgehend von ihrem Risikoportfolio eine Risikobewältigungsmatrix ähnlich zu der folgenden exemplarische Darstellung ableiten:

---

632 Vgl. Keitsch 2007, S. 190.
633 Vgl. Scherpereel 2005, S. 125.
634 Vgl. Schierenbeck et al. 2008, S. 15.
635 Vgl. Scherpereel 2005, S. 125.
636 Vgl. Schierenbeck et al. 2008, S. 23 f.
637 Vgl. Wolf / Runzheimer 2003, S. 96.

Tabelle 11: Risikobewältigungsmatrix[638]

	Strategische Risiken	Marktrisiken	Finanzrisiken	Rechtliche Risiken	Leistungsrisiken
vermeiden	Ausstieg aus Geschäftsfeld		Derivate vermeiden		Outsourcing
vermindern	Kernkompetenzen ausbauen	Neue Geschäftsfelder	Zinscap	Verträge optimieren	Maschinen redundant auslegen
überwälzen		Rohstoffpreise absichern	Währungsswap	Haftpflichtversicherung	BU-Versicherungen
selbst tragen	Eigenkapital erhöhen		Ratingstrate-gien entwickeln		

Damit kann eine klare und gut kommunizierbare Darstellung des zur Verfügung stehenden Maßnahmenkataloges in Abhängigkeit der Risikolandschaft des jeweiligen Unternehmens erreicht werden. Welche der genannten Maßnahmen das Unternehmen im Einzelnen präferiert, hängt nicht zuletzt von der gewählten Risikostrategie bzw. Risikopolitik ab. Für den Fall, dass das Unternehmen keine Strategie zur Steuerung der Maßnahmen erstellt hat, ist es gezwungen, sämtliche Risiken selbst zu tragen. Die Struktur des Risikos bleibt somit unverändert.

Wird die Variante „keine Strategie" bewusst gewählt, muss das Unternehmen dafür Sorge tragen, ein ausreichend hohes Risikotragfähigkeitspotential in Form von Eigenkapital vorzuhalten. Im Rahmen einer präventiven Risikopolitik werden aktive Maßnahmen zur Gestaltung und Beeinflussung der Risikostrukturen eingeleitet, um die Parameter Eintrittswahrscheinlichkeit und Schadensausmaß auf ein gewünschtes Maß zu reduzieren. Mit einer korrektiven Risikopolitik werden dagegen nur die finanziellen Auswirkungen der Risiken auf das Unternehmen reduziert und die eigentlichen Risikostrukturen bleiben unverändert. Für eine solche passive Strategie kommen primär Versicherungen und Derivate in Betracht.[639] Eine Übersicht zu den drei soeben dargestellten Strategien findet sich auch in Anhang 9.

638 Vgl. Gleißner 2008, S. 161.
639 Vgl. Denk et al. 2006, S. 24 f.

3.6.8 Risikoberichterstattung

Risikomanagement ist kein Prozess, der losgelöst von allen anderen Unternehmensbereichen durchgeführt werden kann, sondern es ist sicherzustellen, dass alle relevanten Bereiche und Personen in diesen Prozess involviert werden. Dafür ist es von erheblicher Bedeutung, dass die Chancen- und Risikosituation im Unternehmen systematisch dargestellt und kommuniziert wird. Dies beinhaltet die identifizierten Risiken, ihr Ausmaß, die Instrumente zur Identifikation und die Maßnahmen zur Steuerung. Die Darstellungsform hängt dabei von den jeweiligen Adressaten und ihren Erfordernissen ab. Hierbei kann prinzipiell zwischen einem internen und einem externen Berichtswesen unterschieden werden.[640]

Für die Entscheidungsträger im Unternehmen ist es hilfreich, eine Gegenüberstellung von bereits eingetretenen Schäden mit potentiellen Risiken zu erhalten. Die dafür notwendigen Daten beinhalten die Art und Ursache sowie das Ausmaß der jeweiligen Risiken und Schäden, aber auch die implementierten Risikosteuerungsmaßnahmen bzw. die eingeleiteten Maßnahmen, welche eine Wiederholung der Schäden vermeiden oder zumindest das Schadensausmaß reduzieren sollen.[641] Daher ist es offensichtlich, dass die Grenzen zur Phase der Risikobewertung fließend sind. Schließlich werden die geforderten Daten im Rahmen der Risikoaggregation erhoben. Darstellungsformen wie Risikoinventar, Risikomatrix oder Risikoportfolio sind aufgrund ihrer klaren Strukturierung auch für die Risikokommunikation mittels des internen Berichtswesens geeignet.

Aufgrund unterschiedlicher Informationsbedürfnisse der betroffenen Personen ist eine zielgruppenorientierte interne Berichterstattung zu bevorzugen. So muss der Vorstand vor allem über die wesentlichen Risiken und deren Auswirkungen informiert sein. Auch muss er die globale Risikostrategie kommunizieren und das Unternehmen für eine entsprechende Risikokultur sensibilisieren. Dafür muss der Vorstand selbst von der Funktionsfähigkeit des Risikomanagementsystems und der Zuverlässigkeit der

640 Vgl. Falter / Michel 2000, S. 496.
641 Vgl. Lück 1998, S. 1928.

Steuerungsmaßnahmen überzeugt sein. Dagegen sind die einzelnen Unternehmenseinheiten über die in ihren Verantwortungsbereich fallenden Risiken zu informiert und mit einem indikatorbasierten Frühwarnsystem auszustatten, mit welchen sie negative Entwicklungen rechtzeitig erkennen und somit auch dezentral steuern können. Auch benötigen sie klare Anweisungen, welche Risiken sie in welchen Fällen an die nächste höhere Unternehmensebene kommunizieren müssen. Die Einzelpersonen müssen schließlich ihre Verantwortung und ihre Rechenschaftspflichten zu den einzelnen Risiken kennen sowie dafür sensibilisiert sein, ständig zur Verbesserung des Risikomanagementsystems beizutragen.[642] Eine solch umfassende Dokumentation der Risikosituation sowie der Identifikations-, Bewertungs- und Steuerungsmaßnahmen über alle Unternehmensbereiche hinweg erfolgt häufig mit einem sogenannten Risikohandbuch.[643] Neben den Identifikationsverfahren für Risiken sind darin auch sämtliche Informationen zur Überwachung der Risiken zu beschreiben, wie der Überwachungs- und Meldeturnus, aber auch die Art der auswertenden Informationen oder Regelungen zur Auslösung von ad-hoc-Meldungen.[644] Auch sind die einzelnen Risiken durch detaillierte Risikoberichte eindeutig zu beschreiben. Dies beinhaltet ebenfalls eine Zuordnung von Verantwortlichkeiten. Die einzelnen Zuordnungen ergeben dann kumuliert Stellenbeschreibungen für das Risikomanagement. Hier erfolgt eine klare Beschreibung der Aufgaben des Risikomanagers oder der Risikocontrollers, aber auch der jeweiligen Stellen der Risikoverantwortlichen, der unabhängigen Prüfinstanzen sowie abschließend auch des Aufsichtsrates.[645] Bei der Gestaltung der internen Risikoberichterstattung sind die Unternehmen noch relativ frei im Hinblick auf die Anpassung an die jeweiligen Erfordernisse. Hinsichtlich der Ausgestaltung der externen Berichterstattung geben dagegen das KonTraG,[646] der Deutsche Rechnungslegungsstandard Nr. 5,[647] sowie für prüfpflichtige Unternehmen der Prüfstandard 340 des Instituts der Wirtschaftsprüfer[648] Vorgaben bzw. Anhaltspunkte.[649]

[642] Vgl. Federation of European Risk Management Associations 2003, S. 11.
[643] Vgl. Keitsch 2007, S. 193 f.
[644] Kurzfristig notwendige Durchbrechung der regulären Meldezyklen aufgrund der Identifikation schwerwiegender Risiken oder der Realisation wesentlicher Schäden.
[645] Vgl. Gleißner 2008, S. 215 ff.
[646] Siehe Kapitel 3.4.1.
[647] Siehe Kapitel 3.4.7.
[648] Siehe Kapitel 3.4.2.

Demnach hat das Unternehmen über mögliche zukünftige, negative Entwicklungen Auskunft zu geben, wobei insbesondere bestandsgefährdende Risiken und Risikokonzentrationen aufzuzeigen sind. Auch ist über die Risikomanagementziele und -methoden, einzelne Risiken und sowie über durchgeführte Sicherungsgeschäfte zu berichten.[650] Neben diesen Anhaltspunkten aus gesetzlichen Regelungen und Verordnungen ergeben sich die Erfordernisse primär aus den Informationsbedürfnissen der Stakeholder – vor allem von Eigen- und Fremdkapitalgebern. Bei diesen steht die Frage im Mittelpunkt des Interesses, ob der Vorstand in der Lage ist, seinen Steuerungs- und (Risiko-)Überwachungsaufgaben nachzukommen sowie ob risikoorientierte Kontrollmechanismen existieren und funktionsfähig sind. Aus diesem Grund ist über Verfahren zur Risikoidentifikation und -überwachung sowie über das Interne Überwachungs- und Revisionssystem zu berichten.[651]

3.6.9 Soll-Ist-Vergleich mit den Vorgaben der Risikostrategie

In einem letzten Prozessschritt ist die Wirksamkeit des Risikomanagementsystems zu überprüfen sowie abzugleichen, ob die Zielvorgaben der Risikostrategie eingehalten wurden. Bspw. ist zu analysieren, ob Limit- und Terminvorgaben oder auch Meldepflichten eingehalten wurden.[652] Generell sind die Prozessschritte auf die Vorgabe eines ausgewogenen Chancen- und Risikomanagements hin zu untersuchen. Dabei ist zu prüfen, ob sämtliche Risiken identifiziert wurden oder Verluste aus unentdeckten Risiken entstanden sind. Auch sind die Richtigkeit der Risiko- und Ursachenanalyse sowie der Risikobewertung und die Angemessenheit der Risikosteuerung zu untersuchen. Bei der Feststellung von Abweichungen ist die gesamte Risikostrategie auf den Prüfstand zu stellen und im Falle eines Anpassungsbedarfs sind die Schritte des Risikomanagementprozesses auf Basis der aktualisierten Strategie zu optimieren.[653] Insbesondere für diese Phase ist eine umfassende Unterstützung des Controllingsystems und der Internen Revision notwendig.[654]

---

649 Vgl. Falter / Michel 2000, S. 498.
650 Vgl. Wolke 2008, S. 258.
651 Vgl. Federation of European Risk Management Associations 2003, S. 12.
652 Vgl. Bitz 2000, S. 61.
653 Vgl. Lück 1998, S. 1928.
654 Vgl. Martin / Bär 2002, S. 106.

4 Risikomaße als Möglichkeit zur Quantifizierung finanzwirtschaftlicher Risiken

Für die Bewertung der im Rahmen der Risikoidentifikation ermittelten Risiken wurden verschiedene Risikomaße entwickelt, um die Auswirkungen auf das Unternehmen zu quantifizieren. So lässt sich anhand des reinen Volumens einer Fremdwährungs- oder einer Rohstoffposition nicht ermitteln, wie hoch das Risiko aus dieser Position für das Unternehmen ist. Bei einem Kupferpreis von bspw. 10.000 US$ je Tonne beläuft sich das Verlustpotential eines als Verkäufer agierenden Unternehmens nicht über die volle Summe, denn ein Absinken des Kupferpreises auf 0 US$ je Tonne kann quasi ausgeschlossen werden. Für eine eventuelle Absicherung dieses Risikos werden demnach belastbare Aussagen über dessen Höhe benötigt, wie bspw. der zu erwartende Verlust, der innerhalb eines Betrachtungszeitraums möglich erscheint. Mit Hilfe von Wahrscheinlichkeitsverteilungen werden die identifizierten Risiken auf quantitative Kennzahlen verdichtet. Anhand dieser ist eine Entscheidung möglich, ob sich das Risikoexposure im Rahmen der Risikotragfähigkeit des Unternehmens befindet oder eventuelle Risikolimits überschritten werden und somit Handlungsbedarf in Form der in Kapitel 3.6.7 dargestellten Risikobewältigungsstrategien besteht. Risikomaße wandeln demnach Wahrscheinlichkeitsverteilungen in eine einfach interpretierbare Zahl um und sind somit statistische Maße für den Umfang mit dem Risiko. Anwendbar sind sie für Einzelrisiken oder aggregierte Portfolio- bzw. Gesamtrisiken des Unternehmens.[655] Neben diesen quantitativen Kennzahlen gibt es auch qualitative Ansätze. Diese werden herangezogen, wenn keine objektiven Wahrscheinlichkeiten vorliegen und die Quantifizierung des Schadenspotentials nicht möglich erscheint. In diesem Fall muss auf subjektive Wahrscheinlichkeiten zurückgegriffen werden, welche auf Basis der Erfahrungen der bewertenden Personen geschätzt werden und damit sehr stark von den persönlichen Risikoneigungen abhängig sind.[656] Eine Anwendung liegt in der Bildung von Risikoklassen. So können Risiken in eine Ordnung gebracht werden, bspw. nach der subjektiven Möglichkeit des Eintretens von sehr unwahrscheinlich, über möglich bis hin zu sehr wahrscheinlich, oder nach der Höhe des

[655] Vgl. Gleißner 2008, S. 11.
[656] Vgl. Fiege 2006, S. 175 f.

Schadensausmaßes von einer geringen Gefährdung bis hin zu einer Bestandsgefährdung.[657] Auch eine Kombination aus beiden Ordnungen mit der Bildung von Risikoklassen mit geringen, mittleren oder bestandsgefährdenden Risiken ist möglich.[658] Eine Weiterentwicklung dieser Klassifizierung bildet das sogenannte Risikoportfolio oder die Risikomatrix, bei der die identifizierten Risiken in eine Matrix aus subjektiver Eintrittswahrscheinlichkeit und geschätzter Schadenshöhe eingeordnet werden.[659]

Hinsichtlich quantitativer Ansätze lassen sich sowohl verteilungsbasierte Risikomaße zur direkten Messung des Risikos als auch risikoadjustierte Performancemaße zur Messung des Erfolges im Verhältnis zum eingegangen Risiko unterscheiden.[660] Nimmt man den in Kapitel 3.2 dargestellten materiellen Risikobegriff zur Grundlage, so kann mit Hilfe verteilungsbasierter Risikomaße das Risiko als Verlustpotential im Sinne der Unterschreitung einer finanzwirtschaftlichen Zielgröße durch die Dichtefunktion einer Zufallsvariablen beschrieben werden.[661]

4.1 Volatilitätsmaße und Volatilität

Zu den Instrumenten der quantitativen Risikobewertung zählen die in Kapitel 3.2 eingeführten klassischen Risikomaße Varianz bzw. Standardabweichung, welche die Abweichungen einer Zufallsvariable von einem Erwartungswert messen. Wie beschrieben, werden sowohl positive als auch negative Abweichungen berücksichtigt, weshalb beide Kennzahlen auch als zweiseitige Risikomaße bezeichnet werden.[662] Als zweiseitige Risikomaße liegt ihnen die Problematik inne, dass sie nur bei symmetrischen Verteilungen das Risiko angemessen quantifizieren. Da sie sowohl die positive als auch die negative Abweichung in die Messung einbeziehen, trifft dies nicht die Definition einer einseitigen, negativen Abweichung von einer Zielgröße.[663] Diese

---

657 Vgl. Fiege 2006, S. 177.
658 Vgl. Fiege 2006, S. 178.
659 Vgl. Fiege 2006, S. 179, Rosenkranz / Mißler-Behr 2005, S. 269 ff sowie Gleißner 2008, S. 117 ff. Weitere Ausführung zur Risikoklassifikation siehe Kapitel 3.6.6.
660 Vgl. Albrecht / Maurer 2008, S. 120 ff sowie Stephan 2006, S. 215 ff.
661 Vgl. Oehler / Unser 2002, S. 21 f.
662 Siehe Kapitel 3.2.
663 Vgl. Albrecht / Maurer 2008, S. 122 f.

Probleme beheben sogenannte Down-Side-Risikomaße, welche einseitige, negative Abweichungen messen.[664] Sie werden anschließend an dieses Kapitel behandelt.

Trotz der genannten Schwächen sind die Varianz und die Standardabweichung in der finanzwirtschaftlichen Anwendung weit verbreitet und fließen unter Zuhilfenahme der Normalverteilungsannahme in wichtige Konzepte wie die Portfoliotheorie oder die Optionspreistheorie ein. Dies liegt nicht zuletzt an ihrer guten Verständlichkeit als Streumaße, als auch der relativ einfachen technischen Umsetzbarkeit.[665] So werden häufig Sigma-Äquivalente für normalverteilte Zufallsvariablen genutzt, mit Hilfe derer bestimmt wird, wie hoch der Prozentsatz der Zufallsvariablen ist, der sich innerhalb eines Intervalls von $\pm n$ Standardabweichungen um den jeweiligen Erwartungswert befindet. Für ein Intervall von einer Standardabweichung sind dies 68,27% – bei drei Standardabweichungen allerdings schon 99,73%, womit nur noch 0,27% der Wahrscheinlichkeitsmasse außerhalb des Intervalls liegt.[666] In der betriebswirtschaftlichen Literatur wird die Standardabweichung häufig auch als Volatilität bezeichnet.[667] Die Volatilität wird zumeist auf Jahresbasis angegeben und entspricht dann der Standardabweichung der Wertänderung einer Risikoposition über ein Jahr.[668] Somit misst die Volatilität die Schwankungsbreite der stetigen Renditen einer Risikoposition um ihren Erwartungswert über diesen Zeitraum[669] Sie gibt also die Unsicherheit im Hinblick auf die erwartete Wertänderung einer Position wieder. Wird nun die Volatilität mit σ bezeichnet, lässt sich die Standardabweichung s für einen beliebigen Zeitraum Δt berechnen aus:[670]

$$s = \sigma \times \sqrt{\Delta t} \qquad \textbf{4.1}$$

wobei Δt auf ein Jahr bezogen ist.[671] Bei einem Zeitraum von zwei Jahren beträgt $\Delta t = 2$ und bei einem Monat $\Delta t = 1/12$. Problematisch erscheint hier nur die Umrechnung

664 Vgl. Böhm-Dries / Rempel-Oberem 2007, S. 908.
665 Vgl. Albrecht / Maurer 2008, S. 122.
666 Vgl. Albrecht / Maurer 2008, S. 121.
667 Vgl. Albrecht / Maurer 2008, S. 106.
668 Vgl. Hull 2009, S. 353.
669 Vgl. Perridon et al. 2009, S. 280.
670 Damit werden die annualisierte Volatilität σ und die auf einen beliebigen Zeitraums ausgerichtete Standardabweichung s als relative Werte angegeben (zumeist in Prozent).
671 Vgl. Hull 2009, S. 353.

auf Tagesbasis, da sich die Frage stellt, ob eine Messung in Bezug auf Handels- oder auf Kalendertage durchgeführt wird. Bei Aktienkursen und Laufzeiten von Optionen werden zumeist 252 Handelstage pro Jahr – auf Tagesbasis also $\Delta t= 1/252$ – angenommen und nur diese in die Berechnung einbezogen.[672]

Da sich die Volatilität auf einen Zeitraum und damit auf eine Stichprobe bezieht, kann die in Kapitel 3.2 genutzte Berechnung für die Standardabweichung (Formel 3.2) nicht herangezogen werden. Zur Abschätzung der sogenannten historischen Volatilität aus einer Zeitreihe wird üblicherweise auf folgenden Standardschätzer zurückgegriffen:[673]

$$s = \sqrt{\frac{1}{n-1}\sum_{i=1}^{n} u_i^2 - \frac{1}{n(n-1)}\left(\sum_{i=1}^{n} u_i\right)^2} \qquad \textbf{4.2}$$

wobei auch diese Darstellung des Schätzers für die Stichprobenstandardabweichung gebräuchlich ist:[674]

$$s = \sqrt{\frac{1}{n-1}\sum_{i=1}^{n}(u_i - \bar{u})^2} \qquad \textbf{4.3}$$

und sich u_i ermitteln lässt durch:

$$u_i = \ln\left(\frac{S_i}{S_{i-1}}\right) \qquad \textbf{4.4}$$

S_i entspricht dem Wert einer Risikoposition am Ende des *i-ten* Intervalls und u_i der stetigen Rendite im Intervall von *i-1* bis *i*. Der Mittelwert aus u_i wird mit $\bar{u}$ bezeichnet (analog zur Ermittlung von μ gemäß Formel 3.1). Die Anzahl der Beobachtungen beträgt $n+1$ und folglich die Anzahl der ermittelten Renditen n. Aus dem Schätzer der Standardabweichung s und der Länge des verwendeten Zeitintervalls τ (von *i* bis *i-1*) lässt sich die jährliche Volatilität schätzen:

[672] Vgl. Hull 2009, S. 356 f.
[673] Vgl. Hull 2009, S. 354.
[674] Vgl. Grundmann / Luderer 2009, S. 19 sowie Albrecht / Maurer 2008, S. 697 f.

$$\hat{\sigma} = \frac{s}{\sqrt{\tau}} \tag{4.5}$$

Der Standardfehler der Schätzung liegt näherungsweise bei $\hat{\sigma}/\sqrt{2n}$. Bei der Frage, welches Zeitintervall für die Schätzung herangezogen werden soll, gibt es oft die Empfehlung, die Volatilität über den Zeitraum zu schätzen, für welchen sie in weiteren Berechnungen dann auch verwendet wird – also bei Ermittlung einer Risikokennzahl für einen Zeitraum von drei Monaten sollte auch die Volatilität für einen Dreimonatszeitraum geschätzt werden. So werden für den DAX sowie die darin enthaltenen Titel die annualisierten 30-Tages- und 250-Tages-Volatilittäten seitens der Deutschen Börse AG in der genannten Form ermittelt und regelmäßig im Handelsblatt veröffentlicht.[675] Allerdings ergibt sich das Problem, dass bei der Wahl eines längeren Zeitraums die Genauigkeit der Schätzung zwar zunimmt, die Volatilität im Verlauf der Zeit aber Schwankungen unterworfen ist. In der obigen Schätzmethodik gehen aktuelle Renditen gleichgewichtet zu relativ weit in der Vergangenheit liegenden Renditen in die Berechnung ein, wobei letztere für die Entwicklung in der näheren Zukunft unbedeutend sein können.[676] Vielmehr haben aktuelle Ereignisse einen viel stärkeren Einfluss, was sich bspw. darin zeigt, dass bei bedeutenden geopolitischen Vorkommnissen die Volatilitäten regelmäßig in die Höhe schnellen.[677] Auch wird für die Modellierung theoretisch die für den Betrachtungszeitraum erwartete Volatilität benötigt und nicht die historische. So weichen die mit Hilfe historischer Volatilitäten berechneten Optionspreise teilweise signifikant von den am Markt beobachteten Preisen ab, was darauf schließen lässt, dass historische und erwartete Volatilität bei sonst gleichen Variablen voneinander abweichen.[678] Da die Volatilität ein wichtiges Element bei der Preisbildung von Optionen darstellt, kann unter der Annahme, dass die beobachteten Marktpreise der Optionen korrekt gemäß der Black-Scholes-Formel ermittelt wurden, durch Einsetzen der Preise in die Formel die sogenannte implizite Volatilität der zugrundeliegenden Position geschätzt werden. Allerdings kann die Volatilität nicht direkt aus der Formel bestimmt sondern muss mit numerischen Verfahren ermittelt

[675] Vgl. Poddig et al. 2008, S. 125.
[676] Vgl. Hull 2009, S. 354.
[677] Vgl. Braunberger 2011.
[678] Vgl. Oehler / Unser 2002, S. 94 f.

werden. Für Optionen auf liquide Indizes ist die Berechnung unproblematisch. So wird mit Hilfe von Optionen auf den Deutschen Aktienindex bereits seit 1997 seitens der Deutschen Börse AG der DAX®-Volatilitätsindex (VDAX®) mit Hilfe der Black-Scholes-Formel berechnet und minütlich aktualisiert. Der VDAX® gibt die vom Markt erwartete Intensität zukünftiger Preisschwankungen des DAX-Index für die nächsten 45 Tage an.[679] Die Entwicklung des VDAX® über den Zeitraum der letzten zehn Jahre ist in Abbildung 18 dargestellt. Deutlich erkennbar ist der starke Anstieg der Volatilität und damit auch der Nervosität an den Märkten in Folge des Anschlags auf das World Trade Center im September 2001 und dem zeitlich verzögertem Kursabschwung im Zuge des Platzens der New-Economy-Blase in den Jahren 2002 und 2003.

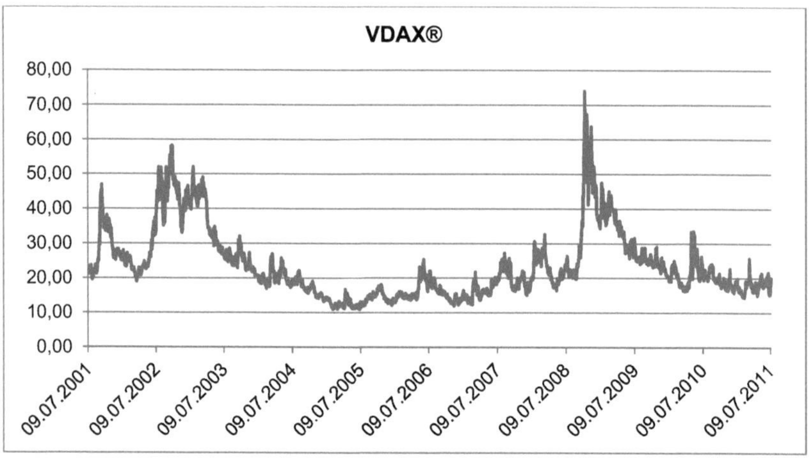

Abbildung 18: Entwicklung des Volatilitätsindex VDAX®[680]

Auch die Folgen der Insolvenz von Lehman Brothers und des Platzens der US-Immobilienblase im Jahr 2008 zeichnen sich deutlich in der enorm gestiegenen Schwankungsintensität am deutschen Aktienmarkt ab. Anzumerken ist aber, dass die implizite Volatilität meist nur bei aktiven Händlern intensiv Verwendung findet, da sie

[679] Vgl. Deutsche Börse 2011b.
[680] Eigene Darstellung auf Basis der Daten von Onvista 2011.

nur für sehr liquide Optionen bestimmt werden kann.[681] Im Risikomanagement wird trotz der genannten Schwächen daher eher auf die historische Volatilität zurückgegriffen.[682] Neben dem VDAX® wird von der Deutschen Börse auch der in Zusammenarbeit mit Goldman Sachs entwickelte DAX-Volatilitätsindex VDAX-NEW® ermittelt. Dieser Index gibt für den DAX die erwartete Volatilität der kommenden 30 Tage wieder. Im Gegensatz zum VDAX®, in dessen Berechnung nur die Optionen am Geld einfließen, werden beim VDAX-NEW® sowohl DAX-Optionskontrakte die am Geld als auch die aus dem Geld notieren in die Berechnung einbezogen. Momentan werden noch beide Indizes berechnet und veröffentlicht – mittelfristig soll der VDAX-NEW® aber den VDAX® ersetzen.[683] Ähnliche Volatilitätsindizes gibt es für den S&P 500 in Form des VIX-Index, welcher die implizite Volatilität auf Basis von 30-Tages-Optionen auf den S&P 500 ermittelt, sowie für den NASDAQ 100 (VXN-Index) und den Dow Jones Industrial Average (VXD-Index).[684]

Wie auch in Abbildung 18 ersichtlich, ist es nicht unüblich, dass sich für Risikopositionen Phasen hoher und niedriger Schwankungsintensität ermitteln lassen – dass sich also über einen längeren Zeitraum entweder eine hohe oder eine geringe Volatilität beobachten lässt. Diese zeitlichen Muster werden als Volatilitätscluster bezeichnet.[685] Dies zeigt, dass Kursschwankungen nicht unabhängig voneinander zu betrachten sind, sondern die Volatilität von der Schwankungsintensität der Vergangenheit abhängig ist, was als Autoregression bezeichnet wird. Auch die bei der Berechnung der historischen Volatilität angenommene konstante Standardabweichung über einen Zeitraum ist bei hohen Kursausschlägen nicht gerechtfertigt. Weiterhin sind sowohl sehr hohe Kursausschläge als auch kleine Kursänderungen demnach weitaus häufiger, als es mit einer Normalverteilungsannahme darstellbar wäre. Eine solche leptokurtische Verteilung, mit einer stärkeren Wölbung als bei der Normalverteilung sowie einer Verteilung der Renditen an den Rändern oberhalb der einer Normalvertei-

681 Vgl. Poddig et al. 2008, S. 129.
682 Vgl. Hull 2011, S. 213.
683 Vgl. Deutsche Börse 2011c.
684 Vgl. Hull 2011, S. 213.
685 Vgl. Poddig et al. 2008, S. 129.

lung – den sogenannten „fat tails" – wird bei weiterentwickelten Modellen als Grundlage angenommen, um den zeitlichen Schwankungen der Volatilität – der Heteroskedastizität – Rechnung zu tragen.[686]

Aus der bereits erwähnten Forderung, dass jüngere Kursänderungen für die Schätzung der zukünftigen Volatilität eine höhere Relevanz haben sollten, was bei der Ermittlung der historischen Volatilität mit gleicher Relevanz der Daten nicht der Fall ist, erscheint es sinnvoll, in einem alternativen Modell die jüngeren Daten im Verhältnis zu älteren mit einem höheren Gewicht zu versehen. Bei Verwendung von Gewichten α_i, welche umso kleiner werden, je weiter die Daten in der Vergangenheit liegen und sich in Summe zu 1 ergeben, lässt sich ein zeitgewichtetes Modell in der folgenden Form ableiten:[687]

$$\sigma_n^2 = \sum_{i=1}^{m} \alpha_i u_{n-i}^2 \qquad \textbf{4.6}$$

Wobei σ_n^2 den Varianzschätzer für den Tag n darstellt und m der Anzahl der Beobachtungstage von u_i entspricht, welche für die Berechnung herangezogen werden.[688] Wird dieser Ansatz um die Annahme ergänzt, dass eine über einen langen Zeitraum existierende durchschnittliche Volatilität V_l existiert, welche mit dem Gewicht γ in die Berechnung einfließt, dann lässt sich vorgenannte Formel zu:

$$\sigma_n^2 = \gamma V_l + \sum_{i=1}^{m} \alpha_i u_{n-i}^2 \qquad \textbf{4.7}$$

erweitern. Darin ergibt sich die Summe der Gewichte aus γ und α zu 1. Dies entspricht dem sogenannten ARCH(m)-Modell von *Engel.*[689]

---

686 Vgl. Oehler / Unser 2002, S. 97 sowie Poddig et al. 2008, S. 130.

687 Vgl. Hull 2011, S. 222.

688 Dies entspricht der in Kapitel 3.2 dargestellten Berechnungsmethodik anstelle der Nutzung des Volatilitätsschätzers aus diesem Kapitel. Die Anpassung ist notwendig, um die zeitabhängige Gewichtung darstellen zu können. Auch unterliegt sie die Annahme, dass die erwartete Änderung für einen kurzen Zeitraum von der Standardabweichung dominiert wird und der Erwartungswert aufgrund des marginalen Gewichtes für diesen Zeitraum Null gesetzt werden kann. Vgl. Hull 2011, S. 221.

689 Vgl. Albrecht / Maurer 2008, S. 698. Dabei steht ARCH für Autoregressive Conditional Heteroskedasticity.

Eine andere Modifizierung des erstgenannten, zeitgewichteten Modells (Formel 4.6) ist das sogenannte EWMA-Modell,[690] auch bekannt unter dem Namen Modell des exponentiell gewichteten gleitenden Durchschnitts. Das Gewicht, mit dem die Daten in die Berechnung einfließen, sinkt exponentiell mit zunehmendem Alter der jeweiligen Beobachtung, indem bei jedem Zeitschritt das Gewicht mit dem Faktor λ reduziert wird.[691] Dabei ergibt sich das Gewicht der *i-ten* Beobachtung aus $\alpha_i = \lambda\alpha_{i-1}$, wobei i umso größer ist, je weiter die Daten in der Vergangenheit liegen. Der Faktor λ nimmt einen Wert zwischen 0 und 1 an. Die Varianzschätzung für den Zeitpunkt n ergibt sich aus m gewichteten Beobachtungen sowie der gewichteten Varianzschätzung im Zeitpunkt $n\text{-}m$:[692]

$$\sigma_n^2 = (1-\lambda)\sum_{i=1}^{m}\lambda^{i-1}u_{n-i}^2 + \lambda^m\sigma_{n-m}^2 \qquad \textbf{4.8}$$

Über die Einbeziehung der Vortagesschätzung wird die Autoregressionsbedingung erfüllt – über den Faktor λ die der Heteroskedastizität. Somit erfolgt eine Fortschreibung der Varianz über den jeweiligen Betrachtungszeitraum. Dies hat den Vorteil, dass über diese Fortschreibung der Varianzschätzer des heutigen Tages aus dem des letzten Tages und der an diesem Tag beobachteten quadrierten Rendite ermittelt werden kann:[693]

$$\sigma_n^2 = \lambda\sigma_{n-1}^2 + (1-\lambda)u_{n-1}^2 \qquad \textbf{4.9}$$

Nachdem erstmalig ein Schätzer ermittelt wurde, reduziert sich der Aufwand zur Berechnung und die zu verwaltenden Datenmenge durch die Fortschreibung somit auf ein Minimum. Über die Festlegung des Wertes für λ lässt sich steuern, wie stark der Schätzer auf aktuelle Änderungen reagieren soll. Ein niedriges λ führt dazu, dass hohe Ausschläge bei den jüngsten Wertänderungen mit hohem Gewicht in die Schätzung eingehen und der Schätzer selbst sehr volatil reagiert. Bei einem hohen λ reagiert der Schätzer dagegen nur sehr langsam auf größere Änderungen. Laut einer Analyse von

690 Exponentially Weighted Moving Average-Modell.
691 Vgl. Albrecht / Maurer 2008, S. 699.
692 Vgl. Hull 2011, S. 223.
693 Vgl. Albrecht / Maurer 2008, S. 699.

J.P.Morgan aus dem Jahr 1994 liefert ein λ von 0,94 in der Praxis für viele verschieden Positionen ein weitgehend realitätsgetreues Ergebnis für den Volatilitätsschätzer.[694]

Eine Kombination des ARCH- und des EWMA-Modells führt zu einem weiteren Modell – dem sogenannten GARCH-Modell.[695] Hierbei wird das EWMA-Modell um die Annahme einer langfristigen durchschnittlichen Varianz aus dem ARCH-Modell ergänzt. Bei einer Erweiterung von Formel 4.9 um den Term γV_l[696] aus Formel 4.7, sowie einem Austausch der Faktoren *(1- λ)* durch α und λ durch β ergibt sich folgende Formel:

$$\sigma_n^2 = \gamma V_l + \alpha\sigma_{n-1}^2 + \beta u_{n-1}^2 \qquad \mathbf{4.10}$$

Die Summe der Gewicht α, β und γ ergibt sich dabei zu 1. Da nur die letzten Beobachtungen von σ_n^2 und u^2 zur Ermittlung des Schätzers herangezogen werden, wird dieses Modell auch als GARCH(1,1) bezeichnet. Eine allgemeine Variante stellt dagegen das GARCH(p,q)-Modell dar, welches die letzten p Werte von u^2 und die letzten q Schätzer von σ_n^2 einbezieht. Wird $\gamma=0$ gesetzt, so zeigt sich, dass das EWMA-Modell einen Spezialfall des GARCH(1,1)-Modells bildet.[697] Für die Schätzung der Parameter für das EWMA- und das GARCH(p,q)-Modell stehen verschiedene Methoden zur Verfügung. Am weitesten verbreitet ist die Maximum-Likelihood-Methode.[698] Mit Hilfe dieser Methode werden die Parameter α, β und γ unter Verwendung historischer Daten so bestimmt, dass der Wert der Likelihood-Funktion maximiert wird.[699] Der Maximum-Likelihood-Schätzer – also der Schätzer, welcher die größte Wahrscheinlichkeit der Realisation besitzt[700] – ist derjenige, welcher die Likelihood-Funktion in der Form:

694 Vgl. Hull 2011, S. 224.
695 Generalized Autoregressive Conditional Heteroskedasticity.
696 γV_l wird in der Formelschreibweise auch durch ω ersetzt.
697 Vgl. Hull 2011, S. 225.
698 Vgl. Neusser 2009, S. 139.
699 Vgl. Neusser 2009, S. 141.
700 Vgl. Poddig et al. 2008, S. 196.

$$\sum_{i=1}^{m}\left(-ln(\sigma_i^2)-\frac{u_i^2}{\sigma_i^2}\right) \quad \textbf{4.11}$$

maximiert und wird mit Hilfe numerischer Methoden ermittelt. Der Ausdruck 4.11 ergibt sich aus der Logarithmierung des Ausdrucks:

$$\prod_{i=1}^{m}\left[\frac{1}{\sqrt{2\pi\sigma_i^2}}exp\left(\frac{-u_i^2}{2\sigma_i^2}\right)\right] \quad \textbf{4.12}$$

Die Parameter α, β und γ aus Formel 4.10 werden also durch iterative Suchverfahren in der Form ermittelt, dass der Volatilitätsschätzer σ_i^2 den Ausdruck 4.11 maximiert.[701] Die Nachteile der Maximum-Lilelihood-Methode liegen darin, dass je nach verwendetem Algorithmus sowie der Auswahl der Startwerte die Ergebnisse sehr unterschiedlich ausfallen können und dass die Ermittlung teilweise sehr aufwendig ist. Als Alternative bietet sich die Momentenschätzmethode an, welche eine analytische Schätzformel liefert und leicht zu implementieren ist.[702] Auch der Einsatz der Methode der kleinsten Quadrate wird in der Literatur vorgeschlagen,[703] wobei diese für GARCH-Modelle als nicht effizient angesehen wird, da sie den nicht-linearen Charakter dieser Modelle nicht berücksichtigt.[704]

Zwar hat die Ermittlung der Parameter für die Berechnung der Risikomaße eine hohe Bedeutung. Die zu verwendende Methodik orientiert sich allerdings stark an Faktoren wie der notwendigen Genauigkeit, der Verfügbarkeit der Daten sowie Implementierbarkeit in ein bestehendes Datenverarbeitungssystem. Daher soll an dieser Stelle auch kein vollständiger Überblick über die verfügbaren Methoden gegeben werden, sondern die Ausführungen beschränken sich auf die Ansätze, die für die Ermittlung der folgenden Risikomaße als notwendig erscheinen.[705]

---

701 Vgl. Hull 2011, S. 228.
702 Vgl. Neusser 2009, S. 142.
703 Vgl. Poddig et al. 2008, S. 195.
704 Vgl. Neusser 2009, S. 141.
705 Für eine recht ausführliche Darstellung der Parameterschätzungen vgl. Deutsch 2008, S. 570 ff.

4.2 Value-at-Risk

Der Value-at-Risk (VaR) gibt in einer Kennzahl zusammengefasst den höchsten Verlust einer Einzelposition oder eines Portfolios wieder, der mit einem bestimmten Konfidenzniveau innerhalb eines festgelegten Zeitraums nicht überschritten wird.[706] Als einseitiges Risikomaß gibt er nicht den Maximalverlust wieder, da dieser aufgrund seiner sehr geringen Wahrscheinlichkeit nur äußerst selten auftreten wird. Stattdessen wird der mögliche Verlust mit einer Aussage zur Wahrscheinlichkeit – also zur entsprechenden Sicherheit – verknüpft, mit welcher der Verlust den angegeben Wert nicht übertreffen wird. Diese Wahrscheinlichkeit wird als Konfidenzniveau bezeichnet und als α deklariert. Es verbleibt also eine Restwahrscheinlichkeit in Höhe von $1-\alpha$, dass der angegebene Verlust dennoch überschritten wird. Je höher demnach das Konfidenzniveau ist, desto höher ist die Sicherheit, dass ein möglicher Verlust innerhalb des Konfidenzintervalls liegt. Bei steigendem Konfidenzniveau verringert sich also die Anzahl an Verlustszenarien, welche den VaR noch überschreiten könnten – aber auch der VaR selbst nimmt einen höheren Wert an.[707]

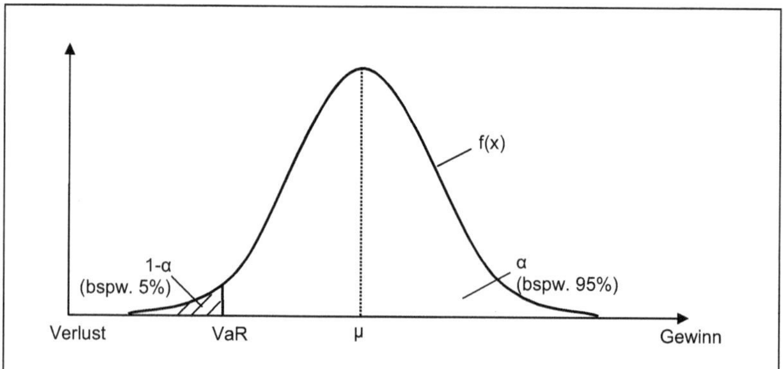

Abbildung 19: Grafische Darstellung des Value-at-Risk[708]

[706] Vgl. Jorion 2007, S. 17.
[707] Vgl. Böhm-Dries / Rempel-Oberem 2007, S. 908.
[708] Vgl. Bloss et al. 2011, S. 42, mit Erwartungswert μ, Konfidenzniveau α, Wahrscheinlichkeitsdichte $f(x)$.

Grafisch lässt sich der Value-at-Risk für ein Portfolio, dessen Wertänderungen normalverteilt sind, wie obig darstellen. Demnach wird der Wert des Portfolios mit 95-prozentiger Wahrscheinlichkeit innerhalb des Zeithorizontes N die entsprechende Wertuntergrenze nicht unterschreiten bzw. ein höherer Verlust als der VaR in Form einer negativen Abweichung vom Erwartungswert μ ist nur mit einer Restwahrscheinlichkeit von 5% möglich. Gemäß obiger Darstellung gibt der VaR das $(1\text{-}\alpha)$-Quantil der Verteilung der Wertänderungen des Portfolios wieder. Bei einem Konfidenzniveau von $\alpha=95\%$ und einem Zeithorizont von $N=10$ Tagen entspricht der VaR demnach dem 5%-Quantil der Änderungen des Portfolios in Bezug auf die nächsten zehn Tage.[709] Dabei ist das Quantil Q_p zu einem Wahrscheinlichkeitswert p die Zahl, für die gilt, dass eine Zufallszahl mit einer Wahrscheinlichkeit von genau p kleiner ist, als das Quantil Q_p.[710] In Bezug auf den VaR bedeutet dies, dass mit einer Wahrscheinlichkeit von p die realisierten Werte kleiner als das Quantil Q_p in Form des VaR sind – also der Verlust als negative Realisation als Betrag noch höher ausfällt als durch den VaR angegeben. Angewandt auf das vorgenannte Beispiel entspricht $p = 1\text{-}\alpha$ und somit 5%. Bezeichnet $F(x)$ die Verteilungsfunktion einer Zufallsvariablen X, so gibt die Verteilungsfunktion die Wahrscheinlichkeit wieder, dass die Zufallsvariable höchstens x annimmt, welcher in diesem Fall dem VaR entspricht:[711]

$$F(x) = P(X \leq x) = P(X \leq VaR) = 1 - \alpha \qquad \textbf{4.13}$$

Statistisch gesehen entspricht der VaR somit der Inversen der Verteilungsfunktion an der Stelle $1\text{-}\alpha$:[712]

$$F(VaR) = 1 - \alpha \text{ und somit } VaR = F^{-1}(1 - \alpha) \qquad \textbf{4.14}$$

In diesem Zusammenhang sei darauf hingewiesen, dass im Gegensatz zur aufgezeigten Methodik[713] in der Literatur auch die Darstellung verbreitet ist, den Value-at-Risk auf Basis der Verteilung der betragsmäßigen Höhe der Verluste darzustellen.[714] Dies ent-

---

709 Vgl. Hull 2009, S. 557.

710 Vgl. Deutsch 2008, S. 362.

711 Vgl. Böhm-Dries / Rempel-Oberem 2007, S. 909 sowie Oehler / Unser 2002, S. 26 i.V.m. Deutsch 2008, S. 362 f.

712 Vgl. Oehler / Unser 2002, S. 26.

713 Vgl. Hull 2009, S. 556 f, Jorion 2007, S. 17 ff, Deutsch 2008, S. 262 f oder Frank / Hax 2009, S. 649 f.

714 Vgl. Albrecht / Maurer 2008, S. 130 f, Oehler / Unser 2002, S. 26 oder Böhm-Dries / Rempel-Oberem 2007, S. 909.

spricht in Abbildung 19 einer Normierung der Abszissenachse auf den Betrag des Verlustes mit einer grafischen Darstellung des VaR am rechten Rand der Wahrscheinlichkeitsverteilung. Angewandt auf das obige Beispiel bedeutet dies, dass bei einem Konfidenzniveau von α=95% der VaR dem α-Quantil – also in diesem Fall dem 95%-Quantil – der Verteilung entspricht und eine Zufallsgröße X mit einer Wahrscheinlichkeit von 95% kleiner ist als der VaR. Dies heißt also:[715]

$$P(X \leq VaR) = \alpha \text{ und } F(VaR) = \alpha \text{ sowie } VaR = F^{-1}(\alpha) \quad \textbf{4.15}$$

Aufgrund der besseren Illustration der negativen Abweichung von einem Erwartungswert wird im Folgenden auf die erstgenannte Variante zurückgegriffen.

Neben der Höhe des Konfidenzniveaus α ist der VaR von einem weiteren Parameter abhängig: Dem Zeithorizont N. Dieser beträgt in der praktischen Anwendung häufig einen Tag. Für diesen kurzen Zeitraum lassen sich meist genügend Marktdaten für eine Abschätzung des VaR – also des 1-Tages-VaR – ermitteln, was für längere Zeiträume oft nicht zutrifft.[716] Daher wird der VaR für einen längeren Betrachtungszeitraum üblicherweise über folgende Annahme geschätzt:

$$N - Tages - VaR = 1 - Tages - VaR \times \sqrt{N} \qquad \textbf{4.16}$$

Allerdings bildet diese Annahme nur eine Näherung, sofern es sich nicht um unabhängige, normalverteile, aufeinanderfolgende Kursänderungen mit einem Mittelwert von Null handelt.[717]

4.3 Methoden zur Berechnung des Value-at-Risk

4.3.1 Varianz-Kovarianz-Ansatz

Für die Ermittlung das Value-at-Risk stehen grundsätzlich zwei verschiedene Ansätze zur Verfügung: Zum einen gibt es analytische Modelle und zum anderen wird auf Simulationsmodelle zurückgegriffen. Für analytische Modelle wird zunächst eine

[715] Vgl. Oehler / Unser 2002, S. 26.

[716] Vgl. Hull 2009, S. 558. Bspw. werden zur Abschätzung des VaR mit Hilfe der Methode der historischen Simulation, welche im Anschluss an die theoretischen Ausführungen zum VaR betrachtet wird, je nach Anwendung 252 oder 501 aufeinanderfolgende Kursänderungen benötigt. Diese Vorgehensweise ist auf Tagesbasis relativ problemlos umsetzbar – soll der VaR für ein Jahr direkt geschätzt werden, ist eine ausreichend lange Kurshistorie offensichtlich für die meisten Positionen nicht verfügbar.

[717] Vgl. Hull 2009, S. 558.

Verteilungsannahme benötigt.[718] Im Fall des weit verbreiteten und vergleichsweise schnell zu implementierenden Varianz-Kovarianz-Ansatzes wird angenommen, dass die betrachteten Risikofaktoren der Normalverteilung folgen.[719] Für eine einzelne Risikoposition lässt sich der VaR einfach aus der Multiplikation eines Marktwertes und der Volatilität der Risikoposition ermitteln, wobei die Volatilität auf einen vorgegebenen Wahrscheinlichkeitswert auf Basis des Konfidenzniveaus angepasst wird. Auf Portfoliobasis bedarf es einer Aggregation zu einem Portfolio-Value-at-Risk, wobei Korrelationen zwischen den einzelnen Risikopositionen zu berücksichtigen sind. Eine bloße Addition der ermittelten VaR-Werte der einzelnen Positionen ist nicht möglich, da ansonsten mögliche Diversifikationseffekte außer Acht gelassen werden und der Portfolio-VaR überschätzt würde.[720] In Bezug auf eine einzelne Risikoposition, welche einen Wert von *10.000 €* aufweist und deren jährliche Volatilität bei *15,87%* liegt, lässt sich der VaR bei einem Konfidenzniveau von *95%* leicht ermitteln. Die Standardabweichung der täglichen Wertänderung beträgt demnach *1%*[721] von *10.000 €* und somit also *100 €*.[722] Die Inverse der Normalverteilungsfunktion an der Stelle *1-α* – also in diesem Fall an der Stelle *1-0,95 = 0,05* – entspricht einem Wert in Höhe von *-1,645*. Auf die Risikoposition angewendet bedeutet dies, dass der Wert mit einer Wahrscheinlichkeit von *5%* um mehr als *1,645* Standardabweichungen sinkt. Der Value-at-Risk auf Basis eines Tages beträgt somit:

$$1 - Tages - VaR = -1{,}645 \times 100\,€ = -164{,}50\,€$$

oder ausgedrückt mit Hilfe des Marktwertes und der wahrscheinlichkeitsskalierten Volatilität:

$$1 - Tages - VaR = 10.000\,€ \times (-1{,}645\%) = -164{,}50\,€$$

---

718 Vgl. Bloss et al. 2011, S. 45.

719 Vgl. Hager 2004a, S. 32.

720 Vgl. Bloss et al. 2011, S. 45.

721 Aus $s = \sigma \times \sqrt{\Delta t}$ ergibt sich $s = 15{,}87\% \times \sqrt{1/252}$ und somit $s = 1\%$.

722 Man beachte, dass sich die Standardabweichung in manchen Fällen auf Renditen und in anderen auf absolute Abweichungen bezieht und dieser Unterschied in der Literatur zumeist nicht herausgestellt wird. Die absolute Standardabweichung s_a ergibt sich dabei aus der relativen Standardabweichung s_r einer Position multipliziert mit dem Wert V_i der Position i oder des Portfolios V_{PF}, also aus $s_{ai} = V_i \times s_{ri}$. Im Hinblick auf eine bessere Übersichtlichkeit in der Nomenklatur wird im Folgenden auf diese Unterscheidung und damit auf eine Indizierung in absolute oder relative Größen verzichtet. Die jeweiligen Größen und entsprechenden Zusammenhänge sind in den verwendeten Formeln allerdings entweder offensichtlich oder die Formeln sind sowohl für relative als auch für absolute Größen verwendbar.

Allgemein ergibt sich der Value-at-Risk für eine Position *A* demnach aus:

$$VaR_A = V_A \times s_A \times F^{-1}(1-\alpha) \qquad 4.17$$

Auf Basis des 1-Tages-VaR lässt sich mit Hilfe der oben dargestellten Annahme der N-Tages-VaR ermitteln. Für ein Intervall von zehn Handelstagen ergibt sich somit:

$$10 - Tages - VaR = -164{,}50\,€ \times \sqrt{10} = -520{,}19\,€$$

Anzumerken ist, dass als Einschränkung des analytischen Modells der Erwartungswert μ der Wertänderungen der Risikoposition Null beträgt, was für kurze Zeiträume zu vernünftigen Ergebnissen führt – bei einer Umrechnung auf höhere Zeiträume aber als kritisch angesehen werden muss.[723] Der dargestellte Fall mit einer Risikoposition lässt sich problemlos auf zwei Positionen erweitern. Die Standardabweichung s_{A+B} dieses Portfolios aus zwei Werten lässt sich aus den Standardabweichungen s_A und s_B der beiden Risikopositionen *A* und *B* sowie dem Korrelationskoeffizienten ρ der beiden Positionen ermitteln:[724]

$$s_{A+B} = \sqrt{s_A^2 + s_B^2 + 2\rho s_A s_B} \qquad 4.18$$

Mit Hilfe des gegebenen Konfidenzniveaus und der ermittelten Standardabweichung s_{A+B} lässt sich der VaR für zwei Risikopositionen nach dem gleichen Schema ermitteln, wie der für eine Position.[725] Der Korrelationskoeffizienten ergibt sich dabei aus der Division der Kovarianz *COV* zwischen den beiden Risikopositionen *A* und *B* durch ihre jeweiligen Standardabweichungen:[726]

$$\rho = \frac{COV_{AB}}{s_A s_B} \qquad 4.19$$

Die Kovarianz kann aus einer historischen Zeitreihe als empirische Kovarianz ermittelt werden. Ein verbreiteter Schätzer für die Kovarianz ergibt sich in folgender Form:[727]

$$COV_{AB} = \frac{1}{n-1}\sum_{i=1}^{n}(u_{Ai} - \overline{u_A})(u_{Bi} - \overline{u_B}) \qquad 4.20$$

Somit bietet es sich an, den Korrelationskoeffizienten direkt aus den beiden Zeitreihen der Risikopositionen zu ermitteln. Ersetzt man in Formel 4.19 durch die Kovarianz in

---

[723] Vgl. Hull 2009, S. 562.
[724] Dabei entspricht s^2 der Varianz.
[725] Vgl. Bessis 2010, S. 479.
[726] Vgl. Copeland et al. 2008, S. 169.
[727] Vgl. Podding et al. 2009, S. 129.

Formel 4.20 sowie die Standardabweichungen von A und B durch die auf A und B angepasste Formel 4.3, so ergibt sich ein Schätzer für den empirischen Korrelationskoeffizienten:[728]

$$\rho = \frac{\sum_{i=1}^{n}(u_{Ai} - \overline{u_A})(u_{Bi} - \overline{u_B})}{\sqrt{\sum_{i=1}^{n}(u_{Ai} - \overline{u_A})^2 \times \sum_{i=1}^{n}(u_{Bi} - \overline{u_B})^2}} \qquad \textbf{4.21}$$

Bei genauer Betrachtung von Formel 4.18 ist festzustellen, dass die dort enthaltenen Terme sich alle aus Formel 4.19 ableiten lassen. Bei einer Umformung letzterer nach COV_{AB} ergibt diese sich aus $\rho s_A s_B$. Ermittelt man die Varianz von A mit sich selbst, so ist der Korrelationskoeffizient $\rho = 1$, die Varianz von A demnach s_A^2. Gleiches gilt für B. Weiterhin ist in Formel 4.18 zwei Mal die Kovarianz von A und B enthalten.[729] Dies zeigt, dass sich die Varianz eines Portfolios mit zwei Risikopositionen aus der Summe sämtlicher Varianzen und Kovarianzen einer Varianz-Kovarianz-Matrix ergibt, die durch die paarweisen Kovarianzen von A und B aufgespannt wird.[730] Ersetzt man s_A durch s_i und s_B durch s_j, so lässt sich die vorgenannte Summe in der folgenden Form darstellen, wobei auf Konsistenzgründen wieder die Standardabweichung als Quadratwurzel der Varianz verwendet wird:

$$s_{i+j} = \sqrt{\sum_{i=1}^{2}\sum_{j=1}^{2}\rho_{ij}s_i s_j} \qquad \textbf{4.22}$$

Aus Formel 4.22 lässt sich nun eine allgemeine Formel zur Ermittlung der Standardabweichung S_{PF} für ein Portfolio mit n Positionen ableiten, indem die Summation für zwei Werte durch n Werte ersetzt wird:

$$s_{PF} = \sqrt{\sum_{i=1}^{n}\sum_{j=1}^{n}\rho_{ij}s_i s_j} \qquad \textbf{4.23}$$

Formel 4.23 entspricht dabei der Verwendung absoluter Standardabweichungen. Unter Verwendung von relativen Standardabweichungen und dem Wert der jeweiligen

---

[728] Auf den Term 1/(n-1) kann verzichtet werden, da er sowohl im Zähler als auch im Nenner zu finden ist.

[729] Man könnte auch sagen, die Kovarianz von A zu B sowie die Kovarianz von B zu A.

[730] Vgl. Brealey et al. 2011, S. 199 f.

Positionen V_i und V_j lässt sich die vorgenannte Formel in die folgende, weit verbreitete Form umändern:[731]

$$s_{PF} = \sqrt{\sum_{i=1}^{n} \sum_{j=1}^{n} \rho_{ij} V_i V_j s_i s_j} \qquad 4.24$$

Wie bereits gezeigt wurde, lässt sich $\rho s_i s_j$ sowohl in Formel 4.23 als auch in Formel 4.24 durch COV_{ij} ersetzen und es ergibt sich eine etwas kürzere, in der Literatur auch gebräuchliche Schreibweise für die Ermittlung der Standardabweichung.[732] Der Vollständigkeit halber sei auch auf die folgende, aus 4.24 transformierte Formel verwiesen, welche je nach Vorgehensweise die Berechnung verkürzen kann:[733]

$$s_{PF} = \sqrt{\sum_{i=1}^{n} V_i^2 s_i^2 + 2 \sum_{i=1}^{n} \sum_{j<i} \rho_{ij} V_i V_j s_i s_j} \qquad 4.25$$

Der Value-at-Risk lässt sich anschließend wie im Fall von nur einer Risikoposition mit der Inversen der Normalverteilungsfunktion an der Stelle $1-\alpha$ ermitteln. Zwar ist die erwartete Rendite μ_i einer Risikoposition i über einen kurzen Zeitraum nahezu Null, für längere Halteperioden wird sie dagegen benötigt. Unter Einbeziehung des Erwartungswertes ergänzt sich die Berechnung des VaR zu folgendem Varianz-Kovarianz-Modell für ein Portfolio aus n Positionen:[734]

$$VaR = \sum_{i=1}^{n} \mu_i V_i + F^{-1}(1-\alpha) \sqrt{\sum_{i=1}^{n} \sum_{j=1}^{n} \rho_{ij} V_i V_j s_i s_j} \qquad 4.26$$

Zusammenfassend lässt sich der VaR für ein Portfolio bestimmen, indem zunächst die Parameter wie erwartete Renditen, Standardabweichungen und Korrelationen – zumeist auf Basis historischer Daten – geschätzt werden. Weiterhin sind die einzelnen Risikopositionen in ihre Grundbestandteile zu zerlegen und die Zusammenhänge zwischen Änderungen der Marktfaktoren und der Einzelpositionen zu bestimmen. Wenn

731 Vgl. Rolfes / Kirmße 2000, S. 642 oder Hull 2009, S. 565.
732 Vgl. Perridon et al. 2009, S. 254.
733 Vgl. Hull 2009, S. 565.
734 Vgl. Oehler / Unser 2002, S. 156.

diese Elemente bekannt sind, lässt sich abschließend der Value-at-Risk berechnen.[735] Die dargestellte Vorgehensweise entspricht der des Delta-Normal-Ansatzes. Dieser unterstellt eine lineare Reaktion der Werte der Risikoposition auf Wertänderungen der Risikofaktoren und ist nur für symmetrische Instrumente wie Aktien, Rohstoffe oder Währungen geeignet. Für Instrumente mit einem asymmetrischen Gewinnprofil, wie bspw. Optionen, ist der Delta-Normal-Ansatz nicht geeignet.[736] Für solche Finanzinstrumente muss auf den Delta-Gamma-Ansatz zurückgegriffen werden. Dieser Ansatz berücksichtigt auch die Sensitivität des Delta auf Änderungen eines Risikofaktors, wobei das Delta selbst die Sensitivität einer Position auf die Änderung des Risikofaktors darstellt.[737] Da im Rahmen dieser Arbeit der Fokus primär auf der Ermittlung des Risikoexposures von Basisgeschäften liegt, sei der letztgenannte Ansatz nur am Rande erwähnt. Insgesamt liegt der Hauptvorteil des Varianz-Kovarianz-Ansatzes in der einfachen Berechenbarkeit und Implementierbarkeit, wodurch mit Hilfe der entsprechenden IT-Ausstattung und deren Anbindung selbst bei einer großen Anzahl von Positionen eine Realtimeüberwachung möglich ist.[738] Dagegen gibt es eine Reihe von Nachteilen, die gegen die Anwendung dieser Methode sprechen. Zum einen werden die Parameter zumeist aus historischen Zeitreihen bestimmt, wobei es fraglich erscheint, dass diese zukünftig in der Form wieder zu beobachten sind.[739] Zum anderen ist die Normalverteilungsannahme kritisch zu sehen, bei welcher das Problem der ‚fat tails‘ unterschätzt wird – hohe Verluste treten empirisch häufiger auf, als es sich mit dieser Annahme vertreten lässt.[740] Auch geben die Wahrscheinlichkeiten für das Auftreten von Verlusten nicht wieder, wie hoch die Verluste im Einzelfall wirklich sein können, da diese entsprechend des Konfidenzniveaus ausgeblendet werden – sie bei ihrem Auftreten aber möglichweise existenzgefährdend sind.[741] Auch wird bei dieser Methode unterstellt, dass der Investor oder Entscheider risikoneutral agiert.[742]

[735] Vgl. Oehler / Unser 2002, S. 157.
[736] Vgl. Hager 2004a, S. 35.
[737] Vgl. Hull 2011, S. 568.
[738] Vgl. Jorion 2007, S. 262.
[739] Vgl. Oehler / Unser 2002, S. 158.
[740] Vgl. Jorion 2007, S. 262.
[741] So genannte Downside-Risikomaße, welche diese hohen Verluste, die den VaR überschreiten, sind Gegenstand späterer Kapitel.
[742] Vgl. Oehler / Unser 2002, S. 157.

4.3.2 Historische Simulation

Im Bereich der Simulationsmodelle stehen die historische Simulation sowie die Monte-Carlo-Simulation zur Verfügung.[743] Bei der historischen Simulation werden anhand von historischen Zeitreihen beobachtete Renditen von Risikopositionen ermittelt und die so gewonnene Renditeverteilung bildet die Basis der Abschätzung der zukünftigen Entwicklung der Risikoposition. Ihr liegt die Annahme zugrunde, dass in der Vergangenheit beobachtete Renditeverteilungen auch in Zukunft auftreten werden. Der Vorteil dieser Methode liegt darin, dass es sich bei der historischen Simulation um ein nichtparametrisches Schätzverfahren handelt,[744] für welches kein stochastisches Modell benötigt wird.[745] Auch ist die Methode als robust anzusehen, da keine Verteilungsannahme benötigt wird – die Wahrscheinlichkeitsverteilung wird durch die beobachteten Renditen aus der Vergangenheit generiert und ist somit bereits in den simulierten Renditen enthalten. Auch können ‚fat tails' abgebildet werden, so sie in der Vergangenheit aufgetreten und damit in den Kursen enthalten sind.[746] Grundlage der Historischen Simulation bildet eine qualitativ hochwertige und lückenlose Datenbasis, da die Qualität entscheidend die Ergebnisse beeinflusst. Für die Frage nach der Länge des historischen Zeitintervalls, welches in die Berechnung einfließt, gibt es keine einheitliche Antwort. Häufige Empfehlungen liegen bei ca. einem bzw. zwei Jahren – oder bei 250/252 Handelstagen bzw. bei 501 Handelstagen.[747] Hier ist in Betracht zu ziehen, welcher Zeitraum die Verteilung in der Vergangenheit möglichst gut widerspiegelt. Es kann durchaus auch ein längerer Betrachtungszeitraum zur Analyse herangezogen werden, wenn dadurch auch ungewöhnliche Ereignisse und damit hohe Ausschläge bei den zu beobachtenden Renditen in die Berechnung mit einfließen. Was für einzelne Risikopostionen noch problemlos zu gestalten ist, wird bei einem Portfolio mit vielen verschiedenen Werten schnell sehr aufwendig. Hier liegt auch der Hauptkritikpunkt hinsichtlich der Anwendung der historischen Simulation, da die Datenhaltung und der Rechenaufwand sehr umfangreich werden können.[748] Für die

[743] Vgl. Oehler / Unser 2002, S. 154.
[744] Vgl. Huschens 2000, S. 4.
[745] Vgl. Huschens 2000, S. 1.
[746] Vgl. Jorion 2007, S. 264.
[747] Vgl. Deutsch 2008, S. 416, Hager 2004a, S. 45 oder Hull 2009, S. 559.
[748] Vgl. Deutsch 2008, S. 416.

Ermittlung des Value-at-Risk auf Basis der historischen Simulation sind zunächst sämtliche Risikopostionen zu bestimmen. Für alle Positionen sind die Renditen für den gewählten Zeitraum zu ermitteln und das zu verwendende Zeitintervall festzulegen.[749] Im Normalfall werden die Schlusskurse zweier aufeinanderfolgender Tage herangezogen – verwendbar sind aber auch die Wertänderungen zwischen Schluss- und Eröffnungskursen, was auf eine Betrachtung der Risikohöhe von über Nacht (‚overnight') gehaltenen Positionen hinausläuft. Die Betrachtung eines kürzeren Zeitraums wie 30-minütige Intervalle ist denkbar – aber eher im Trading-Bereich angesiedelt.[750] Die Ermittlung der Wertänderung ist auf Basis der Differenzen- und der Quotientenmethode möglich, wobei letztere zu bevorzugen ist.[751] Die ermittelten *n* Wertänderungen werden nun auf die Risikopostionen angewendet und somit *n* verschiedene Szenarien für die Kursentwicklung der jeweiligen Risikoposition ermittelt. Aus den Szenarien ergibt sich die empirische Häufigkeitsverteilung für jede Risikoposition. Für ein Portfolio sind die Szenarien der Einzelpositionen für jeden Simulationsschritt zu einer Wertänderung des gesamten Portfolios zu aggregieren. Aus dieser Häufigkeitsverteilung kann mit Hilfe des Konfidenzniveaus der VaR des Portfolios als Quantil dieser Verteilung ermittelt werden.[752] Der VaR kann quasi abgelesen werden, da er bspw. bei einer Verwendung von 500 Renditen und einem Konfidenzniveau von 99% dem 495-größten Verlust entspricht und nur noch fünf Szenarien einen höheren Verlust als den VaR generieren. Die beschriebene Berechnungsmethodik mit einer direkten Simulation des Portfoliowertes entspricht dem Portfolioansatz.[753] Beim Faktoransatz wird dagegen der VaR für jede Risikoposition separat ermittelt. Dazu werden aus den Zeitreihen die historischen Korrelationen zwischen den einzelnen Risikopositionen ermittelt. Der VaR für das gesamte Portfolio wird anschließend analog zur Vorgehensweise im Varianz-Kovarianz-Ansatz auf Basis

---

749 Vgl. Auer 2002, S. 55. Aus einem Zeitraum von *n+1* Zeitintervallen ergeben sich somit *n* Wertänderungen.

750 Vgl. Dionne et al. 2005, S. 1 ff.

751 Vgl. Hager 2004a, S. 45. Bei der Differenzenmethode werden nur die absoluten Wertänderungen zwischen zwei Handelstagen einbezogen, wodurch die Aussagefähigkeit der Wertänderung von der Höhe des aktuellen Wertes der Risikoposition abhängig ist. Bei der Quotientenmethode wird die Wertänderung als relative Rendite ermittelt – dies sowohl als stetige (vgl. Hager 2004a, S. 45) als auch diskrete Rendite (vgl. Hull 2009, S. 559).

752 Vgl. Auer 2002, S. 56 sowie Hofmann 2009, S. 331.

753 Vgl. Huschens 2000, S. 6.

der VaR der einzelnen Risikopositionen und der Korrelationen zwischen ihnen ermittelt.[754] Analog zur Berechnungsmethodik in Formel 4.18 ergibt sich der Value-at-Risk für ein Portfolio aus zwei Positionen aus:[755]

$$VaR_{A+B} = \sqrt{VaR_A^2 + VaR_B^2 + 2\rho VaR_A VaR_B} \qquad \textbf{4.27}$$

Durch Umformung von Formel 4.23 gelangt man schließlich zur Berechnung des VaR für ein Portfolio mit *n* Werten:

$$VaR_{PF} = \sqrt{\sum_{i=1}^{n}\sum_{j=1}^{n} \rho_{ij} VaR_i VaR_j} \qquad \textbf{4.28}$$

Welche Methode als zweckmäßig erachtet wird, muss auf Basis der jeweiligen Unternehmenssituation entschieden werden. Wird nur eine zentrale Risikokennzahl benötigt, so bietet sich der Portfolioansatz an. Liegt der Fokus dagegen auf dem Exposure in Teilen des Portfolios oder von einzelnen Risikopositionen, so lässt sich der Faktoransatz einfacher implementieren. Eine Anwendung dieses Ansatzes liegt bspw. in der Steuerung des Rohstoffeinkaufs. Da dieser weitestgehend in US-Dollar abgewickelt wird, ergeben sich Risiken aus der Wechselkursentwicklung und der Preisänderung des Rohstoffs. Mit Hilfe des Faktoransatzes lassen sich für die einzelnen Rohstoffe die aggregierten Risikoexposures schneller berechnen, als für jeden Rohstoff ein eigenes Portfolio zu bilden und dessen Wertentwicklung zu simulieren. Für beide Vorgehensweisen findet sich in Kapitel 7.3 ein praktisches Anwendungsbeispiel. In Summe liegt der große Vorteil der historischen Simulation in der einfachen Implementierbarkeit aufgrund des geringen mathematischen Anspruchs und der leichten Verständlichkeit – was bei der Kommunikation der Ergebnisse an Entscheidungsträger hilfreich sein kann. In den historischen Zeitreihen als Datengrundlage sind sowohl eine Häufigkeitsverteilung als auch die Korrelationen zwischen den Risikopositionen bereits enthalten, wodurch diese bei Verwendung des Portfolioansatzes nicht ermittelt werden müssen. Dieser Vorteil wandelt sich aber zu einem Nachteil, wenn zukünftige Ereignisse in der Vergangenheit noch nicht aufgetre-

[754] Vgl. Hager 2004a, S. 48.
[755] Vgl. Hager 2004a, S. 34.

ten sind, denn durch die historische Simulation lassen sich eben nur Szenarien und Korrelationen darstellen, die in der Vergangenheit bereits aufgetreten sind.[756] Gerade wenn das Marktgeschehen im Beobachtungszeitraum als eher ruhig angesehen werden kann, müssen die ermittelten Werte für den VaR einer weiteren Analyse unterzogen werden – bspw. durch Verwendung von Stressszenarien. Weiterhin ist zu beachten, dass der Portfolioansatz bei häufigen Änderungen in der Zusammensetzung des Portfolios mit einem erhöhten Rechenaufwand einher geht, da bei jeder dieser Änderungen in der Struktur des Portfolios die gesamte Simulation erneut durchzuführen ist.[757]

4.3.3 Monte-Carlo-Simulation

Grundsätzlich ähnelt die Monte-Carlo-Simulation der historischen Simulation. Allerdings werden in diesem heuristischen Verfahren der Simulation keine historischen Zeitreihen zu Grunde gelegt,[758] sondern es werden zufällige Ergebnisse für einen Prozess simuliert.[759] Die für die Berechnungen notwendigen Marktbeobachtungen werden demnach über Marktszenarien simuliert, wobei für jedes Szenario eine Berechnung der Werte der Risikoposition und des gesamten Portfolios erfolgt. Aus den berechneten und gespeicherten Werten lässt sich die Wahrscheinlichkeitsverteilung der Gewinne und Verluste ermitteln.[760] Zwar wird der Simulation häufig eine Normalverteilung zugrunde gelegt, aber es sind auch Simulationen unter Zuhilfenahme anderer Verteilungen möglich,[761] wenn diese zumindest parametrisiert sind.[762] Die Anzahl der simulierten Szenarien kann beliebig groß sein[763] – um Zufallsfehler zu minimieren sollten aber mehr als 1.000 Durchläufe erfolgen.[764] Je höher die Anzahl an Simulationen wird, umso genauer wird das Ergebnis – allerdings ergibt sich ein Zielkonflikt mit dem

[756] Vgl. Hager 2004a, S. 52.
[757] Vgl. Deutsch 2008, S. 417.
[758] Vgl. Fiege 2006, S. 169.
[759] Vgl. Hull 2009, S. 335.
[760] Vgl. Hager 2004a, S. 53.
[761] Vgl. Fiege 2006, S. 169.
[762] Vgl. Oehler / Unser 2002, S. 160.
[763] Vgl. Hager 2004a, S. 53.
[764] Vgl. Oehler / Unser 2002, S. 160.

Rechenaufwand, da dieser mit der Anzahl der Durchläufe enorm steigt.[765] Grundsätzlich lässt sich die Monte-Carlo-Simulation auf viele verschiedene Problemstellungen anwenden – neben diversen Fragestellungen in der Finanzwirtschaft auch auf naturwissenschaftliche Probleme. Daher soll im Folgenden die allgemeine Vorgehensweise der Monte-Carlo-Simulation beschrieben sowie im Bezug auf finanzwirtschaftliche Fragestellungen vereinfacht die Implementierung einer Simulation der Wertänderung einer Risikoposition dargestellt werden, da letztere die Basis der üblichen VaR-Simulationen bildet. Zunächst sind für alle betrachteten Risikopositionen – respektive deren Wertänderungen – Zufallszahlen zu generieren. Bei einer sehr großen Anzahl von Positionen können diese auch zu Gruppen zusammengefasst werden, sofern sich für die jeweilige Gruppe spezifische Risikofaktoren ermitteln lassen, die über die Simulation bewertet werden können. Diese Variante kann den Rechenaufwand erheblich vermindern.[766] Die Zufallszahlen selbst werden zumeist aus einer Gleichverteilung zwischen 0 und 1 ermittelt und sind im nächsten Schritt so umzuwandeln, dass sie die gewünschte Verteilung aufweisen[767] – in Bezug auf die Art der Verteilung sowie den Erwartungswert und die Standardabweichung – und somit der historisch beobachteten Verteilung entsprechen.[768] Mit diesen Zufallszahlen und der implementierten Berechnungsvorschrift kann nun ein Schritt der Simulation durchgeführt werden. Anschließend können die relevanten Einzelgrößen gemessen bzw. zur gesuchten Zielgröße – wie der Wertänderung eines gesamten Portfolios – aggregiert werden. Entsprechend des gewünschten Betrachtungszeitraumes ist diese Vorgehensweise mit N Schritten zu wiederholen, um einen vollständigen Simulationsdurchlauf zu generieren und die entsprechenden Messgrößen für diesen Zeitraum zu ermitteln.[769] Die Anzahl der Simulationsschritte N für das Modell ergibt sich aus der Division des betrachten Zeitraums T durch die Größe des Zeitintervalls Δt. Bei einem Betrachtungszeitraum von einem Jahr und einem Zeitintervall von einem Handelstag sind demnach gemäß der Konvention, dass ein Kalenderjahr aus 252 Handelstagen besteht, 252 Simulationsschritte notwendig.

765 Vgl. Fiege 2006, S. 170.
766 Vgl. Poddig et al. 2008, S. 171.
767 Vgl. Deutsch 2002, S. 381.
768 Vgl. Poddig et al. 2008, S. 170 f.
769 Vgl. Deutsch 2008, S. 171.

Die vorgenannten Schritte sind dann in genügend großer Anzahl zu wiederholen, wobei die Anzahl der Durchläufe im Normalfall zwischen 1.000 und 10.000 liegt und prinzipiell nur durch Rechnerkapazitäten und resultierende Rechenzeit begrenzt wird.[770] Abschließend erfolgt eine Auswertung der gesammelten Ergebnisse, mit einer Abschätzung der Verteilungsfunktion, der Bestimmung des Value-at-Risk und einer Ermittlung der statistischen Fehler.[771]

Um die Risikopositionen eines Portfolios in eine Monte-Carlo-Simulation zu implementieren, bedarf es noch einiger Annahmen. So wird unterstellt, dass Aktienkurse einem sogenannten Markov-Prozess unterliegen.[772] Dies ist ein stochastischer Prozess, bei welchem nur der aktuelle Wert einer Zufallsgröße ε auf deren zufällige Wertänderung einen Einfluss hat – weiter in der Vergangenheit liegende Informationen sind irrelevant und haben keinen Einfluss auf die zukünftige Entwicklung. Dies entspricht somit der These der schwachen Markteffizienz.[773] Folgt die Zufallsvariable ε nun einem Markov-Prozess, welcher der Normalverteilung mit einem Erwartungswert von Null und einer Varianz von eins unterliegt – also der Standardnormalverteilung – so spricht man von einem Wiener Prozess. Das Verhalten der Zufallsgröße entspricht dabei der Brownschen Bewegung – führt also eine unregelmäßige Bewegung aus.[774] Dieser Prozess hat weiterhin die Eigenschaft, dass für aufeinanderfolgende Zeiträume die Varianzen der Änderungen additiv sind und somit die Standardabweichung mit der Quadratwurzel der Zeit zunimmt.[775] In einem kleinen Zeitintervall Δt gilt für die Änderung einer Variablen z, welche einem einfachen Wiener Prozess folgt, somit $\Delta z = \varepsilon\sqrt{\Delta t}$. Neben dieser Zufallskomponente wird eventuell auch eine deterministische Komponente für ein Modell benötigt, welches die Entwicklung einer

---

770 Vgl. Poddig et al. 2008, S. 171.

771 Vgl. Poddig et al. 2008, S. 171 sowie Deutsch 2002, S. 381.

772 Vgl. Hull 2009, S. 328.

773 Vgl. Deutsch 2002, S. 386.

774 Vgl. Rudolph / Schäfer 2005, S. 340.

775 Vgl. Hull 2009, S. 327. Die Wahrscheinlichkeitsverteilung für diesen Prozess im Zeitraum T lässt sich also durch $\Phi\ (0,T)$ darstellen – für einen kleinen Zeitraum Δt ergibt sich die Verteilung $\Phi\ (0,\Delta t)$. Beträgt die Varianz für ein Jahr = $1,0$ ergibt sich für einen Zeitraum von $T = 2$ eine Varianz von $2,0$. Da die Standardabweichung der Quadratwurzel der Varianz entspricht, beträgt die Standardabweichung für zwei Jahre somit $\sqrt{2,0}$. Gleiches gilt für einen Zeitraum von T mit $\sqrt{T}$ sowie für Δt mit $\sqrt{\Delta t}$.

Risikoposition simulieren soll. Diese Komponente entspricht bei Aktienkursen bspw. der mittleren risikoadjustierten Rendite, die seitens der Investoren gefordert wird.[776] Dargestellt wird die geforderte Rendite als sogenannte Driftrate – der mittleren Änderung eines stochastischen Prozesses pro Zeiteinheit. Für einen Aktienkurs kann somit ein allgemeiner Wiener Prozess für eine Variable *x* wie folgt beschrieben werden:

$$\Delta x = a\Delta t + b\varepsilon\sqrt{\Delta t} \qquad \textbf{4.29}$$

bzw. ergibt sich unter Einbeziehung der o.g. Darstellung des einfachen Wiener Prozesses aus dem Übergang von einer diskreten in eine stetige Änderung von *x*:

$$dx = adt + bdz \qquad \textbf{4.30}$$

wobei *a* der erwarteten, konstanten Änderungen pro Zeiteinheit entspricht, wodurch *x* in einem Zeitraum von *T* um den Betrag *aT* anwächst. Dagegen bestimmt *b* das Ausmaß der Streuung um die erwartete Änderung, welche dem *b*-fachen des einfachen Wiener Prozesses entspricht. Da der Wiener Prozess – wie bereits beschrieben – der Standardnormalverteilung unterliegt, entspricht dessen Standardabweichung 1,0. Dies heißt, dass der dargestellte allgemeine Wiener Prozess eine Standardabweichung von *b* besitzt.[777] Diesem Modell unterliegt die Annahme, dass *a* und *b* konstant sind. Für *a* heißt dies, dass die erwartete Änderung in jedem Zeitintervall den gleichen Betrag aufweist – für das Modell zur Simulation eines Aktienkurses ergäbe sich bei $a=10$ für jede Periode ein Zuwachs von 10 Euro. Auch die Standardabweichung hätte für jede Periode den Betrag von *b*. Für Aktienkurse beziehen sich die Höhe der erwarteten Änderung und die Streuung aber auf die Höhe des aktuellen Aktienkurses, welcher selbst vom jeweiligen Betrachtungszeitpunkt abhängig ist. Sind die Parameter *a* und *b* also abhängig von der zugrundeliegenden Variablen *x* und der Zeit *t*, so handelt es sich um einen speziellen Wiener Prozess, welcher auch als Itô-Prozess bezeichnet wird und sich durch folgende allgemeine Beschreibung darstellen lässt:[778]

$$dx = a(x,t)dt + b(x,t)dz \qquad \textbf{4.31}$$

Für den Kurs einer Aktie *S* kann angenommen werden, dass die erwartete Rendite μ konstant ist und sich die Kursänderung in einem Zeitintervall Δt aus $\mu S \Delta t$ ergibt. Die Streuung der Rendite kann durch die Volatilität σ der Aktie beschrieben werden. Beide

---

776 Vgl. Deutsch 2002, S. 386.
777 Vgl. Hull 2009, S. 329 ff.
778 Vgl. Hull 2009, S. 332 sowie Rudolph / Schäfer 2005, S. 341.

Größen sind von der zugrundliegenden Variablen und der Zeit abhängig, wodurch der Kurs einer Aktie S unter Verwendung von μ und σ als Itô-Prozess beschrieben werden kann:[779]

$$dS = \mu S dt + \sigma S dz$$

bzw. als:

$$\frac{dS}{S} = \mu dt + \sigma dz \qquad \textbf{4.32}$$

Für diskrete Zeitpunkte lässt sich das Modell demnach in folgender Form darstellen:

$$\Delta S = \mu S \Delta t + \sigma S \varepsilon \sqrt{\Delta t}$$

bzw.:

$$\frac{\Delta S}{S} = \mu \Delta t + \sigma \varepsilon \sqrt{\Delta t} \qquad \textbf{4.33}$$

In der dargestellten Form ist dies das am weitesten verbreitete Modell für die Simulation von Aktienkursen und kann auch auf die Verwendung alterantiver Basiswerte angepasst werden.[780] Somit bildet es auch die Grundlage der simulierten Szenarien in Kapitel 7, welche im Rahmen der Hedgingstrategien betrachtet werden.

Die beschriebene Vorgehensweise entspricht der Simulation einer einzelnen Risikoposition. Im praktischen Einsatz werden dagegen häufig Simulationen benötigt, die mehrere Risikofaktoren berücksichtigen. Dafür werden multivariate Risikosimulationen durchgeführt, bei welchen auch Korrelationen zwischen den Risikofaktoren Berücksichtigung finden.[781] Um diese abbilden zu können, ist die Vorgehensweise um die Ermittlung der Korrelationskoeffizienten zwischen den jeweiligen Risikopositionen zu ergänzen sowie eine Korrelationsmatrix aufzustellen. Diese Korrelationsmatrix kann mit Hilfe der Cholesky-Zerlegung[782] in eine untere Dreiecksmatrix A sowie deren Transponierte A′ aufgespalten werden. Anschließend wird der Zufallsvektor Z_t mit der Matrix A multipli-

[779] Vgl. Rudolph / Schäfer 2005, S. 341.
[780] Vgl. Hull 2009, S. 333.
[781] Vgl. Hager 2004a, S. 54.
[782] Zur Vorgehensweise bei der Cholesky-Zerlegung siehe Hull 2009, S. 531.

ziert.[783] Das Resultat ist ein Ergebnisvektor Y_t, welcher Zufallszahlen mit der benötigten Korrelation beinhaltet:[784]

$$A \times Z_t = \begin{bmatrix} a_{11} & 0 & 0 \\ a_{21} & a_{22} & 0 \\ a_{31} & a_{32} & a_{33} \end{bmatrix} \times \begin{bmatrix} Z_1 \\ Z_2 \\ Z_3 \end{bmatrix} = \begin{bmatrix} Y_1 \\ Y_2 \\ Y_3 \end{bmatrix} = Y_t \qquad \mathbf{4.34}$$

Diese gehen statt der vormals unkorrelierten Zufallszahlen in die beschrieben Berechnungsmethodik der Simulation ein. Mit der Monte-Carlo-Simulation kann somit ein Portfolio ermittelt werden, welcher durch korrelierte Zufallszahlen bestimmt wird.

Insgesamt liegt der größte Vorteil der Monte-Carlo-Simulation in der Breite der Faktoren, die in der Modellbildung berücksichtigt werden können. So können Zeitabhängigkeiten in Bezug auf die erwarteten Renditen sowie die Volatilitäten ebenso modelliert werden, wie ‚fat tails' oder Extremszenarien. Auch lassen sich asymmetrische Finanzinstrumente abbilden und komplexe Bewertungsmethoden implementieren.[785] So ist die Monte-Carlo-Simulation insbesondere für die Bewertung von Portfolios mit Derivaten geeignet.[786] Auch für die Anwendung auf Kreditrisiken ist sie die einzig praktikable Methode.[787] Somit ist sie hinsichtlich der Faktoren weitaus anpassungsfähiger als die anderen Berechnungsmethoden. Nachteilig an dieser Methode sind insbesondere die teilweise hohen Kosten, die mit der Implementierung eines Bewertungssystems verbunden sind, welches auf der Monte-Carlo-Simulation beruht. Dies betrifft sowohl die Ausstattung der technischen Infrastruktur als auch mit entsprechend qualifiziertem Personal. Aus der hohen Komplexität entsteht auch ein Modellrisiko – also die Bewertungsmodelle selbst Fehler enthalten. Wird eine häufige Neubewertung benötigt, ist auch die Rechenzeit in die Überlegungen einzubeziehen, welche unter Umständen eine zeitnahe Anpassung unmöglich macht.[788] Zwar gibt es Verein-

[783] Dieser Zufallsvektor enthält unkorrelierte Zufallszahlen für jede Risikoposition, die für den Zeitpunkt *t* erzeugt wurden.
[784] Vgl. Poddig et al. 2008, S. 176.
[785] Vgl. Jorion 2007, S. 267.
[786] Vgl. Hager 2004a, S. 57.
[787] Vgl. Jorion 2007, S. 268.
[788] Vgl. Jorion 2007, S. 267.

fachungsmöglichkeiten im Rahmen der Modellbildung, welche allerdings die Genauigkeit der Bewertungsergebnisse reduzieren.[789]

Für einen abschließenden Überblick zu den Berechnungsmethoden des Value-at-Risk sind in Anhang 11 die behandelten Methoden noch einmal mit ihren Kerncharakteristika sowie ihren Vor- und Nachteilen in Kurzform gegenübergestellt.

4.4 Conditional Value-at-Risk

Im Hinblick auf die Anwendung des Value-at-Risk in der Praxis wird insbesondere die Ausblendung des Risikos, welches aus der Problematik der ‚fat tails' entsteht, als kritisch angesehen, da der VaR keine Information über die Höhe der Verluste gibt, falls der unerwartete Fall einer Überschreitung des VaR eintritt. Ein weiterer Kritikpunkt liegt in der Möglichkeit begründet, dass der VaR Diversifikationseffekte nicht immer korrekt abbildet – das Gesamtrisiko eines Porfolios bei der Ermittlung des VaR also nicht immer kleiner als die Summe der Einzelrisiken ist. Somit erfüllt der Value-at-Risk nicht die Subadditivitätseigenschaft.[790] Diese Eigenschaft ist eine von vier Anforderungen, die gemäß *Artzner, Delbaen, Eber und Heath* ein kohärentes Risikomaß erfüllen muss. Unter der genannten Subadditivität ist zu verstehen, dass ein Risikomaß für ein Portfolio keinen größeren Wert annehmen darf, als er sich aus der Summe der Risikomaße für die einzelnen im Portfolio befindlichen Positionen ergeben würde. Eine weitere Eigenschaft ist die sogenannte Translationsinvarianz, welche besagt, dass das Risiko eines Portfolios um den Betrag sinkt, um welchen eine Investition in eine risikofreie Anlage erfolgt (bspw. der Zugang von Barmitteln). Bei einer Änderung eines Portfolios, bei welcher die Anteile der jeweiligen Positionen gleich bleiben und sich nur die Größe des Portfolios um den Faktor λ ändert, sollte sich auch das Risikomaß nur um diesen Faktor λ ändern. Diese Eigenschaft wird als positive Homogenität bezeichnet. Die vierte Anforderung an ein kohärentes Risikomaß besteht in der Monotonie – also ein Risikomaß für ein Portfolio 1 größer sein muss, wenn dieses Portfolio in jedem Umweltzustand ein schlechteres Ergebnis realisiert als ein alternati-

---

[789] Vgl. Deutsch 2008, S. 414.
[790] Vgl. Böhm-Dries / Rempel-Oberem 2007, S. 909.

ves Portfolio 2.[791] Ein Risikomaß, welches diesen Eigenschaften entspricht und das Problem des ‚tail loss' aufgreift, welches sich aus den ‚fat tails' ergibt, ist der sogenannte Conditional Value-at-Risk (CVaR). Dieses Risikomaß wird auch als Expected Shortfall, Conditional Loss, Average Value-at-Risk (AVaR) und Expected Tail Loss (ETL) bezeichnet. Dieses Risikomaß gibt den durchschnittlichen Verlust für den Fall wieder, dass der Value-at-Risk überschritten wird – es ist also der Erwartungswert des Verlustes für alle Szenarien, welche sich außerhalb des Konfidenzniveaus befinden (oder innerhalb des 1-α-Quantils).[792] Der Conditional Value-at-Risk ist ein bedingtes Risikomaß und berücksichtigt neben der Wahrscheinlichkeit, dass es zu einer sehr hohen Abweichung vom erwarteten Ergebnis kommt, auch die Höhe der Abweichung. Der Wert des CVaR ergibt sich durch einen Aufschlag in Höhe des Erwartungswertes der den VaR überschreitenden Verluste auf den VaR – es gilt also $CVaR_\alpha \geq VaR_\alpha$.[793] Ist L der realisierte Verlust, dann kann der CVaR demnach ermittelt werden durch die Höhe des Value-at-Risk plus dessen mittlerer Überschreitung, für den Fall dass diese Überschreitung eintritt:[794]

$$CVaR_\alpha = VaR_\alpha + E(L - VaR_\alpha | L > VaR_\alpha) \qquad \textbf{4.35}$$

Prinzipiell zählt der CVaR zur Gruppe der Lower Partial Moments (LPM). Diese haben die Betrachtung der Wahrscheinlichkeitsverteilung zum Inhalt, welche außerhalb des Konfidenzniveaus des VaR liegt. Aus einer allgemeinen Definition der Lower Partial Moments lassen sich diverse Risikomaße ableiten – so auch der der CVaR (als Lower Partial Moment der Ordnung n=1).[795] In diesem Zusammenhang ist auch die Shortfall Probability zu erwähnen.[796] Dieses ist die korrespondierende Wahrscheinlichkeit zum Konfidenzniveau des Value-at-Risk. Der Unterschied besteht im Aussagegehalt, da die Shortfall Probability die gesuchte Größe zu einem Portfolioverlust ist, welcher eine Vorgabe (in diesem Fall eben der Value-at-Risk)

791 Vgl. Artzner et al. 1999, S. 208 ff sowie Hull 2011, S. 193.

792 Vgl. Jorion 2007, S. 91 sowie Hull 2009, S. 558.

793 Vgl. Gleißner 2006, S. 20.

794 Vgl. Albrecht / Maurer 2008, S. 892.

795 Vgl. Böhm-Dries / Rempel-Oberem 2007, S. 910.

796 Diese ergibt sich aus dem Lower Partial Moment der Ordnung n=0. Vgl. Gleißner 2006, S. 19. Aus der Ordnung n=2 ergibt sich die Shortfall- oder Semivarianz; aus den Ordnungen n=3 und n=4 die Ausfallschiefe (Downside Skewness) und Ausfallwölbung (Downside Curtosis). S. Podding et al. 2009, S. 310 f.

überschreitet.[797] Durch die Einbeziehung von Extremverlusten ist der Conditional Value-at-Risk in seinem Aussagegehalt zwar dem Value-at-Risk überlegen. Dennoch wird in der Investmentpraxis primär auf den VaR-Ansatz zurückgegriffen.[798] Dies mag auch daran liegen, dass stabile Schätzungen für den CVaR aufgrund von hohen Veränderungen der Volatilitäten und Korrelationen in Extremszenarien schwierig erscheinen.[799]

4.5 Cash Flow-at-Risk

Der Value-at-Risk wurde prinzipiell für Banken entwickelt, um das Risiko von Portfoliowerten zu bestimmen, die sich in deren Bestand befinden. Dieses Konzept ist somit auf Wertpapiere und Kredite zugeschnitten, bei dem die Zahlungsströme festgeschrieben oder prognostizierbar sind. Somit lassen sich diese Zahlungsströme diskontieren und mit Hilfe des VaR Barwertrisiken bestimmen.[800] Wie bereits in Kapitel 3.2 dargestellt, sind Unternehmen nicht nur mit Barwertrisiken konfrontiert, sondern auch mit Cash Flow-Risiken. Es gibt zwar auch in Industrieunternehmen mittlerweile ein breites Anwendungsspektrum für den Value-at-Risk. Dennoch sind die Cash Flows von Nichtfinanzunternehmen recht unterschiedlich zu denen von Finanzunternehmen. Aus diesem Grund wurde mit dem Cash Flow-at-Risk (CFaR) ein modifiziertes VaR-Konzept entwickelt, welches aufgrund der Schwierigkeiten in der Anwendbarkeit des VaR-Konzepts insbesondere in Industrieunternehmen eingesetzt wird.[801] Der Schwerpunkt des Cash Flow-at-Risk liegt nicht in der Betrachtung von Markt- oder Kreditrisiken aus einem Portfolio, sondern in realwirtschaftlichen Bereichen wie Produktion und Absatz. Statt einem Betrachtungszeitraum von wenigen Tagen auf Basis von Marktdaten, wird mit Hilfe des Cash Flow-at-Risk eine stromgrößenorientierte Sicht eingenommen und untersucht, inwieweit Risikofaktoren Einfluss auf die prognostizierten Zahlungsmittelüberschüsse haben. Als Risikomaß ist er auf einen längeren Betrachtungszeitraum ausgerichtet, welcher bis zu mehreren Jah-

[797] Vgl. Deutsch 2008, S. 365.
[798] Vgl. Albrecht / Maurer 2008, S. 892.
[799] Vgl. Böhm-Dries / Rempel-Oberem 2007, S. 910.
[800] Vgl. Hager 2004b, S. 40.
[801] Vgl. Winter 2004, S. 289.

ren reichen kann.[802] Analog zum Value-at-Risk kann der Cash Flow-at-Risk als maximaler Verlust in Form der negativen Abweichung von einem prognostizierten Zahlungsstroms innerhalb eines vorgegebenen Zeitraums angesehen werden. Er bildet somit das (1-α)-Quantil der Wahrscheinlichkeitsverteilung des Zahlungsstromes für den besagten Zeitraum.[803]

Für die Berechnung stehen die zwei Ansätze in Form der Ermittlung des absoluten und des relativen Cash Flow-at-Risk zur Verfügung. Der absolute Cash Flow-at-Risk (aCFaR) basiert auf der Betrachtung der Wahrscheinlichkeitsverteilung der realisierbaren Cash Flows und entspricht dem Cash Flow, welcher mit einer Wahrscheinlichkeit von α nicht unterschritten wird. Dagegen wird für den relativen Cash Flow-at-Risk (rCFaR) die Wahrscheinlichkeitsverteilung der möglichen Abweichung des Cash Flows von einer vorgegebenen Zielgröße herangezogen. Folglich ist der rCFaR die negative Abweichung von der Zielgröße, die mit einer Wahrscheinlichkeit von α im Betrag nicht überschritten wird.[804] Abbildung 20 zeigt die Gegenüberstellung des absoluten und relativen CFaR:

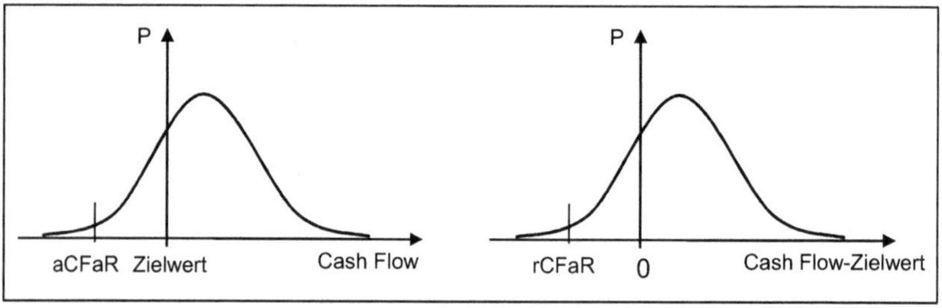

Abbildung 20: Absoluter und relativer Cash Flow-at-Risk[805]

Für die Berechnung des Cash Flow-at-Risk sind prinzipiell alle Ansätze geeignet, welche auch für die Ermittlung des Value-at-Risk zur Verfügung stehen. Die Normalverteilungsannahme des Varianz-Kovarianz-Ansatzes erscheint aber für die Verteilung

[802] Vgl. Homburg / Stephan 2004, S. 315.
[803] Vgl. Jorion 2007, S. 384 f sowie Winter 2004, S. 291.
[804] Vgl. Hoitsch / Winter 2004, S. 240.
[805] Vgl. Hoitsch / Winter 2004, S. 240 f.

von Cash Flows noch problematischer als für Renditeverteilungen von Risikopositionen, da diese Verteilung von Cash Flows in der Realität kaum anzutreffen ist. Der Verwendung der historischen Simulation scheitert dagegen meist an der zu geringen Datenbasis, da bereits in der Vergangenheit vergleichbare Projekte mit ausreichend großen Zeitreihen durchgeführt worden sein müssen.[806] Aus diesem Grund und der teilweise sehr komplexen Zusammenhänge, die über die Modellierung abgebildet werden müssen, wird der CFaR typischerweise über die Monte-Carlo-Simulation ermittelt.[807] Für die Implementierung eines Simulationsmodells ist die Entwicklung eines sogenannten Business Risk Models sinnvoll.[808] Dafür sind die Cash Flows des Unternehmens in ihre Bestandteile zu zerlegen. Für den Umsatz bietet sich eine Aufsplittung in Absatzmärkte oder in Produktgruppen an – für die Kostenseite in Werkstoffe oder Betriebsmittel. Für die zerlegten Einzel-Cash Flows sind in einem nächsten Schritt die relevanten Risikofaktoren und deren Auswirkung auf die Cash Flows zu identifizieren. Für diese Risikofaktoren erfolgt dann die eigentliche Simulation der Wertänderungen auf Basis der gewählten Verteilungsannahmen und des Betrachtungshorizontes. Auch können im Rahmen der Modellbildung für die Simulation eventuelle Korrelationen mit eingebunden werden. Abschließend werden die zerlegten Einzel-Cash Flows für jedes Szenario wieder zu einem Gesamt-Cash Flow aggregiert. Aus diesem Datensatz mit mehreren Tausend Szenarien lässt sich nun die Verteilung der möglichen Cash Flows für den gewählten Betrachtungszeitraum ermitteln und aus dieser unter Zuhilfenahme des gewünschten Konfidenzniveaus der Cash Flow-at-Risk bestimmen.[809]

Der Vorteil des CFaR für den Einsatz im Unternehmen liegt vor allem in seiner leichten Verständlichkeit und somit guten Kommunizierbarkeit sowie seiner Verwendbarkeit im Rahmen der Unternehmenssteuerung. Auch kann damit eine unternehmenseinheitliche Risikomessung realisiert werden. Investitionsprojekte können darüber hinaus mit Hilfe des marginalen CFaR bewertet werden, welcher den Betrag des CFaR

[806] Vgl. Winter 2004, S. 292.
[807] Vgl. Linsmeier / Pearson 2000, S. 62.
[808] Vgl. Winter 2004, S. 292.
[809] Vgl. Ender et al. 2010, S. 18.

wiedergibt, um welchen das jeweilige Projekt das Gesamtrisiko erhöht.[810] Operativ liegt der Vorteil des CFaR-Konzeptes in der Implementierbarkeit von Risiken aus Beschaffung, Produktion und Absatz, für die keine regelmäßigen Marktwerte ermittelt werden können.[811] Die für den Value-at-Risk angeführten Nachteile gelten ansonsten weitgehend auch für den Cash Flow-at-Risk. Die größten Abweichungen werden über die Festlegung des Quantils nicht erfasst und bei dem jeweiligen Entscheider wird prinzipiell Risikoneutralität unterstellt.[812]

4.6 Earnings-at-Risk

Die Größe Earnings-at-Risk (EaR) ist dem Cash Flow-at-Risk ähnlich und ebenso wie dieser aus dem Value-at-Risk abgeleitet.[813] Gemein ist beiden, dass mit ihnen für einen festgelegten Zeitraum die Entwicklungen von Zinsen, Währungskursen, Rohstoffen, aber auch von Absatzmengen betrachtet und analysiert werden. Auch für die EaR erfolgt die Ermittlung zumeist mit Hilfe der Monte-Carlo-Simulation und die Modellbildung ist ähnlich zum CFaR. Der Unterschied der Methoden besteht in den verschiedenen Sichtweisen der in die Berechnung einfließenden Stromgrößen. Dem Cash Flow-at-Risk werden prognostizierte Einzahlungsüberschüsse zugrundegelegt – dies entspricht einer zahlungsstromorientierten Sichtweise. Für die Ermittlung der Earnings-at-Risk werden dagegen Jahresabschlussgrößen in Form von Aufwendungen und Erträgen genutzt. Dies entspricht einer bilanzorientierten Sichtweise, da diese Stromgrößen als Reinvermögensmehrungen und -minderungen angesehen werden können. Somit werden die EaR auch durch die nationalen Bilanzierungsvorschriften beeinflusst – der CFaR bleibt davon weitgehend unberührt.[814] Wie beim CFaR-Ansatz bietet sich auch hier die Bildung eines Business Risk Models an, wobei in einem Bottom-up-Verfahren die gewählte Zielgröße in deren wichtigste Komponenten zerlegt wird, welche anschließend als relevante Risikofaktoren betrachtet werden. Bspw. kann eine Zerlegung anhand der Jahresabschlussgrößen erfolgen und die jeweiligen Einflüsse auf

810 Vgl. Hoitsch / Winter 2004, S. 243 f.
811 Vgl. Homburg / Stephan 2004, S. 315.
812 Vgl. Hoitsch / Winter 2004, S. 244.
813 Vgl. Winter 2004, S. 291.
814 Vgl. Wiedemann / Hager 2003, S. 219.

Umsatz, Herstellungs-, Verwaltungs- und Vertriebskosten sowie auf Zins- und Steueraufwendungen können separat analysiert werden. Auch eine Zerlegung im Sinne einer Deckungsbeitrags- oder Break Even-Analyse ist denkbar.[815] Kritisch wird an dieser Vorgehensweise allerdings gesehen, dass ausreichend Informationen – insbesondere entsprechend lange Zeitreihen – über die relevanten Risikofaktoren und deren stochastischen Abhängigkeiten bekannt sein müssen. Daher wird als Alternative auf einen Top-Down-Ansatz zurückgegriffen, welcher die direkte Schätzung der Zielgrößen zum Inhalt hat. Hierfür werden die Größen wie das EBIT oder das EBITDA für eine Reihe von Unternehmen ermittelt, welche dem zu untersuchenden Unternehmen in Bezug auf Marktkapitalisierung, Profitabilität, Branchenrisiko oder Aktienkursvolatilität ähneln. Über diese historischen Zeitreihen der Größenausprägungen können Aussagen über die zukünftigen Wahrscheinlichkeitsausprägungen abgeleitet werden. Die abgeleitete Wahrscheinlichkeitsverteilung dient schließlich der unternehmensspezifischen Zielgrößenausprägung.[816] Zur besseren Vergleichbarkeit zwischen verschiedenen Unternehmen ist auch das Risikomaß Earnings per Share-at- Risk (EpSaR) gebräuchlich. Diese Kennzahl stellt somit auf die negative Abweichung vom Gewinn pro Aktie ab, welche mit einer vorgegebenen Wahrscheinlichkeit für den betrachten Zeitraum nicht überschritten wird.[817]

4.7 Credit Value-at-Risk

Das Konzept des Value-at-Risk ist prinzipiell auch auf Kreditrisiken anwendbar und wird in diesem Fall als Credit Value-at-Risk (Credit VaR) oder als Credit-at-Risk (CaR) bezeichnet. Auch der Credit-at-Risk gibt den Verlust an, welcher mit einer bestimmten Wahrscheinlichkeit innerhalb eines gegebenen Zeitraumes nicht überschritten wird – der Verlust setzt sich dabei aus einem erwarteten (expected loss) und einen unerwarteten (unexpected loss) Verlust zusammen.[818] Allerdings gibt es zwischen Marktpreis- und Kreditrisiken einige signifikante Unterschiede, welche für den ursprünglichen VaR-Ansatz Anpassungen notwendig machen. Während für Postionen

[815] Vgl. Hoitsch / Winter 2004, S. 241.
[816] Vgl. Hoitsch / Winter 2004, S. 242.
[817] Vgl. Stephan 2006, S. 180.
[818] Vgl. Oehler / Unser 2002, S. 342 f.

mit Marktrisiken im Idealfall täglich oder zumindest ausreichend häufig Kurse und Wertänderungen feststellbar sind, gibt es für Kredite in vielen Fällen keine vergleichbare Bepreisung. Weiterhin sind die Zeiträume, für welche die Prognosen erstellt werden, weitaus länger – zumeist ein Jahr. Ebenso sind Ereignisse (sogenannte Kreditereignisse – credit events), welche Wertänderungen bei Krediten hervorrufen, seltener zu verzeichnen als bei Marktrisiken. Ein Kreditausfall (default) oder eine Verschlechterung der Bonität (downgrading) sollten eher die Ausnahme im Kreditportfolio bilden – schließlich stehen Risiken in Form von negativen Wertänderungen zumeist keine Chancen gegenüber.[819] In Summe erschwert dieses die Bildung des Modells für den CaR-Ansatz sowie dessen Überprüfung.[820] Aufgrund dieser Unsicherheit aus der Länge des Beobachtungszeitraums und aus der Qualität der Daten wird das notwendige Konfidenzniveau daher höher angesetzt als im Fall des VaR und beträgt zumeist 99,5% oder 99,9%.[821] Auch die Interpretation des Credit Value-at-Risk unterscheidet sich von der des Value-at-Risk. Der im Betrag des CaR enthaltende erwartete Verlust ist in den Konditionen des Kredites bereits eingepreist. Der unerwartete Verlust ist dagegen mit Risikokapital zu unterlegen – im Gegensatz zum VaR, welcher in Summe für die Berechnung des notwendigen Eigenkapitals herangezogen wird.[822] Ermitteln lässt sich der erwartete Verlust (EL) aus der Multiplikation der in Anspruch genommenen Kredithöhe zum Zeitpunkt des Ausfalls (Exposure at Default – EAD) mit der Ausfallwahrscheinlichkeit für den Verlust (Probability of Default – PD) sowie der prozentualen Verlustquote (LGD):[823]

$$EL = EAD \times PD \times LGD$$

---

[819] Was bei einem Privatkundenkredit oder einem Lieferantenkredit nicht möglich ist, wäre im Rahmen von Investitionen in börsennotierte Anleihen in Form von Kurssteigerungen dagegen denkbar. Somit sind positive Wertsteigerungen in der Vielzahl von möglichen Kreditbeziehungen eher die Ausnahme.

[820] Vgl. Huschens / Locarek-Junge 2000, S. 28.

[821] Vgl. Oehler / Unser 2002, S. 343.

[822] Vgl. Oehler / Unser 2002, S. 312.

[823] Vgl. Meier 2004, S. 255 i.V.m. Jorion 2007, S. 455. Die Einführung einer Verlustquote (LGD) ist notwendig, da im Kreditgeschäft selten ein Totalausfall zu verzeichnen ist, da durch Verwertung von Sicherheiten und Insolvenzmasse ein Teil des ausgereichten Kreditvolumens wieder einbringbar ist. Die Verlustquote entspricht somit dem uneinbringbaren Anteil des Kredites. Während LGD hier den prozentualen Anteil ausdrückt, bezeichnen manche Autoren das Produkt aus prozentualer Verlustquote und Kredithöhe zum Zeitpunkt des Ausfalls (EAD) als LGD – also dann den absoluten Verlust. Vgl. Oehler / Unser 2002, S. 313.

Dieser erwartete Verlust entspricht dem Mittelwert der Verlustverteilung und somit dem durchschnittlichen Verlust aus einem Kreditportfolio über einen längeren Zeitraum.[824] Im Rahmen der Gestaltung der Kreditkonditionen für den jeweiligen Schuldner wird diese Größe nach dem Versicherungsprinzip auch als Standardrisikokosten bezeichnet[825] – diese Kosten werden in Form von risikoadjustierten Kreditzinsen also auf den Schuldner übertragen. Aus Sicht des Kreditgebers ist dies der Betrag, welcher in Antizipation der durchschnittlichen Verluste aus dem Kreditgeschäft in Form von Rückstellungen zur Verlustdeckung gebildet wird. Durch Schwankungen in der Verlustverteilung kann der realisierte Verlust aber über dem erwarteten liegen und bildet bis zu dem zum Konfidenzniveau ermittelten Credit Value-at-Risk den unerwarteter Verlust.[826]

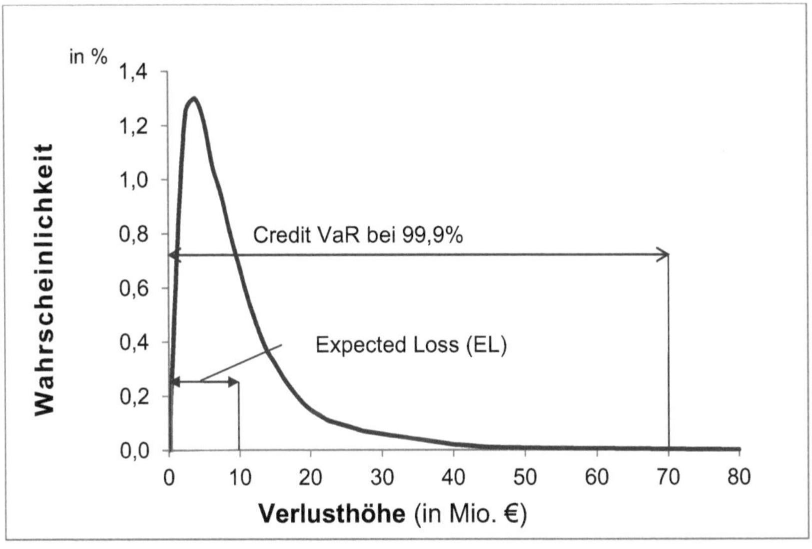

Abbildung 21: Kreditverlustverteilung[827]

Für die Ermittlung des CaR nicht unproblematisch ist, dass eine von der Normalverteilung abweichende Verlustverteilung benötigt wird. Dies ist darin begründet, dass auf-

824 Vgl. Meier 2004, S. 155.
825 Vgl. Oehler / Unser 2002, S. 314.
826 Vgl. Jorion 2007, S. 476 f.
827 Vgl. Meier 2004, S. 256.

grund der teilweisen Einbringbarkeit von Forderungen, bspw. durch Verwertung von Sicherheiten, kleinere Verluste relativ häufig zu beobachten sind. Aber auch sehr große Verluste bis hin zu einem Totalausfall sind wahrscheinlicher, als es mit der Normalverteilung darstellbar wäre.[828] Die Ausfallraten entsprechen dagegen eher einer rechtsschiefen Verteilung wie der in Abbildung 21.[829] Die genaue Form der Kreditverlustverteilung lässt sich nur empirisch ermitteln und hängt von der Datenbasis realisierter Verluste eines Kreditgebers ab.[830] Für die Ermittlung dieser Kreditverlustverteilungen sind verschiedene Portfoliomodelle auf dem Markt verfügbar, welche unterschiedliche Komplexitätsgrade aufweisen. Zu den bekanntesten zählen CreditRisk+ (Credit Suisse Financial Products), Credit Metrics™ (J.P.Morgan), CreditPortfolioView™ (McKinsey & Company) sowie PortfolioManager™ (KMV Corporation).[831]

Während Kreditinstitute durchaus ein Interesse an eigenen Entwicklungen haben, sind für Industrieunternehmen komplexe Lösungen nur bedingt interessant. Eine Steuerung über den Credit Value-at-Risk setzt ein permanent größeres Portfolio an Forderungen voraus, welches nur für einen kleineren Teil dieser Unternehmen gegeben ist. Bei einer entsprechenden Datenbasis bietet sich eher ein relativ einfach zu implementierendes System wie CreditRisk+ an, welches als kostenloses Excel-Tool vergleichsweise geringe Datenanforderungen stellt. Auch der Umsetzungsaufwand ist im Vergleich zu den anderen Lösungen relativ gering und die Anpassung an die Unternehmensgegebenheiten durch eine hohe Flexibilität einfacher durchführbar.[832]

---

[828] Bei Rohstoffpositionen ist dagegen ein durch Preisschwankungen hervorgerufener Totalausfall nahezu unmöglich.

[829] Vgl. Wimmer 2004, S. 323

[830] Vgl. Oehler / Unser 2002, S. 285.

[831] Vgl. Huschens / Locarek-Junge 2000, S. 29. Für einen Vergleich der Modelle siehe auch die darauffolgenden Seiten.

[832] Vgl. Reuse 2006, S. 368.

4.8 Cost-at-Risk

Im Zusammenhang mit Risikomaßen, die auf dem VaR-Ansatz basieren, sei auch auf die Cost-at-Risk[833] (C_0aR) hingewiesen. Diese Methode findet Ansatz im Management von Zinsänderungs- und Refinanzierungsrisiko von Staatsschulden. Mit den C_0aR wird im Rahmen des Schuldenmanagements das Risiko von starken Zinssteigerungen gemessen.[834] Kern der Betrachtungen sind die Auswirkungen von Zinsänderungen auf den Schuldendienst eines Landes. Die Aussage dieses Risikomaßes liegt darin, dass mit einem vorgegebenen Konfidenzniveau der Schuldendienst nicht über ein Level in Höhe der C_0aR hinausgehen wird, wobei dieses Level in der Heimatwährung des jeweiligen Landes angegeben ist. Dabei werden sowohl Fremdwährungskredite als auch Verbindlichkeiten in der Landeswährung in die Modellierung einbezogen. Mit Hilfe der Monte-Carlo-Simulation wird eine Vielzahl von Zinsniveaus und Wechselkursszenarien generiert, welche schließlich die Wahrscheinlichkeitsverteilung der Höhe des Schuldendienstes generieren.[835] Somit werden im Gegensatz zum VaR oder CFaR nicht die minimalen, sondern die maximalen Ausprägungen der Zielgröße in Form von Kosten für die Bewertung des Risiko genutzt.

4.9 RORAC und RAROC

Mit den Value-at-Risk-basierten Risikomaßen ist es zwar möglich, das Risiko eines Unternehmens oder aber auch eines Projektes zu berechnen. Es ist allerdings aus diesen Kennzahlen nicht absehbar, welcher Wert durch das Eingehen der entsprechenden Risiken generiert wurde. Für die Unternehmenssteuerung werden dagegen häufig rendite- oder wertorientierte Kennzahlen genutzt, welche als Erfolgskennzahlen prinzipiell nur die Chancen bewerten, indem bspw. bei Rentabilitätskennzahlen der Erfolg im Verhältnis zum eingesetzten Kapital gemessen wird.[836] Eine Symbiose aus beiden Kennzahlenbereichen sind die sogenannten risikoadjustierten Performancemaße (Risk Adjusted Performance Measures – RAPM). Mit diesen Kennzahlen werden Erfolgs-

---

[833] Diese werden ebenfalls gemeinhin mit CaR abgekürzt – zur Vermeidung von Verwechslungen mit dem Credit-at-Risk werden die Cost-at-Risk im Folgenden mit C_0aR bezeichnet.

[834] Vgl. OECD 2002, S. 93.

[835] Vgl. Wheeler 2004, S. 94.

[836] Vgl. Scherpereel 2005, S. 67.

größen ins Verhältnis zu den eingegangen Risiken in Form einer Kapitalgröße gesetzt.[837] Bei mindestens einer dieser Größen erfolgt dabei eine Risikoadjustierung.[838]

Beim Return on Risk adjusted Capital (RORAC) erfolgt diese Adjustierung im Nenner. Idealerweise ist diese Kennzahl auf Basis einzelner Projekt- oder Unternehmenseinheiten zu bilden. Sie lässt sich aus dem erwarteten Überschuss eines Projektes oder einer Einheit und dem eingesetzten Risikokapital ermitteln, wobei das Risikokapital auch über den Value-at-Risk angegeben wird:

$$RORAC = \frac{(erwarteter)\ \ddot{U}berschuss}{Risikokapital} = \frac{(erwarteter\ \ddot{U}berschuss)}{VaR} \quad \textbf{4.36}$$

Für die Auswertung des ermittelten RORAC wird eine Vergleichsgröße in Form des Ziel-RORAC (Hurdle Rate) benötigt.[839] Die Zielgröße sollte dabei auf Basis der dem Risiko entsprechenden Opportunitätskosten ermittelt werden[840] oder auf Basis der Kapitalkosten des Risikokapitals.[841] Für die Entscheidungsfindung ist das Projekt zu wählen, welches den höheren RORAC verspricht, sofern dieser über der Zielgröße liegt.[842] Begrenzt wird die Höhe des Risikokapitals durch das zur Verfügung stehende Eigenkapital oder alternativ durch Zuteilung des Eigenkapitals an verschiedene Unternehmensbereiche und der damit verbundenen Einrichtung von Risikolimiten je Bereich.[843]

Im Gegensatz zum RORAC erfolgt beim Risk adjustesd Return on Capital (RAROC) zusätzlich eine Risikoadjustierung im Zähler.[844] Hierfür wird der risikoadjustierte Ergebnisbeitrag ins Verhältnis zum eingesetzten Risikokapital gesetzt. Ersterer ergibt sich dabei nach Abzug einer Risikoprämie vom (erwarteten) Überschuss:

837 Vgl. Stephan 2006, S. 215.
838 Vgl. Scherpereel 2005, S. 68.
839 Vgl. Bessis 2010, S. 715.
840 Vgl. Stephan 2006, S. 216.
841 Vgl. Scherpereel 2005, S. 73.
842 Vgl. Eisele 2004, S. 227.
843 Vgl. Homburg / Stephan 2004, S. 318.
844 Einige Autoren verwenden für diese Kennzahl die Bezeichnung RARORAC (Risk adjusted Return on Risk adjusted Capital). Der eigentliche RAROC bezieht sich bei diesen auf eine Kennzahl, bei welcher nur im Zähler eine Risikoadjustierung vorgenommen wird – nicht aber im Nenner. Vgl. Oehler / Unser 2002 oder Varnholt 2006, S. 8.

$$RAROC = \frac{(erwarteter)\ \ddot{U}berschuss - Risikopr\ddot{a}mie}{Risikokapital} \quad 4.37$$

Da die Risikoprämie der Verzinsung auf das eingesetzte Risikokapital entspricht, welche wie bereits beschrieben die Höhe des Ziel-RORAC determiniert, kann die Risikoprämie somit aus der Multiplikation des Ziel-RORAC mit dem Risikokapital bzw. analog zur Darstellung beim RORAC mit dem Value-at-Risk bestimmt werden. Daraus folgt:

$$RAROC = \frac{(erwarteter)\ \ddot{U}berschuss - ZielRORAC \times VaR}{VaR} \quad 4.38$$

oder in kürzerer Form:

$$RAROC = RORAC - ZielRORAC \quad 4.39$$

Der RAROC signalisiert demnach direkt die Vorteilhaftigkeit eines Projektes bzw. ob ein Unternehmensbereich in der Lage ist, die angesetzten, risikoadjustierten Kapitalkosten zu verdienen. Er ist somit gegenüber dem RORAC leichter kommunizierbar – auch wenn hinsichtlich der Berechnung nur marginale Unterschiede bestehen und die gleichen Werte Eingang in die Kennzahlen nehmen.[845] Die Kennzahl RAROC ist besonderes im Bankensektor als Steuerungskennzahl weit verbreitet, wurde sie doch bereits in den siebziger Jahren des letzten Jahrhunderts durch das US-amerikanische Geldhaus Bankers' Trust entwickelt. Der Berechnung zugrundegelegt wurde der Eigenkapitalbetrag, welcher mit einer Wahrscheinlichkeit von 99% zur Deckung der möglichen Verluste benötigt wird, die innerhalb eines Jahres in dem Geschäftsfeld anfallen könnten. Somit ist der Value-at-Risk hier nichts anderes, als der benötigte, risikoadjustierte Eigenkapitalbetrag.[846] Hier liegt auch das Kenproblem beider Kennzahlen in Bezug auf die Nutzung in Industrieunternehmen. Das Konzept risikoadjustierter Performancemaße wie des RORAC oder des RAROC ist nur für Unternehmen anwendbar, die auch den Value-at-Risk bestimmen – und dies nicht nur auf Gesamtunternehmensebene, sondern in den einzelnen Bereichen oder Projekten. Unternehmen, die den Value-at-Risk nicht ermitteln, wird somit eher eine Steuerung

[845] Vgl. Stephan 2006, S. 218.
[846] Vgl. Jorion 2007, S. 90.

auf Basis des Cash Flow-at-Risk empfohlen. Alternativ bietet sich eine Risikoadjustierung im Zuge der Ermittlung des WACC[847] an – also der gewichteten Kapitalkosten.[848]

4.10 Backtesting, Stresstests und Szenarioanalysen

Unabhängig davon, welches der dargestellten Risikomaße und welche Berechnungsmethodik Eingang in die Unternehmenssteuerung findet, ist das zugrundeliegende Modell mit einem Praxistest zu überprüfen. Dies geschieht entweder hypothetisch anhand historischer Datenreihen oder permanent in Form einer laufenden Überwachung.[849] Dieses Verfahren wird Backtesting genannt. Das Ziel liegt in einer Überprüfung, ob bspw. die erwarteten Verlustüberschreitungen bei Value-at-Risk – also die außerhalb des Konfidenzniveaus befindlichen Realisationen – mit den beobachteten Verlustüberschreitungen übereinstimmen. Damit sollen die Genauigkeit des verwendeten Modells überprüft und Anpassungsnotwendigkeiten identifiziert werden.[850] Diese Überprüfung ist für Kreditinstitute vorgeschrieben und beeinflusst direkt das für die mit dem Value-at-Risk bewerteten Instrumente vorzuhaltende Risikokapital. Aber auch Industrieunternehmen können im Sinne einer den Anforderungen angemessenen Risikosteuerung nicht darauf verzichten.[851] Während sich für Industrieunternehmen die Testerfordernisse aus diesen recht allgemeinen Steuerungsgründen ergeben, lässt sich die praktische Bedeutung des Backtesting für Banken eindeutig darstellen. Für Wertpapiere des Handelsbuches haben Banken mindestens das Dreifache des Value-at-Risk an Risikokapital vorzuhalten, wobei die Berechnung auf Basis eines Konfidenzintervalls von 99% sowie eines Betrachtungszeitraumes von zehn Tagen erfolgt. Dies entspricht somit dem 9,487-fachen des 1-Tages-Value-at-Risk.[852] Die geforderte Höhe der Eigenkapitalunterlegung kann auch über dem Faktor von 3,0 liegen. Sie wird von den Aufsichtsbehörden bankenindividuell festgelegt und ist abhängig von der Güte des Risikoschätzverfahrens und den jeweiligen

---

847 Weighted Average Cost of Capital.

848 Vgl. Homburg / Stephan 2004, S. 318.

849 Vgl. Hull 2011, S. 202.

850 Vgl. Jorion 2007, S. 139.

851 Vgl. Oehler / Unser 2002, S. 162.

852 $3 \times \sqrt{10} \times 1 - Tages - VaR = 3 \times 10 - Tages - VaR$ = benötigtes Risikokapital.

bankenspezifischen Risiken.[853] Die Ergebnisse des Backtesting selbst wirken sich direkt auf den Faktor der Eigenkapitalunterlegung aus. Mit Hilfe des Rückvergleichs soll überprüft werden, ob die statistisch erfassten Handelsergebnisse der Bank tatsächlich durch den ermittelten Wert des Konfidenzniveau von 99% abgedeckt werden.[854] Hierzu wird die Zahl der „Ausreißer" ermittelt, die den prognostizierten VaR innerhalb des gewählten Zeitintervalls übertreffen. Für ein Jahr sollten somit nicht mehr als zwei bis drei Ausnahmen auftreten.[855] Obwohl ein langer Zeitraum mit der Einbeziehung möglichst vieler historischer Daten für den Rückvergleich wünschenswert erscheint, beträgt der empfohlen Überprüfungszeitraum 250 Tage, da der Vergleich auch möglichst häufig durchgeführt werden sollte.[856] Empfehlenswert ist die Durchführung sowohl auf Basis der tatsächlichen Handelsergebnisse als auch anhand hypothetischer Änderungen des Portfoliowertes, welche bspw. durch extreme Marktszenarien der Vergangenheit ermittelt werden können.[857] Hinsichtlich der Festlegung der Auswirkungen durch die Zahl der festgestellten Ausreißer wird auf folgendes Drei-Zonen-Konzept zurückgegriffen:

Tabelle 12: Drei-Zonen-Konzept[858]

Zone	Anzahl Ausnahmen	Erhöhung des Multiplikationsfaktors	Kumulative Wahrscheinlichkeit
Grüne Zone	0	0,00	8,11%
	1	0,00	28,58%
	2	0,00	54,32%
	3	0,00	75,81%
	4	0,00	89,22%
Gelbe Zone	5	0,40	95,88%
	6	0,50	98,63%
	7	0,65	99,60%
	8	0,75	99,89%
	9	0,85	99,97%
Rote Zone	10 und darüber	1,00	99,99%

853 Vgl. Hull 2009, S. 557.
854 Vgl. Baseler Ausschuss für Bankenaufsicht 1996, S. 3.
855 Im Durchschnitt 2,5 Ausnahmen auf Basis von ca. 250 Handelstagen pro Jahr und einer Restwahrscheinlichkeit von 1%. Vgl. Bessis 2010, S. 516.
856 Vgl. Baseler Ausschuss für Bankenaufsicht 1996, S. 4 f.
857 Vgl. Baseler Ausschuss für Bankenaufsicht 1996, S. 4.
858 Vgl. Baseler Ausschuss für Bankenaufsicht 1996, S. 14.

Werden für den Betrachtungszeitraum von 250 Handelstagen bis zu vier Ausreißer festgestellt, so wird davon ausgegangen, dass das Modell der Bank sehr genau die Verhältnisse des Instituts abbildet und es wird somit ohne Beanstandung von den Aufsichtsbehörden zugelassen bzw. es gibt keine Auswirkungen auf die Höhe der geforderten Eigenkapitalunterlegung. Dies entspricht einer Zuordnung zur grünen Zone. Die vier Ausnahmen ergeben sich aus den Erkenntnissen der Statistik, da es bei einer Stichprobe von 250 Werten und einem dem Modell zugrundeliegendem Konfidenzintervall von 99% sehr wahrscheinlich ist, dass bis zu vier Ausnahmen auftreten.[859] Dagegen sind zehn und mehr Ausnahmen bei einer solchen Stichprobe sehr unwahrscheinlich, was auf ein nicht ausgereiftes Modell der Bank schließen lässt und es erfolgt eine Zuordnung zur roten Zone. Dies hat zur Folge, dass der Faktor, welcher für die Ermittlung der Höhe des notwendigen Risikokapitals (mindestens 3,0) aus dem VaR herangezogen wird, pauschal um 1,0 erhöht wird.[860] Bei einem Faktor von vormals 3,0 erhöht sich folglich die Eigenkapitalerfordernis um 33,3%. Innerhalb der gelben Zone gibt es wiederum eine hohe Unsicherheit über die Genauigkeit des verwendeten Modells, wobei mit steigender Zahl an Ausreißern die Wahrscheinlichkeit wächst, dass die Qualität des Modells nicht den Erfordernissen entspricht. Solche Ergebnisse des Backtesting mit fünf bis neun Ausnahmen können sowohl von genauen Modellen generiert werden, wenn die Korrelationen oder Volatilitäten unerwartet andere Ausprägungen annehmen, als prognostiziert, sind aber auch bei ungenauen Modellen durchaus plausibel. Diese Unsicherheit hinsichtlich des Modells wird über eine graduelle Erhöhung der Eigenkapitalerfordernisse eingepreist, wie sie in Tabelle 12 dargestellt ist. Diese Erhöhung ist allerdings nicht als Automatismus anzusehen, sondern die Bank hat die Möglichkeit nachzuweisen, dass ihr Modell plausibel ist.[861]

Prinzipiell sind die Aufsichtsbehörden darin interessiert, dass die untersuchten Institute eine ausreichende Risikokapiteldecke aufweisen und schreiten bei einer zu hohen Anzahl von Ausreißern ein. Aus Sicht der jeweiligen Bank ist allerdings auch eine zu geringe Anzahl von Ausnahmen problematisch anzusehen. Liegt die realisierte Zahl der

[859] Vgl. Baseler Ausschuss für Bankenaufsicht 1996, S. 7 f.
[860] Vgl. Baseler Ausschuss für Bankenaufsicht 1996, S. 12.
[861] Vgl. Baseler Ausschuss für Bankenaufsicht 1996, S. 8 ff.

Ausnahmen regelmäßig unter der prognostizierten Zahl, heißt dies nichts anderes, als dass der Value-at-Risk für die zu erwartende Zahl an Ausreißern als „zu hoch" angesetzt wurde. Das führt wiederum zu einer evtl. überhöhten Eigenkapitalunterlegung und bindet Haftungskapital, welches anderweitig eingesetzt werden könnte[862] – schließlich ist durch den Faktor von mindestens 3,0 bereits ein Risikopuffer hinsichtlich Höhe und Häufigkeit der Ausreißer bei der Berechnung des geforderten Eigenkapitals inkludiert. Die dargestellte Vorgehensweise des Backtesting-Verfahrens sowie der Anpassungsmaßnahmen ist in diesem Detaillierungsgrad sicher nicht auf Industrieunternehmen übertragbar. Für die jeweilige Umsetzung bietet dieses Schema aber interessante Anhaltspunkte – insbesondere in Bezug auf die Erhöhung des bereitzustellenden Haftungskapitals bei wachsender Unsicherheit über die Güte des Risikobewertungsmodells.

Wie bereits bei der Betrachtung des Conditional Value-at-Risk als Kritikpunkt erläutert, stellt der Value-at-Risk eine Steuerungskennzahl für normale Marktbedingungen dar und blendet die Höhe von extremen, aber seltenen Verlusten aus. Die extremsten Verluste werden allerdings auch über den Conditional Value-at-Risk nur bedingt erfasst, da dieser nur einen Mittelwert der unerwarteten Verluste wiedergibt. Daher sollten die verwendeten Modelle in Form von Stresstests mit sehr unwahrscheinlichen Extremszenarien überprüft werden, welche aber bestandsgefährdende Verluste verursachen können.[863] Für Kreditinstitute sind Stresstests abermals zwingend vorgeschrieben, wobei die Auswirkungen sich rasch verändernder Marktpreise sowie verändernder Bonitäten auf die Vermögensgegenstände zu untersuchen sind.[864] Aber auch in Industrieunternehmen ist die Überprüfung ihrer Modelle mit Extremszenarien sinnvoll, wie nicht zuletzt die Preisentwicklung an den weltweiten Rohstoffmärkten im letzten Jahrzehnt aufgezeigt hat. Für den Stresstest von Wertpapierportfolios wird bspw. der Crash im Oktober 1987 als sogenanntes Katastrophen-, Worst Case- oder Crash-Szenario herangezogen. Dabei werden die das Portfolio beeinflussenden Risikofaktoren ermittelt und die Auswirkungen auf den Portfoliowert durch das

[862] Vgl. Murphy 2008, S. 187.
[863] Vgl. Jorion 2007, S. 357.
[864] Vgl. Kaminsky et al. 2007, S. 49.

Extremszenario ermittelt. Es wird somit die Höhe des extremsten, als möglich eingestuften Verlustes ermittelt. Aussagen über dessen Eintrittswahrscheinlichkeit lassen sich mit den gängigen Modellen aber nicht treffen, da insbesondere unter einer Normalverteilungsannahme im Modell solche Verluste nahezu ausgeschlossen erscheinen.[865] Einfache Stresstest können mit Hilfe von Sensitivitätsanalysen durchgeführt werden, wobei Auswirkungen von Veränderungen der einzelnen Risikofaktoren auf das Portfolio ermittelt werden.[866] Dabei wird bspw. die Sensitivität auf eine Parallelverschiebung der Zinskurve, eine hohe Wertveränderung eines für das Portfolio relevanten Vergleichsindex, eine starke Wechselkursveränderung oder eine hohe Veränderung der Volatilität ermittelt.[867] Bei der Szenarioanalyse werden dagegen der Einfluss verschiedener Risikofaktoren sowie deren Korrelationen auf das Portfolio betrachtet. Verwendung finden sowohl historische Szenarien, als auch hypothetische Szenarien bei einer fehlenden oder zu geringen historischen Datenbasis. Auch die Kombination aus beiden in Form von hybriden Szenarien ist üblich, wenn historische Ereignisse in neue theoretische Szenarien Einzug halten.[868] Gerade für Positionen in normalerweise liquiden Märkten lassen sich ausreichend historische Ereignisse identifizieren, die für historische Szenarien verwendet werden können: Für die Simulation eines Zinsschocks bspw. die extremen prozentualen Wertänderungen vom 10. April 1992 in Großbritannien oder für Rohstoffmärkte die Preisschübe bei Öl (+23,8%)[869] und Gold (+15,4%) vom 22. September bzw. 27./28. September 2008.[870]

Für die Durchführung eines Stresstests sind zusammengefasst demnach zunächst die Sensitivitäten im Hinblick auf die Änderungen von Risikofaktoren zu analysieren. Da die Risikofaktoren – z.B. die Änderung des Zinsniveaus – unterschiedlich auf die einzelne Portfoliopositionen wirken, ist das gesamte Portfolio (Wertpapierportfolio oder auch Beschaffungsportfolio) auf diese Spezifika hin zu untersuchen. Für die anschließende Entwicklung von Szenarien werden die einzelnen, in der Sensitivitätsanalyse

865 Vgl. Deutsch 2008, S. 418.
866 Vgl. Kaminsky et al. 2007, S. 50.
867 Vgl. Hull 2011, S. 423.
868 Vgl. Kaminsky et al. 2007, S. 50.
869 Vgl. Welt.de 2008.
870 Vgl. Hull 2011, S. 423.

ermittelten Parameter unter Verwendung von Korrelation zusammengefasst. Über eine Simulationsrechnung für die jeweiligen Szenarien werden die Ergebnisse des Stresstests ermittelt. Diese können im Rahmen eines Lernprozesses für die Anpassung der Szenarien verwendet werden und die Grundlage einer abermaligen, modifizierten Simulationsrechnung werden.[871]

Im Gegensatz zur dargestellten Methode ist auch eine umgekehrte Vorgehensweise denkbar. Hierfür wird der maximal vertretbare Verlust in den Mittelpunkt der Betrachtung gestellt. Ausgehend von dieser Verlustobergrenze werden mögliche Szenarien ermittelt, welche für das Unternehmen existenzbedrohende Ausmaße annehmen würden. Statt der Frage nach der Höhe des Verlustes, welcher bei einem Szenario eintritt, wird bei dieser Form des impliziten Stresstests eruiert, welche Szenarien das Unternehmen bewältigen kann.[872]

---

871 Vgl. Kaminsky et al. 2007, S. 50 f.
872 Vgl. Liermann / Klauck 2009, S. 54.

5 Grundlagen derivativer Finanzinstrumente

5.1 Klassifizierung von Derivaten

Wie bereits in Kapitel 1.3.1 definiert, sind Derivate Finanzinstrumente, deren Preise von der Entwicklung ihrer zugrunde liegenden Basiswerte abhängig sind. Auch wurden sie als Termingeschäfte identifiziert, da deren Begleichung auf einen späteren Zeitpunkt als den Vertragsabschluss ausgerichtet ist und es sich somit bis zum Fälligkeitstermin um schwebende Geschäfte handelt.[873] Derivate ermöglichen es, an Wertänderungen eines Basiswertes teilzuhaben, ohne den Basiswert selbst zu besitzen oder zu handeln. Damit ist es also möglich, das Risiko- und Renditeprofil eines Wirtschaftsgutes zu separieren und selbstständig handelbar zu machen. In diesem Sinn werden Derivate auch als Differenzgeschäfte bezeichnet.[874]

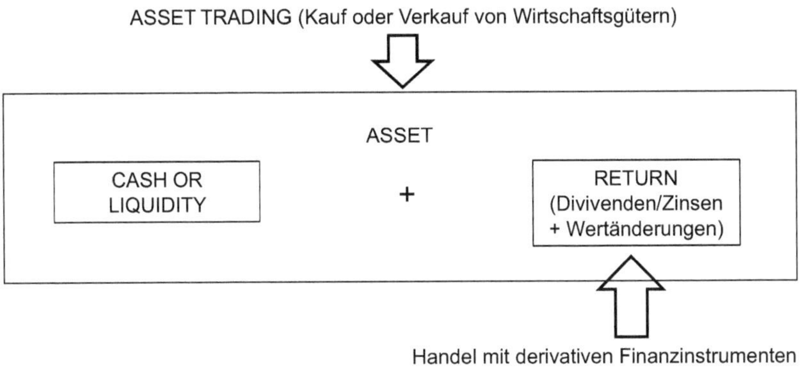

Abbildung 22: Vergleich von Kassageschäften mit dem Handel in Derivaten[875]

Diesen Unterschied zum direkten Kauf eines Wirtschaftsgutes, welcher gegen Zahlung des Kaufpreises zur Partizipation an den Rückflüssen des Wirtschaftsgutes berechtigt, illustriert Abbildung 22.

---

873 In Deutschland beträgt die maximale Frist zwischen Verpflichtungs- und Erfüllungsgeschäft bei einem Kassageschäft zwei Börsentage. Bei einem Termingeschäft ist diese Frist dementsprechend länger. Vgl. Prätsch et al. 2007, S. 213.

874 Differenzgeschäft: Contract for Difference (CFD). CFDs bilden seit einigen Jahren auch eine eigene Produktkategorie. Bei diesen wird auf die sonst bei Derivaten übliche Verbriefung verzichtet. Somit können die hier behandelten Derivate durchaus der Gruppe der CFDs zugeordnet werden.

875 Vgl. Das 2006, S. 5.

Durch diese Separation des Risiko- und Renditeprofils ist es möglich – durch Kombination von risikofreien Anlagen bzw. Barpositionen mit Derivaten – synthetische Vermögensgegenstände und Verbindlichkeiten zu konstruieren.[876]

Eine Klassifizierung von Derivaten ist nach verschieden Kriterien durchführbar. Die vom Grundsatz her bedeutendste Unterscheidung ergibt sich nach dem Grad der dem Derivat innewohnenden Erfüllungspflicht. Ist die vertragliche Verpflichtung aus dem Derivat für beide Vertragspartner zwingend zu erfüllen, so spricht man von einem unbedingten Termingeschäft. Zu dieser Gruppe zählen Forwards, Futures, Forward Rate Agreements und Swaps.[877] Hat dagegen eine Vertragspartei ein Wahlrecht hinsichtlich der Erfüllung, so handelt es sich um ein bedingtes Termingeschäft:[878]

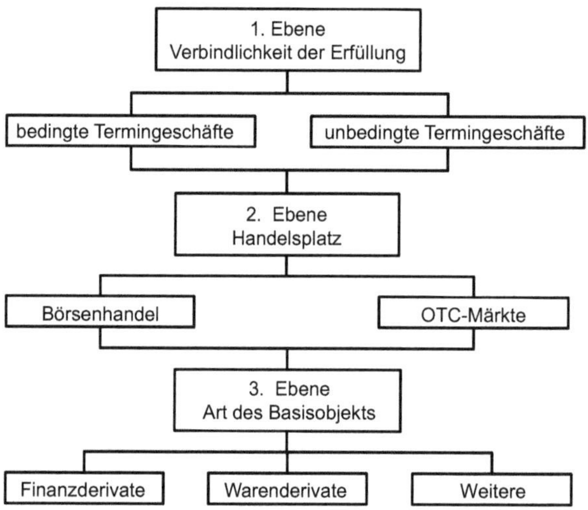

Abbildung 23: Strukturierung derivativer Finanzinstrumente[879]

Zu dieser zweiten Gruppe zählen bspw. Optionen, Caps, Floors und Swaptions.[880] Ein zweites Unterscheidungskriterium ergibt sich aus dem Handelsort. Hier lässt sich ein

[876] Vgl. Das 2006, S. 4 f.
[877] Vgl. Müller-Möhl 2002, S. 21
[878] Vgl. Beike / Barckow 2002, S. 3
[879] Vgl. Rudolph / Schäfer 2005, S. 17
[880] Vgl. Schmidt 2006, S. 3

börslicher Handel an Terminbörsen von einem außerbörslichen sogenannten over the counter-Handel (OTC-Handel) abgrenzen.[881] Der Vorteil des Börsenhandels liegt in der dort vorzufindenden Standardisierung der Produkte. Standardisiert werden Art und Güte des zugrundeliegenden Basisinstrumentes,[882] die Kontraktgröße, der Basispreis, zu dem das Geschäft abgewickelt wird, die Laufzeit des Vertrages und der Handelsort sowie die geltenden Handelszeiten. Durch die Standardisierung ist ein Handel an organisierten Börsen möglich, was einen schnellen und liquiden Handel vom Grunde her erst ermöglicht. Da die Verträge nicht individualisiert ausgehandelt werden müssen, ist es auch möglich, während der Laufzeit in den Kontrakt ein- oder aus diesem auszutreten – ihn also über die Börse glattzustellen.[883] Ein weiterer Vorteil des Börsenhandels liegt in der Ausschaltung des Kontrahentenrisikos. Durch die Zwischenhaltung der Börse (bzw. der angeschlossenen Clearingstelle, welche den Handel organisiert) entfällt die notwendige Bonitätsprüfung, welche bei Abschluss eines direkten Geschäftes zwischen zwei Marktteilnehmern durchzuführen wäre. Durch eine börsentägliche Abrechnung der Kontrakte und ein System von Einschusszahlungen (Margins) sichert sich die Clearingstelle ihrerseits gegen den Zahlungsausfall von Kontrahenten ab.[884] Dass es sich bei dem Kontrahentenrisiko um ein nicht unerhebliches Risiko handelt, wurde nicht zuletzt im Zuge des Zusammenbruchs der Bank Lehman Brothers offensichtlich und führte zur Forderung, den unkontrollierten Handel auf den OTC-Märkten ebenfalls auf organisierte und überwachte Börsen umzuleiten. Nichtsdestotrotz überwiegt im weltweiten Derivatehandel weiterhin der außerbörsliche Handel.[885] OTC-Geschäfte werden üblicherweise direkt zwischen Banken abgeschlossen oder Banken fungieren als Anbieter gegenüber Industrieunternehmen, aber auch

[881] Vgl. Beike / Barckow 2002, S. 8
[882] Was bei einer Aktie oder einem Index als Basiswert problemlos möglich ist, da jede ausstehende Aktie identisch ist bzw. der Index, wie bspw. der deutsche Leitindex DAX30, eindeutig definiert ist, gestaltet sich bei Agrarrohstoffen weitaus schwieriger, da die Qualität von der jeweiligen Ernte abhängt oder bei Kontrakten über Schweinehälften keine identischen Lieferungen möglich sind. Aus diesem Grund werden für solche Basiswerte von den Terminbörsen mehrere Qualitätsstufen definiert, welche zu Ab- oder Aufschlägen auf den vereinbarten Lieferpreis in Form des Basispreises führen. Vgl. Hull 2009, S. 50.
[883] Vgl. Bloss / Ernst 2008, S. 5.
[884] Vgl. Beike / Barckow 2002, S. 9.
[885] Siehe Kapitel 1.1.

öffentlichen Verwaltungen.[886] Vorteilhaft erweist sich bei außerbörslichen Derivaten deren hohen Individualität und Flexibilität im Hinblick auf die Vertragsgestaltung. So lassen sich die bei standardisierten, börsengehandelten Produkten klar definierte Parameter wie Basispreis, Kontraktgröße oder Laufzeit individuell zwischen den Vertragspartnern aushandeln und auf deren Bedürfnisse anpassen. Allerdings werden häufig standardisierte Rahmenverträge (bspw. ISDA-Verträge[887]) der Vertragsgestaltung zugrundegelegt.[888] Diese Quasi-Standardisierung hat auch dazu beigetragen, dass Terminbörsen immer mehr dazu übergegangen sind, auch den Handel von eigentlich außerbörslichen Derivaten auf ihren Systemen anzubieten.[889] Für Unternehmen liegt ein weiterer Vorteil von OTC-Produkten darin, dass diese erst am Ende der Laufzeit abgerechnet werden (zumindest aber nur zu festen Terminen) und nicht börsentäglich. Damit binden sie weder Liquidität (bspw. keine ‚Initial Margin' wie bei Futures), noch kommt es während der Laufzeit zu unerwarteten Liquiditätsabflüssen (‚Margin Calls' in Bezug auf die ‚Maintenance Margin').[890] Aufgrund der teilweise recht starken Unterschiede und deren Bedeutung für die Nutzer dieser Derivate sind die Charakteristika der beiden genannten Gattungen in Anhang 12 noch einmal zusammenfassend gegenübergestellt.

Eine dritte Unterteilung von Derivaten erfolgt üblicherweise nach der Art des zugrundeliegenden Basiswertes. Die nach diesem Kriterium größte Gruppe ist die der Finanzderivate, welche über die Hälfte des Handelsvolumens ausmachen.[891] Deren Basiswert ist selbst ein Finanzinstrument. Zu den Finanzderivaten zählen somit Aktien- und Aktienindexderivate sowie Währungs- und Zinsderivate bzw. Derivate auf Anleiheindizes.[892] Finanzderivate lassen sich auch in andienbare und nicht andienbare Basiswerte unterscheiden. Können die Basiswerte am Ende der Laufzeit geliefert wer-

886 In diesem Bereich haben einige Städte und Gemeinden eher negative Berühmtheit erlangt, die mit Hilde von außerbörslichen Geschäften ihre Zinsbelastungen optimieren wollten. Vgl. FAZ.net 2007.
887 ISDA Master Agreement siehe: International Swaps and Derivatives Association 2002 .
888 Vgl. Beike / Barckow 2002, S. 8.
889 Vgl. Schmeisser 2010, S. 143.
890 Vgl. Paschold 2010, S. 119.
891 Vgl. Kolb / Overdahl 2007, S. 23.
892 Vgl. Kruse 2007, S. 808.

den, bspw. in Form der Übereignung von Aktien und Anleihen, so spricht man von andienbaren Werten. Indizes oder Zinsen sind dagegen nicht lieferbar und damit nicht andienbar – hier erfolgt ein Barausgleich.[893]

Zu den Warenderivaten, auch Rohstoffderivate oder Commodity Derivatives, gehören im weiteren Sinne alle Derivate auf Rohstoffe. Üblicherweise zählen hierzu Edel- und Industriemetalle sowie Agrar- und Energierohstoffe.[894] Mit der Etablierung eines liquiden Börsenhandels in den letzten Jahren werden mittlerweile auch Derivate auf Strom und auf Verschmutzungsrechte in Form von CO_2-Ausstoßzertifikaten zu dieser Derivategattung gezählt.[895] Die Vielzahl weiterer Derivate, welche sich am Markt etabliert hat, wird in der Gruppe der sonstigen Derivate zusammengefasst. Darunter fallen etablierte Kreditderivate, deren Marktvolumen eine recht hohe Bedeutung erlangt hat, aber auch Spezialitäten wie Wetter- oder Katastrophenderivate. Aber auch auf Frachtraten, Inflationsdaten oder Immobilien werden Derivate angeboten.[896] Die Kategorisierung nach der Art des Basiswertes findet sich in Anhang 13. In Abhängigkeit des jeweiligen Basiswertes lassen sich bei der Ausgestaltung der einzelnen Derivate einige Unterschiede feststellen. Dies zeigt sich bspw. bei einem Vergleich von Rohstoff-, Wetter- oder Stromderivaten. Während bei Rohstoffderivaten die physische Lagerung mit in die Berechnung des Derivatepreises einfließt, ist Strom als Basiswert prinzipiell nicht lagerfähig. Bei Wetterderivaten spielt dagegen eine möglichst genaue regionale Abgrenzung eine wichtige Rolle bei der Vertragsgestaltung. Der größte Unterschied in der Funktionsweise ergibt sich allerdings aus der Einordnung in bedingte und unbedingte Termingeschäfte, da sich daraus im Hinblick auf deren Einsatz im Rahmen von Absicherungsgeschäften variable und fixe Hegingstrategien ableiten lassen. Aufgrund dieser großen Unterschiede wird im Folgenden analog zu der zusammenfassenden Darstellung in Abbildung 24 auf die Funktionsweise der grundsätzlichen derivativen Finanzinstrumente wie Futures, Optionen und Swaps eingegangen:

---

893 Vgl. Beike / Barckow 2002, S. 3.
894 Vgl. Battley 1993, S. 181 ff.
895 Vgl. Eurex 2011a, S. 120 ff.
896 Vgl. Kruse 2007, S. 808, Wilkens / Wimschulte 2008b, S. 22 sowie Eurex 2011a, S. 2 f.

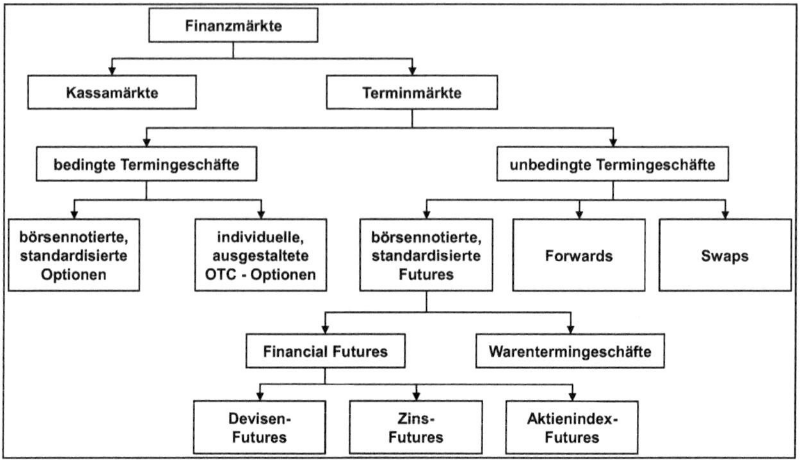

Abbildung 24: Derivate im System der Finanzmärkte[897]

5.2 Futures und Forwards

Bei Futures und Forwards handelt es sich um unbedingte Termingeschäfte. Die Bezeichnung Futures bezieht sich dabei auf einen standardisierte und börsengehandelte Terminkontrakte, bei welchen sich Käufer und Verkäufer verpflichten, eine definierte Menge eines Basiswertes zum Zeitpunkt der Fälligkeit zu einem bereits bei Vertragsabschluss festgelegten Preis zu liefern bzw. abzunehmen. Durch den Handel am Terminmarkt gelten Futures als hochliquide standardisierte Derivate. Analog zu den Kategorien im Vorkapitel unterscheidet man Financial Futures und Rohstoff-Futures. Financial Futures beziehen sich auf Aktienindizes, Devisen und Zinsen. Basiswerte von Rohstoff-Futures sind dagegen Objekte der Realwirtschaft, wie Rohstoffe und landwirtschaftliche Produkte.[898] Das nicht börsengehandelte Äquivalent zu Futures bilden Forwards. Bei diesem werden Art und Preis des Handelsobjekts, die Liefermenge und der Fälligkeitszeitpunkt zwischen den beiden Vertragspartnern individuell ausgehandelt. Dadurch können Forwards variabel an die Bedürfnisse der Geschäftspartner angepasst werden, sind dafür aber auch schwer handelbar. Auch tragen die Vertragspartner das Kontrahentenrisiko selbst, wodurch auch Sicherheits-

[897] Vgl. Uszczapowski 1999, S. 194 sowie Müller-Möhl 2002, S. 21.
[898] Vgl. Deutsche Börse 2008a.

leistungen individuell vereinbart werden müssen. Bei Futures wird dieses Risiko durch Zwischenschaltung der Clearingstelle quasi eliminiert.[899] Sowohl bei Futures als auch bei Forwards erfolgt eine Unterscheidung in zwei Grundpositionen, welche ein Investor einnehmen kann. Der Käufer des Termingeschäftes nimmt eine Long-Position ein und verpflichtet sich, bei Fälligkeit den vereinbarten Preis zu zahlen und den Basiswert abzunehmen. Der Verkäufer tritt dagegen in eine Short-Position ein und verpflichtet sich, zur Fälligkeit den Basiswert zu liefern, wofür er im Gegenzug den Kaufpreis erhält.[900] Daraus ergibt sich das für Futures und Forwards typische Zahlungsprofil, welches in Abbildung 25 für beide Positionen dargestellt ist:

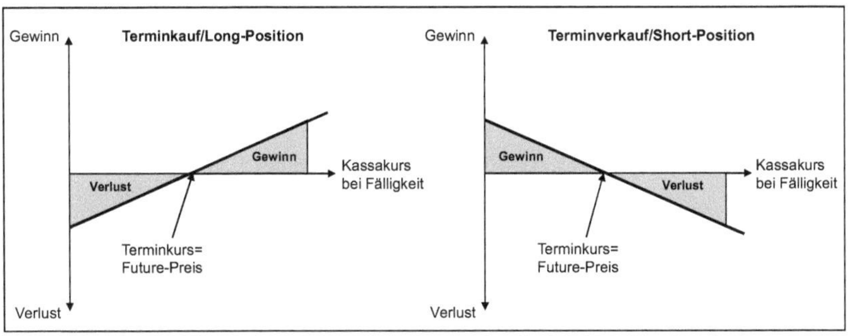

Abbildung 25: Gewinn- und Verlustprofil bei Termingeschäften[901]

Hierbei handelt es sich um ein symmetrisches Gewinn- und Verlustprofil, da diesen Geschäften prinzipiell ein unbegrenztes Gewinn- und Verlustpotential innewohnt. Der Inhaber einer Long-Position profitiert dabei von steigenden Kursen des zugrundeliegenden Basiswertes – der Inhaber einer Short-Position dagegen von fallenden Kursen. Wird der Basiswert zum Ende der Laufzeit T an den Käufer geliefert, so liegt sein Gewinn in der Differenz aus dem Kurs des Basiswertes zum Lieferzeitpunkt S_T abzüglich des durch ihn gezahlten Terminkurses zum Abschlusszeitpunkt des Geschäftes F – also in $S_T - F$. Alternativ kann auch ein Barausgleich anstelle der physischen Lieferung stattfinden.[902] Dies hängt davon ab, ob es sich bei dem Basiswert um ein

[899] Vgl. Deutsche Börse 2008b.
[900] Vgl. Deutsche Börse 2008a.
[901] Vgl. Perridon et al. 2009, S. 328 f.
[902] Vgl. Rudolph / Schäfer 2005, S. 27.

andienbares Instrument handelt bzw. ob von vornherein ein solcher Barausgleich anstelle einer Lieferung vereinbart wurde. Ist der Kurs des Basiswertes während der Laufzeit dagegen gefallen, so entspricht die Differenz $S_T - F$ natürlich dem Verlust des Käufers. Die Gewinn und Verlustsituation stellt sich, wie in Abbildung 25 dargestellt, für den Verkäufer – also dem Inhaber der Short-Position – genau spiegelbildlich dar.

Für den Handel von Futures an der Terminbörse nimmt die Clearingstelle eine zentrale Position für die Abwicklung und Kontrolle der durchgeführten Transaktionen ein. Durch die Standardisierung der Kontrakte und die Zwischenschaltung der Clearingstelle wird das Kontrahentenrisiko der Vertragspartner eines Forwards bei Futures quasi auf die Clearingstelle selbst übertragen. Durch Einforderung von Sicherheitsleistungen gegenüber den Handelsteilnehmern versucht sie ihrerseits, das Erfüllungsrisiko so weit wie möglich zu minimieren. Dafür erfolgt eine börsentägliche Bewertung sämtlicher offener Positionen zu Marktwerten (mark-to-market-Prinzip) sowie darauf aufbauend eine tägliche Bestimmung der notwendigen Höhe der Sicherheitsleistungen.[903] Die Sicherheitsleistung wird bei Eintritt in eine Futures-Position fällig und auch als Einschuss oder Marge bzw. Margin bezeichnet.[904] An der Terminbörse Eurex beträgt sie in Abhängigkeit vom jeweiligen Kontrakt zwei bis sieben Prozent des Kontraktvolumens. Sie ist auf das Margin-Konto einzuzahlen, über welches die börsentäglichen Gewinne und Verluste aus der Future-Position abgerechnet werden. Durch die täglichen Kursschwankungen des Basiswertes ändert sich darüber hinaus auch der Betrag der notwendigen Sicherheitsleistung. Ist diese aufgrund der beschriebenen Verlustverrechnung auf dem Margin-Konto für die offene Position nicht mehr ausreichend, erfolgt ein sogenannter Margin-Call und der Vertragspartner hat einen Nachschuss in Form der Variation-Margin auf sein Konto bei der Clearingstelle zu leisten.[905] Der Margin-Call erfolgt allerdings nicht bei Unterschreitung des anfänglichen Einschusses (Initial-Margin), sondern bei Unterschreitung des Mindestsaldos, welcher auch Maintenance-Margin genannt wird.[906] Die Maintenance-

[903] Vgl. Müller-Möhl 2002, S. 32 f.
[904] Teilweise auch als Initial-Margin bezeichnet. Vgl. Schmeisser 2010, S. 147.
[905] Vgl. Deutsche Börse 2011d.
[906] Vgl. Hull 2009, S. 54.

Margin liegt in der Regel bei 75% der anfänglichen Marge. Wird dieser Wert auf dem Konto unterschritten, so erfolgt der Margin-Call, wobei allerdings das Konto auf den dann gültigen Wert der Initial-Margin aufzustocken ist und nicht nur auf den Wert der Maintenance-Margin. Kommt der Investor dem Margin-Call nicht nach, wird die offene Position durch die Clearingstelle umgehend zwangsweise geschlossen.[907] Umgekehrt werden diesem Margin-Konto aber auch die Gewinne aus Futures-Position gutgeschrieben.[908] Durch dieses Margin-System kann es somit aus Sicht des Investors börsentäglich zu (unerwarteten) Liquiditätsabflüssen kommen, um das Margin-Konto auszugleichen. Hier liegt prinzipiell der bereits angedeutet Vorteil von Forwards im Hinblick auf die laufende Liquiditätsbelastung. Im Detail kommt es allerdings auf die jeweilig ausgehandelten Vertragsbedingungen an, inwieweit und wann es zu Anpassungen bei den Sicherheitsleistungen kommt.

Aus Sicht der Verwendung von Futures für Absicherungsgeschäfte hält sich diese Liquiditätsbelastung aber in Grenzen, da der gesamte Kontraktwert eines Futures die Wertänderungen aus einem Grundgeschäft kompensieren soll und dafür eben nur ein Bruchteil des Kontraktwertes als Einschusszahlung notwendig ist. Ausgehend von einer Initial-Margin in Höhe von zwei bis sieben Prozent weisen Futures allerdings einen enormen Hebel von 14 bis 50 auf – mit dem eingesetzten Kapital in Form der Initial-Margin wird folglich ein Kontraktvolumen in Höhe des 14- bis 50-fachen des Einschusses gehandelt – was sie wiederum für spekulative Einsatzmotive interessant macht.[909] Unabhängig vom Einsatzmotiv sind bei der Investition in Futures Laufzeitbeschränkungen aufgrund der Standardisierung zu beachten. Obwohl das Angebot an verfügbaren Laufzeiten oder Startterminen[910] der Futures für einige Basiswerte

[907] Vgl. Müller-Möhl 2002, S. 33.
[908] Vgl. Deutsche Börse 2011d.
[909] Vgl. Hull 2009, S. 37.
[910] So bietet die Eurex ihren Xetra-Gold-Future im sogenannten ‚Zyklus März, Juni, September, Dezember' mit Laufzeiten von bis zu 36 Monaten an. Das heißt in jedem dieser Monate wird eine neue Palette von Futures auf Xetra-Gold emittiert. Dabei bietet Sie Laufzeiten von einem bis drei Monaten sowie elf weitere Kontrakte mit einer jeweils um drei Monate zunehmenden Laufzeit an. Vgl. Eurex 2011a, S. 106.

mittlerweile sehr reichhaltig ist,[911] werden sich die gewünschte Laufzeit des Termingeschäfts sowie die verfügbare Laufzeit der relevanten Futures in der Praxis oft nicht entsprechen. Ist der Betrachtungszeitraum kürzer als die Laufzeit des gewählten Futures, so lässt sich eine Absicherungsstrategie für den Zeitraum durch einen vorzeitigen Kauf oder Verkauf des Futures (auch: Glattstellen) zum Ende des Absicherungsbedarfs auflösen. Ist dagegen die Laufzeit der verfügbaren Futures – verfügbar in Hinblick auf die Laufzeit selbst, aber auch im Hinblick auf die Liquidität des Futures[912] – kleiner als der relevante Investitions- oder Absicherungszeitraum, so sind die Kontrakte zu prolongieren. Dies bedeutet, dass der endenden Futures-Kontrakte geschlossen werden und die gleiche Position in längerlaufenden Futures eingenommen wird. Dies wird auch als Rollover bezeichnet bzw. dass der Kontrakt gerollt bzw. rolliert wird.[913] In diesem Zusammenhang ist es von Interesse, wie sich Kassa- und Terminkurse im Zeitablauf entwickeln. Üblicherweise sollten sich beide Kurse während der Laufzeit eines Kontrakts annähern und zum Fälligkeitszeitpunkt entsprechen. Die Differenz zwischen Termin- und Kassakurs wird auch als Basis bezeichnet und kann sowohl positiv als auch negativ sein. Sie ist im Normalfall umso größer, je länger die Restlaufzeit des Kontraktes ist.[914] Liegen nun für die verfügbaren Kontrakte die Preise eines längerlaufenden Kontraktes des Basiswertes jeweils unter dem nächstkürzeren Kontrakt, so wird diese Situation als Backwardation bezeichnet und ist häufig insbesondere bei Energierohstoffen anzutreffen.[915] Diese ist für eine Prolongation unproblematisch, da ein höherpreisiger Kontrakt in einen günstigeren gerollt wird – es entsteht somit ein sogenannter Rollgewinn. Im gegenteiligen Fall, wenn die Kontrakte

---

[911] Die London Metal Exchange (LME) hat ihr Angebot an Kontrakten auf Industriemetalle sogar auf tägliche Start- und Fälligkeitstermine umgestellt, um insbesondere Industriekunden ein möglichst passgenaues Angebot an Absicherungsinstrumenten zur Verfügung zu stellen. Für die jeweils kommenden drei Monate stehen demnach für jeden Börsentag Kontrakte zur Verfügung. Für die darauffolgenden drei Monate stehen darüber hinaus Kontrakte für jede weitere Woche zur Verfügung. Längere Laufzeiten werden auf monatlicher Basis angeboten – für Kupfer und Aluminium bis zu einer Gesamtlaufzeit von 123 Monaten. Vgl. LME 2011a, S. 2.

[912] Obwohl teilweise längere Laufzeiten verfügbar sind, weisen üblicherweise nur Futures von kurzer bzw. in Teilen von mittlerer Laufzeit eine ausreichende Liquidität im Börsenhandel auf. Daher werden für Absicherungszwecke häufig auch nur Futures mit vergleichsweise kurzen Laufzeiten genutzt. Vgl. Rudolph / Schäfer 2005, S. 168.

[913] Vgl. Hull 2009, S. 97.

[914] Vgl. Oehler / Unser 2002, S. 58.

[915] Vgl. Eller et al. 2010, S. 96.

mit längeren Laufzeiten jeweils höher notieren als die mit kürzeren Laufzeiten, so spricht man von Contango. In diesem Fall verursacht der Rollover sogenannte Rollverluste, da von einem günstigeren Kontrakt in einen höherpreisigen umgeschichtet werden muss. Insbesondere bei Gold und bei Agrarrohstoffen ist diese Marktkonstellation oft anzutreffen.[916]

Für eine effektive Steuerung auf der Basis quantitativer Kennzahlen ist eine genaue Ermittlung von Preise von Forwards und Futures notwendig.[917] Trotz der vorgenannten Unterschiede ist die Ermittlung von Forwards- und Futures-Preisen grundsätzlich gleich und die Preise selbst weichen, wenn überhaupt, nur gering voneinander ab – die nachfolgenden Ausführungen gelten somit für beide Arten von Termingeschäften.[918] Für die Preisermittlung spielen zunächst die Finanzierungskosten eine Rolle, da der Betrag, welcher für den Kauf des Basiswertes aufgewandt wird, anderweitig am Kapitalmarkt angelegt werden könnte. Für einen Basiswert, welcher sonst keinerlei Erträge generiert oder Kosten verursacht, muss also bei Zugrundelegung eines risikofreien Zinses *r* und einer Laufzeit *T* im Zeitpunkt *t=0* gelten:

$$F_0 = S_0 e^{rT} \qquad \textbf{5.1}$$

Der Käufer eines Futures hat demnach dem Verkäufer, welcher für die Laufzeit auf Zinserträge verzichtet, die Refinanzierungskosten zu entgelten.[919] Diese in Formel 5.1 dargestellte grundsätzliche Beziehung lässt sich um sämtliche weiteren Erträge und Kosten, die in Verbindung mit dem Basiswert anfallen, erweitern. So entfallen für den Käufer eines Futures auch die als Cost of Carry bezeichneten eventuellen Lager-, Pflege- oder Versicherungskosten. Im Gegenzug verzichtet er auf mögliche Erträge aus dem Basiswert, bspw. in Form von Zinsen und Dividenden. Pro Forma ergibt sich der Preis eines Futures demnach aus dem Kassapreis zuzüglich der Cost of Carry und der Finanzierungskosten sowie abzüglich der Erträge des Basiswertes.[920] Die Berechnung der Futures-Preise lässt sich somit um zwei Varianten erweitern. Entweder fällt ein fester, auf den Barwert abgezinster Ertrag *I* im Basiswert an oder der Basiswert

---

916 Vgl. Eller et al. 2010, S. 96 f.

917 Vgl. Rudolph / Schäfer 2005, S. 207.

918 Vgl. Hull 2009, S. 138.

919 Vgl. Hull 2009, S. 142.

920 Vgl. Müller-Möhl 2002, S. 78 f.

generiert eine bekannte Rendite *q*. Alle drei Berechnungsvarianten sind in folgender Tabelle gegenübergestellt:

Tabelle 13: Ermittlung von Futures-Preisen und Wertermittlung bestehender Positionen[921]

Basiswert	Preis F_0 des Futures/ des Forwards in $t=0$	Wert f der Longposition des Futures im Zeitpunkt $t=1$
Ohne Erträge	$S_0 e^{rT}$ **5.2**	$S_1 - F_0 e^{-rT}$ **5.3**
Mit festem Ertrag *I*	$(S_0 - I)e^{rT}$ **5.4**	$S_1 - I - F_0 e^{-rT}$ **5.5**
Mit bekannter Rendite *q*	$S_0 e^{(r-q)T}$ **5.6**	$S_1 e^{-qT} - F_0 e^{-rT}$ **5.7**

Die in der mittleren Spalte dargestellten Methoden lassen sich mit Hilfe weiterer Umformungen an die Eigenschaften der jeweiligen Basiswerte anpassen. Für Währungskontrakte entspricht *q* in Formel 5.6 sowie 5.7 dem Anlagezins in der Fremdwährung.[922] Fallen für Rohstoffe feste Kosten, wie für die Lagerung an, so sind diese als negative Erträge zu behandeln, wodurch *I* dem negativen Barwert der Lagerhaltungskosten in den Formeln 5.4 und 5.5 entspricht. Sind die Lagerhaltungskosten dagegen proportional zum Kurs des Basiswertes, so gehen sie statt *q* mit negativem Vorzeichen in die Formeln 5.6 und 5.7 ein. Auch die Cost of Carry in Summe lassen sich über diese Variante darstellen.[923]

Neben der Preisermittlung eines Futures zum Investitionszeitpunkt ist auch die Bestimmung des jeweiligen Wertes während der Laufzeit notwendig. Zum Kaufzeitpunkt ist der Wert der Future-Position gleich Null, da der Basiswert noch keinerlei Änderungen vollzogen hat. Während der Laufzeit kann der Wert in Abhängigkeit der Entwicklung des Basiswertes dagegen positiv und negativ werden. Die Berechnungsmethodik für einen im Zeitpunkt $t=0$ zum Preis F_0 erworbenen Kontrakt

921 Vgl. Hull 2009, S. 163.
922 Vgl. Hull 2009, S. 153.
923 Vgl. Hull 2009, S. 156 ff.

ist für einen Zeitpunkt $t=1$ in der rechten Spalte von Tabelle 13 analog zur Preisermittlung von F_0 angegeben.[924]

5.3 Forward Rate Agreements

Ein Forward Rate Agreement (FRA) ist ein spezieller, individuell ausgehandelter und damit außerbörslicher, unbedingter Zinsterminkontrakt.[925] Im Gegensatz zu klassischen Termingeschäften, bei denen eine Absicherung eines Preises zum aktuellen Zeitpunkt stattfindet, wird mit Hilfe von FRAs ein zukünftiger Zinssatz zum aktuellen Zeitpunkt fixiert.[926] Inhalt eines FRAs ist die Vereinbarung über einen fiktiven Kapitalbetrag, welcher mit einem festgelegten Zinssatz (FRA-Zinssatz[927]) für einen Zeitraum verzinst werden soll, welcher erst in der Zukunft startet. Die Vorlaufperiode dafür beträgt üblicherweise ein bis 18 Monate und der eigentliche Verzinsungszeitraum drei bis zwölf Monate. Als Vergleichszins wird häufig der EURIBOR herangezogen. Die üblichen Beträge belaufen sich auf fünf bis mehrere einhundert Millionen Euro.[928] Dabei verpflichtet sich ein Vertragspartner, nach der Vorlaufperiode (am Settlement Day) die fiktive Einlage zu akzeptieren (er agiert als Käufer des FRA). Der zweite Vertragspartner muss dementsprechend die fiktive Einlage tätigen (Verkäufer eines FRA).[929] Die Abrechnung eines FRA erfolgt über einen Barausgleich – die Kapitalbeträge werden also nicht getauscht.[930] Zur Ermittlung der Höhe des Ausgleichsbetrages werden die Höhe des fiktiven Kapitalbetrages, die Zinsdifferenz aus FRA-Satz und Referenzzinssatz (r_{Ref}) und die Laufzeit des FRA herangezogen, wobei die Ausgleichzahlung bereits zu Beginn des Anlagezeitraums geleistet und somit auf diesen Termin abgezinst wird.[931] Der Ausgleichsbetrag wird demnach üblicherweise wie folgt ermittelt:[932]

---

[924] Für eine Ausführlich Herleitung der Preis- und Wertermittlung von Futures und Forwards sein an dieser Stelle bspw. auf Hull 2009, S. 137 ff verwiesen.

[925] Vgl. Büschgen 1997, S. 368.

[926] Vgl. Heidorn 2009, S. 77.

[927] Der für die Verzinsung des fiktiven Kapitals von den Vertragspartnern festgelegte Zinssatz.

[928] Vgl. Adrian / Heidorn 2000, S. 373.

[929] Vgl. Büschgen 1999, S. 1038.

[930] Vgl. Heidorn 2009, S. 77.

[931] Vgl. Büschgen 1999, S. 1038.

[932] Vgl. Adrian / Heidorn 2000, S. 374.

$$Ausgleichsbetrag = \frac{Nominalbetrag \times \left(r_{Ref} - FRA\text{-}Satz\right) * \frac{FRA\text{-}Tage}{360}}{1 + r_{Ref} * \frac{FRA\text{-}Tage}{360}}$$

Der Käufer eines FRA profitiert dementsprechend von steigenden Zinsen und erhält den Ausgleichsbetrag. Der Verkäufer muss in diesem Fall den Betrag leisten und erhält diesen im Umkehrschluss bei sinkenden Zinsen. Daraus ergeben sich auch die Erwartungshaltungen für die Vorlaufperiode von Käufern und Verkäufern von FRAs im Vorfeld der Transaktion hinsichtlich der Prognose steigender oder fallender Zinssätze.[933]

5.4 Swaps

Swaps sind vertragliche Vereinbarungen zum Austausch von zukünftigen Zahlungsströmen zwischen zwei oder mehr Vertragspartnern.[934] Vom Grunde her sind dies Arbitragegeschäfte, welche auf eine Nutzung komparativer Kostenvorteile abzielen, die durch unterschiedliche Bonität oder Marktzugangsmöglichkeiten der Vertragspartner hervorgerufen werden. Kreditinstitute nehmen im Handel eine besondere Rolle ein, da sie nicht nur als Intermediär, sondern aufgrund ihrer guten Marktzugangsmöglichkeiten und Bonität häufig als Vertragspartner fungieren.[935] Dabei treten sie auch als sogenannte Market Maker auf. Das heißt, sie treten als Gegenpartei in den Swap ein, ohne einen die Position ausgleichenden Swap abzuschließen. Dies erscheint notwendig, da nur selten zwei Vertragspartner genau entgegengesetzte Swappositionen aufweisen werden, die gegeneinander ausgetauscht werden können. Für diese Dienstleistung stellen die Institute eine Gebühr in Rechnung, die in Form unterschiedlicher An- und Verkaufskurse – also in Form eines Spreads – bei der Preissetzung eingepreist wird.[936] Genutzt werden Swaps bereits seit den 1970er Jahren und seitdem hatten sie ein rasantes Wachstum zu verzeichnen, was sie zur aktuell bedeutendsten Derivategattung werden ließ.[937] Sie zählen zur Gruppe der unbedingten Termingeschäfte sowie

---

933 Vgl. Heidorn 2009, S. 78 f.

934 Vgl. Kolb / Overdahl 2007, S. 659.

935 Vgl. Perridon et al. 2009, S. 319 f.

936 Vgl. Hull 2009, S. 199 f. Der Mittelwert aus An- und Verkaufskurs wird dabei mit angegeben und als Swap Rate oder Swapsatz bezeichnet.

937 Vgl. Oehler / Unser 2002, S. 110.

von ihrer Charakteristik her auch zu den OTC-Derivaten, da sie individuell auf die Bedürfnisse (aber auch die Bonität) der Vertragspartner zugeschnitten werden.[938] In Bezug auf die jeweiligen Basiswerte werden Zins-, Währungs-, Equity- und Rohstoffswaps als bedeutendste Gruppen identifiziert – teilweise ergänzt durch Kredit- und Inflationsswaps (siehe Abbildung 26):[939]

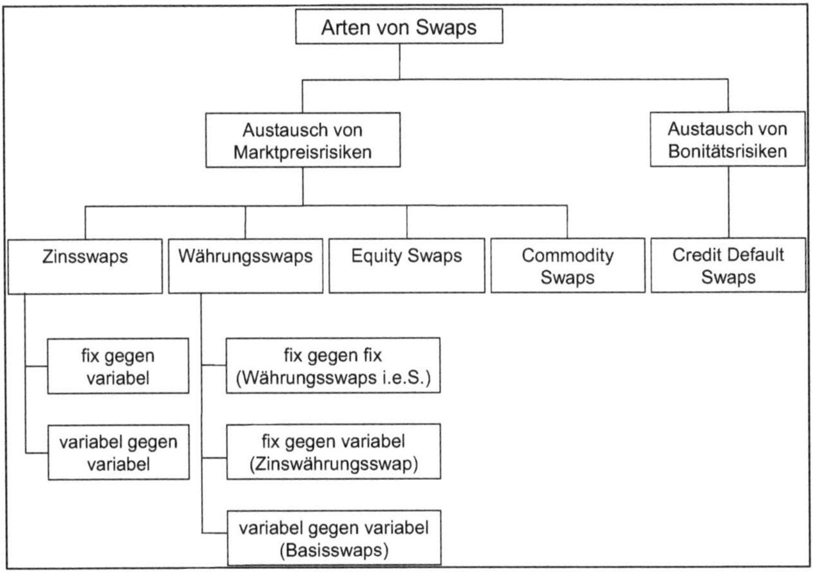

Abbildung 26: Arten von Swap-Geschäften[940]

Die Grundform eines Swapgeschäftes wird auch als Plain Vanilla Swap bezeichnet, wobei hierbei der Nominalbetrag des Swaps über die Laufzeit konstant bleibt und üblicherweise ein Austausch von festen gegen variable Zahlungsverpflichtungen erfolgt.[941] Die festzulegenden Parameter bei der Ausgestaltung eines Swaps erstrecken sich üblicherweise auf die Laufzeit bzw. den Laufzeitbeginn und die Zahlungsfrequenz. Auch sind die auszutauschenden Basiswerte festzulegen. Bei einem Zinsswap entspricht dies der Festlegung des fixen Zinssatzes sowie des Refinanzierungszinssat-

938 Vgl. Kruse 2007, S. 809.
939 Vgl. Bloss / Ernst 2008, S. 154, Kolb / Overdahl 2007, S. 659 bzw. Kruse 2007, S. 809.
940 Vgl. Schmidt 2006, S. 66.
941 Vgl. Prätsch et al. 2007 sowie Kolb / Overdahl 2007, S. 662.

zes. In diesem Zusammenhang spricht man auch von einem Payer Swap, wenn der Kunde des Finanzintermediärs den festen Zinssatz zu zahlen hat. Umgekehrt handelt es sich um einen Receiver Swap, wenn er den festen Zinssatz erhält.[942] Die Grundstruktur eines Swaps kann wie in Abbildung 27 dargestellt werden:

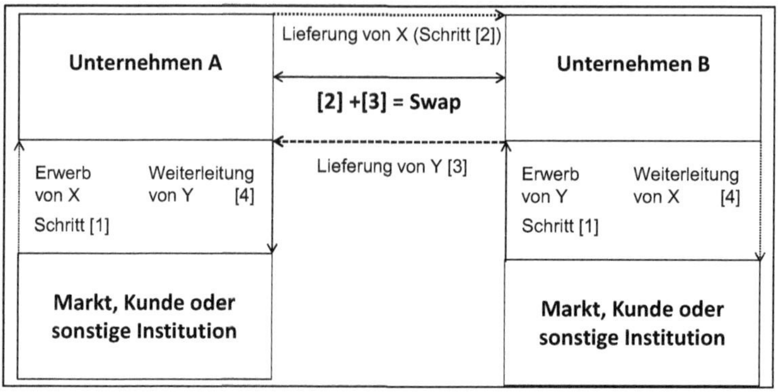

Abbildung 27: Allgemeine Funktionsweise eines Swaps[943]

Dem Geschäft liegt der Erwerb eines Vermögensgegenstandes (bspw. Aktien oder Anleihen) oder der Aufnahme eines Kredites bei beiden Vertragspartnern zugrunde – hier also X uns Y. Mit Hilfe des Swaps vereinbaren beide Parteien beispielsweise den Austausch der Zahlungsströme aus den zugrundeliegenden Positionen. Im Falle eines Fixed-for-Floating-Interest Rate Swap kann somit der Zahlungsstrom aus einer festverzinslichen Anleihe (X) gegen den Zahlungsstrom aus einer variabel verzinslichen Anleihe (Y) getauscht werden.[944] Ein Tausch von fixen Zinszahlungen unterschiedlicher Bonität ist dagegen bspw. mit einem Asset Swap durchführbar, dem Investitionen in festverzinsliche Wertpapiere unterschiedlicher Bonität zugrunde liegen.[945] Der Austausch ist bei Swaps nicht nur auf die Zahlungen aus den vereinbarten Basiswerten beschränkt. Bei Währungsswaps, welche im Rahmen der Aufnahme von Fremdwährungskrediten abgeschlossen wurden, besteht das Interesse der beteiligten Vertragspartner in der Aufnahme des vollen Nominalbetrages in der jeweiligen

942 Vgl. Bloss / Ernst 2008, S. 154 f.
943 Vgl. Wolke 2008, S. 100.
944 Vgl. Britten-Jones 1998, S. 73.
945 Vgl. Perridon et al. 2009, S. 324.

Fremdwährung. Daher ist neben dem reinen Austausch der Differenz auch ein Austausch der Nominalbeträge denkbar, wobei diese am Ende der Laufzeit zurückgetauscht und während der Laufzeit zusätzlich die vereinbarten Zinszahlungen getauscht werden.[946] Die Weiterleitung der entsprechenden Zahlungen (Schritt 4) gemäß Abbildung 27 ist somit ebenfalls von den vielen verschiedenen Möglichkeiten der unterschiedlichen Swaps abhängig. Im Falle eines Swaps, mit denen fixe und variable Zinsverpflichtungen aus Kreditaufnahmen getauscht werden, entspricht dies somit der Weiterreichung der Zinszahlungen an die jeweiligen Gläubiger[947] – ebenso bei einem Währungsswap.

Vom Grundaufbau her kann ein Swap mit einem Forward verglichen werden, bei welchem gegen eine bei Abschluss feststehende fixe Zahlung zum Laufzeitende ein Vermögensgegenstand geliefert wird, dessen Wert bis dahin als variabel anzusehen ist. Der Forward ist somit ein Swap mit nur einem Zahlungsintervall.[948]

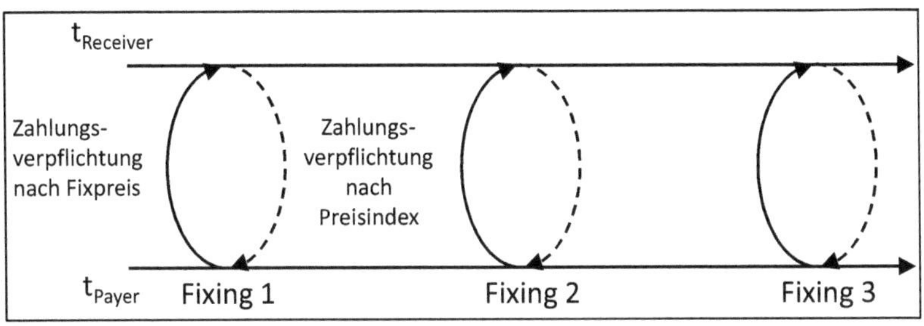

Abbildung 28: Zahlungsstruktur bei Fixed-for-Floating-Swaps[949]

Im Unterschied zu einem Forward werden bei Swaps üblicherweise mehrere Zahlungszeitpunkte vereinbart. In dieser Form entspricht ein Swap somit eher der Aneinanderreihung mehrerer Forward Rate Agreements, welche sämtlich im Zeitpunkt $t=0$ geschlossen werden, der Zahlungstermin über die Laufzeit des Swaps aber jeweilig um

946 Vgl. Bloss / Ernst 2008, S. 155 sowie Prätsch et al. 2007, S. 222.
947 Vgl. Arditti 1996, S. 246.
948 Vgl. Hull 2009, S. 194.
949 Vgl. Burger et al. 2007, S. 52.

ein Zahlungsintervall in die Zukunft verschoben ist.[950] Dieses Schema wird durch Abbildung 28 verdeutlicht. Auch wenn Swaps zur Kategorie der OTC-Derivate gehören, gibt es dennoch einen Handel mit bereits geschlossenen Swaps. Dies ermöglichst es Kreditinstituten, Risiken weiterzureichen, die sie als Market Maker auf ihre Bücher genommen haben. Aber auch die Gegenparteien können so auf geänderte Situationen reagieren. Dafür ist der Marktpreis des Swaps in Form des aktuellen Barwertes (BW_{Swap}) der vereinbarten Zahlungen zu ermitteln.[951] Dieser ergibt sich somit aus dem Barwert zukünftigen Einzahlungen aus dem Swap (BW_{CiF}) abzüglich des Barwertes der Auszahlungen (BW_{CoF}) aus dem Geschäft:

$$BW_{Swap} = BW_{CiF} - BW_{CoF} \qquad 5.8$$

Zum Zeitpunkt des Abschlusses wird das Swapgeschäft zumeist so gestaltet, dass dessen Wert Null ist und sich somit ein prämienfreies Absicherungsinstrument ohne anfängliche Liquiditätsbelastung ergibt.[952] Für Zinsswaps, welche die größte Bedeutung im Bereich der Swapgeschäfte einnehmen.[953] lässt sich die Bewertung eines Fixed-for-Floating Interest Rate Swaps in Form eines Receiver Swaps demnach wie folgt darstellen:

$$BW_{Swap} = \sum_{t=1}^{n} \frac{CF_t^{fix}}{(1+r_t)^t} - \frac{(CF_n + CF_t^{var})}{(1+r_{var})^t} \qquad 5.9$$

Der Barwert der festverzinslichen Einzahlungen ergibt sich somit durch Summation der auf den Zeitpunkt $t=0$ abdiskontierten fixen Cash Flows (CF_t^{fix}), wobei als Zinssatz die jeweils gültigen Spot Rates (r_t) für die entsprechenden Laufzeiten anzusetzen sind. Für die variablen Auszahlungen sind die nächste Zinszahlung (CF_n) sowie der Rückzahlungsbetrag inklusive Zinsen am Ende der Laufzeit (CF_t^{var}) mit dem aktuellen variablen Zinssatz (r_{var}) abzudiskontieren, welcher bei der letzten Zinsanpassung festgestellt wurde. Der Wert der variablen Zahlungen ist allerdings nur zu bestimmen, wenn die Zeitpunkte der Zinsanpassung für variable Zinsen nicht den Zinszahlungszeitpunkten entsprechen. In der Praxis wird häufig davon ausgegangen, dass sich diese Zeitpunkte entsprechen und somit die variable Komponente einen Wert

[950] Vgl. Kolb / Overdahl 2007, S. 663 f.
[951] Vgl. Bloss / Ernst 2008, S. 157.
[952] Vgl. Britten-Jones 1998, S. 73.
[953] Vgl. Kolb / Overdahl 2007, S. 660.

von 100% des Nominalwertes aufweist. In dem Fall ergibt sich der Barwert des Swaps aus dem Barwert der Festzinsposition abzüglich 100% der variablen Position.[954]

Diese Methodik lässt sich auch auf die Bewertung und Modellierung der Fremdfinanzierung eines Unternehmens anwenden und das folgende, beispielhafte Szenario soll die Vielfältigkeit und Individualität der möglichen Swapkonstruktionen darstellen. Die in Deutschland häufig anzutreffenden Festzinsfinanzierungen mit langen Zinsbindungen geben den Unternehmen langfristige Planungssicherheit. Im Falle steigender Zinsen erwiesen sie sich im Vergleich zu variablen Finanzierungen allerdings als zu teuer und können damit auch die Wettbewerbsfähigkeit des Unternehmens gefährden.[955] Der Nutzen der Ablösung der Kredite mit dem Wechsel auf eine variable Finanzierung erweist sich aufgrund der seitens des Kreditinstituts in Rechnung gestellten Vorfälligkeitsentschädigung als nicht praktikabel. Diese berechnet sich aus dem Barwert des ausstehenden Kredites – aus Sicht des Unternehmens also einem negativen Barwert, bei Gegenüberstellung der Finanzierung zu aktuellen Konditionen und der aktuellen Finanzierung zu vergangenen Konditionen mit höheren Zinsen. Stattdessen bietet sich die Wandlung in einen variablen Zahlungsstrom mit Hilfe eines Receiver Swaps an, bei welchem das Unternehmen folglich den Festzins gegen Zahlung des variablen Zinses erhält. Im umgekehrten Fall gestiegener Zinsen ergibt sich aus Unternehmenssicht ein positiver Barwert des Festzinskredites – wobei sich dieser nicht in Form einer negativen Vorfälligkeitsentschädigung heben lässt. Allerdings lässt sich auch hier mit einer entsprechenden Swapkonstruktion Abhilfe schaffen. Im Gegensatz zu der üblichen Vorgehensweise hat der zu verwendende Receiver Swap zum Zeitpunkt des Abschlusses einen Wert, wenn sich das Unternehmen gegen Zahlung des variablen Zinssatzes einen unter dem aktuellen Marktzins liegenden Festzins auszahlen lässt (einen sogenannten Off-Market-Kupon). Der resultierende Barwert wird dem Unternehmen somit sofort ausgezahlt – allerdings ist zu beachten, dass mit dieser Konstruktion das in einem Festzinskredit enthaltene Barwert- in ein Cash Flow-Risiko gewandelt wird.[956]

---

954 Vgl. Oehler / Unser 2002, S. 117 f.
955 Vgl. Steinbrenner 2008, S. 216.
956 Vgl. Wesenberg 2005, S. 142 ff.

Neben der dargestellten Variante im Rahmen der Fremdfinanzierung lässt sich eine Reihe weitere Einsatzmotive identifizieren. Neben der Festschreibung von Zinssätzen bzw. der generellen Währungs- und Zinsabsicherung und der Erweiterung der Finanzierungsmöglichkeiten, zählen dazu auch das Kreditmanagement, Gewinnfestschreibungen und die Ausnutzung von globalen Währungs- und Zinskonstellationen. Auch bilanztechnische Veränderungen lassen sich damit realisieren. Im Rahmen von Kapitalanlagen wird durch Asset Swap auch eine Diversifikation von Aktien- und Anleiheportfolios erreicht. Aber auch für reine Differenzgeschäfte werden Swaps verwendet. Eine besondere Bedeutung kommt beim Einsatz von Swapgeschäften dabei der Marktmeinung zu – also die unternehmensindividuelle Einschätzung der Marktgegebenheiten – da häufig nur so eine sinnvolle Verwendung dieser Derivategattung zustande kommt.[957] So erscheint es bspw. aus Sicht des besagten Unternehmens mit einer festverzinslichen Finanzierung nicht sinnvoll, einen Tausch in eine variable Verzinsung vorzunehmen, wenn es nicht von fallenden (oder zumindest niedrig bleibenden) Zinssätzen ausgeht.[958]

5.5 Optionen

5.5.1 Arten, Funktionsweise und Bewertung klassischer Optionen

Optionen zählen zu den bedingten derivativen Finanzinstrumenten.[959] Von der Nutzung des in der Option verbrieften Wahlrechtes hängt es ab, ob das im Vertrag vereinbarte, zukünftige Geschäft schließlich durchgeführt wird – letzteres wird also durch das Wahlrecht bedingt. Hier liegt der Unterschied zu unbedingten Termingeschäften, bei welchem die Erbringung der vereinbarten Leistung für beide Parteien zwingend ist. Dabei hat der Käufer der Option – also der Inhaber – dieses Wahlrecht, ob der vereinbarte Transfer zustande kommt.[960] Für die Einräumung dieses Rechtes zahlt er an den Verkäufer der Option – den Stillhalter – eine Prämie, welche dem Wert dieser Vereinbarung entspricht.[961] Dies ist ein weiterer Unterschied zu unbedingten derivati-

---

957 Auch wenn es hier Ausnahmen gibt, wie bspw. bei der Verwendung von Währungsswaps zur Ausnutzung unterschiedlicher Marktzugangsbedingungen von Vertragspartnern in zwei unterschiedlichen Währungsräumen.

958 Vgl. Bloss et al. 2011, S. 327 f.

959 Vgl. Kruse 2007, S. 809.

960 Vgl. Spremann 2010, S. 275.

961 Vgl. Müller-Möhl 2002, S. 49.

ven Finanzinstrumenten, welche bei Abschluss zumeist kostenneutral sind. Die Position, welche der Optionskäufer einnimmt, wird auch als Long-Position bezeichnet – die des Verkäufers als Short-Position.[962]

Bei Optionen können zwei grundsätzliche Typen unterschieden werden: Die Kauf- und Verkaufsoption. Die Kaufoption oder auch Call oder Call-Option gibt dem Inhaber das Recht, aber nicht die Pflicht, einen vereinbarten Basiswert zu einem im Vorfeld festgelegten Preis während oder am Ende einer definierten Laufzeit zu erwerben.[963] Der Stillhalter erhält dafür die Optionsprämie und hat bei Ausübung des Optionsrechtes gegen Zahlung des vereinbarten Kaufpreises die geforderte Menge des Basiswertes zu liefern.[964] Die Option wird also durch Basiswert, Kontraktgröße, Laufzeit und vereinbarten Kaufpreis determiniert.[965] Dagegen erwirbt der Käufer einer Verkaufsoption das Recht, aber nicht die Pflicht, während der vereinbarten Laufzeit oder am Laufzeitende vom Stillhaber die Abnahme einer vereinbarten Menge eines Basiswertes zu einem im vorab vereinbarten Preis zu verlangen.[966] Der Stillhalter erhält dafür die Optionsprämie und hat bei Ausübung des Optionsrechtes die geforderte Menge des Basiswertes abzunehmen und den vereinbarten Kaufpreises zu entrichten.[967]

Tabelle 14: Grundlegende Positionen in Optionen[968]

	Käufer / Inhaber / Long-Position	**Verkäufer / Stillhalter / Short-Position**
Kaufoption **Call**	***Long Call*** Zahlung der Optionsprämie Recht auf Bezug des Basiswertes	***Short Call*** Vereinnahmung der Optionsprämie Pflicht zur Lieferung des Basiswertes
Verkaufsoption **Put**	***Long Put*** Zahlung der Optionsprämie Recht auf Abgabe des Basiswertes	***Short Put*** Vereinnahmung der Optionsprämie Pflicht zur Abnahme des Basiswertes

962 Vgl. Kruse 2007, S. 810.
963 Vgl. Bloss et al. 2011, S. 168.
964 Vgl. Müller-Möhl 2002, S. 50.
965 Vgl. Schmeisser 2010, S. 168.
966 Vgl. Bloss et al. 2011, S. 168.
967 Vgl. Müller-Möhl 2002, S. 50.
968 In Anlehnung an Perridon et al. 2009, S. 326.

Für eine bessere Veranschaulichung ist dieser Zusammenhang in Tabelle 14 zusammenfassend gegenübergestellt. Eine weitere wichtige Unterscheidung ergibt sich bei Optionen hinsichtlich des Zeitraums, in welchem das Wahlrecht genutzt – die Option also ausgeübt werden kann. Hier ist zwischen europäischen Optionen, bei welchen eine Ausübung nur am Ende der Laufzeit – am Fälligkeitstag bzw. Verfallstag – möglich ist, und amerikanischen Optionen, die während der gesamten Laufzeit bis zur Fälligkeit ausgeübt werden können.[969] Werden sie (bis) zu diesem nicht ausgeübt, verfallen beide Arten von Optionen wertlos.[970]

Börsengehandelte Optionen (Traded Options) verfügen über eine Standardisierung analog zu börsengehandelten Futures, also in Bezug auf ihre Basiswerte, Laufzeiten, Kontraktgrößen und im Hinblick auf die vereinbarten Kaufpreise. Daneben gibt es auch außerbörsliche Optionen (OTC-Optionen), bei denen ähnlich wie bei Forwards die Parameter zwischen den Vertragspartnern individuell vereinbart werden können.[971] Bei börsengehandelten Optionen dominieren weltweit Optionen amerikanischen Typs. Europäische Optionen werden dagegen eher bei OTC-Optionen eingesetzt – nicht zuletzt, da sie sich leichter analysieren und bewerten lassen als amerikanische.[972] Auch bei Optionen gilt zunächst die Unterscheidung in andienbare und nicht andienbare Basiswerte. Während für nicht andienbare Basiswerte von vornherein ein Barausgleich vorgesehen ist, gilt für andienbare Basiswerte prinzipiell das Prinzip der physischen Lieferung, bspw. also des physischen Überganges von Aktienpakten vom Stillhalter auf den Inhaber bei Ausübung eines Calls auf Aktien. Alternativ kann aber auch hier ein Barausgleich vereinbart sein.[973] Ob die Option ausgeübt wird, hängt vom Wert des Basiswertes am Ende der Laufzeit ab. Liegt dieser Wert über dem in einer Kaufoption festgelegtem Kaufpreis, welcher auch als Basis- oder Ausübungspreis bezeichnet wird,[974] so wird der Inhaber die Option ausüben, da er durch Ausübung des Options-

969 Vgl. Hull 2009, S. 232.
970 Der eigentliche Verfallstermin hängt von den Bestimmung des jeweiligen Handelsplatzes oder den Vereinbarungen zwischen den Vertragspartnern ab. An der Eurex ist dies der Tag nach dem letzten Handelstag. Vgl. Müller-Möhl 2002, S. 53.
971 Vgl. Kruse 2007, S. 811.
972 Vgl. Hull 2009, S. 232.
973 Vgl. Bloss et al. 2011, S. 170 f.
974 Oder auch als Strike bzw. Strike Price.

rechtes den Basiswert günstiger erwerben kann, als über einen Kauf am Markt. Der Stillhalter ist in dem Falle gezwungen, den Basiswert zu dem vereinbarten Preis zu liefern, obwohl sein Verkaufserlös dadurch unter dem eines Verkaufs über den Markt liegt. Da dem Kurs des Basiswertes prinzipiell nach oben keine Grenzen gesetzt sind, ist somit die Gewinnchance des Inhabers unbegrenzt und ergibt sich aus dem Marktpreis abzüglich vereinbartem Basispreis und entrichteter Optionsprämie. Auf der anderen Seite wird er die Option nicht ausüben, sofern der Marktpreis unter dem Basispreis liegt.[975] In dem Fall entspricht sein Verlust der entrichteten Prämie – ist somit auf diese begrenzt, wie der linken Seite von Abbildung 29 zu entnehmen ist:

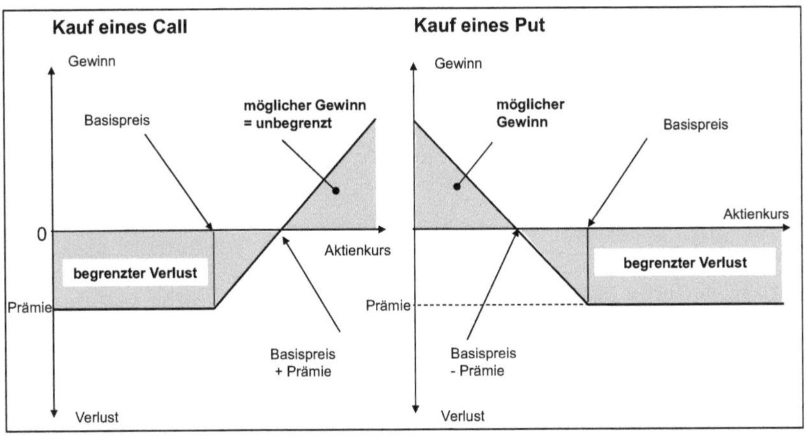

Abbildung 29: Gewinn- und Verlustprofil von Long-Positionen in Optionen[976]

Für den Inhaber einer Putoption ergibt sich das Gewinn- und Verlustprofil (auch Pay Off-Profil genannt) ähnlich. Der Verlust ist ebenfalls auf die Optionsprämie beschränkt und wird realisiert, wenn der Marktpreis des Basiswertes zur Fälligkeit über dem Basispreis liegt – der Put verfällt wertlos. Eine Ausübung erfolgt, wenn der Marktpreis unter dem Basispreis notiert. Der resultierende Gewinn entspricht somit dem Basispreis abzüglich Marktpreis und Optionsprämie.[977] Für den Stillhalter ergibt

[975] Vgl. Hull 2009, S. 233.
[976] Vgl. Perridon et al. 2009, S. 327.
[977] Der Gewinn ist bei einem Put nicht unbegrenzt, da er durch einen Kurs von Null des Basiswertes begrenzt wird, kann also maximal einen Wert in Höhe des Basispreises abzüglich der

sich die Gewinn- und Verlustsituation genau gegensätzlich. Sowohl für den Call als auch den Put ist der Gewinn auf die Höhe der Optionsprämie beschränkt. Dem gegenüber steht ein unbegrenzter Verlust bei einem Short Call bzw. ein auf die Höhe des um die Optionsprämie reduzierten Basispreises begrenzter Maximalverlust bei einem Short Put.[978] Diesen Zusammenhang illustriert Abbildung 30:

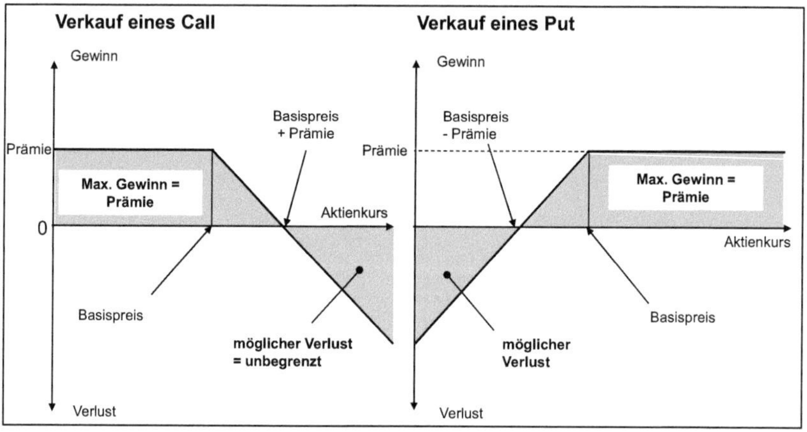

Abbildung 30: Gewinn- und Verlustprofil von Short-Positionen in Optionen[979]

Somit entspricht der Gewinn des Inhabers für alle Position dem Verlust des Stillhalters und umgekehrt.[980] Die dargestellten Zahlungsprofile gelten dabei für die Gewinn- und Verlustsituation zum Ende der Optionslaufzeit in Bezug auf die geleistete bzw. vereinnahmte Optionsprämie. Aus diesen Zahlungsprofilen ergibt sich auch der Wert der Option zum Laufzeitende. Eine Kaufoption weist zu diesem Zeitpunkt also nur einen Wert auf, wenn der Marktpreis über dem vereinbartem Basispreis liegt – der Erwerb des Basiswertes über die Ausübung der Option also günstiger ist, als der direkte Kauf am Markt. Dieser geldwerte Vorteil – also die (positive) Differenz aus Markt- und Basispreis wird als innerer Wert oder intrinsic value bezeichnet. In diesem Fall befindet sich die Option im Geld (in the money) – sie hat also einen positiven inneren Wert.

Optionsprämie einnehmen. In Relation zu der zu entrichtenden Prämie lässt sich aber dennoch ein hohes Gewinnpotential feststellen.

978 Vgl. Rudolph / Schäfer 2005, S. 22 ff.

979 Vgl. Perridon et al. 2009, S. 328.

980 Vgl. Kruse 2007, S. 811.

Liegt der Marktpreis unter dem Basispreis, so wäre der Erwerb des Basiswertes mit Hilfe der Option teurer, als über den Markt. Aus Sicht des Optionsinhabers wäre die Ausübung somit nicht sinnvoll und er wird auf sein Recht verzichten – die Option verfällt somit wertlos, hat durch das Wahlrecht aber auch keinen negativen Wert. In diesem Fall befindet sich die Option also aus dem Geld (out of the money). Entsprechen sich Markt- und Basispreis, so ist der Erwerb des Basiswertes über die Ausübung der Option bzw. über den Markt aus Sicht des Inhabers äquivalent. Somit hat die Option für ihn keinen Wert. Die Option befindet sich in diesem Fall am Geld (at the money).[981] Diese Situation hat bei der Optionsbewertung eine besondere Bedeutung, wenn die Option noch eine Restlaufzeit hat. Aus Sicht des Stillhalter besteht das Risiko, dass die Option bis zum Ende der Laufzeit ins Geld kommt – also einen inneren Wert erhält. Aus Sicht des Inhabers ist dies zugleich die Chance. An dieser Stelle ist die Unsicherheit über Ausübung bzw. den wertlosen Verfall der Option am höchsten, was sich schließlich auch im Optionspreis widerspiegelt.[982]

Die für den inneren Wert einer Call-Option dargestellten Situationen ergeben sich für Put-Optionen spiegelbildlich. Hier befindet sich die Option im Geld, wenn der Marktpreis unter dem Basispreis liegt und umgekehrt. Tabelle 15 stellt diese Situationen für beide Optionsarten gegenüber:

Tabelle 15: Innerer Wert bei Optionen[983]

	Call-Option	Put-Option
Marktpreis < Basispreis	Aus dem Geld Out of the money	Im Geld In the money
Marktpreis = Basispreis	Am Geld At the money	Am Geld At the money
Marktpreis > Basispreis	Im Geld In the money	Aus dem Geld Out of the money

Eine Option, die zum Kaufzeitpunkt am Geld notiert, hat somit einen inneren Wert von Null. Der Wert der Option ist aber dennoch höher als Null, da aus Sicht des

981 Vgl. Schmeisser 2010, S. 174.
982 Vgl. Perridon et al. 2009, S. 330.
983 Vgl. Schmidt 2006, S. 139 sowie Albrecht / Maurer 2008, S. 40.

Stillhalters das Risiko zu entgelten ist, dass die Option bis zum Ende der Laufzeit ins Geld kommt. Somit ist der Wert der Option während der Laufzeit größer als deren innerer Wert. Die Differenz zwischen Optionspreis und innerem Wert wird dabei als Zeitwert bezeichnet. Wie bereits dargestellt, ist das Risiko für den Stillhalter am Geld am höchsten – dies spiegelt sich auch im Zeitwert wider, welcher an dieser Stelle sein Maximum erreicht. Liegt die Option dagegen weit im Geld, so ist die Chance, dass sie am Ende der Laufzeit noch wertlos verfällt gering – aufgrund dieser geringen Unsicherheit über die Ausübung ist der Zeitwert somit auch sehr gering. Gleiches gilt, sofern die Option weit im Geld liegt, da das Risiko der Ausübung aus Sicht des Stillhalters sehr gering ist.[984] Dies führt zum typischen Verlauf des Optionspreises während der Laufzeit, wie sie in Abbildung 31 dargestellt ist:

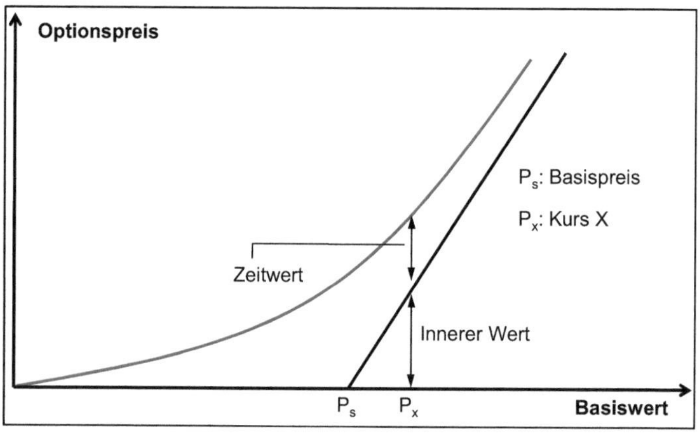

Abbildung 31: Optionspreis in Abhängigkeit des Marktpreises[985]

Da der Zeitwert eine immer geringere Rolle spielt, je weiter der Marktpreis über dem Basispreis liegt, entwickelt sich die Call-Option schließlich nahezu im Gleichklang mit dem Basiswert – steigt letzterer um einen Euro, steigt auch die Option um einen Euro. Dies kann im Extremfall bei Low Exercise Price-Optionen beobachtet werden – also

[984] Vgl. Brealey et al. 2011, S. 542 f.
[985] Vgl. Müller-Möhl 2002, S. 100.

bei Optionen mit einem sehr niedrigen Ausübungspreis nahe Null.[986] Deren Preisentwicklung entspricht quasi der Entwicklung des Basiswertes, wodurch statt einem direkten Investment eine synthetische Partizipation an der Wertentwicklung des Basiswertes möglich ist.[987] Durch die Entsprechung der Preise von Basiswert und Option bildet der Preis des Basiswertes somit auch die Preisobergrenze der Kaufoption. Die Preisuntergrenze bildet dagegen der bereits dargestellte innere Wert der Option.[988] Beides lässt sich problemlos bestimmen. Schwieriger stellt sich dagegen die Ermittlung des Zeitwertes der Option dar. So wirkt sich der Marktpreis des Basiswertes in beschriebener Form auf den Zeitwert aus, wobei der Zeitwert am Basispreis maximal wird. Auch die Volatilität hat einen erheblichen, positiven Einfluss auf den Zeitwert – je höher diese ist, umso höher ist die Chance bzw. das Risiko, dass die Option während der Laufzeit ins Geld kommt.[989] Die verbleibende Laufzeit der Option hat ebenfalls einen positiven Einfluss auf den Optionspreis. Je mehr Zeit bis zur Fälligkeit vergeht, umso höher ist auch hier die Chance oder das Risiko, dass die Option ins Geld kommt.[990] Bei langen Restlaufzeiten ist der Einfluss des Faktors Zeit noch klein – der Zeitwertverlust von einem Handelstag zum nächsten nur gering. Da der Optionswert mit der Quadratwurzel der Restlaufzeit korreliert, wirkt sich der Zeitwertverlust vor allem bei sehr kurzen Restlaufzeiten aus.[991] Während die Volatilität und die Restlaufzeit sowohl auf Call- als auch auf Put-Optionen einen positiven Einfluss haben, wirkt sich das Zinsniveau erhöhend auf den Call-Preis und vermindernd auf den Put-Preis aus. Der risikofreie Zins entspricht bei der Kaufoption den entgangenen Zinseinnahmen des Stillhalters, da dieser statt in einer verzinslichen Kapitalanlage im Basiswert investiert ist. Bei einer Verkaufsoption hat der Stillhalter dagegen die Möglichkeit, die liquiden Mittel, welche er bei Ausübung der Option aufbringen muss, bis dahin verzinslich am Kapitalmarkt anzulegen.[992] Schließlich hat auch eine Dividende (oder

[986] Hier wird bspw. ein Ausübungspreis von 0,01 Euro zugrundegelegt. Um die Option bewerten zu können, ist kein Ausübungspreis von Null möglich, da sich dies mit den gängigen Bewertungsmodellen mathematisch nicht lösen ließe. Vgl. Eurex 2011a, S. 19.
[987] Vgl. Wilkens 2002, S. 30.
[988] Vgl. Hillier et al. 2010, S. 611.
[989] Vgl. Bloss / Ernst 2008, S. 41.
[990] Vgl. Schmeisser 2010, S. 175.
[991] Vgl. Perridon et al. 2009, S. 332.
[992] Vgl. Schmidt 2006, S. 145.

andere Erträge aus dem Basiswert) einen Einfluss auf den Optionspreis. Die Dividende fließt zum Zeitpunkt ihrer Ausschüttung dem Aktieninhaber zu. Bei einer gedeckten Kaufoption[993] ist dies der Stillhalter – bei einer Verkaufsoption der Optionsinhaber.[994] Demnach vermindert die Dividende den Preis eines Calls und erhöht den Preis eins Puts.[995]

Für die Bewertung von Optionen wurden verschiedene Modelle entwickelt. Eines der am weitesten verbreiteten Modelle ist die Bewertungsformel von Black und Scholes. Entwickelt wurde es für die Bewertung von europäischen Optionen auf dividendenlose Aktien, kann mit Abwandlungen teilweise aber auch für andere Basiswerte verwendet werden.[996] Unter Verwendung des Basispreises K, des aktuellen Marktpreises des Basiswertes S_0, des risikofreien Zinses r und der Restlaufzeit T der Option lässt sich der Preis eine Calls c bestimmen aus:[997]

$$c = S_0 N(d_1) - Ke^{-rT} N(d_2) \qquad \textbf{5.10}$$

Für den Preis eines Puts p erfolgt die Berechnung mit:

$$p = Ke^{-rT} N(-d_2) - S_0 N(-d_1) \qquad \textbf{5.11}$$

Alternativ lässt sich der Preis eines Puts auch aus der sogenannten Put-Call-Parität bestimmen. Dieser liegt die Annahme zugrunde, dass ein Portfolio aus dem Basiswert und einer sich darauf beziehenden Verkaufsoption den gleichen Wert aufweisen muss, wie ein Portfolio aus einer Kaufoption auf diesen Basiswert mit gleichem Ausübungspreis und gleicher Laufzeit sowie einer Geldanlage, welcher dem Barwert des Ausübungspreis entspricht. Demnach gilt für den Preis einer Put-Option:[998]

$$p = c + Ke^{-rT} - S_0 \qquad \textbf{5.12}$$

$N(d_1)$ bzw. $N(d_2)$ entsprechen der kumulativen Verteilungsfunktion einer Standardnormalverteilung. Die Ermittlung von d_1 erfolgt unter Verwendung der Volatilität σ aus:

---

993 D.h. der Stillhalter ist im Besitz der zugrundeliegenden Aktien.

994 Basis ist die Vermutzung, dass der Optionserwerb zu Absicherungszwecken erfolgt und der Käufer der Option daher die Aktien besitzt, die er mit Hilfe der Option dem Stillhalter andienen könnte.

995 Vgl. Müller-Möhl 2002, S. 99.

996 Vgl. Franke et al. 2004, S. 71.

997 Vgl. Hull 2009, S. 364.

998 Vgl. Perridon et al. 2009, S. 340 sowie Hull 2009, S. 264.

$$d_1 = \frac{ln(S_0/K) + (r + \sigma^2/2)T}{\sigma\sqrt{T}} \quad 5.13$$

Mit Hilfe von d_1 lässt sich weiterhin auch d_2 ermitteln:

$$d_2 = d_1 - \sigma\sqrt{T} \quad 5.14$$

Auf Basis dieses grundlegenden Black-Scholes-Optionsbewertungsmodells lassen sich nun bspw. auch Approximationen für andere Basiswerte oder für amerikanische Optionen herleiten.[999] Für eine genauere Bewertung von amerikanischen Optionen – insbesondere aber von exotischen Optionen – ist das Black-Scholes-Modell ungeeignet. Hierfür ist das Modell von Cox, Ross und Rubinstein das gebräuchlichste Modell, welches auch als Binomialmodell bezeichnet wird. Als numerisches Modell beruht es auf der Annahme, dass die Verläufe von Basiswerten einer Binomialverteilung unterliegen und zu jedem Zeitpunkt nur eine Aufwärts- oder eine Abwärtsbewegung möglich ist.

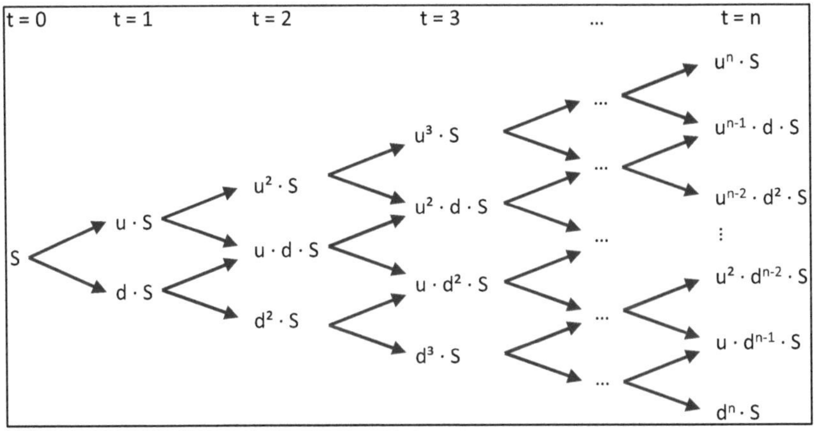

Abbildung 32: Binomialbaum der Wertentwicklung eines Basiswertes[1000]

Daraus ergibt sich auch die üblich grafische Darstellung in Form eines Binomialbaumes für die Wertentwicklung eines Basiswertes, wie sie auch in Abbildung 32

[999] Vgl. Hull 2009, S. 372 ff. Für detaillierte Ausführungen zum Black-Scholes-Modell auf die reichhaltige, einschlägige Literatur verwiesen. Bspw. siehe Deutsch 2008, S. 85 ff oder Franke et al. 2004, S. 69 ff.

[1000] Vgl. Rudolph / Schäfer 2005, S. 267.

dargestellt ist.[1001] Ausgehend vom Wert des Basiswertes S in $t=0$ (S_0) ergibt sich ein Zeitschritt durch die Möglichkeit einer Aufwärtsbewegung u und einer Abwärtsbewegung d. Dies gilt für sämtliche Zeitpunkte – die möglichen Werte des Basiswertes (S_2) in $t=2$ ergeben sich demnach durch die Auf- und Abwärtsbewegungen in Bezug auf die möglichen Werte des Basiswertes in $t=1$ (S_1) usw. Dies lässt sich auf eine beliebige Anzahl von Zeitschritten erhöhen, wobei u und d konstant bleiben. Dabei ergibt sich d aus $1/u$ und u aus $e^{\sigma\sqrt{t}}$, wobei σ der jährlichen Volatilität entspricht und t dem betrachten Intervall in Jahren.[1002] Sind die Basiswerte für alle Zeitpunkte ermittelt, entsprechen die Realisationen des n-ten Zeitintervalls den $n+1$ möglichen Marktpreisen des Basiswertes zum Fälligkeitszeitpunkt der Option.[1003] Für jedes dieser Szenarien entspricht der jeweilige Wert der Option dem inneren Wert – also dem Maximum aus der Differenz von Marktpreis und Basispreis bzw. Null[1004] also $max(S_n-K,0)$.[1005] Die Optionspreise für sämtliche Knoten für den Zeitpunkt $t=n-1$ ergeben sich nun als diskontierte Erwartungswerte der Optionspreise im Zeitpunkt $t=n$.[1006] Für diese Berechnung ist die Kenntnis der Wahrscheinlichkeit einer Aufwärtsbewegung p bzw. der Abwärtsbewegung $1-p$ notwendig. Diese wird auch als risikoneutrale Wahrscheinlichkeit oder Pseudowahrscheinlichkeit bezeichnet und ergibt sich aus den möglichen Auf- und Abwärtsbewegungen des Basiswertes u und d sowie dem risikofreien Zins r und der Länge des Zeitintervalls T in Jahren:[1007]

$$p = \frac{e^{rT} - d}{u - d} \tag{5.15}$$

Da der Optionspreis von der Entwicklung des Basiswertes abhängig ist, sind die Wahrscheinlichkeiten für eine Aufwärts- oder Abwärtsbewegung des Basiswertes bereits im Kurs des Basiswertes enthalten und gehen daher nicht mehr in die Optionsbewertung

---

[1001] Vgl. Merk 2011, S. 26.

[1002] Vgl. Brealey et al. 2011, S. 561.

[1003] Im Zeitpunkt $t=1$ gibt es durch die Aufwärts- und Abwärtsbewegung von $t=0$ zu $t=1$ somit zwei mögliche Optionspreise, in $t=2$ folglich drei Optionspreise usw.

[1004] Vgl. Hull 2009, S. 300.

[1005] Vgl. Rudolph / Schäfer 2005, S. 260.

[1006] Vgl. Bloss / Ernst 2008, S. 53.

[1007] Für die Herleitung der Wahrscheinlichkeit p in stetiger Zeit siehe Hull 2009, S. 303 ff sowie in diskreter Zeit Rudolph / Schäfer 2005, S. 262. *Rudolph / Schäfer* sprechen in diesem Zusammenhang von einer risikoadjustierten Eintrittswahrscheinlichkeit, d.h. die Wahrscheinlichkeiten werden so transformiert, dass eine risikoneutrale Bewertung ermöglicht wird.

mit ein.[1008] Somit geht die implizite statt der tatsächlichen Wahrscheinlichkeit in die Berechnung ein. Der Optionspreis für jeden Knoten des Binomialbaums ergibt sich schließlich als diskontierter Erwartungswert der beiden möglichen Ausprägungen des Optionspreises aus Aufwärts- und Abwärtsbewegung von diesem Knoten, also aus:[1009]

$$C = (pC_u + (1-p)C_d)e^{-rT} \qquad \textbf{5.16}$$

Der Optionspreis im Zeitpunkt *t=0* kann nun ausgehend vom Zeitpunkt *t=n* retrogerad und schrittweise berechnet werden, indem für die jeweils vorgelagerten Knoten die Optionspreise mit Hilfe von Formel 5.16 ermittelt werden. Unter der Annahme, dass nach *n* Perioden *j* Aufwärtsbewegungen des Basiswertes um den Faktor *u* sowie *n-j* Abwärtsbewegungen um den Faktor *d* aufgetreten sind,[1010] ergibt sich folgende Bewertungsformel für den Optionspreis im Zeitpunkt *t=0*:[1011]

$$C = e^{-rTn} \sum_{j=0}^{n} \binom{n}{j} p^j (1-p)^{n-j} C_{u^j d^{n-j}} \qquad \textbf{5.17}$$

Der Optionspreis für jeden Knoten $C_{u^j d^{n-j}}$ ergibt sich ebenso durch *j* Aufwärtsbewegungen des Basispreise und *n-j* Abwärtsbewegungen. Für die Bewertung eines Puts ist prinzipiell die gleiche Vorgehensweise verwendbar, da sich diese im Vergleich zur Bewertung eines Calls nur in der Ermittlung des inneren Wertes zum Zeitpunkt *t=n* unterscheidet. Schließlich weist der Put einen inneren Wert auf, sofern sich der Preis des Basiswertes unter dem Basispreis befindet.[1012]

Betrachtet man bei Optionen die Verfügbarkeit von Basiswerten, so lässt sich ein äußerst breites Angebot an Optionen finden. Das breite Spektrum verfügbarer Basiswerte veranschaulicht Abbildung 33. Die sehr unterschiedlichen Eigenschaften der jeweiligen Basiswerte bedingen teilweise Anpassungen der dargestellten Bewertungsmethoden bzw. lässt sich die beschriebene Funktionsweise nicht immer vollständig auf jeden Basiswert übertragen. Dies wird bspw. offensichtlich, wenn Basiswerte wie

---

[1008] Vgl. Hull 2009, S. 303 f.
[1009] Vgl. Bloss / Ernst 2008, S. 53.
[1010] Haben bis zum Zeitpunkt *t=n* nur Aufwärtsbewegungen stattgefunden, so entspricht die Zahl der Aufwärtsbewegungen *j=n* und die Zahl der Abwärtsbewegungen demnach *n-j=n-n* und somit Null.
[1011] Vgl. Rudolph / Schäfer 2005, S. 268.
[1012] Vgl. Hull 2009, S. 309.

Wettervariablen oder Immobilien genutzt werden, die durch eine enge räumliche Charakterisierung gekennzeichnet sind oder der Basiswert selbst nicht handelbar ist.

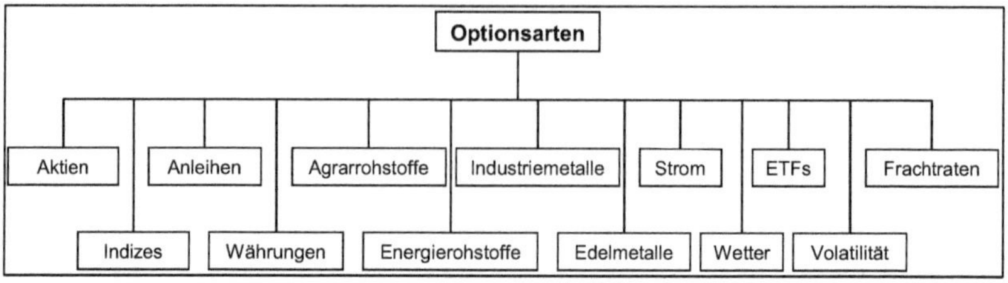

Abbildung 33: Optionsarten in Bezug auf verfügbare Basiswerte[1013]

Eine weitere Unterscheidung von Optionsarten lässt sich hinsichtlich deren Funktionsweise durchführen. Neben den beiden klassischen Optionsarten in Form von Kauf- und Verkaufsoptionen gibt es eine Reihe weiterer Optionen, die sich durch Kombination dieser beiden Basisoptionen darstellen lassen, aber auch sogenannte exotische Optionen, deren Funktionsweise sich von klassischen Optionen teilweise recht deutlich unterscheidet. Im Folgenden soll somit ein grober Überblick über dieses breite Spektrum unterschiedlicher Optionsarten gegeben werden.

5.5.2 Caps, Floors und Collars

Caps, Floors und Collars werden primär im Bereich des Zinsmanagements eingesetzt und in diesem Zusammenhang auch als Zinsbegrenzungsverträge bezeichnet.[1014] Deren Prinzip lässt sich grundsätzlich aber auch auf andere Basiswerte anwenden.

Zinscaps werden zur Absicherung gegen steigende Zinssätze abgeschlossen. Übersteigt der gewählte Referenzzins den im Zinscap vereinbarten Zinssatz (Cap Rate – prinzipiell vergleichbar mit dem Basis- bzw. Ausübungspreis[1015]), so hat der Stillhalter an den Inhaber eine Ausgleichszahlung zu leisten, die abhängig von der Länge des vereinbarten Intervalls sowie dem vereinbarten Nominalbetrag ist.[1016] Dies entspricht

[1013] Eigene Darstellung in Anlehnung an Battley 1993, S. vii und 1405 sowie Eurex 2011a, S. 4 ff.
[1014] Vgl. Prätsch et al. 2007, S. 228.
[1015] Vgl. Hull 2009, S. 789.
[1016] Vgl. Perridon et al. 2009, S. 343.

für ein Zeitintervall vom Charakter her einem Call auf den Referenzzinssatz und wird als Caplet bezeichnet. Inhalt eines Zinscaps sind meist aber längere Laufzeiten mit mehreren solchen Intervallen – ein Zinscap ist somit die Aneinanderreihung mehrerer Caplets.[1017] Anwendung finden Zinscaps bei der Absicherung gegen steigende Zinsen, wobei zumeist ein variabel verzinslicher Kredit das Grundgeschäft bildet. Somit können Unternehmen von fallenden Zinsen profitieren, begrenzen aber gleichzeitig ihre Liquiditätsbelastung durch steigende Zinsaufwendungen.[1018] Diese Funktionsweise ist in Abbildung 34 beispielhaft anhand einer Zinsbegrenzung von 4% in Bezug auf den 3-Monats-EURIBOR dargestellt:

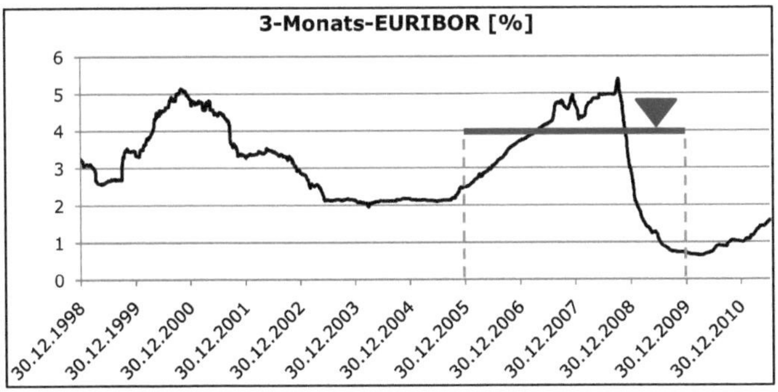

Abbildung 34: Zinscap auf den 3-Monats-EURIBOR[1019]

Während der Zinscap aus Calls zusammengesetzt ist, besteht ein Zinsfloor aus der Aneinanderreihung von Puts auf einen Referenzzinssatz. Diese einzelnen Puts werden analog als Floorlets bezeichnet. Bei Zinsfloors erfolgen Ausgleichszahlungen aus den einzelnen Floorlets, sofern sich der Referenzzinssatz zum Fälligkeitstag unter dem vereinbarten Zinssatz (Floor Rate) befindet.[1020] Mit einem Zinsfloor sichert sich der Käufer somit einen Mindestzins, was einer Absicherung gegen fallende Zinsen einer variabel verzinslichen Anlage entspricht.[1021] Abbildung 35 gibt eine analoge Darstellung zum Zinscap auf Basis des 3-Monats-EURIBOR für den Zinsfloor wieder:

[1017] Vgl. Prätsch et al. 2007, S. 229.
[1018] Vgl. Perridon et al. 2009, S. 343.
[1019] Eigene Darstellung auf Basis der Zinssätze gem. Deutsche Bundesbank 2011a.
[1020] Vgl. Prätsch et al. 2007, S. 229.
[1021] Vgl. Perridon et al. 2009, S. 344.

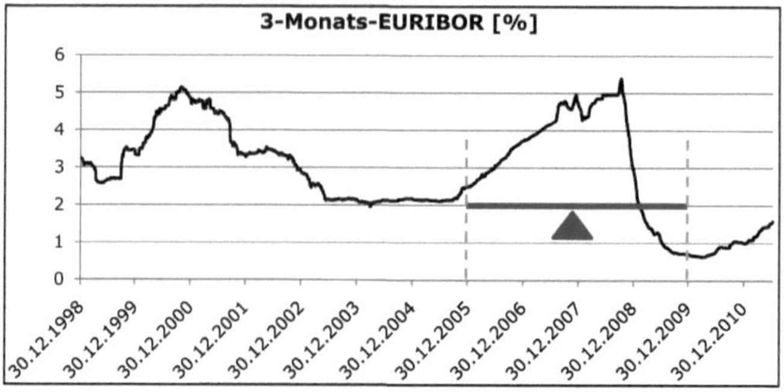

Abbildung 35: Zinsfloor auf den 3-Monats-EURIBOR[1022]

Ein Collar ist die Kombination eines Long-Cap mit einem Short-Floor. Durch den gleichzeitigen Verkauf eines Floors kann die Prämie, welche für den Kauf eines Cap zu entrichten ist, gegenfinanziert werden.[1023] Ein Collar kann durch die entsprechende Wahl der Zinsober- und Untergrenzen so konstruiert werden, dass die Prämie für den Cap der des Floor entspricht und ein kostenneutrales Instrument geschaffen wird. In diesem Fall spricht man von einem Zero Cost Collar.[1024]

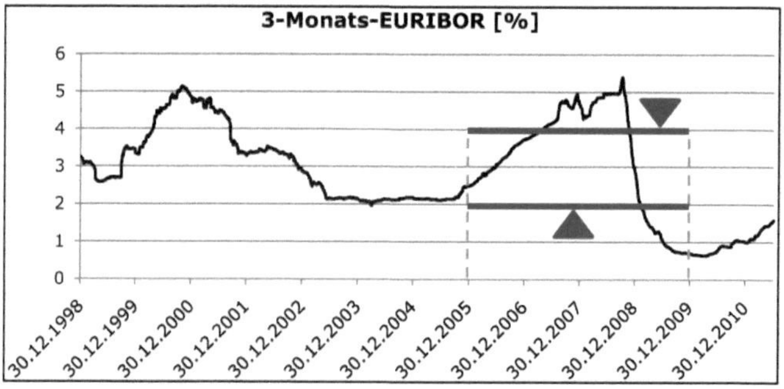

Abbildung 36: Zinscollar auf den 3-Monats-EURIBOR[1025]

Diese kombinierte Darstellung des Kaufs eines Zinscaps auf den 3-Monats-EURIBOR bei gleichzeitigem Verkauf eine Zinsfloors findet sich in Abbildung 36. Mit dieser Konstruktion eines Collars lässt sich demnach eine Bandbreite für den Zinssatz festlegen. Oberhalb

---

1022 Eigene Darstellung auf Basis der Zinssätze gem. Deutsche Bundesbank 2011a.

1023 Vgl. Stocker 2006, S. 318.

1024 Vgl. Rudolph / Schäfer 2005, S. 125.

1025 Eigene Darstellung auf Basis der Zinssätze gem. Deutsche Bundesbank 2011a.

des Zinscaps erhält der Käufer die Ausgleichzahlung zur Begrenzung der Zinslast. Unterhalb des Floor leistet er selbst eine Ausgleichzahlung, welche aber von weiter sinkenden Zinsen im (zugrundeliegenden) variabel verzinslichen Kredit ausgeglichen wird.[1026]

5.5.3 Swaption

Eine Swaption oder auch Swap-Option ist eine Option, die dem Käufer das Recht einräumt, durch Ausübung in einen im Vorfeld festgelegten Swap einzutreten. Der zugrundeliegende Swap kann ein Payer-Swap sein, der Käufer des Swaps leistet also die fixe Zahlung und empfängt die variable. Dies wird als Payer-Swaption oder teilweise auch als Put-Swaption bezeichnet. Alternativ kann auch der Eintritt in einen Receiver-Swap vereinbart sein, weshalb dies auch als Receiver-Swaption oder teilweise auch als Call-Swaption bezeichnet wird.[1027] Die Option selbst kann sowohl als europäische Option – also mit einer Ausübung und damit einen Eintritt in den Swap nur zur Fälligkeit – oder als amerikanische Option mit einer Ausübung während der Laufzeit konstruiert sein.[1028] Die Bezeichnungen Call- und Put-Swaption werden in der Literatur allerdings nicht einheitlich verwendet.[1029] Ursprünglich wurden Swaption für Währungsswaps angeboten. Mittlerweile haben Zinsswaps als Basiswerte allerdings eine weitaus höhere Bedeutung am Markt.[1030] Grundsätzlich sind Swaptions aber nicht auf diese beiden Basiswerte beschränkt, sondern auch für andere Einsatzgebiete anwendbar. So sind bspw. auch Credit Default Swaptions verfügbar – also Optionen auf den Eintritt in einen Credit Default Swap und damit in ein Instrument zur Absicherung von Kreditausfallrisiken.[1031]

Der Vorteil von Swaption liegt darin, dass Unternehmen sich gegen Zahlung der entsprechenden Optionsprämie bereits im Vorfeld die Konditionen für den Swap sichern können. Bei einer Payer-Swaption hat das Unternehmen das Recht, in einen Swap einzutreten, bei dem es bereits fixierte Zinszahlungen leistet und im Gegenzug variable

[1026] Vgl. Perridon et al. 2009, S. 344.
[1027] Vgl. Beike / Barckow 2002, S. 65.
[1028] Vgl. Kolb / Overdahl 2007, S. 692.
[1029] Für eine umgekehrte Kennzeichnung – also Payer-Swaption als Call-Swaption und umgekehrt – vgl. bspw. Rudolf 2000, S. 194.
[1030] Vgl. Rudolph / Schäfer 2005, S. 131.
[1031] Vgl. Heidorn 2009, S. 244.

Zinszahlungen erhält. Dieses Recht wird es wahrnehmen, wenn das Zinsniveau gestiegen ist und es somit zu günstigeren Bedingungen in den Swap eintritt, als dann am Markt üblich. Anderweitig wird es das Recht verfallen lassen und kann stattdessen zu den dann üblichen Marktbedingungen einen günstigeren Swap abschließen. Alternativ könnte das Unternehmen die Prämienzahlung vermeiden, indem es statt einer Swaption einen Forward-Swap abschließt, also einen Forward, welcher den zukünftigen Eintritt in einen Swap vorsieht. Allerdings ist das Unternehmen dann in diesem unbedingten Termingeschäft gebunden und muss auch bei ungünstigen Bedingungen in den Swap eintreten.[1032]

5.5.4 Exotische Optionen

Neben den klassischen Optionen ist in den letzten Jahren auch ein breites Spektrum von Optionen entwickelt worden, die vom Grunde her zwar mit den bekannten Optionen verwandt sind, sich aber in verschiedenen Parametern grundlegend von ihnen unterscheiden. Häufig wurden diese aufgrund von Kundenwünschen und spezifischen Anforderungen an Gewinn- und Verlustprofile entwickelt. Sie zeigen auch die Vielschichtigkeit, die sich mit dem Grundkonstrukt einer Option darstellen lässt.[1033] Daher soll mit den folgenden Ausführungen ein kurzer Überblick zu den verschiedenen Ausgestaltungsformen exotischer Optionen gegeben werden. Eine detaillierte Auseinandersetzung mit den einzelnen Instrumenten erscheint im Rahmen dieser Arbeit weder möglich noch angebracht, da die Anwendbarkeit im Unternehmen im Rahmen des Risikomanagements sehr stark von den jeweiligen unternehmensspezifischen Erfordernissen abhängt. Daher sei für ausführlichere Informationen zu den einzelnen Derivaten auf die jeweilige, referenzierte Literatur verwiesen.

Im Gegensatz zu den klassischen Optionen lassen sich bei exotischen Optionen mehrere Bestimmungsparameter variieren. So können exotische Optionen mehrere Basiswerte zur Grundlage haben. Auch lässt sich eine nichtlineare Beziehung zwischen Basiswert und dem Wert bei Ausübung oder eine fixe Auszahlung implementieren – bei klassischen Optionen ändert sich der für den Wert bei Ausübung relevante innere

[1032] Vgl. Hull 2009, S. 796 f.
[1033] Vgl. Müller-Möhl 2002, S. 291.

Werte linear zur Änderung des Basiswertes. Weiterhin kann der Auszahlungsbetrag auch von der Wertstellung eines Betrachtungszeitraums bzw. eines vom Fälligkeitstag abweichenden Datum abhängen, anstatt der Betrachtung des Basiswertes zum Laufzeitende. Auch die Inkraftsetzung oder Aufrechterhaltung bzw. Beendigung des Ausübungsrechtes kann mit zusätzlichen Bedingungen wie der Wertentwicklung des Basiswertes versehen werden.[1034] Ein Versuch, diese Vielfalt an Gestaltungsmöglichkeiten zu systematisieren, bildet Tabelle 16. Die Unterteilung exotischer Optionen ist allerdings noch vielschichtiger und die dargestellten Instrumente bilden teilweise eine Zusammenfassung von weiteren Optionsarten. So bilden Average Rate und Average Strike Optionen bspw. die Gruppe der Durchschnittsoptionen:

Tabelle 16: Systematik exotischer Optionen[1035]

Faktorzahl	Determinanten	Kurspfadunabhängige Optionen	Kurspfadabhängige Optionen	
			Ohne Schwelle	Mit Schwelle
Einfaktorielle Optionen	Qualitativ	Digital- (Binär-) Optionen (Asset or Nothing-, Cash or Nothing- sowie Gap-Optionen)	Schalter-Optionen	Kontroll-Optionen
			Range-Optionen	Quattro-Optionen
	Quantitativ	Klassische (= Plain Vanilla-) Optionen	Durchschnitts-Optionen	Schwellen-Optionen
		Power-Optionen	Extremwert-Optionen	
		Contingent-Optionen		
Mehrfaktorielle Optionen		Basket-Optionen	Compound-Optionen	
		Performance-Optionen		
		Quanto-Optionen	Chooser-Optionen	

Exotische Optionen bieten durch ihre vielfältigen Gestaltungsmöglichkeiten für Unternehmen eine hervorragende Ergänzung der klassischen Absicherungsinstrumente. Daher ist in Anhang 35 eine ausführliche Auseinandersetzung mit den unterschiedlichen Instrumenten dieser Gattung zu finden. Neben den dargestellten exotischen Optionen, die als eigenständige Instrumente zumeist im außerbörslichen

[1034] Vgl. Rudolph / Schäfer 2005, S. 351 f.
[1035] Rudolph / Schäfer 2005, S. 353.

Handel angeboten werden, lassen sich durch Kombination der verfügbaren Instrumente viele weitere Zahlungsprofile generieren, welche auf die jeweiligen Anforderungen zugeschnitten sind. Dabei sind der Komplexität der Optionsstrategien kaum Grenzen gesetzt. Diese Entwicklung komplexer Optionsstrategien oder, allgemeiner ausgedrückt, komplexer Derivatestrategien hat sich in den letzten Jahren zu einem eigenständigen Bereich entwickelt, welcher gemeinhin mit ‚Financial Engineering' bezeichnet wird. Daher sei für detaillierte Ausführungen zum Thema komplexer Derivatestrategien an dieser Stelle auf die einschlägige Literatur zum Thema Financial Engineering verwiesen.[1036]

[1036] Hierzu bspw. Cuthbertson / Nitzsche 2001, Birge / Linetsky 2008 aber auch Hull 2009.

6 Klassifikation und Verfügbarkeit derivativer Finanzinstrumente und deren Einsatzfähigkeit bei KMU

6.1 Börsengehandelte Derivate

Bei einer Analyse der verfügbaren börsengehandelten Produkte ist zu verzeichnen, dass im Zins- und Aktienbereich ein großes Angebot an der EUREX vorzufinden ist. Dagegen gibt es im Bereich der Commodities nur wenige und für Devisen keine verfügbare Derivate. Dagegen hat die EUREX ihr Angebot an exotischen Derivaten in den vergangenen Jahren beständig ausgebaut. So finden sich mittlerweile auch Inflations-, Volatilitäts- und Wetterderivate in ihrem Sortiment.[1037] Auch bietet die EUREX durch ihre Kooperation mit der European Energy Exchange Group (EEX) mittlerweile deren Produktpalette an Stromderivaten zum Handel an.[1038] Sowohl bei Industriemetallen als auch bei Agrarrohstoffen dominieren dagegen die angloamerikanischen Börsen – allen voran die London Mercantile Exchange (LME), die Chicago Mercantile Exchange (CME) und die Intercontinental Exchange (ICE). Für eine Absicherung muss somit auf Produkte zurückgegriffen werden, die nicht in EURO denominiert sind. Gleiches gilt für einige Produkte der EUREX, die sich auf Futures-Positionen der LME beziehen. Der Bereich der Wechselkursderivate wird hauptsächlich außerbörslich abgewickelt. So übertraf das Volumen der offenen Positionen in OTC-Forwards und Swaps mit 25,625 Billionen US-Dollar[1039] das der börslich gehandelten Kontrakte mit 216,8 Milliarden US-Dollar[1040] bei weitem. Ein hochliquider Handel mit Devisenfutures ist somit nur an der CME und der ICE anzutreffen.[1041] Die folgenden Ausführungen sollen einen Überblick über das Produktspektrum an verfügbaren Derivaten an den genannten Terminbörsen geben, um die Vielfalt an gehandelten Basiswerten exemplarisch darzustellen. Dabei liegt der Fokus auf der Betrachtung der für Industrieunternehmen bedeutsamen Kontrakte ergänzt um einige eher als exotisch anzusehende Basiswerte, um die Breite des Spektrums anzudeuten.

[1037] Vgl. Eurex 2011a, S. 3 ff.
[1038] Vgl. Eurex 2009.
[1039] Vgl. BIS 2010, S. A 121.
[1040] Vgl. BIS 2010, S. A 126.
[1041] Das vollständige Angebot an Produkten ist auf den jeweiligen Seiten der EUREX, der LME, der ICE und der CME einzusehen.

6.1.1 Zinsgeschäfte

Bei Zinsderivaten ist zwischen Geld- und Kapitalmarktfutures zu unterscheiden. Während Geldmarkfutures sich auf einen Zinssatz beziehen, liegen Kapitalmarktfutures festverzinsliche Wertpapiere zugrunde. Börsengehandelte Optionen in diesem Segment beziehen sich auf die jeweiligen Futures als Basiswert. Den Fixed Income Futures als Kapitalmarktfutures liegen fiktive Anleihen der Bundesrepublik Deutschland zugrunde, welche bis auf Euro-Buxl®-Futures (4%) einen Kupon von 6% aufweisen:[1042]

Tabelle 17: Futures und Optionen der Eurex auf Zinstragende Basiswerte

Zinsen			
Underlying	**Kontrakt[1043]**	**Kontraktgröße**	**Laufzeiten**
Zinsen	Fixed Income Futures (Restlaufzeit des Basiswertes in Jahren): Euro-Schatz-Futures (1,75 bis 2,25) Euro-Bobl-Futures (4,5 bis 5,5) Euro-Bund-Futures (8,5 bis 10,5) Euro-Buxl®-Futures (24 bis 35)	EUR 100.000 oder CHF 100.000	Bis zu 9 Monate (Zyklus: März, Juni, September und Dezember)
Zinsen	Optionen auf Fixed Income Futures	Ein Fixed Income Futures-Kontrakt	Bis zu 6 Monate, Kalendermonate, Quartalsmonate
Zinsen	Einmonats-EONIA-Futures (FEO1)	EUR 3 Millionen	Bis zu 12 Monate
Zinsen	Dreimonats-EURIBOR-Futures (FEU3)	EUR 1 Million	Bis zu 36 Monate (Zyklus: März, Juni, September und Dezember)
Zinsen	Optionen auf Dreimonats-EURIBOR-Futures (OEU3)	Ein Dreimonats-EURIBOR-Futures-Kontrakt	Bis zu 24 Monate

Den Geldmarktfutures auf den Einmonatszinssatz (EONIA) und Dreimonatszinssatz (EURIBOR) liegt der in obiger Tabelle abgebildete fiktive Kontraktwert zugrunde, welcher mit dem Durchschnittszinssatz der effektiven Zinssätze während der Laufzeit verzinst werden, wobei Zinseszinseffekte berücksichtigt werden.[1044] Aufgrund der Kontraktgrößen sind somit primär die Fixed Income Futures und Optionen auf diese für Absicherungszwecke interessant.

[1042] In diesem Segment verügbar sind auch Schuldverschreibungen der Republik Italien beziehungsweise der Schweizerischen Eidgenossenschaft, welche hier nicht näher betrachet werden. Vgl. Eurex 2011c.

[1043] Vgl. Eurex 2011a, S. 144 ff.

[1044] Vgl. Eurex 2011a, S. 153 ff.

6.1.2 Währungsgeschäfte

Wie bereits dargestellt, ist der Handel mit Devisenderivaten eher durch Transaktionen außerhalb der führenden Terminbörsen gekennzeichnet und wird weitgehend zwischen den internationalen Finanzinstituten abgewickelt. Für einen liquiden Börsenhandel bieten sich somit primär die Kontrakte an, welche durch die CME und ICE angeboten werden. Für Unternehmen der Eurozone haben die Wechselkursrelationen zum Euro die höchste Bedeutung, weshalb nur diese in die Betrachtungen einbezogen werden. An der CME beläuft sich das Kontrakvolumen dabei generell auf 125.000 Euro. Die Laufzeiten betragen sechs Monate in den Zyklen März, Juni, September und Dezember.[1045] Ähnliche Kontrakte mit dem gleichen Zyklus und identischer Kontrakgröße werden auch an der ICE angeboten, wobei die Laufzeit bei diesen zwölf Monate beträgt.[1046] Das zugrundeliegende Volumen muss demnach mindestens 125.000 Euro betragen, um eine Absicherung über diese börsengehandelten Futures durchführen zu können.

6.1.3 Rohstoffgeschäfte

An den weltweiten Warenterminbörsen wird für eine Vielzahl von Rohstoffen ein Terminhandel angeboten. Führend sind für den Handel mit Industrierohstoffen und Edelmetallten vor allem die CME und die LME. Auch die Eurex hat mittlerweile einige Edelmetallderivate in den Handel aufgenommen. Allerdings beziehen sich die Gold-Futures auf die Preisstellung der LME. Für europäische Unternehmen ist im Bereich der Industriemetalle somit primär der Handel an der LME relevant. Diese bietet für Futures-Kontrakte ein sehr breites Spektrum an Laufzeiten an. Neben der Preisbildung im Kassa- und Terminhandel liefert die Höhe des physischen Lagerbestands an Rohstoffen eine weitere wichtige Information für den Rohstoffhandel. Mit ihren Lagerstädten in vielen europäischen Ländern, aber auch in den Vereinigten Staaten, im arabischen Raum und in Asien nimmt die LME die führende Rolle für Handelsgeschäfte mit physischer Lieferung ein.[1047]

[1045] Vgl. CME 2011n.
[1046] Vgl. ICE 2011d.
[1047] Vgl. LME 2011d.

Tabelle 18: Futures auf Industrie- und Edelmetalle (1)

Industrie- und Edelmetalle				
Underlying	**Kontrakt**[1048]	**Kontraktgröße**	**Kontraktwert**[1049]	**Laufzeiten**
Kupfer	CME Copper Futures[1050]	25,000 pounds	39.450,0.0 US$	Bis zur 60 Monate
Gold	CME Gold Futures[1051]	100 troy ounces	181.700,00 US$	Bis zur 72 Monate
Eisen	CME Iron Ore 62% Fe, CFR China (TSI) Swap Futures[1052]	500 dry metric tons	89.375,00 US$	Bis zu 24 Monate
Eisen	CME Iron Ore 62% Fe, CFR North China (Platts) Swap Futures[1053]	1,000 dry metric tons	179.860 US$	Bis zu 24 Monate
Palladium	CME Palladium Futures[1054]	100 troy ounces	71.320,00 US$	Bis zu 15 Monate
Platin	CME Platinum Futures[1055]	50 troy ounces	90.695,00 US$	Bis zu 15 Monate
Silber	CME Silver Futures[1056]	5,000 troy ounces	203.675,00 US$	Bis zu 60 Monate
Stahl	CME U.S. Midwest Domestic Hot-Rolled Coil Steel Index Futures[1057]	20 short tons	13.900,00 US$	Bis zu 24 Monate
Commodity	Dow Jones-UBS Commodity Index Futures[1058]	USD 250 pro Indexpunkt	39.369,95 US$	Bis zu 12 Monate (Zyklus: März, Juni, September und Dezember)
Gold	EUREX Gold-Futures	100 Feinunzen Gold	179.790,00 US$	Bis zu 36 Monate (Zyklus März, Juni, September und Dezember)
Silber	EUREX Silber-Futures	5.000 Feinunzen Silber	200.800,00 US$	Bis zu 36 Monate (Zyklus: März, Juni, September und Dezember)
Gold	EUREX Xetra-Gold®-Futures	1.000 Gramm Gold	41.580,00 €	Bis zu 36 Monate (Zyklus: März, Juni, September und Dezember)

An der LME werden für Kontrakte mit der Laufzeit von bis zu drei Monaten tägliche Verfallstermine angeboten. Für Kontrakte mit drei bis sechs Monaten Laufzeit gibt es wöchentliche Verfallstermine, welchen jeden Mittwoch auslaufen. Für darüber hinausgehende monatliche Laufzeiten liegt der Fälligkeitstermin auf dem dritten Mitt-

1048 Kontraktbezeichnung und Kontraktgrößen entsprechend der Spezifikationen.
1049 Stand: 16.09.2011. Der Kontraktwert ergibt sich aus der Multiplikation des Kontraktvolumens mit dem zu diesem Datum gültigen Kurs des nächsten auslaufenden Indikationskontraktes (LME: 3-Monats-Futures; CME: Septemberkontrakt) je Gewichtseinheit (z.B. Tonnen bei Industriemetallen). Für Notierungen der Futures der LME siehe LME 2011e, der CME siehe CME 2011a sowie der EUREX siehe Eurex 2011b.
1050 Vgl. CME 2011b.
1051 Vgl. CME 2011e.
1052 Vgl. CME 2011h.
1053 Vgl. CME 2011i.
1054 Vgl. CME 2011d.
1055 Vgl. CME 2011c.
1056 Vgl. CME 2011f.
1057 Vgl. CME 2011g.
1058 Vgl. Dow Jones Indexes 2011.

woch im Monat.[1059] Die EUREX bietet im Rohstoffbereich Futures und Optionen auf Gold und Silber. Laufzeiten sind bis zu 36 Monaten verfügbar – für die ersten drei Monate auch monatlich. Im Gegensatz zu den Xetra-Gold®-Futures beziehen sich die anderen Kontrakte auf die Preisstellung der LME.[1060] Die an der CME gehandelten Kontrakte weisen dagegen recht unterschiedliche Spezifikationen auf. Je nach Basiswert werden Laufzeiten von bis zu 72 Monaten angeboten. Da sich die Kontrakte je nach Basiswert und Handelsort teilweise recht deutlich unterscheiden, sollen die relevanten Futures mit Hilfe von Tabelle 18 und Tabelle 19 einander gegenübergestellt werden.

Tabelle 19: Futures auf Industrie- und Edelmetalle (2)

Industrie- und Edelmetalle				
Underlying	**Kontrakt[1061]**	**Kontraktgröße**	**Kontraktwert[1062]**	**Laufzeiten**
Aluminium	LME Aluminium Alloy	20 tonnes (with a tolerance of +/- 2%)	46.100,00 US$	Bis zu 27 Monate
Aluminium	LME Aluminium futures	25 tonnes (with a tolerance of +/- 2%)	59.375,00 US$	Bis zu 123Monate
Kobalt	LME Cobalt	1 tonne (with a tolerance of +/- 2%)	35.000,00 US$	Bis zu 15 Monate
Kupfer	LME Copper	25 tonnes (with a tolerance of +/- 2%)	218.137,50 US$	Bis zu 123 Monate
Blei	LME Lead	25 tonnes (with a tolerance of +/- 2%)	59.750,00 US$	Bis zu 63 Monate
Molybdän	LME Molybdenum	6 tonnes of molybdenum delivered in 10 tonnes of roasted molybdenum concentrates (RMC)	192.000,00 US$	Bis zu 15 Monate
Nickel	LME Nickel	6 tonnes (with a tolerance of +/- 2%)	130.050,00 US$	Bis zu 63 Monate
Aluminium	LME North American Special Aluminium Alloy Contract (NASAAC)	20 tonnes (with a tolerance of +/- 2%)	48.400,00 US$	Bis zu 27 Monate
Zinn	LME Tin	5 tonnes (with a tolerance of +/- 2%)	117.525,00 US$	Bis zu 15 Monate
Zink	LME Zinc	25 tonnes (with a tolerance of +/- 2%)	54.625,00 US$	Bis zu 63 Monate

[1059] Vgl. LME 2011a, S. 2.
[1060] Vgl. Eurex 2011a, S. 106 ff.
[1061] Kontraktbezeichnung und Kontraktgrößen entsprechend der Spezifikationen.
[1062] Stand: 16.09.2011. Der Kontraktwert ergibt sich aus der Multiplikation des Kontraktvolumens mit dem zu diesem Datum gültigen Kurs des nächsten auslaufenden Indikationskontraktes (LME: 3-Monats-Futures; CME: Septemberkontrakt) je Gewichtseinheit (z.B. Tonnen bei Industriemetallen). Für Notierungen der Futures der LME siehe LME 2011e, der CME siehe CME 2011a sowie der EUREX siehe Eurex 2011b.

Die angegebenen Kontraktwerte dienen gleichzeitig als Anhaltspunkt für das Mindestvolumen, welches zu Absicherungszwecken vorliegen muss, damit ein Einsatz der entsprechenden Futures-Kontrakte im Rahmen des Risikomanagements erfolgen kann. Beispielhaft ist auch der Dow Jones-UBS Commodity Index^{SM} in die Übersicht mit aufgenommen. Neben diesem existiert eine Reihe weitere Rohstoffindizes sowie Futures auf diese, welche sowohl als Benchmark herangezogen werden können, als auch bei vorliegen entsprechenden Korrelationen und Fehlen anderer Absicherungsinstrumente Basis eines Cross Hedges sein können.[1063]

Für alle Futures der LME bis auf den LME Cobalt und den LME Molybdenum-Kontrakt sind außerdem Optionen mit verschiedenen Laufzeiten verfügbar. Sie beziehen sich auf jeweils einen Futureskontrakt, welcher bei Fälligkeit zu liefern bzw. abzunehmen ist.[1064]

Auch bietet bietet die Börse sogenannte LME Minis auf die Basiswerte Aluminium, Kupfer und Zink an. Sie weisen eine geringe Kontraktgröße auf und sehen nur einen Barausgleich vor. Auch bieten sie mit zwölf Monaten nur eine Laufzeit an. Laut LME sind diese Kontrakte eher an Händler gerichtet, die einen einfachen Marktzugang zu diesen Rohstoffen suchen. Aufgrund dessen sowie der Laufzeitspezifikationen und des Barausgleichs eignen sie sich nur bedingt für Industrieunternehmen.[1065]

Einen wichtigen Aspekt für die Produktion aber auch für den Transport stellen die Preisentwicklungen für Energierohstoffe dar. So werden bei der Aluminium- und Stahlerzeugung bedeutende Mengen an Kohle verbraucht. Eine Absicherung gegen unerwünschte Preisentwicklungen ist bspw. über die ICE möglich, welche für den Bereich der Energierohstoffe ein breites Angebot von Kontrakten zur Verfügung stellt, welche zudem eine hohe Liquidität aufweisen. Bei Energierohstoffen ist zu beachten, dass die Basiswerte sich in ihren Spezifikationen in Abhängigkeit ihrer Herkunft teil-

---

[1063] Ein Cross Hedge liegt vor, wenn sich der Basiswert des verwendeten Futures vom abzusichernden Basiswert unterscheidet.
[1064] Vgl. LME 2011a, S. 11.
[1065] Vgl. LME 2011c.

weise recht stark unterscheiden. Aufgrund dieser unterschiedlichen Charakteristika werden separate Kontrakte je nach Sorte angeboten. Als bekanntestes Beispiel lassen sich bei Erdöl die beiden Sorten WTI (amerikanisches Erdöl – West Texas Intermediate) und Brent (Nordseeöl) unterscheiden. Für andere Rohstoffe ist dagegen ihr Handelsort Grundlage des Kontraktes. Für den Richards Bay Coal Futures ist dies der entsprechende Hafen in Südafrika und für Rotterdam Coal Futures der Hafen in den Niederlanden. Aufgrund dieser Vielfalt soll Tabelle 20 somit nur einen exemplarischen Überblick hinsichtlich der Verfügbarkeit von Futures auf Energierohstoffe geben:

Tabelle 20: Futures auf Energierohstoffe[1066]

Energierohstoffe		
Underlying	**Kontrakt**	**Kontraktgröße**
Erdgas	ICE NCG Natural Gas Futures	1 MWh per hour per day per delivery period (ie month, quarter, season or year.)
Erdgas	ICE UK Natural Gas Futures (Monthly)	Multiples of 5 lots of 1,000 therms per lot of natural gas per day.
Erdöl und raffinierte Produkte	ICE Brent Crude Futures	1,000 barrels (42,000 US gallons)
Erdöl und raffinierte Produkte	ICE Heating Oil Futures	42,000 US gallons (1,000 bbls).
Erdöl und raffinierte Produkte	ICE Middle East Sour Crude Futures	One or more lots of 1,000 barrels
Erdöl und raffinierte Produkte	ICE WTI Crude Futures	1,000 bbls (42,000 US gallons).
Kohle	ICE Richards Bay Coal Futures	1 lot equals 1,000 tonnes of coal.
Kohle	ICE Rotterdam Coal Futures	1 lot equals 1,000 tonnes of coal.
Uran	UxC Uranium U3O8 Swap Futures	250 pounds of U308

Eine ausführliche Übersicht über die an der ICE gehandelten Futures auf Energierohstoffe, exklusive der in der obigen Tabelle dargestellten Kontrakte, findet sich in Anhang 14.

Ein ebenfalls sehr umfassendes Angebot an Derivaten lässt sich für den Bereich der Agrarrohstoffe ermitteln. Führend im Terminhandel sind hierbei die CME[1067] sowie die ICE.[1068] Auch an der EUREX existiert mittlerweile ein (wenn auch begrenztes)

[1066] Vgl. ICE 2011b.
[1067] Vgl. CME 2011k.
[1068] Vgl. ICE 2011c.

Angebot an Futures auf Agrarrohstoffe. Da die Verwendung der zugrundeliegenden Rohstoffe von den individuellen Unternehmensgegebenheiten abhängig ist, stellt Tabelle 21 nur einen beispielhaften Auszug aus diesem Produktspektrum dar:

Tabelle 21: Futures auf Agrarrohstoffe europäischer Terminbörsen[1069]

Agrarrohstoffe			
Underlying	**Kontrakt**	**Kontraktgröße**	**Laufzeiten**
Butter	Butter-Futures	5 metrische Tonnen	Bis zu 18 Monate (Zyklus Januar, April, Juli und Oktober)
Hog	Hog Futures	8.000 kg Schlachtgewicht	Bis zu 18 Monate (Zyklus März, Juni, September und Dezember)
Magermilch	Magermilch-Pulver-Futures	5 metrische Tonnen	Bis zu 18 Monate (Zyklus: Januar, April, Juli und Oktober)
Piglet	Piglet Futures	100 Ferkel	Bis zu 18 Monate (Zyklus März, Juni, September und Dezember)
Potato	European Processing Potato Futures	250 Dezitonnen (25 Tonnen) Kartoffeln	Bis zu 24 Monate (Zyklus April, Juni und November sowie der darauf folgende Fälligkeitsmonat April)
Potato	London Potato Futures	250 Dezitonnen (25 Tonnen) Kartoffeln	Bis zu 12 Monate (April)

6.1.4 Exotische Basiswerte

Neben den klassischen Derivaten auf Zinsen, Wechselkurse und Rohstoffe lässt sich auch für eher als exotische betrachte Basiswerte ein breites Produktspektrum an den weltweiten Terminbörsen ermitteln. Auch ist der Handel teilweise sehr liquide. Da eine ausführliche Analyse dieser Produkte an dieser Stelle weder zielführend noch umsetzbar ist, soll Tabelle 22 eine zusammenfassende Übersicht zu diesen Produktkategorien geben. Dabei sind von Altstoffen, über Immobilien- und Inflationsderivate bis hin zu Wetterderivaten viele momentan noch als klein anzusehende Marktsegmente zu identifizieren. Eine höhere Bedeutung weisen dagegen vor allem Derivate auf elektrischen Strom und Emissionsrechte sowie Kreditderivate auf.

[1069] Vgl. Eurex 2011a, S. 90 ff.

Tabelle 22: Futures auf exotische Basiswerte

Underlying	Kontrakt	Kontraktgröße
Altstoff[1070]	HMS 80/20 Ferrous Scrap, CFR Turkey (Platts) Swap Futures	50 metric tons
CER[1071]	CER-Futures	1.000 Certified Emission Reductions (1 Lot)
Elektrizität[1072]	Phelix Base®-& Peak®-Futures	Die Lieferrate (Strommenge pro Stunde) aller Futures-Kontrakte ist 1 MW (Grundlast 24h, Spitzenlast 08:00-20:00 Uhr, Off -Peak 00:00-08:00, 20:00-24:00)
EUA[1073]	EUA-Futures	1.000 EU Emission Allowances (1 Lot)
Hurrikan[1074]	Hurrikan-Futures	Nominalwert eines Kontrakts beträgt 100 Punkte
Immobilien[1075]	Immobilien-Futures	GBP 50.000
Inflation[1076]	Inflations-Futures	EUR 1.000.000
Kredit[1077]	Kredit Futures	EUR 100.000
Volatilität[1078]	Volatilitätsindex	EUR 100 pro Indexpunkt
Wetter[1079]	European Monthly Weather Heating Degree Day (HDD) Futures	£20 London Heathrow; €20 All Other Locations

6.2 Over-the-Counter-Geschäfte

Wie bereits dargestellt, übersteigt das Handelsvolumen der außerbörslich gehandelten Derivate das der börsengehandelten um ein Vielfaches. Da Industrieunternehmen keinen oder nur einen beschränkten direkten Zugang zu diesem meist zwischen Kreditinstituten und Versicherungen stattfindendem Handel haben, sind diese Finanzintermediäre selbst Vertragspartner und Dienstleister für Industrieunternehmen. Zwar wird den Unternehmen nicht das volle Spektrum an verfügbaren Derivaten zur Verfügung gestellt. Aus Untersuchungen und Befragungen in den Jahren 2008, 2010 und 2011 zeigt sich dennoch, dass für die wichtigsten Risikobereiche ein recht großes Angebot von OTC-Derivaten besteht. Dabei dominieren Zins- und Währungsgeschäfte – aber auch Rohstoffgeschäfte haben in den letzten Jahren eine wachsende Bedeutung bekommen. Da es sich bei OTC-Derivaten grundsätzlich um individuelle Geschäfte zwischen zwei Vertragspartnern handelt, ist die Ausgestaltung von den jeweiligen

[1070] Vgl. CME 2011l.
[1071] Vgl. Eurex 2011a, S. 121.
[1072] Vgl. Eurex 2011a, S. 127.
[1073] Vgl. Eurex 2011a, S. 124.
[1074] Vgl. Eurex 2011a, S. 135.
[1075] Vgl. Eurex 2011a, S. 140.
[1076] Vgl. Eurex 2011a, S. 83.
[1077] Vgl. Eurex 2011a, S. 78.
[1078] Vgl. Eurex 2011a, S. 62.
[1079] Vgl. CME 2011m.

Erfordernissen, aber auch von der Bonität der beteiligten Unternehmen abhängig, wobei vielen Kontrakten zumindest ein standardisiertes Vertragswerk zugrundegelegt wird, wie dies bereits in Kapitel 5.1 herausgestellt wurde. Aufgrund ihres individuellen Charakters lassen sich Laufzeiten, Zahlungsbedingungen, Sicherheitsleistungen und Stückelungen frei aushandeln. Damit Kreditinstitute als Gegenpartei in der Lage sind, die mit den OTC-Derivaten eingegangenen Geschäfte an den Kapitalmarkt weiterzureichen, ist es notwendig, dass für die jeweiligen Basiswerte ein liquider Terminhandel existiert. Im Rahmen der Befragungen wurde herausgestellt, dass in diesem Fall auch kleinere Kontraktgrößen realisierbar sind, als im standardisierten Terminhandel üblich. Als Richtwert für umsetzbare Mindestkontraktgrößen wurde dabei ein Zehntel des börsengehandelten Kontraktvolumens angegeben, wobei dies wiederum vom jeweiligen Vertragpartner abhängig ist.

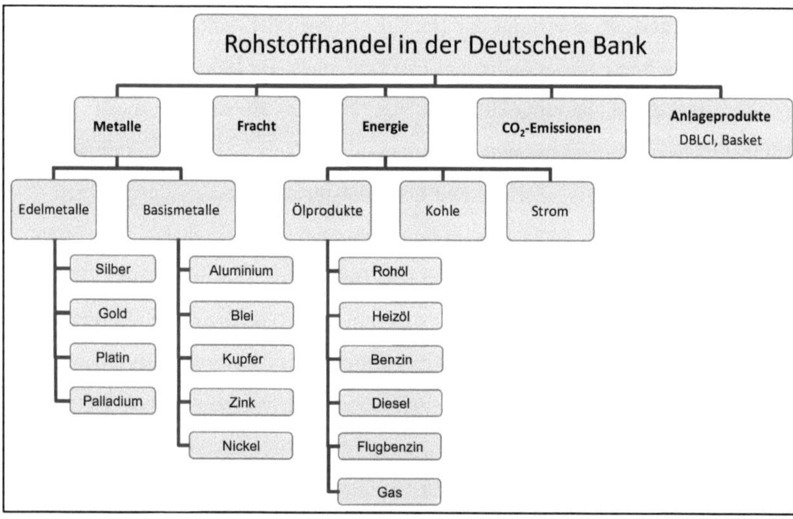

Abbildung 37: Rohstoffhandel der Deutschen Bank[1080]

Aufgrund des individuellen Charakters ist Auswahl an außerbörslichen Produkten um ein Vielfaches größer als die standardisierter, börsengehandelter Kontrakte. Daher können hier nur einige Beispiele für das Angebot an OTC-Derivaten betrachtet wer-

[1080] Rapp 2007, S. 4.

den. Im Bereich des Rohstoffhandels ist bspw. die Deutsche Bank einer der größten Anbieter außerbörslicher Derivate. Sie bietet vor allem Derivate im Bereich Edelmetalle, Basismetalle und für Ölprodukte an. Verfügbar sind aber auch OTC-Derivate auf Kohle und Strom, CO_2-Emissionen und Frachtraten.

Im Bereich der außerbörslichen Derivate bieten neben Geschäftsbanken vor allem die Landesbanken ein recht breites Spektrum an Instrumenten an. So liegt der Schwerpunkt der BayernLB liegt dabei ebenfalls im Bereich der Derivate auf Energierohstoffe sowie auf Metalle. Aufgrund des liquiden Börsenhandels in Stromderivaten und Kontrakten auf Emissionsrechte ist sie ebenfalls in der Lage, entsprechende außerbörsliche Produkte auf diese Instrumente anzubieten, wie auch die Übersicht in Anhang 6 zeigt.

Auch sind die deutschen Landesbanken im Bereich der Zinsderivate sehr aktiv. So bietet die WestLB folgende Indikationen auf Zinsswaps an, wobei der Geldkurs (Briefkurs) dem festen Zinssatz entspricht, denn ein Käufer gegen Erhalt des 6-Monats-Euribors erhält (zahlt):

Tabelle 23: Euro Swap Indikationen[1081]

Laufzeit	WestLB empfängt	WestLB zahlt
1 Jahr	1.565	1.555
2 Jahre	1.457	1.447
3 Jahre	1.551	1.541
4 Jahre	1.731	1.721
5 Jahre	1.916	1.906
6 Jahre	2.072	2.062
7 Jahre	2.199	2.189
8 Jahre	2.302	2.292
9 Jahre	2.390	2.380
10 Jahre	2.471	2.461
15 Jahre	2.768	2.758
20 Jahre	2.828	2.818
25 Jahre	2.780	2.770
30 Jahre	2.716	2.706

Daneben erstreckt sich das Angebot auch auf Zinscaps und -floors, deren Indikationen in Anhang 15 dargestellt sind. Die dortige Übersicht zeigt die Preis-Indikationen für

[1081] WestLB 2011a

Caps und Floors mit unterschiedlichen Laufzeiten und Ausübungspreisen. Die Indikationen zeigen die quotierten Prämien in Basispunkten, welche in Bezug auf das Kontraktvolumen zu entrichten sind bzw. bei Verkauf vereinnahmt werden. Als Referenzzinsssatz dient der 6-Monats-Euribor. Analog dazu sind die entsprechenden Indikationen für At-The-Money-Swaptions Anhang 16 zu entnehmen, wobei sich die Prämie in gleicher Form wie für Caps und Floors ergibt. Mit solchen und vergleichbaren Instrumenten ist somit eine effektive Steuerung des Zinsänderungsrisikos möglich, wobei der Vorteil dieser außerbörslichen Produkte in der individuellen Anpassung an die Unternehmensgegebenheiten liegt.

7 Hedgingstrategien verschiedener Risikoarten mittels derivativer Finanzinstrumente

Bei der Implementierung einer geeigneten Hedgingstrategie kommt es darauf an, die einzelnen zur Verfügung stehenden Instrumente nicht isoliert zu betrachten, sondern einen sinnvollen Mix anzustreben.[1082] Im Bereich der Absicherung von Rohstoffrisiken hat sich eine einfache Normstrategie als erfolgreich erwiesen. Dies bedeutet, dass Risikopositionen mit einem Absicherungsgrad in Abhängigkeit von der zeitlichen Fälligkeit versehen werden. Geschäfte innerhalb der nächsten sechs Monat könnten so zu 90% abgesichert werden – für weiter in der Zukunft liegende Fälligkeiten wird das Sicherungsniveau dann sukzessive reduziert. Eine weitere, etwas einfachere Normstrategie bildet die sogenannte Drittelstrategie, bei welcher ein Drittel der Position über Termingeschäfte abgesichert wird, ein zweites Drittel über Optionen und das letzte Drittel bleibt ungesichert. Ein solcher Mix hat sich hinsichtlich Effektivität und Kosten durchaus bewährt.[1083]

Im Hinblick auf die Vielzahl verfügbarer Instrumente, welche für das Risikomanagement zur Verfügung stehen, ist ein umfassender Überblick über Hedgingstrategien im Rahmen dieser Arbeit nicht möglich. Daher sollen exemplarisch nur einige interessante Aspekte solcher Strategien betrachtet werden. Die entsprechenden Berechnungen und Simulationen wurden mit Hilfe von Microsoft Excel durchgeführt, wobei das in diesem Programm enthaltene Instrumentarium durch einige VBA-Programmierungen ergänzt wurde, um eine Anpassung auf die Erfordernisse hinsichtlich der Risikobewertung vorzunehmen. Es wird mit Bedacht von der Verwendung anderer Programmen abgesehen, da sich die verfügbaren Speziallösungen und deren Einsatz in den Unternehmen doch sehr unterscheiden – entsprechende Tabellenkalkulationsprogramme wie Excel dagegen weit verbreitet sind, wie bereits in Kapitel 2.2.1.3 herausgestellt.

[1082] Vgl. Wilkens / Wimschulte 2008b, S. 16.
[1083] Vgl. Frontzek 2010, S. 174.

Grundlage jeglicher Hedgingstrategie bilden die Prozessschritte, welche in Kapitel 3.6 einer eingehenden Untersuchung unterzogen wurden. Ausgehend von der Risikopolitik des Unternehmens ist festzulegen, welchen ‚Risikoappetit' das Unternehmen aufweist. Dabei ist die Frage zu beantworten, welches Gesamtrisiko das Unternehmen überhaupt in der Lage ist zu tragen – es ist also das Risikodeckungspotential in Form von haftendem Eigenkapital als Risikodeckungsmasse zu ermitteln. Diese Deckungsmasse ist anschließend einzelnen Bereichen und Risikopositionen zuzuordnen. Die sich daraus ergebenden Risikolimite bilden die Verlustobergrenzen, welche das Unternehmen in Bezug auf einzelne Risiken verkraften und damit selbst tragen kann. Die Summe der einzelnen Risikolimite darf das zur Verfügung stehende Gesamtdeckungspotential nicht überschreiten.[1084] Soweit es sich um erwartete Verluste handelt, welche im Rahmen der Kalkulation mit in die Preisgestaltung einfließen, sind diese nicht mit kompensierendem Haftungskapital zu unterlegen, da die daraus zu erwartenden Verluste bereits durch entsprechende Kostensätze auf die Vertragspartner übertragen wurden, wie dies exemplarisch für Kreditrisiken in Kapitel 4.7 dargestellt wurde. Für unerwartete Verluste oder mögliche Verluste aus finanzwirtschaftlichen Positionen, deren eventuelles Ausmaß zwar abgeschätzt, aber deren Eintreten nicht abgesehen werden kann, ist dagegen eine Überprüfung auf Eigenkapitalunterlegung durchzuführen.

Dies setzt weiterhin voraus, dass die Unternehmensrisiken umfassend identifiziert, einer detaillierten Analyse unterzogen und im Idealfall quantitativ bewertet wurden.[1085] Für die Risikobewertung ergeben sich somit zwei Aufgaben. Zum einen muss das Gefährdungspotential der einzelnen Risiken ermittelt werden, um zunächst überhaupt den Bedarf an kompensierendem Haftungskapital für eine Risikoposition zu ermitteln. Zum anderen ist im Rahmen der Risikobewertung zu prüfen, ob die zugewiesenen Risikolimite eingehalten werden oder ob durch eine Überschreitung entsprechende Risikosteuerungsmaßnahmen eingeleitet werden müssen, wie sie Kapitel 3.6.7 erläutert wurden. Da der Einsatz von Derivaten im Rahmen der Risikosteuerung primär bei Marktpreisrisiken erfolgt, wird auf entsprechende Steuerungsstrategien für

[1084] Vgl. Schierenbeck et al. 2008, S. 15.
[1085] Siehe Kapitel 3.6.4 bis 3.6.6.

Leistungsrisiken aber auch für Ausfallrisiken an dieser Stelle verzichtet.[1086] Die für den Einsatz von Derivaten notwendige Quantifizierung des Risikoausmaßes in Form von quantitativen Risikokennzahlen ist für Marktpreisrisiken gemeinhin mit der entsprechenden Genauigkeit möglich. Aufbauend auf den theoretischen Ausführungen zu den verschiedenen Risikomaßen in Kapitel 4 werden im Folgenden anhand einiger Beispiele Bewertungsmethoden und deren Anwendungspotentiale dargestellt. Grundlage der Berechnungen bilden verschiedene Zeitreihen von Marktpreisen aus den Segmenten Rohstoffe und Wechselkurse. Die Ausführungen lassen sich auf beliebige alternative Zeitreihen von Marktpreisen und deren Änderungen anwenden. Das Hauptaugenmerk liegt dabei auf der Ermittlung des Value-at-Risk. Dieser hat wiederum eine hohe Bedeutung im Rahmen der Risikotragfähigkeitsplanung.

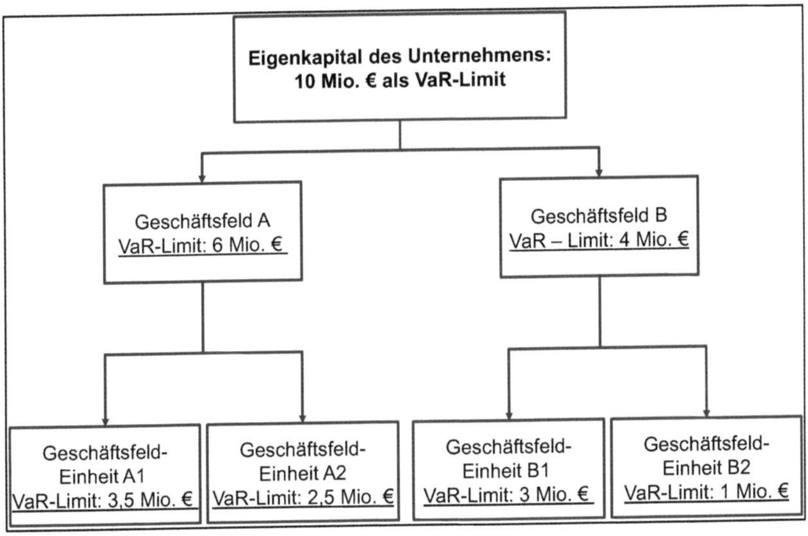

Abbildung 38: Value-at-Risk-Limitsystem[1087]

Für finanzwirtschaftliche Risiken besteht die Möglichkeit, eine Risikolimitierung auf Basis eine Value-at-Risk-Limits durchzuführen. Das heißt, dass der aggregierte Value-at-Risk für einen Bereich und eine Gruppe von Risikopositionen ein vordefiniertes

[1086] Für detaillierte Ausführungen zu den Besonderheiten der einzelnen Risikoarten siehe Kapitel 3.3.
[1087] in Anlehnung an Wolke 2008, S. 82.

Value-at-Risk-Limit nicht überschreiten darf, wie dies beispielhaft auch in Abbildung 38 dargestellt ist. Somit kommt dieser Kennzahl eine zentrale Bedeutung im Rahmen des finanzwirtschaftlichen Risikomanagements zu. Wie in Kapitel 2.2.1.4.3 dargestellt, wird von vielen Unternehmen, welche in den dort betrachten Studien analysiert wurden, der Einsatz des Value-at-Risk-Konzeptes sowie der Monte-Carlo-Simulation als zu komplex erachtet. Mit den folgenden Ausführungen soll ein Ansatz entwickelt werden, welcher auch in mittleren Unternehmen problemlos implementiert und zur Risikobewertung und -steuerung herangezogen werden kann.

7.1 Korrelationen zwischen Risikopositionen

Um im Rahmen der Risikoanalyse und -bewertung einen ersten Überblick über Interdependenzen zwischen einzelnen Risikopositionen zu erhalten, bietet sich die Ermittlung der Korrelationen zwischen einzelnen Marktpreisrisiken an. Als Maß für die Streuung zweier oder mehrerer Variablen wird für die meisten Berechnungen zwar die Kovarianz benötigt, welche sich gemäß Formel 4.20 bestimmen lässt. Aufgrund ihrer Dimensionsgebundenheit ist ein Vergleich zweier Kovarianzen allerdings häufig nicht sinnvoll. Für einen solchen Vergleich der Interdependenzen der Entwicklung mehrerer Marktvariablen bietet sich daher die Verwendung des Korrelationskoeffizienten an,[1088] da dieser nur Werte zwischen *-1* (vollständige negative Korrelation) und *+1* (vollständige positive Korrelation) einnehmen kann. Bei einem Wert nahe (gleich) Null, liegt dagegen nur eine geringe (keine) Korrelation zwischen zwei Variablen vor.

Durch die Exportlastigkeit der deutschen Wirtschaft sind deutsche Unternehmen – sowohl Großunternehmen als auch mittelständische Unternehmen – mit Geschäftsabschlüssen in fremden Währungsräumen konfrontiert. Die Währungen der wichtigsten Staaten außerhalb der Eurozone entwickelten sich in der Vergangenheit dabei recht unterschiedlich. Anhand der Korrelationsmatrix in Tabelle 24 lässt sich feststellen, dass insbesondere beim Euro-Wechselkurs zum Britischen Pfund und zum Japanischen Yen eine vergleichsweise hohe Korrelation mit dem Euro-US-Dollar-

[1088] Siehe Formel 4.21 bzw. für die Ermittlung aus Kovarianz und Einzelvarianzen Formel 4.19.

Wechselkurs vorliegt, sich diese Wechselkurse im Vergleich zu anderen Währungsräumen also recht ähnlich entwickelten:

Tabelle 24: Korrelationsmatrix wichtiger Wechselkurse zum Euro[1089]

	EUR/AUD	EUR/CHF	EUR/GBP	EUR/JPY	EUR/USD
EUR/AUD	1	0,4104	-0,1890	0,1578	-0,1849
EUR/CHF	0,4104	1	-0,4444	0,5280	0,0082
EUR/GBP	-0,1890	-0,4444	1	0,1631	0,7497
EUR/JPY	0,1578	0,5280	0,1631	1	0,7033
EUR/USD	-0,1849	0,0082	0,7497	0,7033	1

Diese Währungspaare hatten in der Vergangenheit eine besonders hohe Bedeutung für die Staaten der Eurozone, spiegelten sie doch bis zum Aufstieg der sogenannten BRIC-Staaten[1090] den Handel mit den weltweit führenden Wirtschaftsnationen wider. Da bis auf die genannten Währungspaare die Korrelation eher gering oder gar negativ ausfällt, zeigt sich auch, dass eine Diversifikation der Geschäftsabschlüsse in unterschiedlichen Währungsräumen gemäß der Portfoliotheorie bereits einer Risikostreuung und damit -reduktion gleichkommt. Eine besondere Bedeutung kommt für Unternehmen der Eurozone allerdings dem Euro-US-Dollar-Wechselkurs zu. Dies liegt zum einen darin begründet, dass die USA als weltweit größte Volkswirtschaft auch den nominell größten Absatzmarkt aufweisen. Zum anderen wird der Großteil des Rohstoffhandels weltweit in US-Dollar abgewickelt. Für produzierende Unternehmen besteht somit neben den Preisrisiken der benötigten Rohstoffe auch ein erhebliches Währungsrisiko. Daher erscheint es notwenig, eine Analyse des Rohstoffpreisänderungsrisikos auf Eurobasis durchzuführen – neben den Preisänderungen auf US-Dollar-Basis also auch die Analyse des Wechselkurses in die Betrachtungen einfließen zu lassen. Das Ergebnis einer solch kombinierten Betrachtung der Korrelationen zwischen den drei Basisrohstoffen – den Industriemetallen Aluminium, Kupfer und Blei – und dem Euro-US-Dollar-Wechselkurs findet sich in Tabelle 25:

[1089] Ermittelte Korrelationskoeffizienten auf Basis der Daten von Deutsche Bundesbank 2011b. Betrachtungszeitraum: 04.01.1999 bis 07.07.2011.

[1090] BRIC: Brasilien, Russland, Indien und China.

Tabelle 25: Korrelationsmatrix für den Zeitraum vom 04.01.1999 bis 02.08.2011[1091]

	EUR-USD	Aluminium	Kupfer	Blei
EUR-USD	1	0,24092	0,26046	0,22036
Aluminium	0,24092	1	0,68378	0,54038
Kupfer	0,26046	0,68378	1	0,62826
Blei	0,22036	0,54038	0,62826	1

Über den Zeitraum von 12,5 Jahren weisen die Preisentwicklungen der Industriemetalle eine mittlere positive Korrelation auf. Die Korrelation zum Wechselkurs ist auch positiv – allerdings nur gering. Bei der Verkürzung des Betrachtungszeitraums ergibt sich ein etwas differenziertes Ergebnis. So ist die Korrelation während der letzten 500 Handelstage – also einem Zeitraum von circa zwei Jahren – signifikant höher, wie Tabelle 26 zu entnehmen:

Tabelle 26: Korrelationsmatrix für die vergangenen 500 Tage[1092]

	EUR-USD	Aluminium	Kupfer	Blei
EUR-USD	1	0,47801	0,49281	0,42650
Aluminium	0,47801	1	0,73579	0,65937
Kupfer	0,49281	0,73579	1	0,77944
Blei	0,42650	0,65937	0,77944	1

Dies lässt darauf schließen, dass es über einen langen Zeitraum Phasen unterschiedlich ausgeprägter Korrelation zwischen den Marktvariablen gibt – diese bei einem langen Betrachtungszeitraum aber geglättet werden. Daher ist darauf zu achten, dass die Daten, die für die Berechnung herangezogen werden, ausreichend aktuell sind, um die aktuelle Marktsituation möglichst genau abzubilden. Bspw. wiesen Rohstoffpositionen in Krisenzeiten häufig eine hohe Korrelation untereinander auf und erzielten als ‚sicherer Hafen' im Gegensatz zu anderen Anlageklassen Wertzuwächse – waren mit

[1091] Ermittelte Korrelationskoeffizienten auf Basis der Daten der LME 2011b sowie Deutsche Bundesbank 2011b.

[1092] Ermittelte Korrelationskoeffizienten auf Basis der Daten der LME 2011b sowie Deutsche Bundesbank 2011b.

diesen dementsprechend in dem Zeitraum negativ korreliert. Während der Hypothekenkrise in den Jahren 2008/09 verbuchten dagegen Aktien, Anleihen und Rohstoffe gleichermaßen Wertverluste und zeigten einen hohes Maß an Korrelation.[1093] Weiterhin sollte die Länge des Betrachtungszeitraums an die Situationen angepasst werden, für welche die ermittelten Korrelationen in weitere Berechnungen einfließen. Eine Korrelationsanalyse ist natürlich nicht auf eine so geringe Anzahl von Werten beschränkt, wie hier dargestellt. Im Idealfall erfolgt eine Darstellung über sämtliche Positionen, die im Rahmen des finanzwirtschaftlichen Risikomanagements quantitativ erfassbar sind. Eine solche, umfassendere Darstellung findet sich in Anhang 17. Diese exemplarische Analyse anhand der Preisentwicklung von Agrarrohstoffen zeigt einige interessante Zusammenhänge. So weisen bspw. Sojabohnen, Raps und Mais als landwirtschaftliche Erzeugnisse eine sehr hohe Korrelation von jeweils über 0,9 auf. Aber auch die Korrelation dieser drei Rohstoffe zur Preisentwicklung von Mastrindern liegt jeweils noch über 0,7. Im Falle von Agrarrohstoffen lassen sich mit solch einer Korrelationsanalyse somit für Erzeuger aber auch die Lebensmittelindustrie im Rahmen der Risikoanalyse Klumpenrisiken aufdecken.

7.2 Abschätzung der Volatilität

Neben der Bestimmung der Korrelationen kommt der Ermittlung der Volatilitäten bei der Risikobewertung eine besondere Bedeutung zu. Da die Volatilität die Schwankungsintensität einer Risikoposition wiedergibt, hat sie einen unmittelbaren Einfluss auf die Höhe des Risikopotentials – je höher sie ist, umso größer ist die Gefahr negativer Abweichungen vom Erwartungswert dieser Position. Daher ist eine möglichst genaue Abschätzung dieser Größe notwendig. Eine relativ problemlose Abschätzung ist mit Hilfe des in den Formeln 4.2 und 4.3 eingeführten Standardschätzers möglich, mit welchem die historische Volatilät ermittelt werden kann. Da es sich bei dieser Volatilität allerdings einen Durschnittswert über den gewählten Betrachtungszeitraum handelt, ist eine Verwendung für möglichst genaue Risikoabschätzungen als kritisch anzusehen. Wie in Kapitel 4.1 dargestellt, lassen sich über einen längeren Zeitraum Volatilitätscluster identifizieren. Es gibt also längere Phasen höherer Volatilität, aber auch Phasen mit geringen

[1093] Vgl. Haß / Schweizer 2010, S. 410 f.

Schwankungsintensitäten. Die historische Volatilität mit ihrer Durchschnittsbetrachtung führt zu einer Glättung der Volatilitätscluster, wodurch es zu einer Über- oder Unterschätzung des aktuellen Risikos kommen kann. Zwar besteht die Möglichkeit, den gewählten Betrachtungszeitraum zu verkürzen und bspw. nur die letzten 30 Tage in die Berechnung einzubeziehen. Dadurch erhöht sich aber auch der Schätzfehler.[1094] Als Lösung bieten sich Modelle an, welche der aktuellen Marktsituation ein höheres Gewicht beimessen. Im Folgenden werden daher das EWMA- und das GARCH(1,1)-Modell für die Abschätzung der Volatilität herangezogen, wobei das Hauptaugenmerk auf letzterem liegt.

Wie bei der Erläuterung des EWMA-Modells in Kapitel 4.1 dargelegt, wird die Aktualität des Volatilitätsschätzers durch eine Zeitgewichtung modelliert. Dabei sinkt das Gewicht, mit dem die Daten in die Berechnung einfließen, exponentiell mit zunehmendem Alter der jeweiligen Beobachtung durch Multiplikation mit dem Faktor λ, welcher selbst Werte zwischen 0 und 1 annimmt. Die Steuerung der Aktualität erfolgt über die Wahl des Wertes für λ. Gemäß Formel 4.9 ergibt sich der Schätzer für den folgenden Tag aus der Vortagesrendite und dem Vortagesschätzer:

$$\sigma_n^2 = \lambda\sigma_{n-1}^2 + (1-\lambda)u_{n-1}^2$$

Eine Erweiterung dieses Ansatzes um die historische Volatilität führt, wie ebenfalls in Kapitel 4.1 beschrieben, zum GARCH-Modell. Unter Austausch der Faktoren $(1-\lambda)$ durch α und λ durch β und der Einführung von ω als die mit γ gewichteten langfristigen Volatilität V_l ergibt sich abgeleitet aus Formel 4.10 folgender Schätzer für das GARCH(1,1)-Modell:

$$\sigma_n^2 = \omega + \alpha\sigma_{n-1}^2 + \beta u_{n-1}^2 \qquad \mathbf{7.1}$$

Die für die Fortschreibung der Volatilität benötigten Parameter (λ, α, β und ω) lassen sich wie beschrieben über die Maximum-Likelihood-Methode mit Hilfe historischer Daten schätzen. Der Maximum-Likelihood-Schätzer gemäß Formel 4.11 lässt sich dabei für beide Verfahren anwenden, da in EWMA-Modell als Spezialfall des GARCH-Modells $\omega=0$ gesetzt wird – der historischen Volatilität durch $\gamma=0$ also kein Gewicht beigemessen wird. Die beispielhafte Ermittlung der Parameter α, β und ω für ein

[1094] Der Standfehler dieser so geschätzten Volatiltät liegt etwa bei $\sigma/\sqrt{2n}$. Vgl. Hull 2011, S. 214. Wurde die jährliche Volatilität bspw. auf Basis der letzten $n=30$ Handelstag auf *20%* geschätzt, so beträgt der Standardfehler dieser Schätzung ca. *2,6%* pro Jahr.

GARCH(1,1)-Modell zur Schätzung der Volatilität des Euro-US-Dollar-Wechselkurses mit Hilfe der *SOLVER*-Funktion von Microsoft Excel ist in Abbildung 39 dargestellt:

	A	B	C	D	E	F	G	H
1	**Solver**	**Schätzer**	**Startwerte**	**Nebenbedingungen**			**Zielfunktion**	**Varianz Ø**
2	0,1142425	**0,000001142**	*0,00000176*	**ω >= 0**	**α + β + γ = 1**	1,0	**27099,04**	**4,494E-05**
3	0,0608942	**0,060894**	*0,0626*	**α >= 0**	**α + β < 1**	0,97457821		**σ Ø**
4	0,0913684	**0,913684**	*0,8976*	**β => 0**	**β < 1**			**0,0067036**
5								
6								
7	**Date**	**EUR-USD**	u_i	σ_i^2	$-\ln(\sigma_i^2)-u_i^2/\sigma_i^2$	**σ-Schätzer**	**30-Tages-Vola**	**250-Tages-Vola**
8	02.08.2011	1,4170	-0,01700	5,261E-05	4,36181	*0,725%*	0,764%	0,688%
9	01.08.2011	1,4415	0,01087	4,846E-05	7,49660	*0,696%*	0,718%	0,679%
10	29.07.2011	1,4260	0,00000	5,178E-05	9,86845	*0,720%*	0,692%	0,685%
11	28.07.2011	1,4260	-0,01288	4,438E-05	6,28700	*0,666%*	0,732%	0,688%
12	27.07.2011	1,4446	-0,00173	4,712E-05	9,89950	*0,686%*	0,741%	0,685%
13	26.07.2011	1,4471	0,00633	4,765E-05	9,11120	*0,690%*	0,768%	0,686%
14	25.07.2011	1,4380	-0,00076	5,086E-05	9,87489	*0,713%*	0,768%	0,685%
15	22.07.2011	1,4391	0,01188	4,501E-05	6,87126	*0,671%*	0,786%	0,685%
16	21.07.2011	1,4222	0,00106	4,793E-05	9,92244	*0,692%*	0,767%	0,681%
17	20.07.2011	1,4207	0,00332	5,048E-05	9,67573	*0,710%*	0,767%	0,685%
18	19.07.2011	1,4160	0,00819	4,953E-05	8,55933	*0,704%*	0,763%	0,685%
19	18.07.2011	1,4045	-0,00714	4,956E-05	8,88373	*0,704%*	0,749%	0,683%
20	15.07.2011	1,4146	-0,00394	5,195E-05	9,56589	*0,721%*	0,757%	0,683%
21	14.07.2011	1,4202	0,00917	5,001E-05	8,22315	*0,707%*	0,756%	0,683%
22	13.07.2011	1,4073	0,00701	5,021E-05	8,91990	*0,709%*	0,738%	0,682%
23	12.07.2011	1,3975	-0,00576	5,149E-05	9,22919	*0,718%*	0,725%	0,681%
24	11.07.2011	1,4056	-0,01306	4,373E-05	6,13740	*0,661%*	0,736%	0,680%
3227	...	...	...	...	...	...	...	...
3228	08.01.1999	1,1659	0,00232	8,517E-06	11,04083	*0,292%*		
3229	07.01.1999	1,1632	-0,00945	2,117E-06	-29,14548	*0,145%*		
3230	06.01.1999	1,1743	-0,00399	7,195E-09	-2189,87545	*0,008%*		
3231	05.01.1999	1,1790	0,00008					
3232	04.01.1999	1,1789						

Abbildung 39: Parametrisierung des GARCH(1,1)-Modells für den EUR-USD-Wechselkurs

Die Werte in Spalte *D* ab Zeile *8* entsprechen dem jeweiligen Schätzer der Varianz zum entsprechenden Datum gemäß Formel 7.1. In Spalte *F* ist der Schätzer für die tägliche Volatilität als Quadratwurzel des Varianzschätzers dargestellt. Der Maximum-Likelihood-Schätzer gemäß Formel 4.11, also

$$\sum_{i=1}^{m}\left(-ln(\sigma_i^2)-\frac{u_i^2}{\sigma_i^2}\right)$$

ergibt sich aus der Summation der Werte in Spalte *D*. Das Ziel der *SOLVER*-Funktion ist die Maximierung des Schätzers. Mit der Maximierung des Zielfunktionswertes in Zelle *G2* werden also die Parameter α, β und ω aus Formel 7.1 ermittelt, für welche der Schätzer die größte Wahrscheinlichkeit der Realisation besitzt. Die Startwerte für ω, α, und β finden sich in den Zellen *C2* bis *C4*. Diese können prinzipiell frei gewählt werden. Allerdings ist es für die *SOLVER*-Funktion notwendig, dass die Werte vor Beginn des iterativen Lösungsverfahrens in etwa die gleiche Dimension aufweisen.[1095] Dies wurde durch die Zellen *A2* bis *A4* berücksichtigt. Das Ergebnis der Parameterschätzung selbst findet sich dagegen in den Zellen *B2* bis *B4*. Dies sind somit die Parameterwerte, welche den Wert der Zielfunktion maximieren.

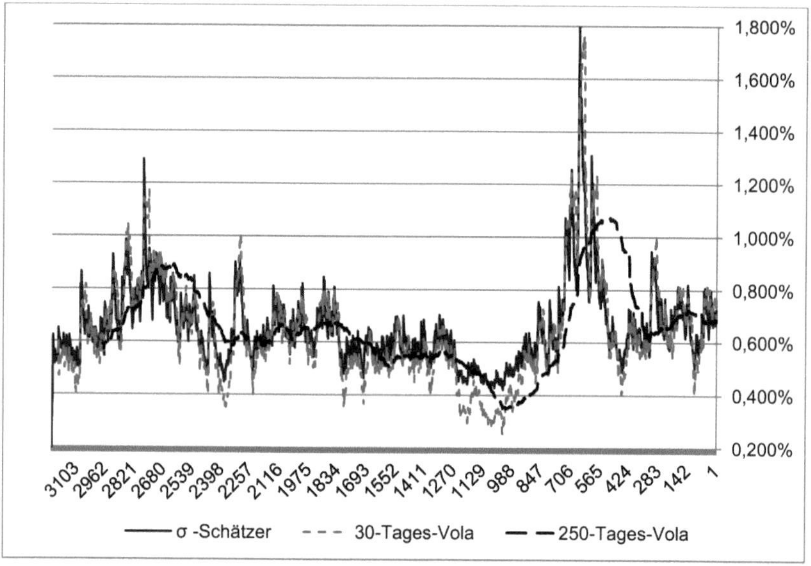

Abbildung 40: GARCH(1,1)-Volatilitätsschätzer für den EUR/USD-Wechselkurs[1096]

Für das Lösungsverfahren ist weiterhin eine Reihe von Nebenbedingungen notwendig. Keiner der Parameter darf einen negativen Wert annehmen oder einen Wert größer als *1*. Die Summe der Gewichte von α, β und γ (wobei $\gamma=\omega/V_l$) ergibt sich zu *1*. Die langfristige Varianz, um welche der Schätzer schwankt, ergibt sich aus $\omega/(1- \alpha- \beta)$ und findet sich in Zelle *H2*. Der Schätzer für die aktuelle tägliche Volatilität beträgt schließlich 0,725%

[1095] Vgl. Hull 2011, S. 231.

[1096] Berechnung auf Basis der Zeitreihe für den EUR/USD-Wechselkurs von Deutsche Bundesbank 2011b.

(Zelle *F8*) bzw. 4,57% pro Jahr. Für die Volatilitätsfortschreibung betragen die Parameter ω=0,000001142, α=0,060894 und β=0,913684.

	A	B	C	D	E	F	G	H
1	Solver	Schätzer	Startwerte	Nebenbedingungen			Zielfunktion	Varianz Ø
2	0	**0**	*0*	1-λ >= 0			24722,35	1,969E-04
3	0,03268264	**0,032683**	*0,05*	λ >= 0				σ Ø
4	0,09673174	**0,967317**	*0,95*	(1-λ) + λ= 1	1			0,0140317
5								
6								
7	Date	Aluminium	ui	σ_i^2	$-\ln(\sigma_i^2)-u_i^2/\sigma_i^2$	σ -Schätzer	30-Tages-Vola	250-Tages-Vola
8	02.08.2011	2.541,00	-0,02476	0,00016	4,92859	*1,269%*	1,334%	1,284%
9	01.08.2011	2.605,50	0,00910	0,00016	8,21147	*1,279%*	1,261%	1,273%
10	29.07.2011	2.582,00	-0,00730	0,00017	8,37628	*1,294%*	1,273%	1,273%
11	28.07.2011	2.601,00	-0,00820	0,00017	8,28149	*1,307%*	1,264%	1,283%
12	27.07.2011	2.622,50	0,00364	0,00018	8,56924	*1,327%*	1,338%	1,288%
13	26.07.2011	2.613,00	0,01555	0,00017	7,26730	*1,319%*	1,337%	1,289%
14	25.07.2011	2.573,00	0,00981	0,00018	8,09666	*1,329%*	1,311%	1,287%
15	22.07.2011	2.548,00	0,02991	0,00015	2,91445	*1,234%*	1,336%	1,287%
16	21.07.2011	2.474,00	-0,01630	0,00015	7,02497	*1,218%*	1,210%	1,275%
17	20.07.2011	2.515,00	0,01330	0,00015	7,62318	*1,214%*	1,185%	1,270%
18	19.07.2011	2.482,00	0,01534	0,00014	7,21370	*1,202%*	1,154%	1,271%
19	18.07.2011	2.444,50	-0,00224	0,00015	8,77627	*1,222%*	1,149%	1,275%
20	15.07.2011	2.450,00	-0,01090	0,00015	8,01241	*1,226%*	1,161%	1,277%
21	14.07.2011	2.477,00	0,01081	0,00015	8,02319	*1,230%*	1,155%	1,290%
22	13.07.2011	2.450,50	0,00266	0,00016	8,71875	*1,250%*	1,134%	1,290%
23	12.07.2011	2.444,00	-0,00326	0,00016	8,66697	*1,270%*	1,133%	1,290%
24	11.07.2011	2.452,00	-0,03673	0,00012	-2,12768	*1,100%*	1,203%	1,302%
25	...	...	...	...	...	...	...	...
5684	09.01.1989	2.445,00	-0,00204	0,00006	9,68034	*0,763%*		
5685	06.01.1989	2.450,00	-0,02078	0,00005	0,51450	*0,675%*		
5686	05.01.1989	2.502,00	-0,03584	0,00000	-334,78681	*0,192%*		
5687	04.01.1989	2.595,00	-0,00192					
5688	03.01.1989	2.600,00						

Abbildung 41: Parametrisierung des EWMA-Modells für den Aluminium Spotkurs

Als Resultat lässt sich der Schätzer für die tägliche Volatilität über den gesamten Betrachtungszeitraum darstellen (siehe Abbildung 40). Für eine bessere Vergleichbarkeit enthält die Grafik weiterhin die Entwicklung der häufig verwendeten historischen Volatilität über einen Zeitraum von 30 bzw. 250 Handelstagen, welche rollierend mit dem Standardschätzer gemäß Formel 4.2 ermittelt wurde. Die entsprechenden Berechnungen finden sich in Spalten *G* und *H* in Abbildung 39. Für die Parametrisierung des EWMA-Modells bedarf es nur weniger Abwandlungen der genannten Vorgehensweise. Wie beschrieben erhält die langfristige Volatilität in diesem Modell ein Gewicht von Null ($\gamma=0$ und somit $\omega=0$). Dies entspricht den Eingaben für die verschiedenen Werte von ω in den Zellen *A2* bis *C2* von Abbildung 41. Die

Nebenbendingungen reduzieren sich auf die Nichtnegativitätsbedingungen für $1-\lambda$ und λ sowie auf die Summe von 1 für $(1-\lambda) + \lambda$. Die sonstige Vorgehensweise entspricht der des Parametrisierungsprozesses des GARCH(1,1)-Modells. Das Schätzergebnis für λ liegt mit 0,967317 in der Nähe des von J.P.Morgan empfohlenen generellen Schätzers in Höhe von 0,94[1097] – ist durch die Anpassung auf die Eigenschaften der Zeitreihe des Aluminium-Spotkurses aber als treffender anzusehen. Über den gesamten Betrachtungszeitraum ergibt sich der in Abbildung 42 dargestellte Verlauf für den EWMA-Volatilitätsschätzer.

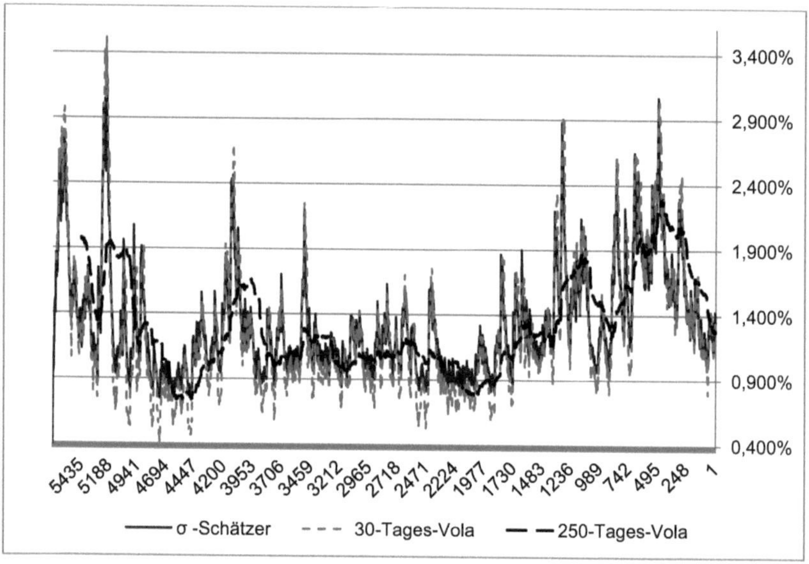

Abbildung 42: EWMA-Volatilitätsschätzer für den LME-Aluminium-Spot-Kurs[1098]

Zum Vergleich sind diesem auch hier die historischen Volatilitäten über den Zeitraum von 30 bzw. 250 Handelstagen gegenübergestellt. Für die weiteren Berechnungen wird aufgrund der autoregressiven Eigenschaften im Weiteren auf die Ergebnisse der GARCH(1,1)-Volatilitätsschätzungen zurückgegriffen. Für die drei behandelten Basismetalle (Aluminium, Kupfer und Blei) sowie den Euro-US-Dollar-Wechselkurs lieferte die Parametrisierung folgende Werte:

[1097] Siehe Kapitel 4.1.

[1098] Berechnung auf Basis der Zeitreihe für den Aluminium-Spot-Kurs der LME 2011b.

Tabelle 27: GARCH(1,1)-Parameterschätzungen

	EUR-USD	Aluminium	Kupfer	Blei
Omega (ω)	1,14243E-06	2,25221E-06	2,69759E-06	2,15834E-06
Alpha (α)	0,060894231	0,050729816	0,061060915	0,045385080
Beta (β)	0,913683983	0,937831173	0,930313897	0,950543283

Die Parametrisierung für die Basismetalle erfolgte analog zu der für den Euro-US-Dollar-Wechselkurs dargestellten Vorgehensweise. Der Verlauf der jeweiligen Volatilitätsschätzer findet sich in den Darstellungen von Anhang 18 bis Anhang 20. Die für den letzten Tag der vier betrachteten Zeitreihen ermittelten Schätzer für den Folgetag (in diesem Fall für den 03.08.2011) sind zusammenfassend in Tabelle 28 gegenübergestellt:

Tabelle 28: GARCH(1,1)-Volatilitätsschätzer zum 03.08.2011

	EUR-USD	Aluminium	Kupfer	Blei
Tägliche Volatilität (s)	0,7253%	1,3188%	1,1393%	1,7508%
Jährliche Volatilität (σ)	11,5142%	20,9351%	18,0864%	27,7925%

Aus den so ermittelten täglichen Volatilitäten lassen sich die jährlichen Volatilitäten ableiten.[1099] Für eine bessere Einordnung der ermittelten Werte sind in Tabelle 29 die langfristigen Volatilitäten für die betrachteten Basiswerte dargestellt. Die für den 03.08.2011auf Basis der Zeitreihe bis zum 02.08.2011 abgeschätzten Werte für die drei Basismetalle liegen demnach unter den langfristigen Durchschnitten. Nur der Wechselkurs zeigt aktuell eine höhere Volatilität. Der mittlere Betrachtungszeitraum von 500 Handelstagen weist dagegen für Aluminimum und Blei eine über dem Durchschnitt der vergangenen 12,5 Jahre liegende Schwankungsintensität auf. Die geringen Werte für den GARCH(1,1)-Volatilitätsschätzer lassen sich mit einem Blick auf die Kursentwicklungen erklären. In Phasen stetig steigender Kurse liegt die Volatilität zumeist unter dem langjährigen Mittel.

[1099] Ausführungen zur Umrechnung der Volatilität auf unterschiedliche Zeiträume siehe Kapitel 4.1. Die jährliche Volatilität ergibt sich gemäß Formel 4.1 aus der täglichen Volatilität und der Quadratwurzel der Zeit – hier 252 Handelstage.

Tabelle 29: Historische Volatilitäten

	EUR-USD	Aluminium	Kupfer	Blei
Tägliche Volatilität[1)] (s)	0,6767%	1,4097%	1,7783%	2,3156%
Jährliche Volatilität[1)] (σ)	10,7425%	22,3776%	28,2292%	36,7590%

[1)] für den Zeitraum vom 04.01.1999 bis 02.08.2011

	EUR-USD	Aluminium	Kupfer	Blei
Tägliche Volatilität[2)] (s)	0,6848%	1,6478%	1,7154%	2,4705%
Jährliche Volatilität[2)] (σ)	10,8715%	26,1580%	27,2306%	39,2186%

[2)] für die vergangenen 500 Handelstage

Wie anhand der indizierten Kursentwicklung der drei Rohstoffe in Abbildung 43 zu erkennen, waren die letzten Handelstage der Zeitreihen durch eine solche Phase gekennzeichnet.

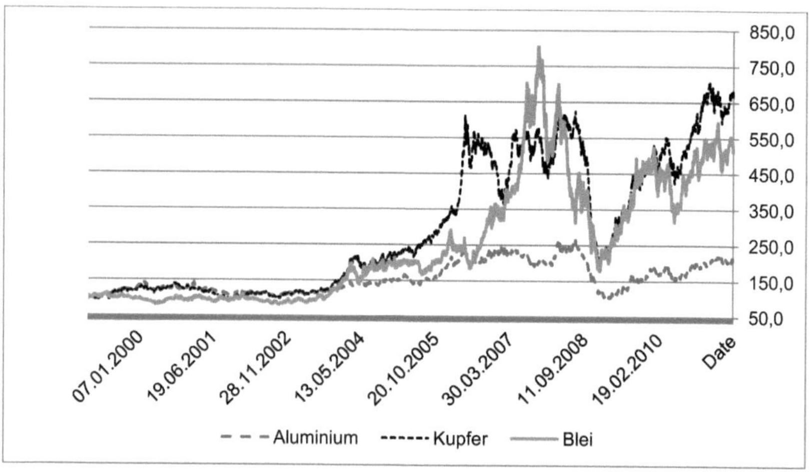

Abbildung 43: Indizierte Preisentwicklung der Basismetalle[1100]

Durch die relativ hohe Gewichtung der jüngsten Beobachtungen hat das GARCH(1,1)-Modell ein relativ ‚kurzes Gedächtnis' – Phasen höherer Volatilität werden demnach

[1100] Auf die Kurse vom 04.01.1999 indizierte (100) Berechnung auf Basis der Zeitreihen der jeweiligen Spot-Kurse der LME 2011b. Betrachtungszeitraum 04.01.1999 bis 02.08.2011.

vergleichsweise schnell ausgeblendet. Bei der Ermittlung der historischen Volatilität fließen sie dagegen gleichgewichtet in die Berechnung mit ein. Durch die autoregressiven Eigenschaften des Modells erfolgt dennoch eine regelmäßige Anpassung an den langjährigen Trend.

7.3 Historische Simulation

Bei der in Kapitel 4.3.2 erörterten historischen Simulation werden anhand von historischen Zeitreihen beobachtete Renditen von Risikopositionen ermittelt. Die so gewonnene Renditeverteilung bildet die Basis der Abschätzung der zukünftigen Entwicklung der Risikoposition. Wie geschildert, liegt der Vorteil dieser Methode darin, dass es sich dabei um ein nichtparametrisches Schätzverfahren handelt, welches aufgrund der nicht benötigten Verteilungsannahme als robust anzusehen ist. Basis der Simulation bilden die in den vorhergehenden Kapiteln verwendeten Zeitreihen. Für eine aussagekräftige Berechnung erfolgt die Unterlegung mit einem Szenario. Für die drei betrachteten Basismetalle wird jeweils ein Bestand von 100 Tonnen angenommen, für welchen der jeweilige Value-at-Risk ermittelt werden soll. Demnach stellt sich die Situation unter Verwendung der aktuellen Daten so wie in Tabelle 30 abgebildet dar:

Tabelle 30: Aktuelle Spot-Kurse der Portfoliowerte

	Aluminium	**Kupfer**	**Blei**
Date 02.08.2011	**$S(A)_t$**	**$S(Cu)_t$**	**$S(Pb)_t$**
Kurs pro Tonne [US$]	***$ 2.541,00***	***$ 9.630,00***	***$ 2.539,50***
Bestandshöhe [Tonnen]	**100,00**	**100,00**	**100,00**
Wert der Position [US$]	***$ 254.100,00***	***$ 963.000,00***	***$ 253.950,00***
Wert der Position [€]*	***179.322,51 €***	***679.604,80 €***	***179.216,65 €***

*) zum aktuellen Wechselkurs am 02.08.2011 von EUR/USD ***1,417***

Für einen Produzenten in Deutschland sind hinsichtlich des Rohstoffpreises beide Risikofaktoren (Währungs- und Rohstoffpreisänderungsrisiko) relevant, weshalb beide kombiniert zu betrachten sind. Bei einem Wechselkurs von 1,417 Dollar je Euro ergibt sich somit der in der letzten Zeile dargestellte Wert der jeweiligen Rohstoffposition. Für die Simulation werden 500 Einzelszenarien herangezogen. Die entsprechende

Vorgehensweise für den Portfolioansatz ist exemplarisch für den Aluminium-Spot-Kurs in Abbildung 44 dargestellt. Auf Basis der Kurse der letzten 501 Handelstage (Spalten *3* und *4*) erfolgt eine Ermittlung der Tagesrenditen für die Euro-US-Dollar-Wechselkurse und für die Aluminium-Spot-Kurse (Spalten *5* und *6*). Diese Renditen werden anschließend auf die Kurse des aktuellen Tages (hier auf den 02.08.2011) angewandt (Spalten *7* und *8*). Das jeweilige Szenario ergibt sich anschließend aus der Division des mit dem simulierten Aluminiumkurs multiplizierten Rohstoffbestands durch den simulierten Wechselkurs in Form des simulierten Portfoliowerts (Spalte *9*). Gemäß dem Portfolioansatz wird der Einfluss der einzelnen Risikofaktoren auf den Portfoliowert kombiniert betrachtet und sämtliche Änderungen der Faktoren auf den Portfoliowert eines Tages bezogen. Dadurch sind Korrelationen zwischen den Risikofaktoren bereits in der Simulation enthalten. Als Ergebnis stehen nun 500 simulierte Szenarien zur Verfügung, welche nach aufsteigendem Wert geordnet werden können.

Rohstoffbestand am 02.08.2011 [Tonnen Aluminium]:					**100**			
Wert der Rohstoffposition in EURO am 02.08.2011:					**179.322,51 €**			
		EUR-USD	**Aluminium**	**EUR-USD: $r(ED)_t$**	**Aluminium: $r(Al)_t$**	**EUR-USD**	**Aluminium**	**Portfolio-**
Szenario	**Date**	**$S(ED)_t$**	**$S(Al)_t$**	**$\ln(S(ED)_t/S(ED)_{t-1})$**	**$\ln(S(Al)_t/S(Al)_{t-1})$**	**$1{,}417 \cdot e^{r(ED)t}$**	**$2.541 \cdot e^{r(Al)t}$**	**wert [€]**
1	02.08.2011	***1,417***	***2.541,00***	-1,714%	-2,507%	*1,3929*	*2.478,10*	***177.907,07***
2	01.08.2011	1,4415	2.605,50	1,081%	0,906%	*1,4324*	*2.564,13*	***179.008,86***
3	29.07.2011	1,426	2.582,00	0,000%	-0,733%	*1,4170*	*2.522,44*	***178.012,58***
4	28.07.2011	1,426	2.601,00	-1,296%	-0,823%	*1,3988*	*2.520,17*	***180.172,19***
5	27.07.2011	1,4446	2.622,50	-0,173%	0,363%	*1,4146*	*2.550,24*	***180.285,93***
6	26.07.2011	1,4471	2.613,00	0,631%	1,543%	*1,4260*	*2.580,50*	***180.965,08***
7	25.07.2011	1,438	2.573,00	-0,076%	0,976%	*1,4159*	*2.565,93*	***181.220,48***
8	22.07.2011	1,4391	2.548,00	1,181%	2,947%	*1,4338*	*2.617,00*	***182.517,39***
9	21.07.2011	1,4222	2.474,00	0,106%	-1,644%	*1,4185*	*2.499,58*	***176.213,11***
10	20.07.2011	1,4207	2.515,00	0,331%	1,321%	*1,4217*	*2.574,78*	***181.105,61***
	...	...	...	...	...	...	...	...
496	14.08.2009	1,4294	2.016,50	0,007%	-0,913%	*1,4171*	*2.517,90*	***177.679,88***
497	13.08.2009	1,4293	2.035,00	0,864%	7,286%	*1,4293*	*2.733,05*	***191.216,14***
498	12.08.2009	1,417	1.892,00	0,028%	-3,224%	*1,4174*	*2.460,37*	***173.583,63***
499	11.08.2009	1,4166	1.954,00	-0,254%	-2,227%	*1,4134*	*2.485,04*	***175.819,14***
500	10.08.2009	1,4202	1.998,00	-1,085%	1,310%	*1,4017*	*2.574,50*	***183.669,73***
	07.08.2009	1,4357	1.972,00					

Abbildung 44: Szenarien der Hist. Simulation des Aluminium-Spot-Kurses[1101]

Der Value-at-Risk kann nach der Festlegung des Konfidenzintervall aus der Auflistung abgelesen werden. Bei der Wahl eines 99-Prozent-Konfidenzintervalls liegen demnach

[1101] Berechnung auf Basis der Zeitreihe für den Aluminium-Spot-Kurs der LME 2011b für den Zeitraum vom 07.08.2009 bis zum 02.08.2011.

495 Werte innerhalb und fünf Werte außerhalb dieses Intervalls. Der 1-Tages-Value-at-Risk ergibt sich somit aus dem 495. bzw. dem sechstkleinstem Portfoliowert und beläuft sich für den beschriebenen Fall auf 6.791,21 Euro. Dies heißt, dass gemäß den Ergebnissen der Simulation der Verlust am folgenden Tag mit einer Wahrscheinlichkeit von 99% nicht größer sein wird, als 6.791,21 Euro.

Für einen besseren Überblick über die Risikostruktur dieses Portfolios bietet sich eine weitere Aufbereitung der ermittelten Daten an. Mit Hilfe der in Excel implementierten Datenanalysefunktionen lässt sich die Wahrscheinlichkeitsverteilung der simulierten Portfoliowerte analysieren. Diese Aufbereitung in Form von tabellarischen Häufigkeitsklassen sowie einem Verteilungshistogramm ist in Abbildung 45 dargestellt.

Klasse	Häufigkeit	Kumuliert %
168.201,40 €	1	0,20%
169.247,52 €	0	0,20%
170.293,65 €	0	0,20%
171.339,77 €	0	0,20%
172.385,90 €	3	0,80%
173.432,02 €	5	1,80%
174.478,15 €	6	3,00%
175.524,27 €	17	6,40%
176.570,40 €	28	12,00%
177.616,52 €	45	21,00%
178.662,65 €	80	37,00%
179.708,77 €	88	54,60%
180.754,89 €	88	72,20%
181.801,02 €	60	84,20%
182.847,14 €	38	91,80%
183.893,27 €	20	95,80%
184.939,39 €	11	98,00%
185.985,52 €	4	98,80%
187.031,64 €	5	99,80%
188.077,77 €	0	99,80%
189.123,89 €	0	99,80%
190.170,02 €	0	99,80%
und größer	1	100,00%

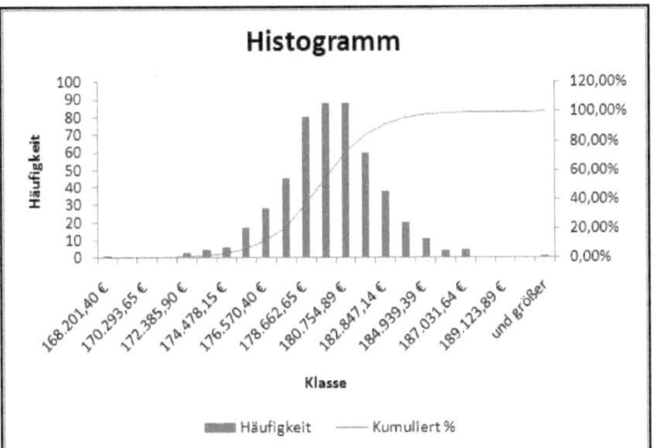

kleinste PF-Werte		Konfidenzintervall	99%
1	168.201,40 €	Nummer VaR	6
2	171.486,11 €	VaR (Wert)	172.531,30 €
3	171.847,98 €	1-Tages-VaR	- 6.791,21 €
4	172.262,13 €	VaR (Änd. in %)	-3,861%
5	172.397,24 €	10-Tages-VaR	- 21.475,70 €
6	172.531,30 €	VaR (Änd. in %)	-12,756%

Abbildung 45: Auswertung der Hist. Simulation des Aluminium-Spot-Kurses

Der 1-Tages-Value-at-Risk lässt sich mit Hilfe von Formel 4.16 auch in einen 10-Tages-Value-at-Risk umrechnen, welcher sich auf 21.475,70 Euro beläuft. Weiterhin zeigt sich, dass die Verluste, welche bei einer Überschreitung des Value-at-Risk auftreten könnten, weitestgehend in der Nähe des Value-at-Risk liegen. Einzig der kleineste simulierte Portfoliowert mit dem höchsten Verlust weist einen höheren Abstand zu den anderen auf. Diese Verlusthöhe lässt sich auch durch eine Erhöhung des Konfidenzintervalls nicht mit abbilden, da hierfür ein Konfidenzintervall von 100% notwendig wäre. Eine anloge Ermittlung des Value-at-Risk erfolgte auch für den Kupfer- und den Blei-Spot-Kurs. Der 1-Tages-Value-at-Risk für Kupfer beträgt dabei 25.737,64 Euro und der für Blei 6.787,19 Euro. Die entsprechenden Auswertungen dazu finden sich in Anhang 30 und Anhang 31.

Als alternative Variante der historischen Simulation bietet sich der Faktoransatz an. Statt die simulierten Änderungen der Risikofaktoren direkt auf den Portfoliowert anzuwenden, erfolgt bei diesem Ansatz eine separate Ermittlung des Value-at-Risk für die einzelnen Faktoren. Für den Fall des Alumiminium-Spot-Kurses werden somit unter Verwendung eines konstanten Rohstoffpreises (hier des 02.08.2011) die simulierten Portfoliowerte bestimmt, welche sich aus den simulierten Änderungen des Wechselkurses ergeben. Analog erfolgt eine Simulation der Portfoliowerte auf Basis der Änderungen der Aluminiumkurse bei einem konstanten Wechselkurs (ebenfalls 02.08.2011). Durch eine Sortierung der beiden Portfoliowerte wird jeweils der dem Konfidenzintervall entsprechende Portfoliowert ermittelt. Bei einem Konfidenzniveau von 99% und somit dem jeweils sechstkleinstem Portfoliowert beträgt der Value-at-Risk aus des Wechselkursrisikos 2.895,55 Euro und der des Rohstoffpreisrisikos 8.023,80 Euro. Da der Korrelationskoeffizienten zwischen den Änderungen des Wechselkurses und des Rohstoffpreises kleiner als Eins ist, kommt gemäß der Portfoliotheorie ein Diversifikationseffekt zum Tragen, wodurch der Value-at-Risk der Rohstoffpositionen auf Eurobasis geringer als die Summe der Einzelwerte des Value-at-Risk ist. Der für einen Korrelationskoeffizienten der beiden Zeitreihen von 0,478 mit Hilfe von Formel 4.27 ermittelte 1-Tages-Value-at-Risk beträgt 9.745,59 Euro. Die entsprechenden Auswertungen für die dargestellte Berechnung finden sich in Anhang 32.

Beim Vergleich der beiden Ansätze fällt der große Unterschied zwischen den ermittelten Werten auf. Dieser kann teilweise damit erklärt werden, dass beim Faktoransatz die bei gleichem Konfidenzniveau schlechtesten Szenarien miteinander kombiniert werden. Bei einem hohen Konfidenzniveau werden gerade die höchsten negativen Wertänderungen auf die Ermittlung des Portfoliowertes angewendet, wobei die zugrunde liegenden Szenarien in der praktischen Kombination möglicherweise nie auftreten. Beim Portfolioansatz wird dagegen untersucht, wie die Risikofaktoren gemeinsam hohe negative Wertänderungen verursachen. Treten hohe Veränderungen bei den Risikofaktoren nicht gemeinsam auf, wird dies über diesen Ansatz nicht abgebildet. Bei einer Verringerung des Konfidenzniveaus reduziert sich dagegen die beobachtete Differenz zwischen den Werten für den Value-at-Risk.

Für die Risikoabschätzung kurzer Zeiträume ist die historische Simulation äußerst praktikabel. Da das aktuelle Verhalten der Marktvariablen und die Verteilungsfunktion bereits in den Zeitreihen enthalten ist, kann dieser Ansatz mit vergleichsweise geringem Ansatz implementiert werden. Für längere Betrachtungszeiträume stößt der Ansatz dagegen schnell an seine Grenzen. Es kann weder eine Änderung der Marktparameter abgeschätzt werden, da dieser Ansatz impliziert, dass das in der Vergangenheit beobachtete Verhalten in der Zukunft anhalten wird. Noch steht eine ausreichende Datenbasis für die Simulation längerer Zeiträume zur Verfügung. Für die Abschätzung des Risikos auf Basis eines Jahres müssten schließlich für die beschriebene Vorgehensweise Daten der vergangenen 501 Jahre vorliegen.

7.4 Varianz-Kovarianz-Ansatz

Prinzipiell stellt der in Kapitel 4.3.1 dargestellte Varianz-Kovarianz-Ansatz das simpelste Verfahren zur Ermittlung des Value-at-Risk einer Risikoposition dar. Neben der Festlegung des gewünschten Konfidenzintervalls werden für die Berechnung schließlich nur noch der Erwartungswert und die Volatilität der betrachteten Risikoposition benötigt, um die Parameter der Normalverteilung festzulegen. Diese Parameter können zumindest grundsätzlich aus historischen Zeitreihen ermittelt werden. Für die Abschätzung der Volatilät wurden in diesem Kapitel bereits mehrere Verfahren anhand praktischer Beispiele umgesetzt. Für die Abschätzung des Erwartungswertes stellt sich zumindest die Frage nach dem Betrachtungszeitraum. Prinipiell kann der Erwartungswert als Mittelwert der beobachteten, vergangenen Renditen ermittelt werden.[1102] Bei einem kurzen Betrachtungszeitraum wie der Ermittlung des 1-Tages-Value-at-Risk ist der Einfluss des Erwartungswertes allerdings marginal, weshalb dieser in solchen Fällen zumeist mit Null belegt wird.[1103]

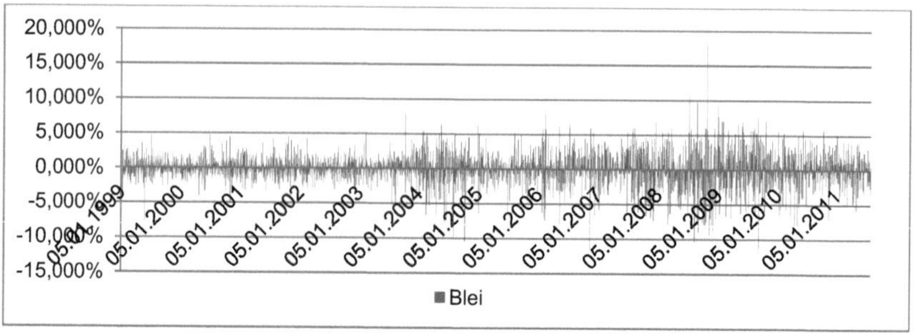

Abbildung 46: Entwicklung der täglichen Renditen des Blei-Spotkurses[1104]

Der größte Kritikpunkt an diesem Ansatz liegt jedoch, wie bereits diskutiert, in der Normalverteilungsannahme der Renditen. In diesem Zusammenhang erscheint es somit sinnvoll, die Renditeverteilung der betrachten Risikopositionen hinsichtlich ihrer Nähe zur Normalverteilung zu untersuchen. Gemäß der Normalverteilungsannahme sind hohe Schwankungen sehr unwahrscheinlich. Allerdings zeigt bereits ein Blick auf die Entwicklung der täglichen Renditen im Blei-Spotkurs in Abbildung 46, dass große Wertänderungen mit positiven und negativen Ausschlägen jenseits der 10-Prozent-Marke durchaus häufiger zu beobachten sind. Für die anderen betrachten Positionen stellt sich die Situation ähnlich dar, wie analogen Darstellungen in Anhang 21 bis Anhang 23 zu entnehmen ist. Durch die Ermittlung der Häufigkeitsverteilung dieser Renditen zeigt sich, dass die Renditen des Blei-Spot-Kurses eher einer leptokurtischen Verteilung als einer Normalverteilung folgen:

[1102] Vgl. Eisele 2004, S. 68 f.

[1103] Vgl. Hull 2009, S. 562.

[1104] Berechnung auf Basis der Zeitreihe für den Blei-Spot-Kurs der LME 2011b für den Zeitraum vom 04.01.1999 bis zum 02.08.2011.

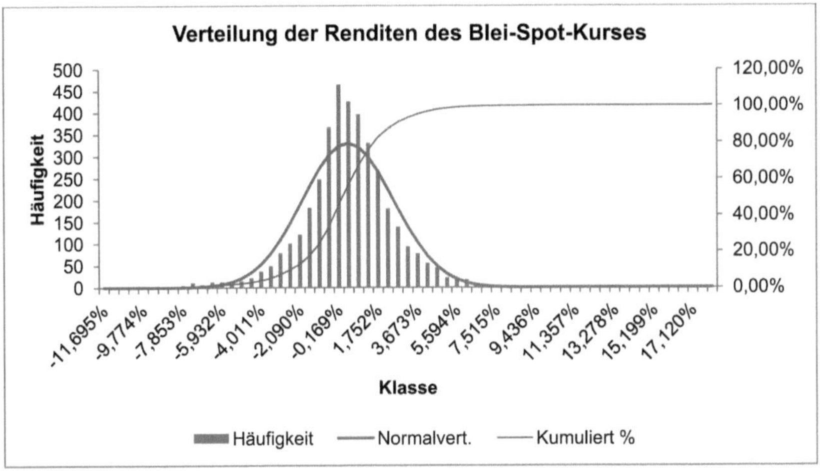

Abbildung 47: Häufigkeitsdichte der Renditen des Blei-Spot-Kurses[1105]

Mit dieser positiven Kurtosis treten demnach geringe und sehr hohe Wertänderungen weitaus öfter auf, als unter einer Normalverteilungsannahme tragbar. Besonders offensichtlich werden die sogenannten ‚fat tails' – also die häufiger als erwartet auftretenden großen Wertänderungen mit einem hohen Risikopotential – bei einer Darstellung dieser Renditen in Form eines Quantilsplots wie in Abbildung 48:

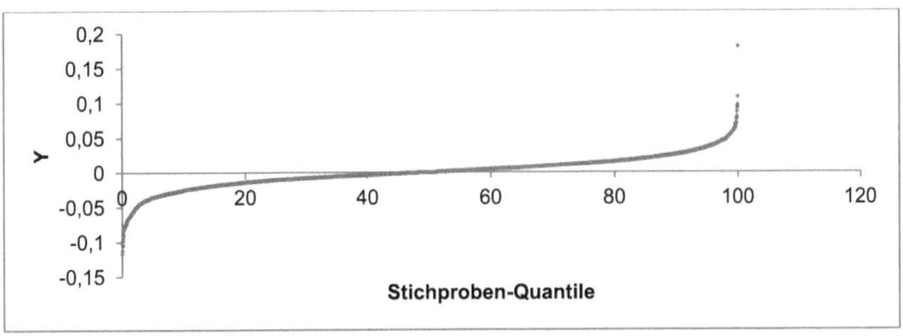

Abbildung 48: Quantilsplot der Renditen des Blei-Spot-Kurses

Im Hinblick auf die Unterschätzung der hohen negativen Abweichungen ist für die betrachtete Risikoposition eine Abschätzung des Risikos mit Hilfe der Normalvertei-

---

[1105] Berechnung auf Basis der Zeitreihe für den Blei-Spot-Kurs der LME 2011b für den Zeitraum vom 17.04.1996 bis 02.08.2011.

lung demnach kritisch zu betrachten. Eine Erhöhung des Konfidenzintervalls als Möglichkeit, das Risiko höherer Abweichungen auszugleichen, bietet ebenfalls keine vollständig befriedigenden Ergebnisse, da der für die Abschätzung von Verlusten relevante linke Rand des Quantilsplots in Abbildung 48 sehr ausgeprägt ist. Eine ähnliche Charakteristik wie der Blei-Spot-Kurs weisen auch die drei anderen betrachteten Risikopositionen auf, deren Häufigkeitsverteilungen und Quantilsplots in den Abbildungen von Anhang 24 bis Anhang 29 dargestellt sind.

Obwohl die Ermittlung der Value-at-Risk-Größen über den Varianz-Kovarianz-Ansatz aufgrund dieser Unterschätzung des Risikos nur bedingt für einen Praxiseinsatz bei den behandelten Risikopositionen verwendbar ist und die Werte somit eher als Richtgrößen anzusehen sind, erfolgt der Vollständigkeit halber dennoch deren Ermittlung. Das dabei verwendete Beispielszenario entspricht dem des vorangegangenen Kapitels (7.3). Wird das Konfidenzintervall (α) auf einen Wert von *99%* festgelegt, so ergibt sich für die Inverse der Normalverteilungsfunktion an der Stelle $1\text{-}\alpha$ ein Wert von $F^{-1}(1\text{-}0{,}99) = 2{,}326347874$ Standardabweichungen. Neben diesem Wert wird gemäß Formel 4.17 für die Berechnung des Value-at-Risk einer einzelnen Risikoposition nur noch die Standardabweichung und die Höhe der Position benötigt. Werden die ermittelten GARCH(1,1)-Volatilitätsschätzer aus Tabelle 28 für die Berechnung herangezogen und auf das in Tabelle 30 abgebildete beispielhafte Portfolio der drei Basismetalle angewendet, so ergeben sich aus der Risikobewertung für den Wechselkurs jeweils folgende Ergebnisse:

Tabelle 31: VaR aus dem EUR-USD-Wechselkurs (GARCH-Volatilitätsschätzers)

	Aluminium	Kupfer	Blei
Bestantshöhe [Tonnen]	100,00	100,00	100,00
Wert der Position [US$]	$ 254.100,00	$ 963.000,00	$ 253.950,00
1-Tages-Value-at-Risk*)	- **3.025,82 €**	- **11.467,40 €**	- **3.024,04 €**
10-Tages-Value-at-Risk *)	- **9.568,49 €**	- **36.263,10 €**	- **9.562,84 €**

*) bei konstanten Preisen der drei Basismetalle und einem GARCH(1,1)-Volatilitätsschätzer in Höhe von 0,7253% pro Tag.

Der Fall in Tabelle 31 zeigt die Bewertung des Risikos aus Wechselkursänderungen – die Preise der Basismetalle werden hier also zunächst konstant gehalten, um den Einfluss des separaten Währungsrisikos darzustellen. Im Gegensatz dazu wird in Tabelle 32 der Wechselkurs konstant gehalten, um den separaten Einfluss des Preisänderungsrisikos der Rohstoffe darzustellen. Unter Verwendung der besagten Volatilitätsschätzer ergeben sich für die gleichen Positionen (je 100 Tonnen der Metalle) wie im vorgenannten Fall somit folgende Einzelwerte für den Value-at-Risk:

Tabelle 32: VaR aus Rohstoffpreisänderungsrisiken (GARCH-Volatilitätsschätzers)

	Aluminium	Kupfer	Blei
Volatilitätsschätzer (pro Tag)	1,3188%	1,1393%	1,7508%
1-Tages-Value-at-Risk*)	**- 5.501,54 €**	**- 18.012,82 €**	**- 7.299,28 €**
10-Tages-Value-at-Risk *)	**- 17.397,39 €**	**- 56.961,55 €**	**- 23.082,34 €**

*) bei konstantem EUR-USD-Wechselkurs

Wie im vorigen Kapitel dargestellt, ist für den betrachteten Fall eine kombinierte Betrachtung des Währungs- und Rohstoffpreisrisikos durchzuführen. Der Value-at-Risk für die Positionen auf Eurobasis ergibt unter Verwendung von Formel 4.27 und der jeweiligen Korrelationskoeffizienten somit die in Tabelle 33 dargestellten Werte:

Tabelle 33: VaR der korrelierten Positionen aus Wechselkurs und jeweiligen Metallpreisen

	Aluminium	Kupfer	Blei
Korrelationskoeffizient*)	0,47801	0,49281	0,42650
1-Tages-Value-at-Risk	**- 7.438,89 €**	**- 25.681,75 €**	**- 9.014,02 €**
10-Tages-Value-at-Risk	**- 23.523,82 €**	**- 81.212,81 €**	**- 28.504,84 €**

*) zum EUR-USD-Wechselkurs

Durch Diversifikationseffekte liegt der kombinierte Value-at-Risk bspw. für Aluminium auf 1-Tages-Basis mit 7.438,89 Euro demnach unter der Summe der Einzel-Value-at-Risk, welche sich auf 8.527,36 Euro belaufen würde. Ähnliche Effekte ergeben sich auch für die anderen beiden Rohstoffe. Die separate Berechnung der Einzelrisiken aus Währungs- und Rohstoffpreis-schwankungen hat den Vorteil, dass der Einfluss der einzelnen Risikofaktoren sichtbar gemacht werden kann. Erscheint dieser zusätzliche Rechenaufwand nicht notwendig oder ist diese Darstelltung nicht gewünscht, so kann mit Hilfe der Kovarianz der beiden jeweiligen Risikofaktoren auch eine direkte Berechnung des Value-at-Risk auf Eurobasis erfolgen. Die Kovarianzen können unter Verwendung der ermittelten Volatilitäten und Korrelationskoeffizienten mit Hilfe von Formel 4.18 ermittelt werden. Die Ergebnisse der Berechnungen für das beschriebene Szenario finden sich in Tabelle 34:

Tabelle 34: VaR unter Verwendung der historischen 500-Tage-Volatilitäten

	Aluminium	Kupfer	Blei
Historische Volatilität	1,6478%	1,7154%	2,4705%
Korrelationskoeffizient*)	0,47801	0,49281	0,42650
$s_{Portfolio}$ (s_{A+B})	0,02065	0,02138	0,02831
1-Tages-Value-at-Risk	- **8.613,35 €**	- **33.795,40 €**	- **11.803,90 €**
10-Tages-Value-at-Risk	- **27.237,80 €**	- **106.870,43 €**	- **37.327,22 €**

*) zum EUR-USD-Wechselkurs für den Betrachtungszeitraum von 500 Tagen

Für einen Methodenvergleich wurden hier statt der GARCH(1,1)-Volatilitätsschätzer die historischen Volatilitäten für den Zeitraum der letzten 500 Handelstage genutzt. Wie der Tabelle zu entnehmen ist, führte die höhere durchschnittliche Schwankungsintensität demnach auch zu höheren Werten für den Value-at-Risk. Dies zeigt, dass ein Vergleich der als genauer einzustufenden GARCH(1,1)-Volatilitätsschätzer mit der historischen Volatilität als durchaus sinnvoll zu erachten ist. Da die aktuelle Schwankungsintensität selbst auch um die langfristige Volatilität schwankt, kann es sonst in Zeiten einer geringen aktuellen Volatilität zu einer Unterschätzung des Risikos kommen. Generell ist der Varianz-Kovarianz wegen der genannten Kritikpunkte nur für die Ermittlung von Richtwerten für relativ kurze Zeiträume geeignet. Rechnerisch ist zwar die Ermittlung des Value-at-Risk für längere Zeiträume realisierbar – wegen der beschrieben Schwächen aber mit zu vielen Ungenauigkeiten behaftet.

7.5 Monte-Carlo-Simulation

Um den Schwächen der beiden vorgenannten Ansätze zu begegnen, stellt die in Kapitel 4.3.3 vorgestellte Monte-Carlo-Simulation eine Lösungsmöglichkeit dar. Sie verursacht zwar den mit Abstand höchsten Rechenaufwand und auch ihre Implementierung kann durchaus sehr anspruchsvoll sein. Aufgrund der Möglichkeit, mehrere Tausend Szenarien zu simulieren sowie diese über längere Zeiträume laufen zu lassen, bietet sie die entsprechende Datenvielfalt für die Abschätzungen von Risiken, welche mit der historischen Simulation aufgrund deren begrenzter Datenbasis nicht abgebildet werden können. Inwieweit sie die Schwächen des Varianz-Kovarianz-Ansatzes beheben kann, hängt vom jeweiligen Modell sowie den verwendeten Parametern und Verteilungsfunktionen ab. Die Ermittlung des Value-at-Risk mit Hilfe der Monte-Carlo-Simulation für das bisher verwendete Szenario soll im Folgenden anhand mehrerer Implementierungsschritte dargestellt werden. Dabei erfolgt die Umsetzung mit Hilfe von VBA-Codes, da die Simulation mit den klassischen Excelfunktionen zwar möglich, aber sehr umfangreich und unübersichtlich ist.

Für die Implementierung des Simulationsmodells gemäß Formel 4.33 für die besagten Basiswerte, welche einem allgemeinen Wiener Prozesses folgen, werden Parameterschätzungen für die Rendite (für den Drift) und die Volatiltät benötigt. Dabei ist die Abschätzung der Rendite nicht unkritisch. Möglich ist eine Ermittlung des Erwartungswertes der Rendite aus historischen Zeitreihen. Probleme liegen hier in der Wahl des entsprechenden Betrachtungszeitraums und in der Abschätzung von Trends. Über einen langen Betrachtungszeitraum werden hohe Schwankungen der mittleren Renditen ausgeglichen, allerdings kurzfristige Trends ausgeblendet. Bei kürzeren Zeiträumen besteht dagegen die Gefahr, dass sich ein Trend dem Ende nähert und somit im Falle eines Aufwärtstrends die erwarteten Renditen überschätzt werden. Hier ist es unter Umständen notwendig, Rendite- und Trendschätzung auf Basis von externen oder internen Marktstudien mit in die Betrachtungen aufzunehmen. Dies könnte bei langfristigen Preissteigerungstendenzen aufgrund hoher Nachfrage und knappen Angebot im Rohstoffsektor eine durchaus wichtige Rolle spielen. Für den implementierten Fall wird aus Vereinfachungsgründen auf eine mittlere Rendite auf Basis der letzten

500 Handelstage zurückgegriffen. Für die Volatilität wird dagegen auf die GARCH(1,1)-Schätzer zurückgegriffen. Weiterhin bedarf es der Festlegung des Zeitintervalls und der Anzahl an Simulationsschritten. Bei einer Simulation des Handelsgeschehen eines Jahres ergeben sich 252 Simulationsschritte und somit ein Zeitintervall von 1/252. Wie im Rahmen der theoretischen Ausführungen zur Monte-Carlo-Simulation dargestellt, sind für die Wertänderungen aller betrachteter Risikopositionen Zufallszahlen zu generieren. Die Zufallszahlen z selbst können mit Hilfe des VBA-Codes *z=WorksheetFunction.NormSInv(Rnd)* aus einer Gleichverteilung zwischen 0 und 1 gewonnen und in normalverteilte Zufallszahlen umgewandelt werden.[1106] Es steht in Excel aber auch eine Reihe weiterer Verteilungsfunktionen zur Verfügung, so dass die Zufallszahlen so angepasst werden können, dass sie in Bezug auf die Art der Verteilung sowie den Erwartungswert und die Standardabweichung der historisch beobachteten Verteilung entsprechen. Für die Simulation der Portfoliowerte des bisher verwendeten Beispiels ist eine multivariate Monte-Carlo-Simulation notwendig, welche den Einfluss mehrerer korrelierte Risikofaktoren auf den Portfoliowert berücksichtigt. Die generierten unkorrelierten Zufallszahlen müssen somit zunächst in korrelierte Zufallszahlen umgewandelt werden. Der Zufallsvektor Z_t mit den unkorrelierten Zufallszahlen kann gemäß Formel 4.34 durch Multiplikation mit der durch die Cholesky-Zerlegung aus der Korrelationsmatrix (siehe Tabelle 26) gewonnen Dreiecksmatrix A in einen Ergebnisvektor Y_t überführt werden, welcher Zufallszahlen mit der benötigten Korrelation beinhaltet. Für das besagte Beispiel ergibt sich aus der Korrelationsmatrix der beiden Risikofaktoren Wechselkurs und Aluminium-Spot-Kurs somit folgende Dreiecksmatrix A:

Korrelationsmatrix

Korrelation	EUR-USD	Aluminium
EUR-USD	1	0,47801
Aluminium	0,47801	1

→

Dreiecksmatrix *A*

$$A = \begin{pmatrix} 1 & 0 \\ 0{,}478009 & 0{,}878355 \end{pmatrix}$$

Abbildung 49: Überführung der Korrelationsmatrix in die Dreiecksmatrix A (1)

[1106] In Excel selbst erfolgt die Ermittlung der Zufallszahl über die Funktion *ZUFALLSZAHL()*und über die Funktion *STANDNORMINV()* eine Umwandlung in normalverteilte Zufallszahlen.

Mit $\varepsilon_1 = z_1 \times a_{11}$ und $\varepsilon_2 = z_1 \times a_{21} + z_2 \times a_{22}$ können die unkorrelierten in korrelierte Zufallszahlen überführt werden. Mit diesen (in Form des Ergebnisvektors Y_t) und der implementierten Berechnungsvorschrift gemäß Formel 4.33 kann nun ein Schritt der Simulation durchgeführt werden. Die simulierten Wertänderungen der Risikofaktoren werden anschließend zur Wertänderung des gesamten Portfolios aggregiert. Die simulierte Änderungen der Kurse der Risikofaktoren sowie die Volatilitätsschätzer für den Simulationsschritt werden unter Verwendung von Formel 7.1 gleichzeitig für die Fortschreibung des GARCH(1,1)-Volatilitätsschätzers genutzt, welcher Grundlage des nächsten Simulationsschrittes ist. Hierfür werden jeweils die drei geschätzten Parameter ω, α und β des GARCH(1,1)-Modells mit Hilfe eines VBA-Codes eingelesen. Entsprechend des gewählten Betrachtungszeitraumes wird diese Vorgehensweise mit insgesamt 252 Schritten wiederholt, um einen Simulationsdurchlauf für ein Jahr zu generieren und den entsprechenden Endwert für das Portfoliowert zu ermitteln. Diese Methodik für einen einzelnen Durchlauf ist in Abbildung 50 dargestellt:

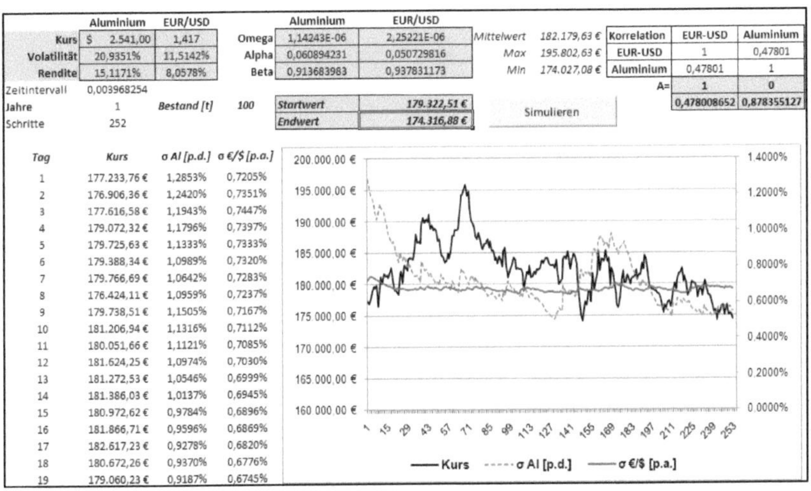

Abbildung 50: Einfache Monte-Carlo-Simulation für zwei Risikofaktoren

Ausgehend von der Wertübergabe der Ausgangsparameter erfolgt eine fortschreitende Simulation für die gewählten 252 Tage. Als Resultat ergibt sich der im Chart abgebildete Verlauf des simulierten Portfoliowertes sowie der fortgeschriebenen Volatilitäten für den Wechselkurs und den Aluminiumpreis. Das simulierte Szenario beinhaltet zunächst einen recht starken Anstieg des Portfoliowertes und für letzten beiden Drittel des Jahres eine sukzessive Reduktion des Wertes. Dies ist allerdings nur ein mögliches Szenario. Für eine hinreichende Datenbasis sind die genannten Schritte in genügend großer Anzahl zu wiederholen – die Anzahl der simulierten Szenarien sollte wie beschrieben mindestens 1.000 betragen.

	Aluminium	EUR/USD			Aluminium	EUR/USD
Kurs	$ 2.541,00	1,417		Omega	1,14243E-06	2,25221E-06
Volatilität	20,9351%	11,5142%		Alpha	0,060894231	0,050729816
Rendite	15,1171%	8,0578%		Beta	0,913683983	0,937831173
Zeitintervall	0,003968254					
Jahre	0,5	*Bestand [t]*	*100*		*Startwert*	*179.322,51 €*
Schritte	126	Durchläufe	10			

Mittelwert	*176.486,24 €*
Max	*211.927,72 €*
Min	*141.698,82 €*

Simulieren

Korrelation	EUR-USD	Aluminium
EUR-USD	1	0,47801
Aluminium	0,47801	1
A=	1	0
	0,478008652	0,878355127

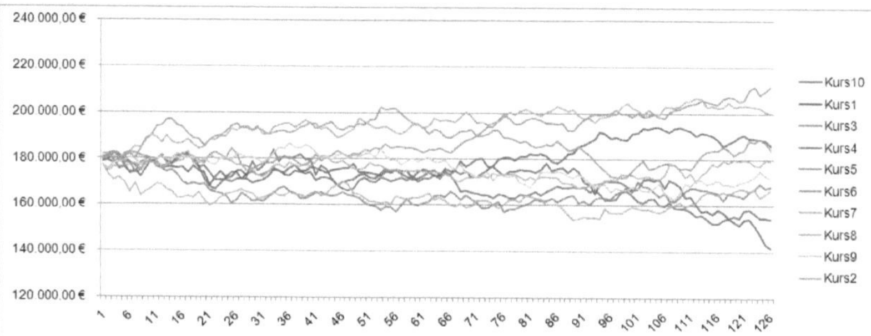

Tag	Endwert1	Endwert2	Endwert3	Endwert4	Endwert5	Endwert6	Endwert7	Endwert8	Endwert9	Endwert10
	186.424,00 €	200.039,97 €	211.927,72 €	141.698,82 €	168.315,24 €	184.250,73 €	166.648,40 €	179.639,58 €	171.854,26 €	154.063,69 €
	σ_1	σ_2	σ_3	σ_4	σ_5	σ_6	σ_7	σ_8	σ_9	σ_{10}
	7.246,71 €	6.279,33 €	10.217,73 €	7.838,72 €	5.494,64 €	7.011,19 €	4.064,84 €	3.419,37 €	5.723,60 €	8.022,65 €
	Kurs1	Kurs2	Kurs3	Kurs4	Kurs5	Kurs6	Kurs7	Kurs8	Kurs9	Kurs10
1	180.216,52 €	182.085,15 €	180.671,06 €	179.369,16 €	180.123,81 €	179.861,01 €	177.344,33 €	177.243,16 €	177.367,17 €	178.884,01 €
2	181.240,56 €	182.065,69 €	179.903,09 €	179.307,23 €	181.854,46 €	180.622,95 €	173.330,82 €	174.954,47 €	175.695,67 €	179.063,51 €
3	179.601,63 €	178.805,86 €	180.228,52 €	182.469,78 €	182.651,81 €	182.362,90 €	170.616,33 €	176.307,07 €	177.899,69 €	178.137,66 €
4	175.496,71 €	179.117,96 €	180.100,89 €	181.032,74 €	182.119,86 €	180.212,79 €	171.869,42 €	176.194,77 €	178.177,84 €	180.107,48 €
5	176.451,45 €	181.809,30 €	180.377,89 €	179.630,17 €	178.372,84 €	180.993,41 €	170.112,24 €	176.820,92 €	179.246,36 €	177.067,18 €
6	173.911,12 €	183.108,55 €	182.655,37 €	178.214,42 €	177.973,93 €	182.147,59 €	165.517,93 €	177.147,06 €	180.302,56 €	173.438,36 €

Abbildung 51: Zehnfache Monte-Carlo-Simulation für zwei Risikofaktoren

Bei der Erhöhung der Simulationszahl ergibt sich bei der Ausgabe des simulierten Kursverlaufs der typische, trichterförmige Verlauf, wie im Auswertungsteil des Tableaus von Abbildung 51 für zehn Simulationsläufe dargestellt ist. Der dargestellte Trichter spannt dabei den Szenarioraum auf – der obere und der untere Rand bilden dabei das beste und schlechteste Szenario. Das Trendszenario lässt sich, wie in Kapitel 3.6.4 dargestellt, durch die plausiblen Szenarien in der Mitte des Trichters bilden. Der

Grafik ist weiterhin zu entnehmen, dass sich die durch die beiden Renditen gegebenen Driftgrößen weitesgehend kompensieren. Ein Ansteigen des Euro-US-Dollar-Wechselkurses führt eben dazu, dass der Bestand der in US-Dollar notierenden Rohstoffposition an Wert verliert.

Für die Abschätzung einer Verteilungsfunktion sowie die Bestimmung des Value-at-Risk des Portfolios reicht diese Anzahl an Simulationsläufen nicht aus. Daher ist im nächsten Schritt das Modell in der Form anzupassen, dass es Simulationen mit mehreren tausend Durchläufen ermöglicht. Deren Anzahl liegt im Normalfall zwischen 1.000 und 10.000 und wird prinzipiell nur durch die vorhandenen Rechnerkapazitäten limitiert. Um im Rahmen des Beispiels das Gesamtrisiko aus allen Rohstoff- und Wechselkurspositionen zu bestimmen, werden die vier Risikofaktoren einer parallelen Betrachtung unterzogen, was zur Simulation der aggregierten Entwicklung des Gesamtportfolios führt. Für diese Vorgehensweise ist zunächst die gesamte Korrelationsmatrix aus Tabelle 26, wie in Abbildung 52 dargestellt, mit Hilfe der Cholesky-Zerlegung in eine Dreiecksmatrix zu überführen:

Korrelationsmatrix

	EUR-USD	Aluminium	Kupfer	Blei
EUR-USD	1	0,47801	0,49281	0,42650
Aluminium	0,47801	1	0,73579	0,65937
Kupfer	0,49281	0,73579	1	0,77944
Blei	0,42650	0,65937	0,77944	1

→

Dreiecksmatrix *A*

$$A = \begin{pmatrix} 1 & 0 & 0 & 0 \\ 0{,}478 & 0{,}878 & 0 & 0 \\ 0{,}493 & 0{,}569 & 0{,}658 & 0 \\ 0{,}426 & 0{,}519 & 0{,}416 & 0{,}613 \end{pmatrix}$$

Abbildung 52: Überführung der Korrelationsmatrix in die Dreiecksmatrix A (2)

Mit Hilfe der zehn Parameter a_{ij} können die für jeden Simulationsschritt erzeugten vier unkorrelierten Zufallszahlen x_i mit Hilfe der Formel:

$$\varepsilon_i = \sum_{j=1}^{n} x_i \times a_{ij}$$

in $n=4$ korrelierte Zufallszahlen ε_i überführt werden. Weiterhin werden die geschätzten Renditen und Volatilitäten, die Ausgangskurse der Risikofaktoren und deren Bestandshöhe sowie die Dauer eines Simulationslaufs und die Anzahl der durchzuführenden

Simulationen übergeben. Dafür wird die entworfene Eingabemaske, welche in Abbildung 53 dargestellt ist, zur Dateneingabe herangezogen:

Simulation von n Kursreihen eines gesamten Portfolios

	EUR-USD	Aluminium	Kupfer	Blei
Kurs	1,417	$ 2.541,00	$ 9.630,00	$ 2.539,50
Bestand [T]		100	100	100
Wert [US$]		*$ 254.100,00*	*$ 963.000,00*	*$ 253.950,00*
Wert [€]		*179.322,51 €*	*679.604,80 €*	*179.216,65 €*
Volatilität	11,5142%	20,9351%	18,0864%	27,7925%
Rendite	8,0578%	15,1171%	27,2089%	19,7198%

Zeitintervall	*0,003968*
Jahre	0,5
Schritte	126
Durchläufe	***5000***
Fortschritt	***5000***

Simulieren

Portfoliostartwert = 1.038.143,97 €

	EUR-USD	Aluminium	Kupfer	Blei
Omega	1,14243E-06	2,2522E-06	2,69759E-06	2,1583E-06
Alpha	0,060894231	0,05072982	0,061060915	0,045385080
Beta	0,913683983	0,93783117	0,930313897	0,95054328

Korrelationsmatrix für die vergangenen 500 Tage:

Korrelation	EUR-USD	Aluminium	Kupfer	Blei
EUR-USD	1	0,47801	0,49281	0,42650
Aluminium	0,47801	1	0,73579	0,65937
Kupfer	0,49281	0,73579	1	0,77944
Blei	0,42650	0,65937	0,77944	1
	1	**0**	**0**	**0**
A=	**0,478008652**	**0,87835513**	**0**	**0**
	0,492807690	**0,56949606**	**0,657886632**	**0**
	0,426496383	**0,51858855**	**0,416376115**	**0,61302339**

Abbildung 53: Monte-Carlo-Portfoliosimulation zur VaR-Ermittlung

Die eigentliche Simulation wird über den dargestellten Buton gestartet, wobei diesem über einen VBA-Code die Berechnungsmethodik hinterlegt ist. Das dafür entwickelte entsprechende Subprogramm findet sich als Quelltext in Anhang 33. Die Berechnungsmethodik liegt in reduzierter Form auch den vorgenannten Simulationen zugrunde – für die dargestellten Auswertungen unterscheiden sich jedoch die Ausgabeparameter. Grundsätzlich werden die für jeden Schritt ermittelten und überführten Zufallszahlen zur Ermittlung des Volatilitätseinflusses für den Wiener Prozess genutzt. Auf diese Weise werden für jeden Simulationsdurchlauf vier korrelierte Zufallspfade für die vier Risikofaktoren simuliert und somit ein Zufallspfad für die Wertänderungen des Portfoliowertes generiert. Die Zufallspfade der vier Risikofaktoren führen über den GARCH(1,1)-Volatilitätsschätzer weiterhin zu vier Pfaden der jeweiligen Volatilitätsentwicklung. Am Ende eines Durchlaufs wird der Portfolioendwert für die weitere Auswertung – die Ermittlung der Wahrscheinlichkeitsverteilung und des Value-at-Risk – gespeichert sowie die Kurse der Risikofaktoren und die Volatilitäten auf die Startwerte zurückgesetzt, um die Simulation eines weiteren Zufallspfades zu simulieren. Im Endergebnis liegt eine der Anzahl der Simulationsdurchläufe entsprechende Zahl an simulierten Portfoliowerten vor. Aus diesen kann die Verteilungsfunktion und entsprechend des gewählten Konfidenzintervalls der Value-at-Risk bestimmt werden.

Eine solche beispielhafte Auswertung für 10.000 Simulationsdurchläufe ist in Abbildung 54 dargestellt. Es zeigt sich, dass kleine Portfolioverluste häufiger auftreten, als unter einer Normalverteilungsannahme.

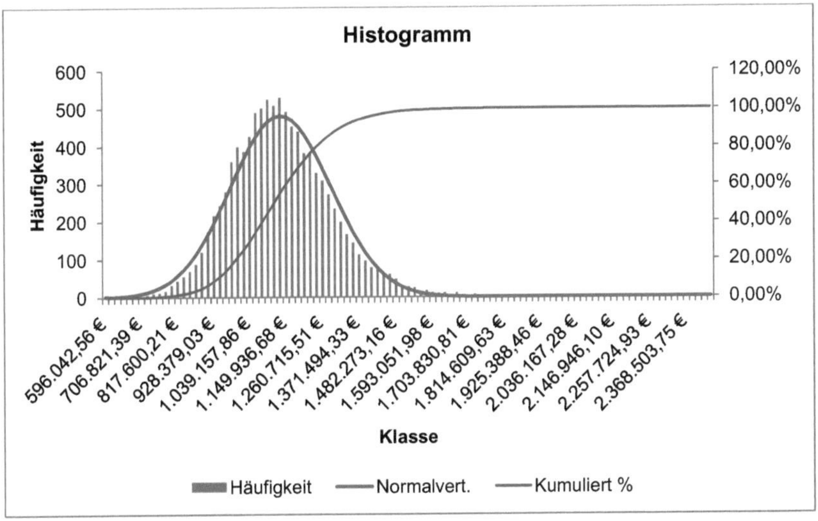

Abbildung 54: Auswertung der Monte-Carlo-Portfoliosimulation und VaR-Ermittlung

Hohe Wertänderungen treten dagegen bei Wertzuwächsen häufiger auf, als im Falle der Normalverteilung. Wie der weiteren Auswertung in Tabelle 35 zu entnehmen, liegt der Mittelwert der Portfoliosimulationen bei 1.124,396,38 Euro bei einer absoluten Standardabweichung von 153.152,55 Euro:

Tabelle 35: Ergebnisse der Monte-Carlo-Simulation und VaR-Ermittlung (α=99,5%)

Mittelwert	*1.124.396,38 €*	**Konfidenzintervall**	99,5%	**VaR auf Tagesbasis**	- **23.220,00 €**
Maximum	*2.442.356,30 €*	**Nr. VaR**	51	**VaR auf 10-Tagesbasis**	- **73.428,09 €**
Minimum	*596.042,56 €*	**VaR Portfoliowert**	**777.500,10 €**	**VaR auf Monatsbasis**	- **106.407,41 €**
Spanne	*1.846.313,74 €*	**VaR auf Jahresbasis**	**- 260.643,87 €**		
σ	*153.152,55 €*	**VaR (Änd. in %)**	**-28,911%**		

Als Erwartungswert ergibt sich somit ein Wertzuwachs von circa 86.000 Euro über einen Zeitraum von einem halben Jahr. Wird wie in diesem Fall das Konfidenzintervall mit 99,5% angesetzt, so lässt sich der Value-at-Risk für den Betrachtungszeitraum bei aufsteigender Sortierung aus dem 51. Portfoliowert (in Höhe von 77.500,10 Euro) ermitteln und beträgt somit 260.643,87 Euro. Dies entspricht einem Wertverlust von knapp 29%. Der ermittelte Wert lässt sich mit Hilfe von Formel 4.16 auf die anderen in der obigen Tabelle dargestellten Werte für abweichende Betrachtungszeiträume umrechnen.

Im Rahmen der Verwendung des Simulationsmodells ist weiterhin zu prüfen, wie verlässlich dieses Modell ist. Im Rahmen des Backtesting können die in Kapitel 4.10 dargestellten Varianten des hypthetischen Tests anhand historischen Datenreihen oder des permanenten Test in der laufenden Überwachung verwendet werden. Die zweite Variante ist vor allem anzuwenden, wenn das Modell bereits in die Risikosteuerung integriert ist. Somit erfolgt hier ein Backtesting mit Hilfe historischer Daten, welches in Anlehnung des in Kapitel 4.10 vorgestellten Backtestingkonzepts für Banken mit einem Konfidenzniveau von 99% und einem Überprüfungszeitraum von 250 Tagen durchgeführt wurde. Auf Basis der Volatilitätsschätzer und Kurse zum 04.08.2010 wurde ein weiterer, vollständiger Simulationslauf durchgeführt, welcher einen 1-Tages-Value-at-Risk von 17.972,15 Euro mit einem Portfoliowert von 872.115,69 Euro ergab. Gemäß der historschen Zeitreihe vom 05.08.2010 bis zum 02.08.2011 lag der niedrigste ermittelte Portfoliowert in diesem Zeitraum bei 873.410,49 Euro. Somit wurde der mit Hilfe der Monte-Carlo-Simulation ermittelte Value-at-Risk zu keiner Zeit unterschritten und das Modell kann der grünen Zone gemäß Tabelle 12 zugeordnet werden.

Die zur Bewertung der Risiken ermittelten Werte können nun für die Risikosteuerung verwendet werden. Dabei eignet sich die dargestellte Portfoliosimulation gut für die VaR-Limitsteuerung eines Bereichs, um zu prüfen, ob bspw. für die Geschäfte der Rohstoffhandelsabteilung eine ausreichende Risikokapitalunterlegung besteht bzw. ob sie die ihr auferlegte Risikolimitierung einhält. Ein weiterer Vorteil der Portfoliobetrachtung besteht darin, dass Diversifikationseffekte mit in die Berechnungen einfließen und durch kompensierende Wirkungen das Gesamtrisiko reduzieren können. Eine Betrachtung der einzelnen Risikofaktoren ohne Berücksichtigung der entsprechenden Korrelationen kann dagegen zu einer Überschätzung des Risikos und somit zu einer Fehlallokation von beschränkt verfügbarem Risikokapital führen. Mit der Portfoliobetrachtung kann also überprüft werden, ob ein genereller Handlungsbedarf besteht. Da eine Vollabsicherung gerade für kleinere Unternehmen nicht unbedingt zweckmässig erscheint, ist im Falle notwendiger Steuerungsmaßnahmen eine Betrachtung der einzelnen Risikopositionen sinnvoll, um diejenigen mit dem höchsten Wertbeitrag zu identifizieren und für diese weitere Steuerungsmaßnahmen einzuleiten. Daher findet sich im Anhang 34 eine exemplarische Simulation des Aluminium-Spot-Kurses für die Risikoabschätzung einer einzelnen Position. Der Value-at-Risk für den Betrachtungszeitraum beträgt dabei 47.212,63 Euro auf Basis eines Ausgangswertes von 179.322,51 Euro für den Bestand an Aluminium.

Das hier dargestellte Beispiel, welches in den drei behandelten Ansätzen verwendet wurde zielt generell auf die Absicherung einer Bestandposition bzw. eines zukünftigen Verkaufs der Basiswerte. Die Ausführungen lassen sich aber problemlos auf Absicherung einer einzudeckenden Position abwandeln, also einen zukünftigen Kauf. In diesem Fall liegt das Risiko in einem Wertzuwachs des Rohstoffpreises, welcher die Einstandpreise verschlechtert. Für den Wechselkurs liegt das Risiko dagegen in einem Absinken des Euro-US-Dollar-Wechselkurses, welcher den Einkauf auf Eurobasis ebenfalls verteuert. Hier zeigt sich auch die enge Verwandschaft des Value-at-Risk-Konzepts mit dem Cash Flow-at-Risk. Aus dem möglichen Wertverlust der Bestandposition ergibt sich bei Liquidation eine Reduktion der erwarteten Einzahlung – also ein Cash Flow-Risiko. Aufgrund dieser Wechselwirkungen lässt sich die für die Bestandsposition dargestellte Methodik auch auf zahlungsstromorientierte Größe anwenden.

7.6 Absicherungsstrategien

Die Ergebnisse der dargestellten Varianten zur Risikobewertung durch den Value-at-Risk bilden nun die Grundlage für Entscheidungen im Rahmen der Risikosteuerung. Ein Handlungsbedarf besteht, wenn die für einzelne Risikofaktoren oder Unternehmensbereiche festgelegten VaR-Limitierungen – und damit die Risikotragfähigkeit – durch die jeweiligen ermittelten VaR-Abschätzungen überschritten werden. Hierfür ist zu prüfen, ob die im Rahmen der unternehmensweiten Risikostrategie vorgegebenen Handlungsempfehlungen – bspw. die Normstrategie – vollständig umsetzbar sind.

Wird ein Handlungsbedarf festgestellt und eine Absicherung des ermittelten Risikos angestrebt, besteht eine einfache Strategie der Absicherung bspw. im Verkauf der Menge von Futures-Positionen, deren kumuliertes Kontraktvolumen der Menge des gehaltenen Basiswertes entspricht. Diese Kontrakte könnten bis zur Endfälligkeit gehalten und per Lieferung bedient werden. Dies setzt voraus, dass zum Futures-Kontrakte auf den entsprechenden Basiswert bestehen und sich die Spezifikationen von gehaltenem Basiswert und zu lieferndem Basiswert entsprechen bzw. über Anpassungsklauseln der Lieferbedingungen ineinander übergeführt werden können. Zum anderen muss die Fälligkeit der Futures-Kontrakte dem gewünschten Verkaufstermin entsprechen, um eine vorzeitige Glattstellung zu vermeiden. Weiterhin muss der entsprechende Kontrakt einen möglichst liquiden Handel aufweisen, damit zumindest die Möglichkeit besteht, bei Bedarf eine Gegenposition zur Schließung des Kontraktes einzugehen. Diese letztgenannte Bedingung ist somit generell als notwendig für den Einsatz von standardisierten, börsengehandelten Derivaten anzusehen.

Für die drei dargestellten Basismetalle wäre diese Strategie weitestgehend umsetzbar. An der LME in London, als führende führende Warenterminbörse in Europa, findet in Kontrakten von Nichteisenmetallen, zu denen auch die drei Basismetalle Aluminium, Kupfer und Blei gehören, ein reger und sehr liquider Handel statt. Die Kontraktspezifikationen sehen für Futures auf diese Metalle eine Kontrakgröße von

25 Tonnen vor.[1107] Diese 25 Tonnen entsprechen somit auch dem Mindestvolumen, welches in einem Unternehmen für einen Verkaufs- oder Beschaffungszeitpunkt Relevanz erlangen muss. Unter diesem Volumen an Handelsaktivitäten ist diese einfache Absicherungsstrategie mit standardisierten Futures nicht möglich, da es sonst zu einer Übersicherung kommt und dadurch ein neues Risikoexposure entsteht. Für das behandelte Beispiel könnte aber mit dem Verkauf von jeweils vier Kontrakten eine einhundertprozentige Gegenposition zu den jeweilgen Kontrakten eingenommen werden. Soll bspw. eine Absicherung für einen Zeitraum von 15 Monaten erfolgen, so kann auf den 15-Monats-Kontrakt der LME zurückgegriffen werden. Wie in Tabelle 36 dargestellt, könnten die 100 Tonnen Aluminium aktuell zu einem Wert von 254.100 US$ veräußert werden. Bei einem Verkauf zum 01.11.2012 ist der dann gültige Spot-Kurs ungewiss. Um den Bestand gegen Kursrückgänge abzusichern, kann der aktuell gültige Futures-Kurs über den Verkauf der besagten vier Kontrakte gesichert werden. Der daraus resultierende Wert von 266.500,00 US-Dollar wird gegen Lieferung des Gesamtbestands 15 Monate später vereinnahmt.

Tabelle 36: Einfache Absicherungsstrategie mit Futures[1108]

	Bestandsposition in Aluminium	**15-Monats-Futures auf Aluminium**
Situation zum 02.08.2011	Wert des Bestands in Höhe von 100 Tonnen Aluminium zum aktuellen Spot-Kurs: 100 Tonnen * 2.541,00 US$ je Tonne	Verkauf von 4 Futures-Kontrakten über je 25 Tonnen Aluminiumzum aktuellen Futures-Kurs: 4 Kontrakte * 25 Tonnen je Kontrakt * 2.665,00 US$ je Tonne
Wert der Position	254.100 US$	266.500 US$
Situation zum 01.11.2012	Lieferung von 100 Tonnen Kupfer	Einnahme von 266.500 US$

Hinsichtlich der Fälligkeiten ist dagegen eine differnzierte Betrachtung notwendig. Für kurze Absicherungszeiträume von bis zu drei Monaten sind für jeden Handelstag Fälligkeitstermine verfügbar – für den Zeitraum von drei bis sechs Monaten dagegen nur wöchentliche. Bei einem Maximalabstand von vier Handelstagen zum benötigten

[1107] Vgl. LME 2011a, S. 4 ff.
[1108] Aluminium-Spot- und Futures-Kurs der LME 2011b für den Zeitraum für den 02.08.2009.

Termin können mit diesen Kontrakten die Erfordernisse dennoch weitgehend erfüllt werden. Bei Laufzeiten von über sechs Monaten werden nur noch Futures zu einem Fälligkeitstermin pro Monat angeboten.[1109] In diesem Fall kann die Glattstellung der Position notwendig werden, wodurch ein Basisrisiko aus der unterschiedlichen Entwicklung von Spot- und Futures-Kursen entsteht. Sollte sich diese einfache Strategie dennoch für die Absicherung des Rohstoffpreisrisikos als einsetzbar erweisen, bleibt dennoch das Wechselkursrisiko bestehen, da der Ausgleich der Zahlung erst zum Fälligkeitstermin erfolgt. Im soeben dargestellten Fall besteht das Risiko, dass die 266.500,00 US-Dollar zur Fälligkeit der Aluminium-Futures aufgrund eines gesunkenen US-Dollars einen geringeren Wert in der Heimatwährung Euro aufweisen. Die Absicherung dieses Betrages gestaltet sich im Hinblick auf die Verwendung standardiserter Produkte nicht so einfach, wie die Absicherung der Rohstoffpositionen. Der Devisenmarkt wird hauptsächlich durch einen sehr liquiden Interbankenhandel dominiert, dessen Nutzung für mittelständische Unternehmen schon aufgrund der dort anzutreffenden hohen Kontraktvolumina von normalweise mindestens einer Million Euro nahezu ausgeschlossen ist. Aus diesem Grund haben auch die weltweiten Terminbörsen standardisierte Währungsfutures in ihre Produktpalette mit aufgenommen. Im Gegensatz zum Rohstoffhandel spielen diese Kontrakte allerdings im Verhältnis zum Gesamtmarkt eine untergeordnete Rolle.[1110] Einen dennoch recht liquiden Handel bietet die Intercontinental Exchange (ICE) mit ihrem Euro/US Dollar-Futures (regular) an. Deren Kontraktgröße liegt allerdings bei 125.000 Euro, wodurch eine einfache Absicherungsstrategie des Wechselkursrisikos nicht möglich ist.[1111] Bei der Nutzung eines Kontraktes wird nur ein Teil des Risikos elimeniert – bei der Nutzung von zwei Kontrakten ergibt sich durch die Übersicherung ein neues Risikoexposure. Eine geringere Stückelung bietet dagegen den NYSE Euronext mit ihren US Dollar / Euro Futures an, deren Kontraktgrößes 20.000 US-Dollar beträgt. Allerdings ist der Handel darin nicht sehr liquide.[1112] Somit bleibt für eine einfache Vollabsicherung der offenen Position nur der Abschluss eines OTC-Kontraktes mit einem Finanzinterme-

---

[1109] Vgl. LME 2011a, S. 2.

[1110] Vgl. Stocker 2001, S. 236.

[1111] Vgl. ICE 2011a.

[1112] Vgl. NYSE Euronext 2011. So wurden am 15.09.2011 nur sechs Kontrakte gehandelt und der Bestand an offenen Positionen belief auf insgesamt nur 45.

diär. Im Gegensatz zu einem vergleichsweise großen Angebot an Quotierungen für OTC-Zinsgeschäfte erfolgt bei Währungsgeschäften eine individuelle Bepreisung in Abhängigkeit der Bonität und der Erfordernisse des Vertragspartners. Alternativ bieten viele Banken eigene Handelsplattformen für das Management von Währungsrisiken an. Diese sind als standardisierte OTC-Märkte zu verstehen, die in ihrer Ausgestaltung abhängig vom jeweiligen Kreditinstitut bzw. des von ihm genutzten Handelsverbundes sind.[1113] Eine generalisierte Darstellung einer auf diesen Plattformen beruhende Strategie ist daher nicht möglich.

Eine alternative Strategie bildet eine varianzminimale Absicherung (Minimum-Variance-Hedge). Dieses Konzept dient ursprünglich der Ermittlung der optimalen Absicherung für einen sogenannten Cross Hedge, bei welchem sich der Basiswert der gewählten Futures-Position von der abzusichernden Position unterscheidet. Dies kann sinnvoll sein, wenn entweder für das abzusichernde Risiko keine entsprechenden Futures-Kontrakte verfügbar sind oder verfügbare Kontrakte sich als ungeeignet erweisen, bspw. aufgrund einer fehlenden Liquidität im Handel dieser Kontrakte.[1114] Die Ermittlung eines Minimum-Varianz-Hedge-Ratios kann aber auch sinnvoll sein, wenn sich die Preise an Spot- und Futures-Märkten unterschiedlich entwickeln, bspw. wenn es für unterschiedliche Zeitpunkte zu verschiedenen Erwartungen über Angebot und Nachfrage – also die Verfügbarkeit von Rohstoffen kommt. Wird die Erfüllung der Lieferungs- oder Abnahmeverpflichtung in solchen Fällen nicht gewünscht und wird somit eine vorzeitige Glattstellung gewünscht, ist die Höhe der Absicherungsrate (Hedge-Ratio) so zu wählen, dass die Varianz der abzusichernden Position minimiert wird. Diese optimale Absicherungsrate h^* ergibt sich aus:

[1113] Handelsplattformen für das Währunsmanagement werden bspw. mit FXclick von der DZ Bank (vgl. DZ Bank 2011), mit FXtr@der von der Landesbank Baden Württemberg (vgl. LBBW 2011) oder mit autobahn®Treasury von der Deutschen Bank (vgl. Deutsche Bank 2011) angeboten. Neben diesen beispielhaft aufgeführten Systemen bieten viele Geschäftsbanken ihren Kunden eigene Plattformen oder den Zugriff auf externe Systemanbieter an.

[1114] Vgl. Hull 2009, S. 86.

$$h^* = \rho \frac{\sigma_S}{\sigma_F} \quad 7.2$$

wobei σ_S der Änderung des Spot- und σ_F des Futures-Kurses sowie ρ dem Korrelationskoeffizienten zwischen der Änderung des Spot- und des Futures-Kurses entsprechen. Die optimale Anzahl an benötigten Futures-Kontrakten N^* lässt sich anschließend über:

$$N^* = \frac{h^* Q_A}{Q_F} \quad 7.3$$

ermitteln, wobei Q_A das Volumen der abzusichernden Position und Q_F die Kontraktgröße des Futures bezeichnen. Unter Anwendung von Formel 7.2 lässt sich nun die optimale Absicherungsrate für die drei Metalle ermitteln. Wie Tabelle 37 zu entnehmen ist, weisen die Renditen der Spot- und Futures-Kurse der an der LME gehandelten Basismetalle mit jeweils circa 0,99 eine hohe Korrelation auf – bewegen sich aber dennoch nicht komplett im Gleichlauf. Da die Schwankungsintensität der Futures-Kurse geringer als die der Spot-Kurse ist, ist eine Absicherungsrate von größer als Eins notwendig, um die Varianz zu minimieren. Durch Umstellung von Formel 7.3 lässt sich weiterhin ermitteln, wie hoch das Volumen der abzusichernden Position mindestens sein muss, um eine solche varianzminimierende Strategie sinnvoll umzusetzen. Dies liegt zwischen 23,54 Tonnen für Aluminium und 24,50 Tonnen für Blei.

Tabelle 37: Varianzen, Korrelation und Hedge-Ratio der Spot- und Futureskurse[1115]

	Aluminium		**Kupfer**		**Blei**	
	Spot-Kurs	**15-Monats-Future**	**Spot-Kurs**	**15-Monats-Future**	**Spot-Kurs**	**15-Monats-Future**
1-Tages-σ^2	0,0002715	0,0002311	0,0002942	0,0002734	0,0006104	0,0005578
1- Jahres -σ^2	0,0043103	0,0036690	0,0046710	0,0043397	0,0096891	0,0088554
1- Tages -σ	1,648%	1,520%	1,715%	1,653%	2,471%	2,362%
1- Jahres -σ	26,158%	24,134%	27,231%	26,247%	39,219%	37,493%
$\rho_{Spot-Future}$	***0,9796613***		***0,9887951***		***0,9755220***	
h*	**1,06184**		**1,02585**		**1,02041**	
Kontraktgr.	***25***		***25***		***25***	
Q_{amin}	**23,54** Tonnen		**24,37** Tonnen		**24,50** Tonnen	

Liegt nur ein geringeres Volumen vor, würde der Einsatz von Futures zu einer Übersicherung und somit zum Einnehmen einer zusätzlichen Risikoposition führen. Ist das

[1115] Berechnung auf Basis der Zeitreihen der drei Basismetalle für Spot- und Futures-Kurs der LME 2011b für den Zeitraum vom 07.08.2009 bis zum 02.08.2011.

abzusichernde Volumen höher, ist eine Vollabsicherung über diese Strategie mit Vielfachen des Mindestvolumens möglich. Anderweitig bleiben Teile der zugrundeliegenden Positionen ungesichert. Während für das dargestellte Beispiel der Verkauf von vier Kontrakten bei einer einfachen Absicherungsstrategie mit Erfüllung der Futureskontrakte einer Vollabsicherung entspricht, bleibt in Bezug auf einen Minumum-Varianz-Hedge ein Teil der Position somit ungesichert – die Sicherung ist also nicht varianzminimal.[1116] Dies muss allerdings nicht zwangsweise negativ sein.

An dieser Stelle können weitergehende Strategien eingesetzt werden, welche für den noch ungesicherten Teil andere Vorgehensweisen vorsehen. Bspw. können die eingangs von Kapitel 7 dargestellten Normstrategien Verwendung finden. Gibt die Normstrategie eine Vollabsicherung von 50% für Positionen vor, deren Fälligkeit zwischen ein und zwei Jahren in der Zukunft liegt, so wäre eine sinnvolle Umsetzung der Verkauf von zwei Kontrakten bei Absicherung einer der Rohstoffpositionen. Das Ziel dieser Strategie liegt in einer Absicherungsquote, die möglichst nah an der Normvorgabe ist. Der ungesicherte Teil der Position wird im Rahmen des Risikotragfähigkeitskalküls mit Haftungskapital unterlegt. Dabei geht es statt der Elimenierung um eine Reduktion des Risikos, wobei kleinere Abweichungen von der Normvorgabe über die Anpassung der Risikokapitalunterlegung gesteuert werden können.

Für eine weitere Normstrategie, den Drittelmix, ist die Einbeziehung bedingter Absicherungsgeschäfte in Form von Optionen notwendig. Im Gegensatz zu einer Verwendung von Termingeschäften für ein Drittel der Position, welche den Kurs des Basiswertes fixieren und somit sowohl Risiken als auch Chancen elimenieren, erfolgt mit Optionen gegen Zahlung der Prämie für das zweite Drittel der Position eine Absicherung gegen negative Veränderungen im Wert der Risikoposition unter Beibehaltung der Chancen. In Abhängigkeit der aktuellen Marktparameter, wie der Volatilität und des Zinssatzes, kann die für die Absicherung zu entrichtende Optionsprämie im Vergleich zum Wert der unterlegten Position teilweise sehr hoch

[1116] Für die Aluminiumposition wären dies 5,84 Tonnen, für die Kupferposition 2,52 Tonnen und für die Bleiposition 2,00 Tonnen.

ausfallen. Eine Absicherung des Gesamtbestandes wird daher selten vollständig mit Optionen durchgeführt, da diese Strategie als zu teuer erachtet wird. In den Risikomanagementabteilungen besteht zumeist der Wunsch, dass die Absicherung bei Abschluss keine Kosten verursacht, weshalb sogenannte zero-cost-Strategien bevorzugt werden, wie sie mit Futures, Forwards und Swaps möglich sind. Dagegen stellt die Drittelstrategie eine interessante Mischung zwischen der Nutzung von Chancen und der Mimierung von Risiken zu immer noch überschaubaren Kosten dar. Bei negativer Marktentwicklung ist die Position (unter Ausübung der Option) zu zwei Dritteln gesichert. Bei positiver Entwicklung werden die Chancen (bei Verfall der Option) zu ebenfalls zwei Dritteln genutzt. Unabhängig von der Marktentwicklung wurde somit für zwei Drittel der Position die richtige Strategie gewählt.[1117]

Bei der Auswahl des entsprechenden Derivats kann auf die an der LME gehandelten Optionen amerikanischen Typs zurückgegriffen werden. Als Basiswerte, welche bei Ausübung zu liefern sind oder geliefert werden, dienen die jeweiligen Futures-Kontrakte auf die verschiedenen Rohstoffe. Daraus ergibt sich das Problem, dass auch die Optionen eine Kontraktgröße von jeweils 25 Tonnen aufweisen.[1118] Ein Drittelmix in der eigentlichen Form ist somit nicht möglich. Die Umsetzung einer Strategie in ähnlicher Form ist folglich abhängig von der Risikoneigung- und Tragfähigkeit des Unternehmens bzw. den für Optionsprämien zur Verfügung stehenden Mitteln. Dreiviertel der Position können über den Drittelmix gesteuert werden – für ein Viertel ist eine separate Entscheidung notwendig, ob dafür eine Absicherung mit Futures oder Optionen durchgeführt wird oder diese ebenfalls ungesichert bleibt. Aufgrund der Kosten der Absicherung mit Optionen wird die Wahl zumeist auf eine Entscheidung für eine weitere Absicherung mit Futures oder für die Erhöhung der ungesicherten Position fallen. Unter Berücksichtigung der vorgenannten Normstrategie mit einer Absicherungsquote in Abhängigkeit des Fälligkeitstermins bietet es sich an, wie im obigen Fall circa 50% der Position ungesichert zu lassen. Folglich wird im Rahmen der Absicherungsstrategie der Verkauf eines Futures-Kontrakts mit dem Erwerb einer

[1117] Vgl. Frontzek 2010, S. 174.
[1118] Vgl. LME 2011a, S. 11.

Verkaufsoption verbunden. Um die Kosten dieser Ausgestaltung zu ermitteln, ist die Bestimmung der Optionsprämie notwendig. Da es sich bei den an der LME gehandelten Optionen um amerikanische Optionen handelt, ist keine direkte Berechnung mit Hilfe der Black-Scholes-Formel gemäß Formel 5.11 möglich. Eine Bewertung über das Binomialmodell und somit durch Formel 5.17 ist dagegen durchführbar. Unter Beachtung, dass es sich um eine amerikanische Option[1119] handelt und der Basiswert der Option ein Futures-Kontrakt ist,[1120] ergibt sich unter Verwendung von 500 Zeitschritten im Binomialbaum für die Verkaufsoption auf Aluminium-Futures ein Preis von 338,38 US-Dollar bezogen auf ein Tonne Aluminium bzw. von 8.459, 50 US-Dollar für den gesamten Kontrakt von 25 Tonnen. Die Laufzeit beträgt entsprechend des Beispiels 15 Monate, die Volatilität des Futures 24,134% pro Jahr. Der Spotkurs beläuft sich auf 2.541,00 US-Dollar pro Tonne und der Futures- Kurs auf 2.665,00 US-Dollar.[1121] Der risikofreie Zinssatz entspricht dem EUROBOR-Zwölfmonatssatz von 2,175% pro Jahr.[1122] Als Vergleichswert für die analytische Ermittlung mit Hilfe der Black-Scholes-Formel für eine europäische Putoption auf diesen Wert ergibt sich ein Optionspreis von 336,40 US-Dollar pro Tonne bzw. von 8.410,00 US-Dollars je Futures-Kontrakt auf Aluminium. Analog lassen sich auch die Kosten der Absicherung der anderen beiden Rohstoffpositionen ermitteln. Für die Option auf einen Kupfer-Kontrakt beträgt der Preis 27.400,00 US-Dollar und für einen Blei-Kontrakt 11.052,00 US-Dollar je Tonne.

Absicherungen mit Hilfe von Optionen bieten einen weiteren Vorteil. So lassen sich durch die Wahl des Ausübungspreises oder die Kombination mehrerer Optionen die zu entrichtenden Prämien reduzieren bzw. fortgeschrittene Absicherungsstrategien entwickeln. Mit Hilfe von Optionen, die aus dem Geld notieren, kann ein Cap definiert werden, bis zu welchem das Unternehmen bereit ist, Verluste aus Wertveränderungen der Basiswerte selbst zu tragen. Eine Sicherung erfolgt also nicht zum aktuellen Kurs sondern zu einem höheren (Kaufoption) oder tieferen (Verkaufsoption) Zielkurs. Durch

[1119] Vgl. Hull 2009, S. 309 ff.
[1120] Vgl. Hull 2009, S. 433 ff.
[1121] Siehe Tabelle 37.
[1122] Vgl. Deutsch Bundesbank 2011c.

die Kombination von Optionskäufen und Verkäufen lassen sich dagegen, wie in Kapitel 5.5.2 im Hinblick auf einen Collar dargestellt, Bandbreiten festlegen, innerhalb welcher der Kurses des Basiswertes fixiert wird.

7.7 Anwendbarkeit

Auch wenn die dargestellten Absicherungsstrategien nur exemplarische Beispiele für die Steuerung von identifizierten und bewerteten Risikopositionen darstellen, lassen sie sich doch für eine Vielzahl weiterer Szenarien einsetzen. Die beschriebene Vorgehensweise eignet sich grundsätzlich auch für den Einsatz in mittelständischen Unternehmen. Eine solche Implementierung der Modellansätze ist über standardisierte Tabellenkalkulationsprogramme problemlos möglich. Dies bietet weiterhin den Vorteil, dass diese Anwendungen, wie in Kapitel 2.2.1.3 ermittelt, bereits weitgehend in den Unternehmen verwendet werden und somit in den Geschäftsablauf eingebunden sind. Alternativ ist auch eine Umsetzung mit mathematisch-statistischer Software möglich, falls diese vorhanden ist, welche ggf. den Umsetzungs- und Berechnungsaufwand sogar vermindert. Eine tägliche Bewertung und Anpassung, wie sie in Finanzinstituten vorgenommen werden muss, ist dagegen nicht unbedingt zweckmässig. Wichtig ist stattdessen eine regelmässige Überwachung und unverzügliche Anpassung bei neuerlichen Geschäftsabschlüssen. Für Aktien und Aktienindizes ist eine Anpassung durchführbar. Dieses Segment spielt aus Sicht von Industrieunternehmen aber eine untergeordnete Rolle und bleibt bei den Betrachtungen somit außen vor. Aufgrund des hoch entwickelten Terminhandels im Bereich von Zins-, Währungs- und Rohstoffpositionen, sind die genannten Strategien grundsätzlich für diese Bereiche interessant. Börsengehandelte Instrumente des Zinsmanagements sind allerdings vor allem für die Steuerung von zinstragenden Anlagen von Bedeutung. Diese Anlagen sind aus Sicht mittelständischer Unternehmen aber nur am Rande von Interesse, insofern Investitionsgelder für einen kurzen Zeitraum am Kapitalmarkt ‚geparkt' werden müssen. Für die Zinssicherung im Bereich der Finanzierung sind dagegen eher außerbörsliche Instrumente wie Zinsswaps interessant und stellen aus Unternehmenssicht einen guten Kompromiss dar. Gerade in diesem Bereich stellen Kreditinstitute viele Angebote bereit, deren Indikationen teilweise auch öffentlich verfügbar und somit vergleichbar sind. Auch können Laufzeiten und für entsprechende Instrumente mit Optioncharakter auch Basispreise weitgehend individuell festgelegt werden, wie dies auch den in Kapitel 6.2 dargestellten Indikationen für Swaps, Swaptions, Caps und Floors zu entnehmen ist. Der Einsatz von OTC-Derivaten lässt sich allerdings nur in beschränkten Umfang im Rahmen einer generalisierten Strategie darstellen, da diese Geschäfte wie bereits ausgeführt einen individuellen Charakter aufweisen, welcher durch die Marktstellung der beteiligten Vertragspartner determiniert wird. Viele Finanzinstitute bieten mittlerweile für ihre Unternehmenskunden ein Zins- und Währungsmanagement und können darüber individualsierte Lösungen anbieten, die auf den Bedarf der Unternehmen zugeschnitten sind. Auch der Bereich des Rohstoffpreismanagements weist als Dienstleistung der Kreditinstitute eine wachsende Verbreitung auf. In Summe eignet sich die beschriebene Vorgehensweise inklusive der Nutzung börsengehandelter Derivate eher für die Hauptrisikopositionen aus den Bereichen Wechselkurs- und Rohstoffpreisrisiken. Es sollten also die finanzwirtschaftlichen Risiken darüber abgesichert werden, welche im Falle ihres Eintretens die höchste Belastung für die Risikotragfähigkeit des Unternehmens darstellen. Für andere Risiken eignen sich aufgrund der Kontraktgrößenproblematik eher außerbörsliche Derivate.

Für die Steuerung operativer Risiken sei in diesem Zusammenhang noch einmal auf die Absicherung mit Hilfe von Industrieversicherungen verwiesen. Das breite Angebot an solchen Versicherungslösungen, welches in Kapitel 3.6.7 einer Betrachtung unterzogen wurde und dessen Produktspektrum in Anhang 10 dargestellt wurde, eignet sich aufgrund der besonderen Eigenschaften operativer Risiken für die Absicherung von Schäden, welche durch ein hohes Schadensausmaß aber eine geringe Eintrittswahrscheinlichkeit gekennzeichnet sind. Durch die Übertragung auf ein breites Versicherungskollektiv wird die Belastung für das einzelne Unternehmen auf ein verträgliches Maß in Form der zu entrichtenden Prämien reduziert.

8 Schlussbetrachtungen

In Kapitel 1 konnte gezeigt werden, welche Bedeutung der weltweite Handel mit Derivaten für die internationalen Zahlungsströme und die Wechselwirkungen mit der Realgüterwirtschaft aufweist. Auch die Notwendigkeit eines funktionsfähigen Risikomanagementsystems in mittelständischen Unternehmen wurde herausgstellt.

Die Klassifizierung und strukturelle Abgrenzung dieser mittelständisch geprägten Unternehmen zu Großunternehmen erfolgte im Rahmen von Kapitel 2. Unterschiede zeigen sich dabei im Hinblick auf die Finanzierungsmöglichkeiten, die Beschaffungs- und Absatz- sowie Organisationsstrukturen. Auch wird der Mittelstand durch Abhänigkeiten von Schlüsselkunden, fehlende Preissetzungsmacht gegenüber Großkunden sowie fehlende oder nur gering ausgeprägte Controlling- oder Research-Abteilungen gekennzeichnet, wodurch wiederum die Qualität des Risikomanagements beeinträchtig wird. Anpassungsnotwendigkeiten, hin zu einem den aktuellen Erfordernissen und Erkenntnissen entsprechenden Risikomanagementsystem, konnten mit Hilfe verschiedener Studien aufgezeigt werden, welche den Umsetzungsstand des Risikomanagements im Mittelstand untersuchen. Auch ließ sich eine Diskrepanz zwischen der geringen Verbreitung quantitativer Risikoidentifikations- und bewertungsinstrumente und den im Vergleich zu anderen Ländern weiter verbreiteten Einsatz von Derivaten ermitteln.

Die Grundlage eines effektiven Einsatzes eines auf quantitativen Risikomaßen beruhenden Risikosteuerungssystems unter Nutzung von Derivaten bildet ein funtkionsfähiges Chancen- und Risikomanagementsystem, welches in der Lage ist, zur Solvenz- und Ertragssicherung des Unternehmens beizutragen. Die für eine Implementierung notwendige, intensive Auseinandersetzung mit Risikobereichen sowie rechtlichen Erfordernissen und aktuellen wissenschaftlichen Erkenntnissen erfolgte in Kapitel 3. Dabei konnte herausgestellte werden, dass Risiko die Folge jeglichen unternehmerischen Handelns ist und im engeren Sinne eine Verlustgefahr für das Unternehmen darstellt – im weiteren Sinne aber auch Chancen im Sinne von Gewinnpotentialen beinhaltet. Der Risikobegriff selbst wurde auf eine quantitative

Basis gestellt, charakterisiert durch Eintrittswahrscheinlichkeiten und Schadenshöhen. Weiterhin konnten verschiedene Risikokategorien identifiziert werden. Dabei werden Unternehmen mit externen Umfeldrisiken konfrontiert, wie Risiken höherer Gewalt oder politischen und ökonomischen Risiken. Davon abzugrenzen sind Unternehmensrisiken, wie Geschäfts-, Betriebs- und Finanzrisiken. Hinsichtlich der Ausgestaltung eines Risikomanagements sind Unternehmen nicht frei in ihren Entscheidungen, sondern durch direkt und indirekt auf sie wirkende rechtliche Regelungen und Normen gebunden. Primär zählen hierzu das KonTraG und der IDW Prüfungsstandard 340 – aber im Rahmen der Unternehmensfinanzierung auch Regularien wie Basel II. Andere, ebenfalls dargestellte Normen haben dagegen eher empfehlenden Charakter und können Anhaltspunkte für die strategische Ausgestaltung bieten. In Verbindung mit aktuellen betriebswirtschaftlichen Erkenntnissen lassen sich daraus die grundlegenden Komponenten eines Risikomanagementsystems in Form eines Internen Überwachungssystems, eines Früherkennungssystems und eines Controllingsystems ableiten. Die permanente Umsetzung des Risikomanagements ist dagegen als Prozess oder Regelkreislauf anzusehen. Auf Basis der Festlegung der Risikostrategie und der grundlegenden, in Anwendung zu bringenden Maßnahmen erfolgen Identifikation, Analyse, Bewertung und Steuerung von Risiken unternehmensweit mit Hilfe standardisierte und vereinheitlichter Vorgaben. Im Rahmen dieses iterativen Prozesses ist auch die Risikostrategie wiederholt zu prüfen und gegebenenfalls an aktuelle Erfordernisse anzupassen.

Zwar liegt der Fokus im Rahmen der Analyse des Risikomangementprozesses auf den für die einzelnen Prozessesschritte zur Verfügung stehenden Instrumente und Methoden. Aufgrund der hohen Bedeutung quantitativer Risikomaße zur Bewertung finanzwirtschaftlicher Risiken erfolgt eine Auseinandersetzung mit der Konzeption und der Umsetzbarkeit dieser Risikomaße allerdings gesondert in Kapitel 4. Das grundlegende Konzept des Value-at-Risk beruht dabei auf den Streuungsmaßen Varianz und Standardabweichung. Für eine Ermittlung ist eine qualitativ hochwertige statistische Datenbasis notwendig. Für die Abschätzung der Volatilität gibt es verschieden Konzepte. Diese reichen von der einfach zu bestimmenden historischen Volatilität bis hin zu EWMA- oder GARCH-Modellen, welche in der Lage sind, Autoregressions- und Heteroskedastizitätseigenschaften der Volatilität darzustellen. Für die eigentliche Berechnung des Value-at-Risk stehen Methoden wie der Varianz-Kovarianz-Ansatz und die historische sowie die Monte-Carlo-Simulation zur Verfügung. Aus dem grundlegenden Value-at-Risk-Ansatz lassen sich darüber hinaus weitere Verfahren wie der Cash Flow-at-Risk oder risikoadjustierte Performancekennzahlen wie RAROC oder RORAC ableiten.

In Kapitel 5 erfolgte eine theoretische Auseiandersetzung mit den Funktionsweisen von Derivaten. Hierfür wurden zunächst verschiedene Kategorisierungen vorgenommen. Diese erfolgten nach der Art der Verbindlichkeit in bedingte und unbedingte Termingeschäfte, nach dem Handelsort in börsengehandelte und OTC-Derivate sowie nach der Art des Basiswertes. Des Weiteren wurden die grundlegenden Derivategattungen Futures/Forwards, Forward Rate Agreements, Swaps und Optionen hinsichtlich ihrer Besonderheiten untersucht sowie Bewertungsmethoden dargestellt. Ebenso waren wesentliche Abwandlungen dieser Instrumenten Teil der Betrachtungen.

In Kapitel 6 wurde geprüft, welche derivativen Finanzinstrumente an den weltweiten Terminbörsen zur Verfügung stehen. Der Fokus lag aufgrund der Vielzahl gehandelter Kontrakte dabei auf den für Absicherungsstrategien relevanten Kontrakten. Als Prüfkriterien dienten dabei Kontraktgrößen und verfügbare Laufzeiten. Um der Notwendigkeit eines liquiden Handels zu genügen, wurden nur die an den führenden Terminbörsen verfügbaren Kontrakte untersucht. Die betrachteten Handelsplätze sind somit die EUREX, die LME, die CME sowie die ICE. Ergänzt wurde das Kapitel um eine kurze Analyse außerbörslich angebotener Kontrakte. Grundlage dieses OTC-Handels ist dennoch der Handel an den Terminbörsen, da Finanzintermediäre als Kontraktpartner außerbörslicher Derivate die eingegangen Risiken ihrerseits absichern und an den Kapitalmarkt transferieren. Dementsprechend ist für einen Abschluss von OTC-Derivaten ein liquider Handel an den Terminbörsen in Derivaten auf den gleichen Basiswert notwendig.

Aufbauend auf den Erkenntnissen der vorhergehenden Kapitel erfolgte in Kapitel 7 die Entwicklung eines quantitativen Risikobewertungsmodells für finanzwirtschaftliche Risiken auf Basis der Risikokennzahl Value-at-Risk. Aufgrund der weiten Verbreitung von Standardanwendungen im Bereich der Bürosoftware, welche für mittelständische Unternehmen festgestellt werden konnte, erfolgte die Umsetzung mit Hilfe von Microsoft Excel, wobei die Programmierung mit Hilfe von VBA-Codes umgesetzt wurde. Damit soll gewährleistet werden, dass eine Implementierung in bestehende Systeme möglich ist. Die notwendigen Parameter wurden mit Hilfe von Korrelationsanalysen und Volatilitätsschätzungen ermittelt. Die Parametriesierung der verwendeten EWMA- und GARCH(1,1)-Modelle, welche zur Ermittlung und Fortschreibung der Volatilität benötigt wird, erfolgte auf Basis exemplarischer Zeitreihenanalysen des Euro-US-Dollar-Wechselkurses sowie der Kursnotierungen der an der LME gehandelten Basismetalle Aluminium, Kupfer und Blei. Für die Bestimmung des Risikoexposures wurden drei Ansätze zur Ermittlung des Value-at-Risk implementiert: Die historische Simulation, der Varianz-Kovarianz-Ansatz sowie die Monte-Carlo-Simulation. Auf Basis der mit der Monte-Carlos-Simulation ermittelten Risikoabschätzungen wurde die schließlich Umsetzung beispielhafter Absicherungsstrategien mit börsengehandelten Derivaten illustriert.

Im Rahmen der Arbeit konnte gezeigt werden, dass es aufgrund der in letzter Zeit zu beobachtenden hohen Kursschwankungen an den internationalen Devisen- und Rohstoffmärkten auch für mittelständische Unternehmen notwendig ist, die daraus entstehenden Risiken möglichst genau zu quantifizieren und einer auf dieser Bewertung aufbauenden Steuerung zuzuführen. Dies muss ihm Rahmen eines in die Unternehmensstruktur integrierten, ganzheitlichen Risikomanagementsystems erfolgen. Neben dem Umgang mit Risiken muss dieses System auch die Idenfikation und Realisation von Chancen ermöglichen.

Das Erfordernis eines solchen Systems wird durch einige spektakuläre Unternehmenszusammenbrüche in den letzten Jahren verdeutlicht, welche nicht zuletzt aufgrund eines mangelnden Risikomanagementsystems ausgelöst wurden und somit als mahnende Beispiele fungieren. Diese haben auch den Gesetzgeber dazu bewogen, verbindliche Regeln zu erlassen, durch deren Umsetzung die Wahrscheinlichkeit der Wiederholung ähnlicher Fälle reduziert werden soll. Die in Kapitel 3.4 angeführten Unternehmensinsolvenzen sowie die Reaktionen des Gesetzgebers haben auch zu einer regen wissenschaftlichen Diskussion und zur Weiterentwicklung der Steuerungsansätze hin zu einem integrierten Risikomanagement geführt. Obwohl internationale Großunternehmen im Mittelpunkt dieser Betrachtungen stehen, wird explizit auch eine Ausstrahlwirkung der rechtlichen Rahmenbedingungen auf mittelständische Unternehmen herausgestellt. Dies betrifft sowohl Fragen der Haftung im Sinne der Sorgfaltspflicht eines ordentlichen Geschäftsführers als auch Auswirkungen auf die Unternehmensfinanzierungen durch verschärfte Regeln im Rahmen der Kreditvergabe und -prüfung von Finanzinstituten.

In diesem Zusammenhang überrascht die immer noch wenig vorangeschrittene Umsetzung der aktuellen Risikomanagementansätze in mittelständischen Unternehmen, welche in Kapitel 2.2.1.1 analysiert wurden. Gleiches gilt für die Nutzung quantitativer Methoden zur Risikoidentifikation und -bewertung, deren Anwendung in den Kapiteln 2.2.1.4.1 und 2.2.1.4.3 betrachtet wurde. Zwar kann kein pauschalisiertes Urteil über die Gesamtheit mittelständischer Unternehmen gefällt werden, da die im Rahmen des dritten Kapitels dargestellten Instrumente und Methoden nicht in jedem Fall für Kleinstunternehmen und kleine Unternehmen gemäß der Klassifizierung in Kapitel 2.1 sinnvoll einsetzbar sind. Für mittlere Unternehmen, welche sich – häufig mit Nischenprodukten – im internationalen Wettbewerb befinden, scheint dennoch ein Anpassungsbedarf gegeben zu sein.

Für finanzwirtschaftliche Risiken bietet sich auch für diese Unternehmen eine Steuerung mit Hilfe eines Value-at-Risk-basierten Bewertungsmodells an, dessen Ausgestaltungsvarianten und Umsetzungsmöglichkeiten in Kapitel 7 dargestellt wurden. Dieses ist in das unternehmensweite Risikomanagementsystem im Sinne des Kapitels 3.5 sowie den iterativen Risikomanagementprozess gemäß Kapitel 3.6 zu integrieren. Excel-basierte Lösungen, wie die dargestellte, bieten zwar nicht das Potential für eine Realtimeaktualisierung (oder zumindest „Near-Time"-Aktualisierung), wie sie in Finanzinstituten notwendig erscheint und durch spezielle Softwarelösungen realisiert werden kann. Aufgrund der ermittelten weiten Verbreitung von Standardlösungen im Bereich betrieblicher Software lassen sich solche vergleichsweise einfach gehaltenen Excel-basierten Lösungen dennoch gut in die betriebliche Infrastruktur implementieren und gewährleisten dennoch eine hinreichende Aktualität. Für die Steuerung operativer Risiken ist dieses Konzept dagegen weniger geeignet, da die hierfür notwendige statistische Datenbasis aufgrund der in Kapitel 3.3.4 behandelten Charakteristika dieser Risiken nicht erhoben werden kann.

Die in Kapitel 7 dargestellten Absicherungsstrategien sind unter Beachtung der aufgezeigten Losgrößenproblematik im Hinblick auf den Absicherungsbedarf mittelständischer Unternehmen als eher statisch und zeitinvariat anzusehen. Dennoch bieten sich die verwendeten EWMA- und GARCH-Ansätze ebenso für eine Weiterentwicklung des Risikomanagements im Falle des Unternehmenswachstums an,[1123] um die für den Einsatz von komplexeren Absicherungsstrategien mit Optionen benötigten dynamischen Absicherungsraten ermitteln und fortschreiben zu können.

[1123] Für eine Übersicht über aktuelle Ansätze der Modellierung von Hedge-Ratios siehe bspw. Chen et al. 2003, S. 433 ff.

Anhang

Anhangsverzeichnis

Anhang 1: Das KonTraG im Überblick[1124]

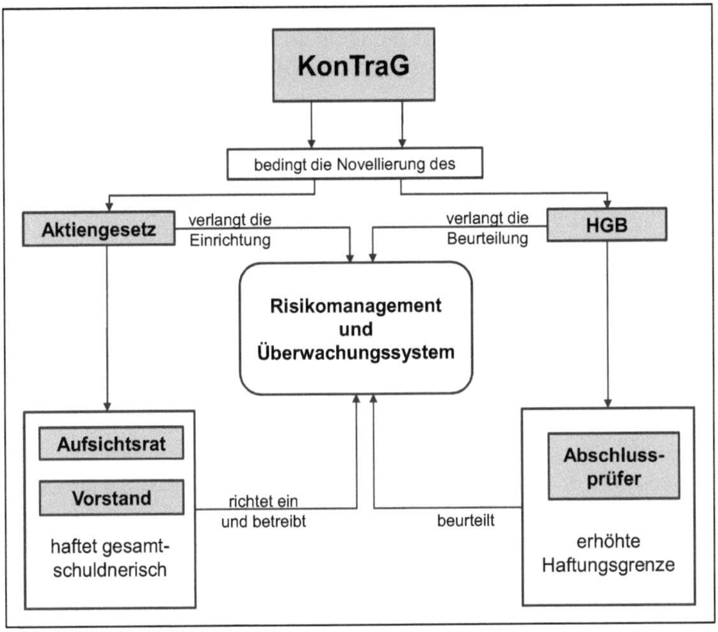

[1124] Vgl. Romeike 2003a, S. 70

Anhang 2: Durchführung der Prüfung nach §317 Abs. 4 HGB[1125]

Phase 1: Bestandsaufnahme
Informationsgewinnung zu den Betrachtungsobjekten: • Unternehmensziele • Risikopolitik und Risikoinventur • Einbindung in Planung und Steuerung • Reporting und Frühwarnindikatoren • Aufbau und Ablauforganisation unter Zuhilfenahme von des Risikomanagementhandbuchs oder von Risikomanagementrichtlinien im Unternehmen.
Phase 2: Angemessenheit
Beurteilung der Maßnahmen in Hinblick auf: • Vollständigkeit der Risikoidentifikation • Nachprüfbarkeit der Bewertung hinsichtlich Plausibilität und Widerspruchsfreiheit • rechtzeitige Kommunikation an die Entscheidungsträger • angemessene Risikoüberwachung, insbesondere hinsichtlich der personellen und qualitativen Ausstattung
Phase 3: Wirksamkeit
Prüfung des Risikomanagementsystems auf kontinuierliche Anwendung und unternehmensweite Anwendung durch: • Kontrolltests bei den wesentlichen Risiken

[1125] In Anlehnung an Eggemann / Konradt 2000, S. 507 f

Anhang 3: Der Risikomanagementprozess nach ISO 31000[1126]

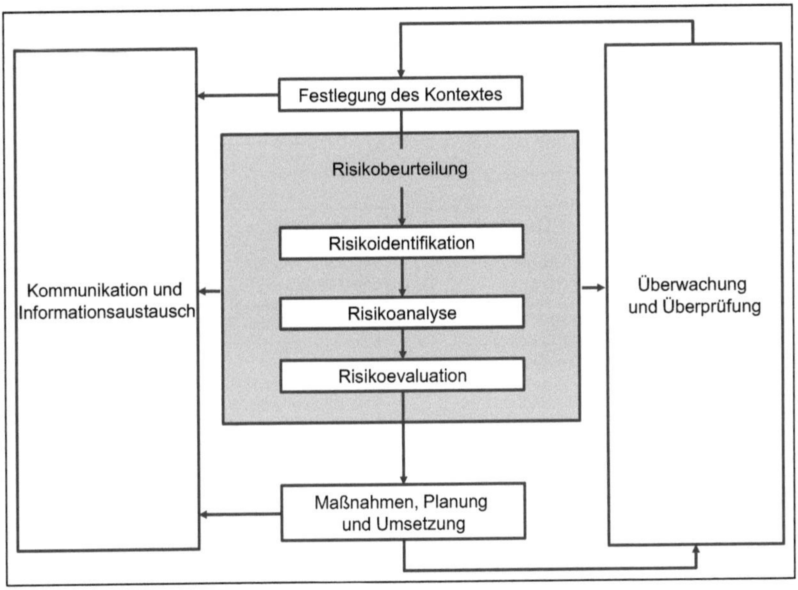

Anhang 4: Das Grundkonzept von Basel II[1127]

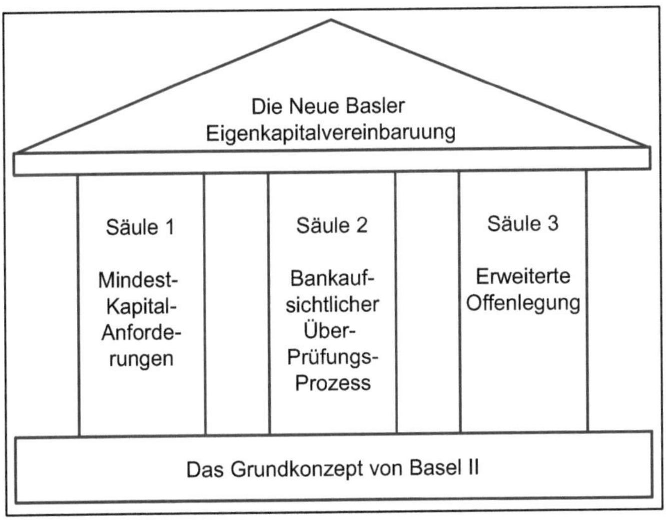

[1126] Vgl. Schneiter / Cajos 2009, S. 530.
[1127] Vgl. Deutsche Bundesbank 2007

Anhang 5: Risikobewertungsmetoden[1128]

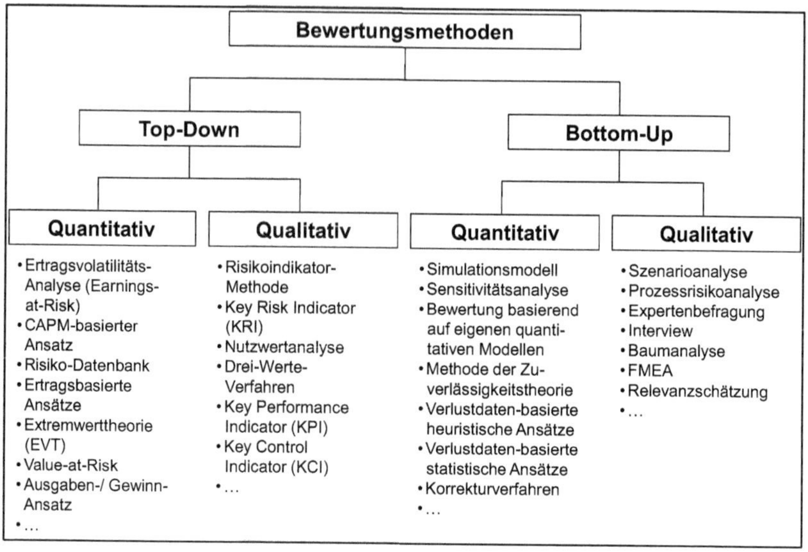

Anhang 6: Handelsschwerpunke der BayernLB in Energie- und Metallprodukten[1129]

Gas	Ölprodukte	Kohle	Edelmetalle	Buntmetalle
TTF day ahead	Rohöl	API#2	Gold	Aluminium
TTF month ahead	Gas Oil	API#4	Silber	Kupfer
TTF monthly index	Fuel Oil	API#6	Platin	Nickel
NCG day ahead	Heizöl*	BAFA	Palladium	Zinn
NCG month ahead	Diesel	**Strom**	**CO_2**	Zink
GPL day ahead	Kerosin	Base**	EUA	Blei
GPL month ahead		Peak**	CER	Stahl
			ERU	

* HS Deutschland
** Deutschland
* HEL Rheinschiene/ Deutschland

[1128] In Anlehnung an Romeike 2003d, S. 185, Burger / Buchhart 2002b, S. 101 sowie Wolf / Runzheimer 2003, S. 60 ff.
[1129] BayernLB 2010, S. 4.

Anhang 7: Risikoinventar[1130]

Kategorie	Risikobezeichnung	Risikowert-beitrag [€]	Rele-vanz
Marktrisiken	Beschaffungsmarktrisiken (Preis), Materialkostenschwankungen	-159.956,00	5
Marktrisiken	Risiken durch Absatzmengenschwankungen	-156.878,00	5
Politische/rechtliche und gesellschaftliche Risiken	Risiken aus Konventionalstrafen	-98.263,00	4
Leistungsrisiken	Verfügbarkeitsrisiken durch Ausfall zentraler Produktionskomponenten	-68.444,00	4
Marktrisiken	Risiken durch Absatzpreisschwankungen	-61.478,00	4
Marktrisiken	Risiken durch den Markteintritt neuer Wettbewerber	-21.934,00	3
Strategische Risiken	Finanzstrukturrisiko: niedrige Eigenkapitalquote	-21.600,00	3
Risiken aus Corporate Governance	Organisatorische Risiken	-21.420,00	3
Leistungsrisiken	Feuerschaden beim Ausbau der Produktion	-20.802,00	3
Leistungsrisiken	Risiko durch Ausfall von Schlüsselpersonen	-19.516,00	3
Leistungsrisiken	Schwankungen der sonstigen Kosten	-18.038,00	3
Leistungsrisiken	Personalkostenschwankungen	-14.556,00	3
Strategische Risiken	Bedrohung von Kernkompetenzen	-14.392,00	3
Marktrisiken	Risiken durch Abhängigkeit von einzelnen Lieferanten	-11.987,00	3
Marktrisiken	Risiken durch Abhängigkeit von einzelnen Kunden	-11.514,00	3
Strategische Risiken	Risiken durch Inkonsistenz der Unternehmensstrategie	-10.325,00	3
Marktrisiken	Risiken durch ungünstige Struktur der Wettbewerbskräfte	-9.952,00	2
Finanzmarktrisiken	Währungsrisiken	-6.480,00	2
Finanzmarktrisiken	Risiken durch Forderungsausfälle	-4.160,00	2
Finanzmarktrisiken	Zinsänderungsrisiken	-1.679,00	1

[1130] Vgl. Gleißner 2008, S. 118.

Anhang 8: Risikoportfolio[1131]

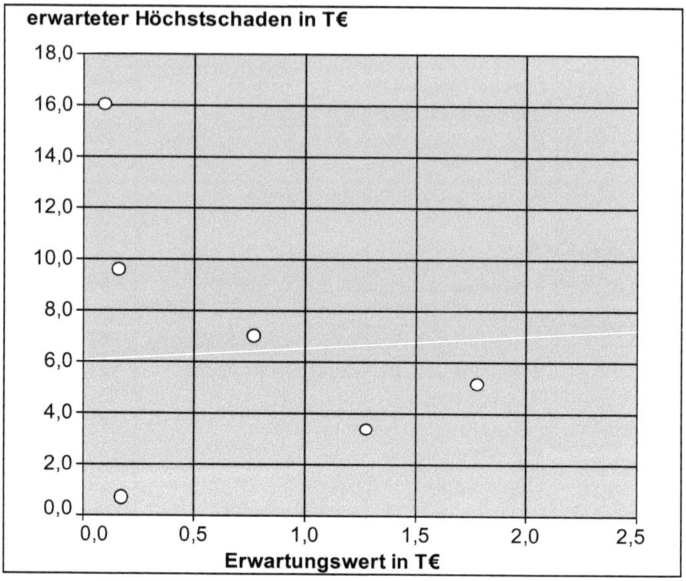

1131 Vgl. Gleißner / Wolfrum 2006, S. 151.

Anhang 9: Risikobewältigungsstrategien[1132]

Präventive Risikopolitik	Korrektive Risikopolitik	Keine aktive Risikopolitik
Aktive Risikobewältigung durch • Risikovermeidung • Risikoverminderung • Risikodiversifikation	Passive Risikobewältigung durch • Risikotransfer • Risikofinanzierung • Risikovorsorge	Risiko wird selbst übernommen
→ Risikostrukturen werden gestaltet! Keine oder verminderte Risikofolgen durch Verringerung der Eintrittswahrscheinlichkeit und/ oder des Schadenausmaßes	→ Risikostrukturen bleiben unverändert! Keine oder verminderte Risikofolgen durch Vorsorge oder Abwälzen der Konsequenzen	→ Risikostrukturen bleiben unverändert! Eventuell „intelligentes“ Selbsttragen

[1132] Vgl. Romeike 2003e, S. 236.

Anhang 10: Übersicht zu Versicherungslösungen[1133]

Versicherungssparte	Versicherung
Sachversicherungen	• Feuerversicherung • Extended Coverage • Allgefahren-Sachversicherung • Einbruchdiebstahl/ Raub • Leitungswasser • Sturm, Hagel • Glas • Mietverlust
Betriebsunterbrechungs-Versicherungen (BU)	• Feuer-BU • Allgefahren-BU • Einbruchdiebstahl-BU
Technische Versicherungen	• Elektronik, Maschinen • Maschinen-Betriebsunterbrechung/ Mehrkosten • Bauleistung • Montage • Baugeräte
Transport-Versicherungen	• Warenversicherung • Frachtführerhaftungsversicherung • Kollektiv-Reisegepäck • Werksverkehrs-Versicherung • Ausstellungsversicherung • Autoinhaltsversicherung • Reisewarenlager- & Musterkollektionsversicherung
Haftpflicht-Versicherungen	• Betriebs- & Produkthaftpflicht • Umwelthaftpflicht • Bodenkasko • Rückrufkostendeckung • Produktschutz-Deckungen • Vermögensschadenshaftpflicht • Directors & Officers-Versicherungen (D & O)
Rechtsschutz-Versicherungen	• Industrie-Rechtsschutz • Topmanager-Rechtsschutz • Spezielle Rahmenvereinbarungen
Unfallversicherungen	• Unfallversicherung • Mitarbeiter-Unfallversicherung
Kfz-Versicherungen	• Kraftfahrt • Kfz-Rechtsschutz/ Firmen-Rechtsschutz

[1133] Siehe Gleißner 2008, S. 168

Sonstige Versicherungen	• Warenkreditversicherung • Ausfuhrkreditversicherung • Investitionsgüterkreditversicherung • Vertrauensschadensversicherung • Computer-Missbrauch • Kaution, Bürgschaft • Lebensversicherung • Private Haftpflichtversicherung

Anhang 11: Vor und Nachteile der verschiedenen VaR-Modelle[1134]

	Varianz-Kovarianz	Historische Simulation	Monte-Carlo-Simulation
Definition:	Überführung der Wertveränderungen, z.B. Ausfallraten, Aktienkursveränderungen, Wechselkursveränderungen und Zinsveränderungen in eine Normalverteilung. Aus dieser Verteilungsfunktion werden Mittelwert und Standardabweichung ermittelt. Der VaR ergibt sich als Multiplikation des Inversen der Normalverteilung an der Stelle 1-α mit der Standardabweichung und dem Portfoliowert, korrigiert um den Mittelwert.	Wird vor allem zur Ermittlung von Marktpreisrisiken verwendet. Es werden in der Vergangenheit beobachtete Änderungen – beispielsweise der Zinsstruktur – auf die Zukunft projiziert. Hierdurch ist die Korrelation inhärent vorhanden und muss nicht erst separat errechnet werden. Der VaR ergibt sich dann als Abzählen der sortierten Wertveränderungen der sich so ergebenden Verteilungsfunktion.	Die Monte-Carlo-Simulation schließlich stellt den zurzeit am weitesten entwickelten Ansatz dar. Er ist quasi als Erweiterung der historischen Simulation zu verstehen, da die historischen Werte um Zufallszahlen angereichert werden. Hiermit werden auch mögliche, in der Vergangenheit jedoch (noch) nicht beobachtete Wertänderungen mit erfasst. Das Ergebnis ist ein Tool, welches nahezu unbegrenzte Szenarien simulieren und somit die Risiken soweit wie möglich quantifizieren kann.
Vorteil:	Relativ einfache Anwendung und statistische Validierung auch der Korrelationen.	Intuitiv nachvollziehbares Modell, welches bei fehlender Normalverteilung anwendbar ist. Deshalb i.d.R. besser als Varianz-Kovarianz.	Nahezu unbegrenzte Anzahl an simulierbaren Szenarien. Eine Analyse auch nicht-normalverteilter Risiken ohne ausreichende Historie ist hierdurch möglich.
Nachteil:	Abstraktion der Normalverteilung kann zur Unterschätzung von Risiken führen.	Korrelationen nur inhärent vorhanden, jedoch nicht explizit ausgewiesen. Vergangenheit als einziger Maßstab für die Zukunft.	In der komplexen Form nur schwer und nicht intuitiv nachvollziehbar. Dies geht einher mit einem hohen Rechenaufwand.
Verwendbar für:	Marktpreisrisiken Liquiditätsrisiken	Marktpreisrisiken Liquiditätsrisiken (Adressrisiken)	Marktpreisrisiken Liquiditätsrisiken Adressrisiken Operationale Risiken

[1134] Vgl. Reuse 2006, S. 367.

Anhang 12: Charakteristika börsengehandelter und außerbörslicher Derivate[1135]

Handel	Außerbörslich (OTC) (Optionen, Forwards, Swaps)	Börsengehandelt (Optionen, Futures)
Vertragspara-meter	Individuell, nach Kundenbedürfnissen	Standardisiert (sachlich, räumlich, zeitlich, persönlich)
Liquidität	Je nach Marktsegment und Produkt unterschiedlich; in bestimmten Märkten sehr hoch (z.B. Zinsswaps)	In den meisten Fällen sehr hoch
Laufzeiten	Kurz-, mittel-, langfristig	Tendenziell ausschließlich kurz- und zum Teil mittelfristig
Bonitätsrisiko	Tragen Käufer und Verkäufer	Übernimmt Clearing-Stelle
Transparenz	Meist gering; in besonderen liquiden Märkten sehr hoch	Sehr hoch
Margins	Sind individuell ausgehandelt	Sind standardisiert
Geldfluss	Erst bei Lieferung bzw. Ausübung bzw. an einzelnen Abrechnungsterminen; lediglich Optionsprämie im Ausgangszeitpunkt	Täglicher Gewinn und Verlustausgleich im Rahmen des Marking to the Market des Börsen-Clearing; Optionspämie im Ausgangszeitpunkt
Effektive Erfüllung	Ist häufig beabsichtigt	Lediglich geringer Prozentsatz der Kontrakte wird erfüllt; Ausgleich durch Gegenkontrakte überwiegt

Anhang 13: Kategorien von Basiswerten für Derivate[1136]

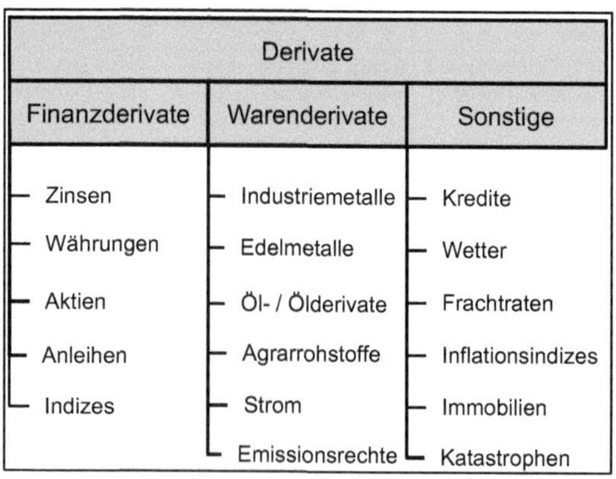

[1135] Vgl. Rudolph / Schäfer 2005, S. 31.
[1136] In Anlehnung an Kruse 2007, S. 808, sowie Eurex 2011a, S. 2 f

Anhang 14: Futures auf Energierohstoffe[1137]

Energierohstoffe		
Underlying	**Kontrakt**	**Kontraktgröße**
Erdgas	ICE Dutch TTF Gas Futures	MWh of natural gas per hour per day.
Erdgas	ICE GASPOOL Natural Gas Futures	1 MWh per hour per day per delivery period (ie month, quarter, season or year.)
Erdgas	ICE UK Natural Gas Futures TAS	Minimum of 5 lots of 1,000 therms per lot of natural gas per day.
Erdöl und raffinierte Produkte	ICE ASCI Differential Futures	Minimum of 1 lot of 1,000 barrels per lot.
Erdöl und raffinierte Produkte	ICE ASCI Future	Minimum of 1 lot of 1,000 barrels per lot.
Erdöl und raffinierte Produkte	ICE Brent Crude Futures Minute Marker	1,000 barrels
Erdöl und raffinierte Produkte	ICE Brent Crude Futures Singapore Minute Marker	1,000 barrels
Erdöl und raffinierte Produkte	ICE Brent Crude Futures TAS	1,000 barrels
Erdöl und raffinierte Produkte	ICE Gasoil Futures Singapore Minute Marker	100 Metric Tonnes
Erdöl und raffinierte Produkte	ICE Gasoil Futures U.S. Minute Marker	100 Metric Tonnes
Erdöl und raffinierte Produkte	ICE HOGO Futures Spread	1 Lot = 100 Metric Tons, The minimum HOGO Spread qty is 4 lots
Erdöl und raffinierte Produkte	ICE Heating Oil Futures TAS	42,000 US gallons (1,000 bbls).
Erdöl und raffinierte Produkte	ICE Heating Oil/Brent Crack Spread	1,000 bbls (42,000 US gallons).
Erdöl und raffinierte Produkte	ICE Heating Oil/WTI Futures Crack	1,000 bbls (42,000 US gallons).
Erdöl und raffinierte Produkte	ICE Middle East Sour Crude Futures Minute Marker	One or more lots of 1,000 barrels.
Erdöl und raffinierte Produkte	ICE Middle East Sour Crude Futures TAS	One or more lots of 1,000 barrels.
Erdöl und raffinierte Produkte	ICE NYH (RBOB) Gasoline Futures	42,000 US gallons (1,000 bbls).
Erdöl und raffinierte Produkte	ICE NYH (RBOB) Gasoline/WTI Futures Crack	1,000 bbls (42,000 US gallons).
Erdöl und raffinierte Produkte	ICE RBOB Gasoline/Brent Crack Spread	1,000 bbls (42,000 US gallons).
Erdöl und raffinierte Produkte	ICE WTI Crude Futures TAS	1,000 bbls (42,000 US gallons)
Kohle	ICE Futures Europe CSX Coal Futures contract	CSX - 1,000 tons
Kohle	ICE Futures Europe Central Appalachian Coal Futures contract	Central Appalachian - 1,550 tons
Kohle	ICE Futures Europe FOB Indonesia subbituminous Coal Contract	1,000 tonnes
Kohle	ICE Futures Europe Powder River Basin Coal Futures contract	Powder River Basin - 1,000 tons
Kohle	ICE gC Newcastle Coal Futures	1 lot equals 1,000 tonnes of coal

[1137] Vgl. ICE 2011b

Anhang 15: Preis-Indikationen für Caps und Floors[1138]

Caps	2.50%	3.00%	3.50%	4.00%	4.50%	5.00%	5.50%	6.00%	6.50%
2 Jahre	11-12	6-8	4-5	2-3	2-2	1-2	1-1	1-1	0-1
3 Jahre	42-47	28-32	19-22	13-16	9-11	6-9	5-6	4-5	3-4
4 Jahre	103-112	73-81	52-60	38-45	28-34	21-26	16-21	12-17	10-13
5 Jahre	187-202	137-152	101-115	75-88	56-68	43-54	33-43	26-35	21-28
6 Jahre	283-303	211-232	158-179	119-139	91-110	70-88	55-71	44-58	36-49
7 Jahre	384-410	290-318	219-248	167-195	128-155	100-124	79-102	63-84	52-71
8 Jahre	485-518	369-405	280-317	214-250	166-200	129-161	102-133	82-110	68-94
9 Jahre	587-627	449-493	343-388	263-308	204-247	159-200	127-165	102-137	84-118
10 Jahre	693-740	532-584	407-462	313-367	244-296	190-240	152-198	123-166	101-144

Floors	3.00%	2.75%	2.50%	2.25%	2.00%	1.75%	1.50%	1.25%	1.00%
2 Jahre	257-259	222-224	187-189	154-156	122-124	92-94	66-68	44-46	26-27
3 Jahre	404-408	349-353	295-300	244-249	196-201	151-156	112-116	78-82	48-52
4 Jahre	521-530	449-458	380-389	315-324	254-263	198-206	149-157	106-112	67-72
5 Jahre	618-633	533-547	451-466	374-388	304-317	239-251	181-193	130-140	84-91
6 Jahre	707-728	609-629	516-536	429-448	349-368	277-293	212-227	154-167	100-110
7 Jahre	790-818	680-708	577-604	481-506	393-417	313-334	242-261	177-193	117-129
8 Jahre	867-903	747-782	634-668	530-561	434-463	347-374	270-293	199-218	132-148
9 Jahre	940-984	810-853	688-729	576-613	473-507	380-411	296-324	219-242	147-165
10 Jahre	1008-1060	868-918	738-785	618-662	508-549	409-446	321-352	238-265	160-180

Anhang 16: At-the-Money Swaptions[1139]

Vorlaufzeit Swaplaufzeit	1 Monat	3 Monate	6 Monate	1 Jahr	2 Jahre	3 Jahre	4 Jahre	5 Jahre
1 Jahr	11-12	18-19	28-29	39-40	57-59	69-73	74-80	77-83
2 Jahre	24-25	39-40	53-55	73-76	101-107	121-130	134-145	139-152
3 Jahre	39-40	61-64	83-86	112-118	149-159	176-190	191-208	198-217
4 Jahre	53-55	85-89	113-119	151-160	198-212	228-247	245-268	254-280
5 Jahre	67-71	107-113	143-151	190-201	245-263	279-303	298-327	308-341
6 Jahre	80-84	128-135	171-181	225-239	289-312	331-360	351-386	363-402
7 Jahre	93-98	150-158	200-212	260-278	333-360	380-414	403-443	417-462
8 Jahre	105-111	170-180	228-242	296-317	378-409	427-467	453-500	468-520
9 Jahre	117-124	191-202	257-273	333-357	421-457	473-518	501-554	519-577
10 Jahre	130-137	212-225	285-303	370-397	466-505	520-570	549-607	569-633

[1138] WestLB 2011c
[1139] WestLB 2011b

Anhang 17: Korrelationsmatrix Agrarrohstoffe[1140]

	Kakao	Kaffee	Orangensaft	Mais	Sojabohnen	mageres Schwein	Mastrind	Rind	Zucker	Weizen	Sojaöl	Sojamehl	Raps	Raps Canola	Bauwolle	Milch	Reis	Bauholz	
Kakao	1	0,23	0,50	-0,15	-0,14	0,35	0,19	0,01	0,45	-0,26	-0,07	-0,19	-0,06	-0,25	0,33	-0,16	-0,49	0,31	Kakao
Kaffee	0,23	1	0,85	0,82	0,72	0,76	0,89	0,84	0,68	0,65	0,75	0,60	0,84	0,69	0,91	0,57	0,08	0,61	Kaffee
Orangensaft	0,50	0,85	1	0,62	0,57	0,78	0,83	0,73	0,74	0,46	0,67	0,40	0,72	0,50	0,83	0,50	-0,01	0,74	Orangensaft
Mais	-0,15	0,82	0,62	1	0,94	0,66	0,78	0,87	0,40	0,90	0,94	0,84	0,92	0,93	0,75	0,78	0,51	0,58	Mais
Sojabohnen	-0,14	0,72	0,57	0,94	1	0,56	0,72	0,80	0,40	0,89	0,97	0,95	0,90	0,96	0,69	0,74	0,53	0,60	Sojabohnen
mageres Schwein	0,35	0,76	0,78	0,66	0,56	1	0,86	0,75	0,31	0,51	0,64	0,41	0,70	0,53	0,70	0,48	-0,02	0,65	mageres Schwein
Mastrind	0,19	0,89	0,83	0,78	0,72	0,86	1	0,91	0,49	0,65	0,79	0,57	0,85	0,71	0,83	0,61	0,09	0,70	Mastrind
Rind	0,01	0,84	0,73	0,87	0,80	0,75	0,91	1	0,47	0,79	0,87	0,62	0,90	0,80	0,82	0,74	0,37	0,74	Rind
Zucker	0,45	0,68	0,74	0,40	0,40	0,31	0,49	0,47	1	0,28	0,43	0,34	0,47	0,31	0,74	0,24	0,00	0,57	Zucker
Weizen	-0,26	0,65	0,46	0,90	0,89	0,51	0,65	0,79	0,28	1	0,88	0,83	0,88	0,92	0,61	0,73	0,52	0,50	Weizen
Sojaöl	-0,07	0,75	0,67	0,94	0,97	0,64	0,79	0,87	0,43	0,88	1	0,85	0,93	0,94	0,73	0,81	0,53	0,68	Sojaöl
Sojamehl	-0,19	0,60	0,40	0,84	0,95	0,41	0,57	0,62	0,34	0,83	0,85	1	0,78	0,90	0,57	0,59	0,47	0,45	Sojamehl
Raps	-0,06	0,84	0,72	0,92	0,90	0,70	0,85	0,90	0,47	0,88	0,93	0,78	1	0,92	0,80	0,72	0,34	0,66	Raps
Raps Canola	-0,25	0,69	0,50	0,93	0,96	0,53	0,71	0,80	0,31	0,92	0,94	0,90	0,92	1	0,65	0,74	0,49	0,51	Raps Canola
Bauwolle	0,33	0,91	0,83	0,75	0,69	0,70	0,83	0,82	0,74	0,61	0,73	0,57	0,80	0,65	1	0,51	0,09	0,77	Bauwolle
Milch	-0,16	0,57	0,50	0,78	0,74	0,48	0,61	0,74	0,24	0,73	0,81	0,59	0,72	0,74	0,51	1	0,62	0,48	Milch
Reis	-0,49	0,08	-0,01	0,51	0,53	-0,02	0,09	0,37	0,00	0,52	0,53	0,47	0,34	0,49	0,09	0,62	1	0,23	Reis
Bauholz	0,31	0,61	0,74	0,58	0,60	0,65	0,70	0,74	0,57	0,50	0,68	0,45	0,66	0,51	0,77	0,48	0,23	1	Bauholz

[1140] Ermittelte Korrelationskoeffizienten auf Basis der Daten von Ariva 2011

Anhang 18: GARCH(1,1)-Volatilitätsschätzer für den Aluminium-Spot-Kurs der LME[1141]

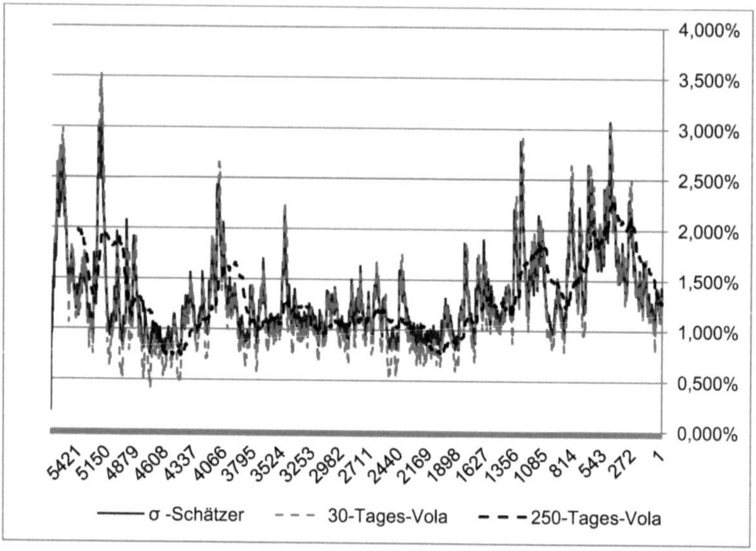

Anhang 19: GARCH(1,1)-Volatilitätsschätzer für den Kupfer-Spot-Kurs der LME[1142]

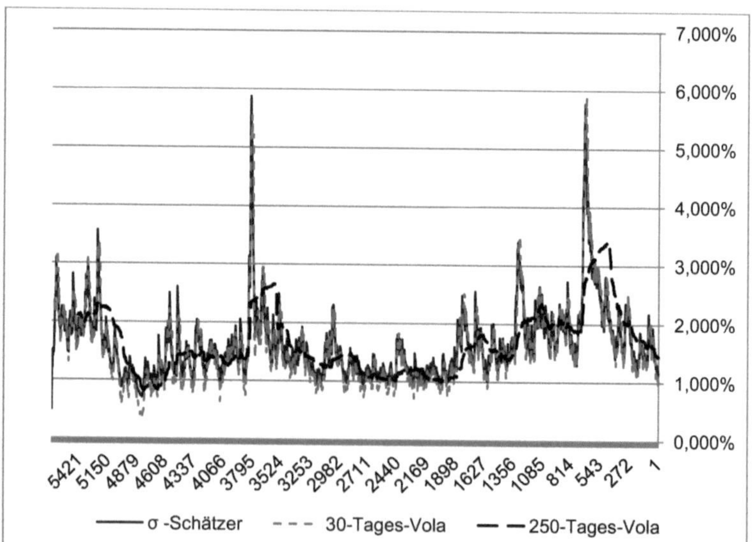

1141 Berechnung auf Basis der Zeitreihe für den Aluminium-Spot-Kurs der LME 2011b

1142 Berechnung auf Basis der Zeitreihe für den Kupfer-Spot-Kurs der LME 2011b

Anhang 20: GARCH(1,1)-Volatilitätsschätzer für den Blei-Spot-Kurs der LME[1143]

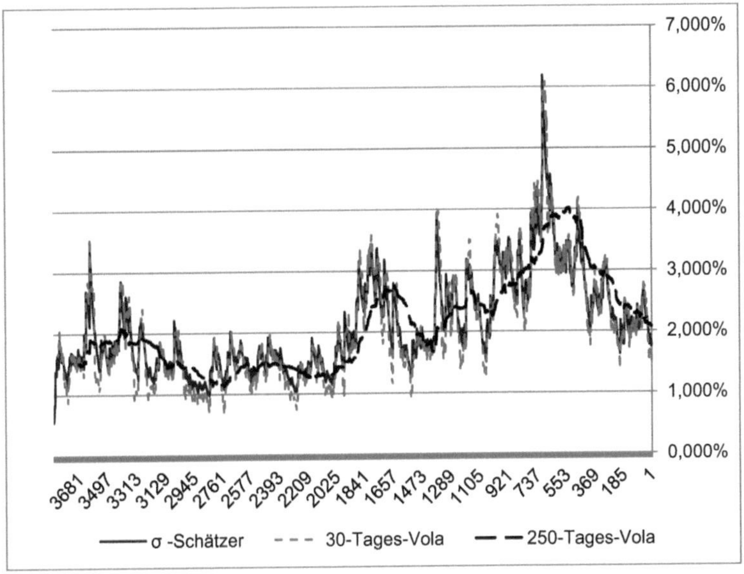

Anhang 21: Entwicklung der täglichen Renditen des Euro-Dollar-Wechselkurses[1144]

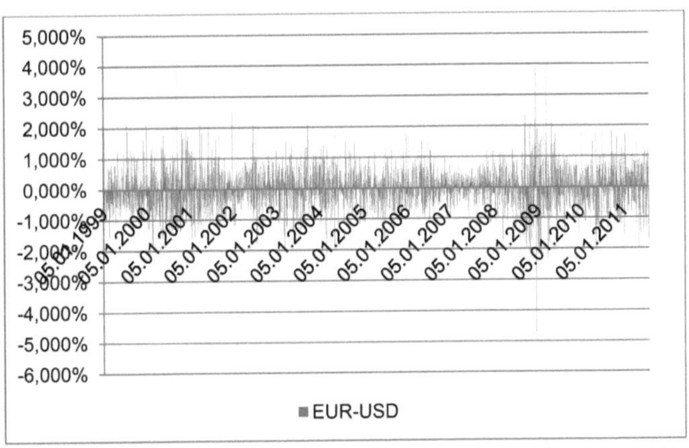

[1143] Berechnung auf Basis der Zeitreihe für den Blei-Spot-Kurs der LME 2011b

[1144] Berechnung auf Basis der Zeitreihe für den EUR/USD-Wechselkurs von Deutsche Bundesbank 2011b für den Zeitraum vom 04.01.1999 bis zum 02.08.2011

Anhang 22: Entwicklung der täglichen Renditen des Aluminium-Spot-Kurses[1145]

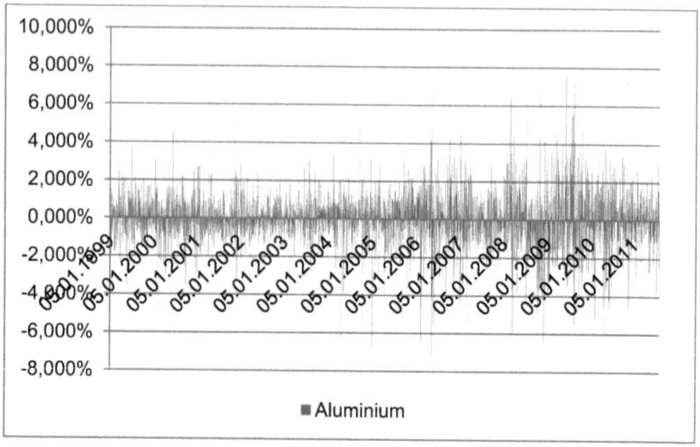

Anhang 23: Entwicklung der täglichen Renditen Kupfer-Spot-Kurses[1146]

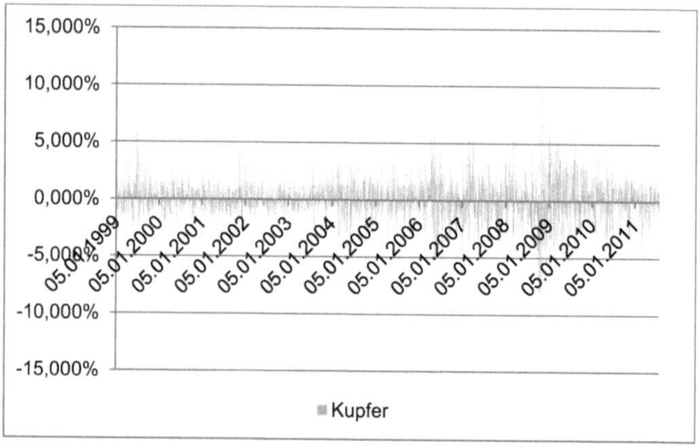

[1145] Berechnung auf Basis der Zeitreihe für den Aluminium-Spot-Kurs der LME 2011b für den Zeitraum vom 04.01.1999 bis zum 02.08.2011.

[1146] Berechnung auf Basis der Zeitreihe für den Kupfer-Spot-Kurs der LME 2011b für den Zeitraum vom 04.01.1999 bis zum 02.08.2011.

Anhang 24: Häufigkeitsdichte der Renditen des EUR-USD-Wechselkurses[1147]

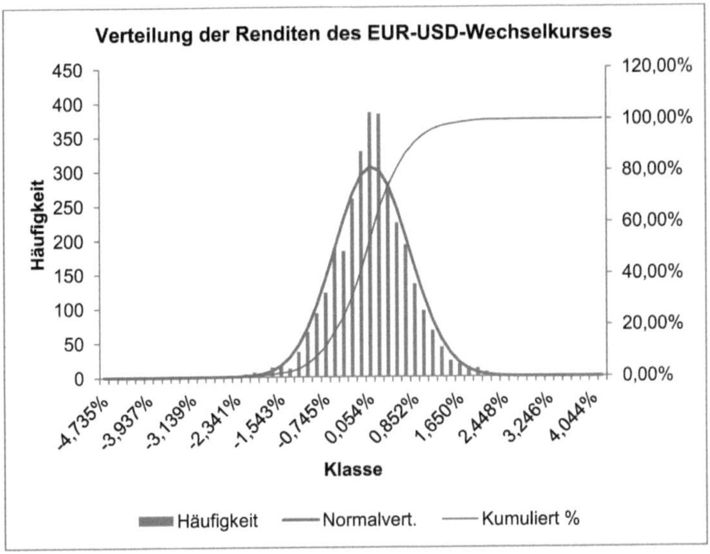

Anhang 25: Quantilsplot der Renditen des EUR-USD-Wechselkurses

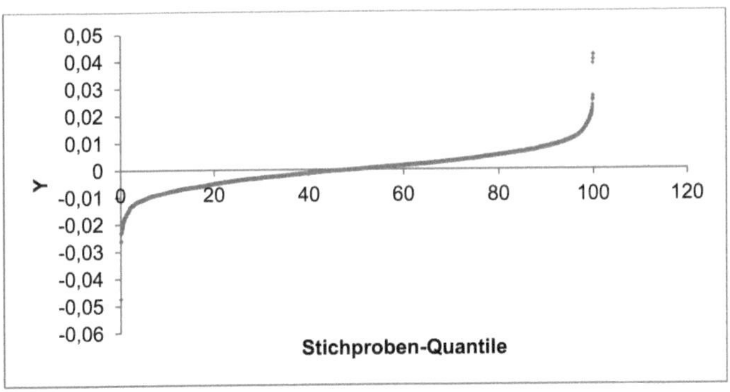

[1147] Berechnung auf Basis der Zeitreihe für den EUR/USD-Wechselkurs von Deutsche Bundesbank 2011b für den Zeitraum vom 04.01.1999 bis 02.08.2011.

Anhang 26: Häufigkeitsdichte der Renditen des Aluminium-Spot-Kurses[1148]

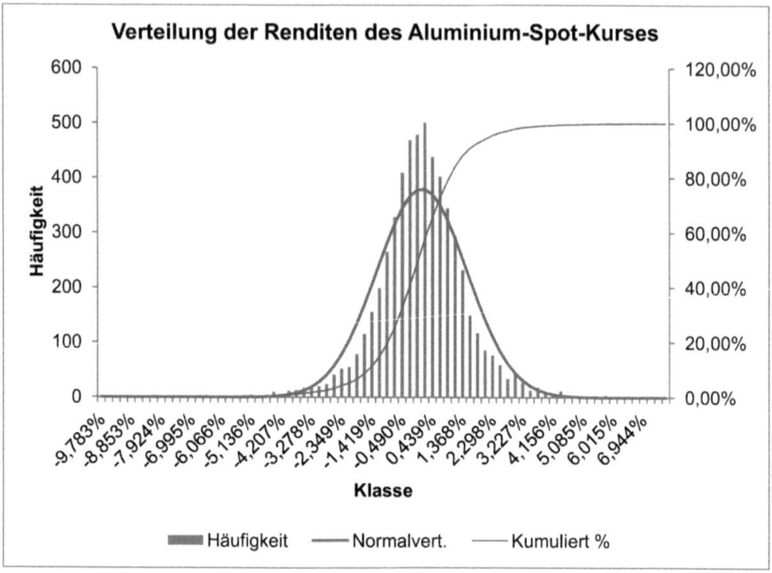

Anhang 27: Quantilsplot der Renditen des Aluminium-Spot-Kurses

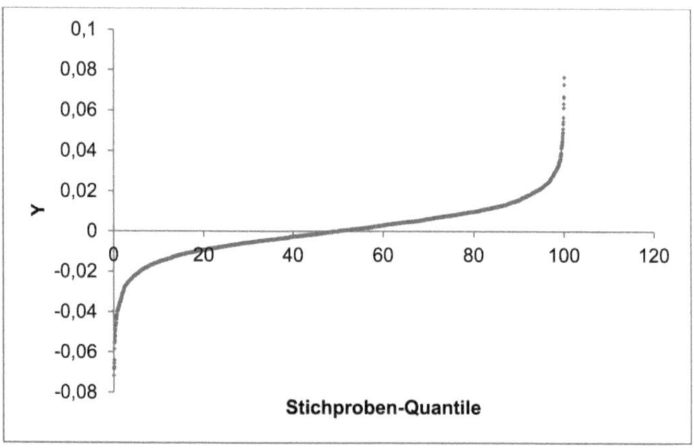

[1148] Berechnung auf Basis der Zeitreihe für den Aluminium-Spot-Kurs der LME 2011b für den Zeitraum vom 03.01.1989 bis 02.08.2011.

Anhang 28: Häufigkeitsdichte der Renditen des Kupfer-Spot-Kurses[1149]

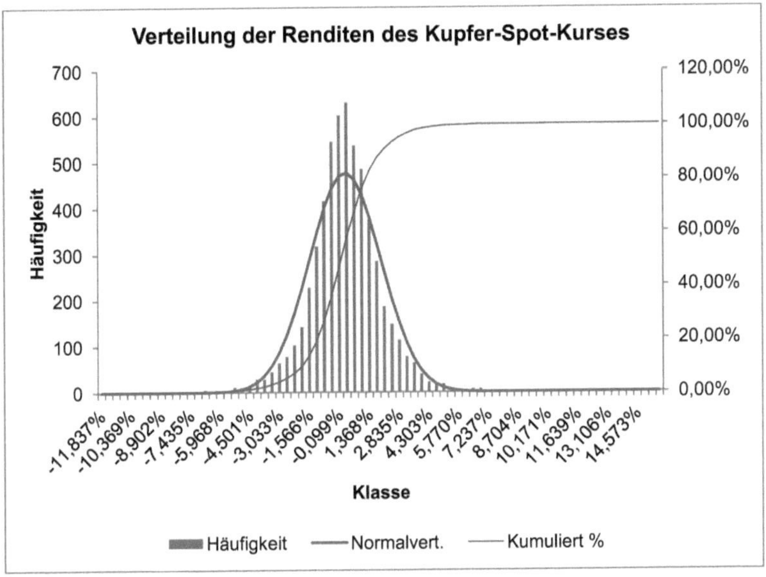

Anhang 29: Quantilsplot der Renditen des Kupfer-Spot-Kurses

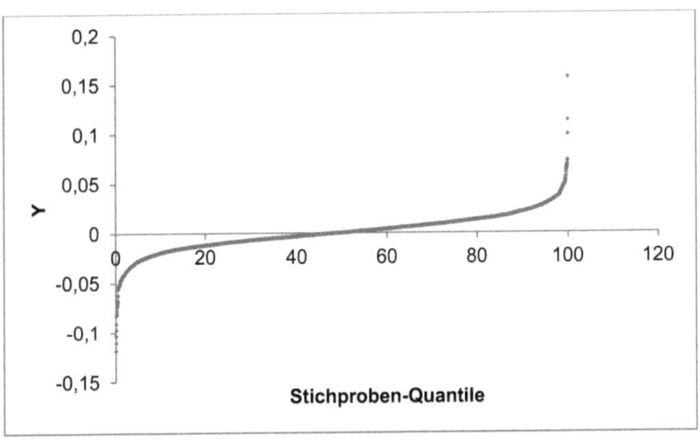

1149 Berechnung auf Basis der Zeitreihe für den Kupfer-Spot-Kurs der LME 2011b für den Zeitraum vom 03.01.1989 bis 02.08.2011.

Anhang 30: Auswertung der Historischen Simulation des Kupfer-Spot-Kurses

Klasse	*Häufigkeit*	*Kumuliert %*
637.457,51 €	1	0,20%
641.422,16 €	0	0,20%
645.386,81 €	0	0,20%
649.351,46 €	0	0,20%
653.316,11 €	3	0,80%
657.280,76 €	5	1,80%
661.245,42 €	6	3,00%
665.210,07 €	17	6,40%
669.174,72 €	28	12,00%
673.139,37 €	45	21,00%
677.104,02 €	80	37,00%
681.068,67 €	88	54,60%
685.033,32 €	88	72,20%
688.997,97 €	60	84,20%
692.962,62 €	38	91,80%
696.927,27 €	20	95,80%
700.891,92 €	11	98,00%
704.856,58 €	4	98,80%
708.821,23 €	5	99,80%
712.785,88 €	0	99,80%
716.750,53 €	0	99,80%
720.715,18 €	0	99,80%
und größer	1	100,00%

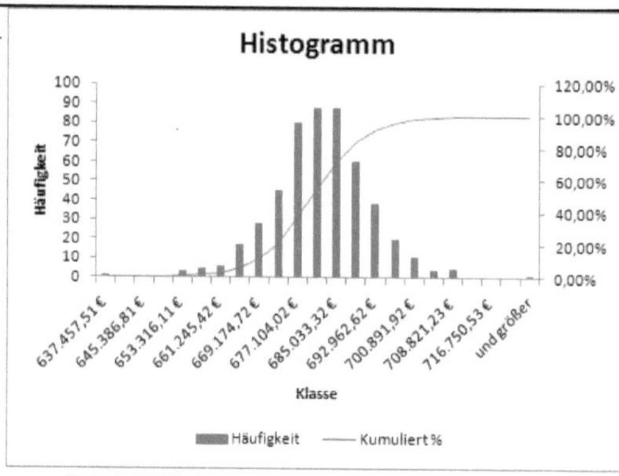

kleinste PF-Werte			
1	637.457,51 €	Konfidenzintervall	99%
2	649.906,05 €	Nummer VaR	6
3	651.277,45 €	VaR (Wert)	653.867,16 €
4	652.847,04 €	1-Tages-VaR	- 25.737,64 €
5	653.359,08 €	VaR (Änd. in %)	-3,861%
6	653.867,16 €	10-Tages-VaR	- 81.389,56 €
		VaR (Änd. in %)	-12,756%

Anhang 31: Auswertung der Historischen Simulation des Blei-Spot-Kurses

Klasse	*Häufigkeit*	*Kumuliert %*
168.102,11 €	1	0,20%
169.147,62 €	0	0,20%
170.193,12 €	0	0,20%
171.238,63 €	0	0,20%
172.284,14 €	3	0,80%
173.329,64 €	5	1,80%
174.375,15 €	6	3,00%
175.420,66 €	17	6,40%
176.466,16 €	28	12,00%
177.511,67 €	45	21,00%
178.557,18 €	80	37,00%
179.602,69 €	88	54,60%
180.648,19 €	88	72,20%
181.693,70 €	60	84,20%
182.739,21 €	38	91,80%
183.784,71 €	20	95,80%
184.830,22 €	11	98,00%
185.875,73 €	4	98,80%
186.921,23 €	5	99,80%
187.966,74 €	0	99,80%
189.012,25 €	0	99,80%
190.057,75 €	0	99,80%
und größer	1	100,00%

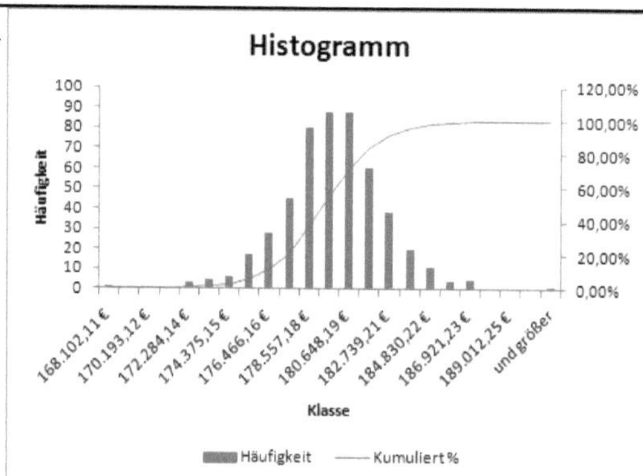

kleinste PF-Werte			
1	168.102,11 €	Konfidenzintervall	99%
2	171.384,88 €	Nummer VaR	6
3	171.746,53 €	VaR (Wert)	172.429,46 €
4	172.160,44 €	1-Tages-VaR	- 6.787,19 €
5	172.295,47 €	VaR (Änd. in %)	-3,861%
6	172.429,46 €	10-Tages-VaR	- 21.462,99 €
		VaR (Änd. in %)	-12,756%

Anhang 32: Auswertung der Historischen Simulation unter Verwendung des Faktoransatzes

Klasse	*Häufigkeit*	*Kumuliert %*
88.024,22 €	1	0,20%
88.186,60 €	4	1,00%
88.348,98 €	3	1,60%
88.511,36 €	2	2,00%
88.673,74 €	10	4,00%
88.836,12 €	14	6,80%
88.998,50 €	24	11,60%
89.160,88 €	44	20,40%
89.323,26 €	40	28,40%
89.485,64 €	59	40,20%
89.648,02 €	57	51,60%
89.810,39 €	65	64,60%
89.972,77 €	42	73,00%
90.135,15 €	27	78,40%
90.297,53 €	27	83,80%
90.459,91 €	25	88,80%
90.622,29 €	16	92,00%
90.784,67 €	17	95,40%
90.947,05 €	8	97,00%
91.109,43 €	7	98,40%
91.271,81 €	4	99,20%
91.434,19 €	2	99,60%
und größer	2	100,00%

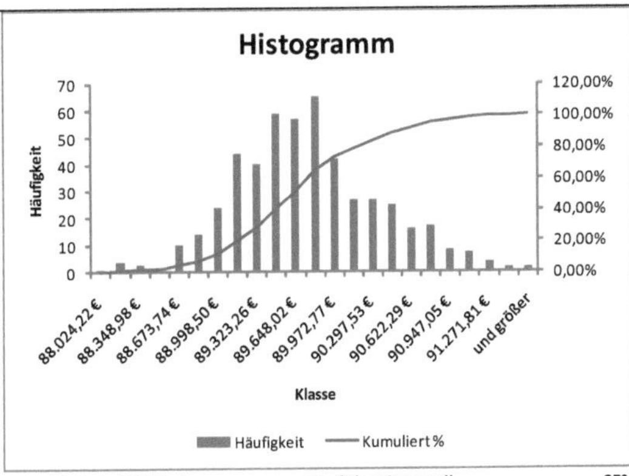

kleinste PF-Werte	
1	176.048,44 €
2	176.174,99 €
3	176.178,51 €
4	176.239,09 €
5	176.252,06 €
6	176.426,96 €

Konfidenzintervall	95%
Nummer VaR	26
VaR (Wert)	177.489,51 €
VaR (Änderung)	- 1.833,00 €
VaR (Änd. in %)	-1,027%

Klasse	*Häufigkeit*	*Kumuliert %*
83.815,94 €	1	0,20%
84.389,67 €	0	0,20%
84.963,40 €	1	0,40%
85.537,12 €	1	0,60%
86.110,85 €	6	1,80%
86.684,58 €	6	3,00%
87.258,31 €	7	4,40%
87.832,04 €	23	9,00%
88.405,77 €	33	15,60%
88.979,50 €	69	29,40%
89.553,23 €	71	43,60%
90.126,96 €	88	61,20%
90.700,69 €	74	76,00%
91.274,42 €	54	86,80%
91.848,15 €	34	93,60%
92.421,87 €	19	97,40%
92.995,60 €	8	99,00%
93.569,33 €	3	99,60%
94.143,06 €	1	99,80%
94.716,79 €	0	99,80%
95.290,52 €	0	99,80%
95.864,25 €	0	99,80%
und größer	1	100,00%

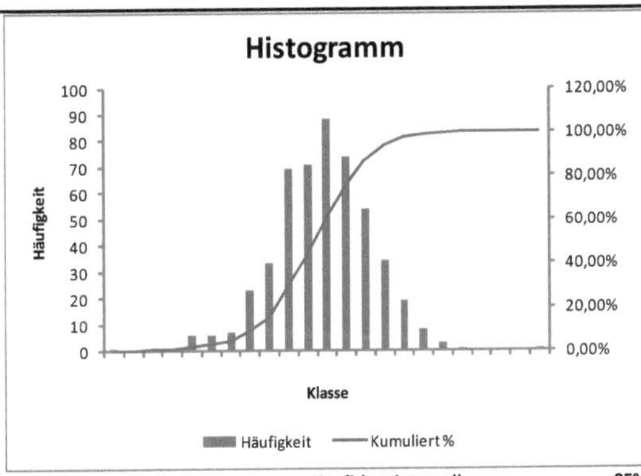

kleinste PF-Werte	
1	167.631,87 €
2	169.851,72 €
3	170.321,43 €
4	171.177,87 €
5	171.278,21 €
6	171.298,72 €

Konfidenzintervall	95%
Nummer VaR	26
VaR (Wert)	174.570,15 €
VaR (Änderung)	- 4.752,36 €
VaR (Änd. in %)	-2,686%

Korrelation zwischen Wechselkursänderungen und Änderungen des Aluminiumpreises
Korrelationskoeffizient: 0,478
gemäß Formel 4.27 ergibt sich somit ein Value-at-Risk für das Portfolio:
VaR - 5.854,28 €

Anhang 33: VBA-Code zur Monte-Carlo-Portfoliosimulation

```
Private Sub CommandButton1_Click()
  Range("a18").CurrentRegion.Cells.Value = ""
  Schritte = Cells(11, 2).Value
  Laeufe = Cells(12, 2).Value
  Intervall = Cells(9, 2).Value

  Vola1 = Cells(7, 2).Value                    Vola2 = Cells(7, 3).Value
  Vola3 = Cells(7, 4).Value                    Vola4 = Cells(7, 5).Value
  Rendite1 = Cells(8, 2).Value                 Rendite2 = Cells(8, 3).Value
  Rendite3 = Cells(8, 4).Value                 Rendite4 = Cells(8, 5).Value

  Omega1 = Cells(3, 7).Value                   Omega2 = Cells(3, 8).Value
  Omega3 = Cells(3, 9).Value                   Omega4 = Cells(3, 10).Value
  Alpha1 = Cells(4, 7).Value                   Alpha2 = Cells(4, 8).Value
  Alpha3 = Cells(4, 9).Value                   Alpha4 = Cells(4, 10).Value
  Beta1 = Cells(5, 7).Value                    Beta2 = Cells(5, 8).Value
  Beta3 = Cells(5, 9).Value                    Beta4 = Cells(5, 10).Value

  a21 = Cells(13, 7).Value                     a22 = Cells(13, 8).Value
  a31 = Cells(14, 7).Value                     a32 = Cells(14, 8).Value
  a33 = Cells(14, 9).Value                     a41 = Cells(15, 7).Value
  a42 = Cells(15, 8).Value                     a43 = Cells(15, 9).Value
  a44 = Cells(15, 10).Value

  F = 0
  For m = 1 To Laeufe
    Kurs1 = Cells(3, 2).Value                  Kurs2 = Cells(5, 3).Value
    Kurs3 = Cells(5, 4).Value                  Kurs4 = Cells(5, 5).Value

    Sigma1 = Vola1 * Sqr(Intervall)            Sigma2 = Vola2 * Sqr(Intervall)
    Sigma3 = Vola3 * Sqr(Intervall)            Sigma4 = Vola4 * Sqr(Intervall)

    For n = 1 To Schritte
      z1 = WorksheetFunction.NormSInv(Rnd)
      z2 = WorksheetFunction.NormSInv(Rnd)
      z3 = WorksheetFunction.NormSInv(Rnd)
      z4 = WorksheetFunction.NormSInv(Rnd)

      e1 = z1
      e2 = z1 * a21 + z2 * a22
      e3 = z1 * a31 + z2 * a32 + z3 * a33
      e4 = z1 * a41 + z2 * a42 + z3 * a43 + z4 * a44

      S01 = Kurs1                              S02 = Kurs2
      S03 = Kurs3                              S04 = Kurs4

      Kurs1 = Kurs1 + Kurs1 * Intervall * Rendite1 + Sigma1 * e1 * Kurs1
      Sigma1 = Sqr(Omega1 + Alpha1 * ((Kurs1 - S01) / S01) ^ 2 + Beta1 * Sigma1 ^ 2)
      Kurs2 = Kurs2 + Kurs2 * Intervall * Rendite2 + Sigma2 * e2 * Kurs2
      Sigma2 = Sqr(Omega2 + Alpha2 * ((Kurs2 - S02) / S02) ^ 2 + Beta2 * Sigma2 ^ 2)
      Kurs3 = Kurs3 + Kurs3 * Intervall * Rendite3 + Sigma3 * e3 * Kurs3
      Sigma3 = Sqr(Omega3 + Alpha3 * ((Kurs3 - S03) / S03) ^ 2 + Beta3 * Sigma3 ^ 2)
      Kurs4 = Kurs4 + Kurs4 * Intervall * Rendite4 + Sigma4 * e4 * Kurs4
      Sigma4 = Sqr(Omega4 + Alpha4 * ((Kurs4 - S04) / S04) ^ 2 + Beta4 * Sigma4 ^ 2)
    Next n
    Cells(16 + m, 1).Value = (Kurs2 + Kurs3 + Kurs4) / Kurs1
    F = F + 1
    Cells(13, 2).Value = F
  Next m
End Sub
```

Anhang 34: Monte-Carlo-Simulation und VaR-Ermittlung für einen Basiswert

Simulation von n Kursreihen

	Aluminium	EUR/USD		Aluminium	EUR/USD
Kurs	$ 2.541,00	1,417	Omega	3,5727E-06	0,00000176
Volatilität	**20,9351%**	**11,5142%**	Alpha	0,070743802	0,0626
Rendite	**15,1171%**	**8,0578%**	Beta	0,911262423	0,8976
Zeitintervall	0,003968254		**Korrelation**	**EUR/USD**	**Aluminium**
Jahre	*0,5*		**EUR-USD**	1	0,47801
Schritte	126		**Aluminium**	0,47801	1
Durchläufe	***10000***		A=	**1**	**0**
Fortschritt	10000			**0,478008652**	**0,878355127**
Bestand [t]	**100**	***PF-Startwert***	179.322,51 €	Simulieren	
Endwerte					

158.922,07 €	**Konfidenzintervall**	**99%**	Mittelwert	185.637,44 €
202.030,58 €	**Nr. VaR**	**101**	Max	366.958,73 €
145.894,27 €	**VaR (Wert)**	**132.109,88 €**	Min	101.450,01 €
226.731,63 €	**VaR (Änderung)**	**- 47.212,63 €**	Spanne	265.508,72 €
220.763,47 €	**VaR (Änd. in %)**	**-30,56%**	σ	25.340,23 €

153.268,13 €
188.160,29 €
163.539,41 €
190.920,29 €
151.353,66 €
203.411,05 €
159.300,06 €
162.461,17 €
173.425,71 €
163.687,21 €
171.742,94 €
174.046,57 €
168.410,55 €
189.024,29 €
156.202,55 €
206.535,87 €
180.049,91 €
174.665,58 €
160.237,74 €
179.278,59 €
213.251,87 €
210.582,09 €

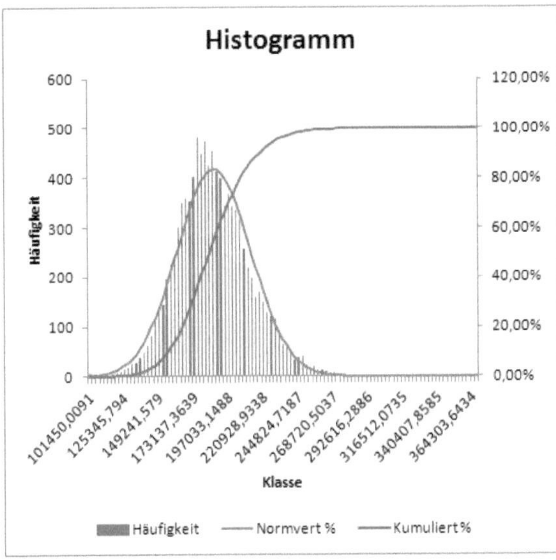

Asiatische Optionen

Bei asiatischen Optionen, auch als Durchschnittsoptionen bezeichnet, werden die Kurse des Basiswertes zu mehreren Zeitpunkten betrachtet und aus diesen wird ein arithmetischer Durchschnitt gebildet. Wird die Option ausgeübt, so erhält der Inhaber die Differenz aus dem ermittelten Durchschnittskurs und dem Ausübungspreis, sofern die Differenz positiv ist. Diese Option wird als Average Rate Option bzw. Average Price Option bezeichnet.[1150] Erhältlich ist sie als Average Price Call und als Average Price Put. Zum einen sind sie günstiger als klassische Optionen und zum anderen effektiver bei Absicherungen, mit denen sichergestellt werden soll, dass der Kurs eines Basiswertes über oder unter einem durchschnittlichen Niveau eines Betrachtungszeitraums liegt – es wird mit asiatischen Optionen also eine Glättung der Preisschwankungen während der Beobachtungsperiode angestrebt.[1151] Eine weitere Ausgestaltung der asiatischen Option ist die Average Strike Option. Bei dieser wird Ausübungspreis durch das arithmetische Mittel der Kurse des Basiswertes zu den festgelegten Betrachtungspunkten ermittelt. Eine Auszahlung erfolgt, sofern die Differenz aus dem Preis des Basiswertes zum Zeitpunkt der Ausübung und dem mit dem Durchschnitt gebildeten Ausübungspreis positiv ist.[1152]

Barrier Options

Barrier Optionen oder Schwellenoptionen besitzen eine Kursschwelle für den Basiswert, bei welcher sie entweder verfallen oder bei der sie erst anfangen zu existieren. Ersterer – sogenannte (Knock) Out-Optionen – sind vom Grundsatz her zunächst klassische Optionen, also Plain Vanilla Options, die bei Erreichen der Barriere wertlos werden und sofort verfallen. Je nach Ausgestaltung kann die Kursschwelle so gesetzt sein, dass sie bei einer Abwärts- oder bei einer Aufwärtsbewegung des Basiswertes erreicht wird. Im Gegensatz zu Out-Optionen werden (Knock) In-Optionen erst bei Erreichen der Barriere aktiviert und dadurch zu einer klassischen Option. Auch hier kann die Aktivierung durch eine Auf- oder Abwärtsbewegung des Basiswertes ausge-

[1150] Vgl. Scharpf / Luz 2000, S. 344.
[1151] Vgl. Hull 2009, S. 689.
[1152] Vgl. Scharpf / Luz 2000, S. 344.

löst werden. Da Barrier Optionen sowohl als Kauf- als auch als Verkaufsoptionen angeboten werden, gibt es somit acht verschieden Arten davon.[1153] Diese sind in Tabelle 38 gegenübergestellt:

Tabelle 38: Arten von Barrier Optionen[1154]

	(Knock) In-Optionen Aktivierung	(Knock) Out-Optionen Verfall
Durch steigenden Basiswert (obere Barriere)	Up-and-in Call Up-and-in Put	Up-and-out Call Up-and-out Put
Durch fallenden Basiswert (untere Barriere)	Down-and-in Call Down-and-in Put	Down-and-out Call Down-and-out Put

Durch die Verwendung der Kursschwelle sind Barrier Optionen günstiger als klassische Optionen und sind dadurch auch als verbriefte Optionsscheine weit verbreitet. Je nach Ausgestaltung ist es auch möglich, dass ein Teil der Optionsprämie bei Erreichen der Schwelle erstattet wird.[1155] Eine weitere Ausgestaltungform bildet die Double Barrier Option, bei der eine obere und eine untere Kursschwelle vorhanden ist.[1156]

Bermuda Option

Bermuda Optionen stellen eine Mischung aus europäischen und amerikanischen Optionen dar. Im Gegensatz zu amerikanischen Optionen ist die Ausübung nur zu festen Terminen während der Laufzeit möglich.[1157] Bis zum ersten möglichen Ausübungstermin verhält sich die Bermuda Option wie eine europäische Option – danach wandelt sie sich quasi in eine amerikanische Option – zumindest abgestuft im Hinblick auf die festgelegten Ausübungstermine. Durch das eingeschränkte Ausübungsrecht sind sie günstiger als amerikanische Optionen – aber teurer als europäische, da sie gegenüber diesen mehrere Ausübungszeitpunkte besitzen. Aus Sicht des Stillhalters bieten Sie eine gewisse

[1153] Vgl. Kolb / Overdahl 2007, S. 587.
[1154] Vgl. Bloss / Ernst 2008, S. 161.
[1155] Vgl. Scharpf / Luz 2000, S. 345.
[1156] Vgl. Scharpf / Luz 2000, S. 349.
[1157] Vgl. Müller-Möhl 2002, S. 294.

Planungssicherheit, da das Ausübungsrecht nicht vor dem ersten möglichen Ausübungstermin wahrgenommen werden kann.[1158]

Chooser Option

Bei der Chooser Option hat der Inhaber das Recht, während der Laufzeit zu entscheiden, ob die Option in eine Kauf- oder eine Verkaufsoption umgewandelt werden soll. Neben dem eigentlichen Fälligkeitsdatum gibt es also noch ein Datum, zu welchem die Entscheidung über die Ausgestaltung der Option getroffen werden muss. Dem Kauf einer solchen Option liegt die Erwartung zugrunde, dass der Kurs des Basiswertes eine signifikante Bewegung vollziehen wird, deren Richtung allerdings unsicher erscheint. Prinzipiell lässt sich dieses Szenario auch über einen Long-Straddle absichern – also dem gleichzeitigen Kauf eines Calls und eines Puts auf den gleichen Basiswert mit identischem Ausübungspreis und gleicher Laufzeit. Allerdings ist dann die Prämie für die gesamte Laufzeit für beide Optionen zu entrichten und die Strategie in Summe teurer als eine Chooser Option.[1159] Der Preis der Chooser Option hängt generell von der Höhe der Volatilität des Basiswertes[1160] und der Vorlaufzeit ab, welche bis zur Auswahl des Optionstypes vereinbart wurde.[1161]

Compound Option

Eine Compound Option ist eine Option auf eine Option. Der Basiswert, welcher bei Ausübung geliefert wird, ist also wieder eine Option. Verfügbar sind vier Arten von Compound Options. Eine Kaufoption auf einen Call, eine Verkaufsoption auf einen Call, eine Kaufoption auf einen Put sowie eine Verkaufsoption auf einen Put.[1162] Diese Optionen haben demnach zwei Fälligkeitstermine. Liegt der Wert der zugrundeliegenden Option am ersten Fälligkeitstag über (unter) dem vereinbarten Basispreis, so wird die Kaufoption (Verkaufsoption) auf die zugrundeliegende Option ausgeübt und diese Option

[1158] Vgl. Simons 2000d, S. 53. Bermuda Optionen sind nach den Bermuda Inseln benannt, da diese zwischen Europa und Amerika liegen – was der Charakteristik als Mischung aus europäischer und amerikanischer Option entspricht.

[1159] Vgl. Simons 2000b, S. 57.

[1160] Die Erwartung einer starken Kursbewegung lässt auf eine hohe Volatilität für den Betrachtungszeitraum schließen.

[1161] Vgl. Bloss / Ernst 2008, S. 163.

[1162] Vgl. Kolb / Overdahl 2007, S. 581.

gegen Zahlung des Kaufpreises geliefert. Hierbei handelt es sich meist um eine klassische Option, welche das Recht verbrieft, (bis) zum zweiten Fälligkeitstag den eigentlichen Basiswert zu kaufen bzw. zu verkaufen. Somit gibt es mit dem Preis für die Compound Option und den bei Ausübung zu zahlenden Preis für die zugrundeliegende Option auch zwei separate Optionsprämien.[1163] Ursprünglich auf dem Devisenmarkt entwickelt, gibt es mittlerweile auch Compound Options für Aktien- und Zinsoptionen. Bei letzteren dominieren allerdings nicht die klassischen Calls und Puts, sondern Caps und Floors.[1164]

Contingent Premium Option

Bei Contingent oder Contingent Premium Optionen ist die Optionsprämie nur dann zu entrichten, wenn die Option zur Fälligkeit im Geld liegt. Dafür erfolgt in diesem Fall eine zwingende Ausübung. Aufgrund dieser Eigenschaften werden sie auch als Pay Later-Optionen bezeichnet, wobei die zu entrichtende Prämie über der von klassischen Optionen liegt.[1165] Die Contingent Premium Option ist somit eine Kombination aus dem Kauf einer klassischen europäischen Option und dem Verkauf einer digitalen Option. Dabei entspricht die Optionsprämie der Contingent Premium Option dem festgelegten Auszahlungsbetrag der digitalen Option.[1166]

Digital Option

Die Auszahlung von digitalen Optionen, welche auch als binäre oder all-or-nothing Optionen bezeichnet werden, hängt nicht linear von der Entwicklung des Basiswertes ab. Bei diesen Optionen lassen sich weitere Unterarten klassifizieren. Bei der Ausgestaltung als cash-or-nothing Option bieten sie einen festen, im Voraus festgelegten Auszahlungsbetrag, wenn eine bestimmte Kursschwelle erreicht wird. Andernfalls verfällt die Option wertlos. Durch die Begrenzung des Auszahlungsbetrages sind diese digitalen Optionen günstiger als klassische Optionen, bei welchen der Auszahlungsbetrag prinzipiell unbegrenzt sein kann.[1167] Als Abwandlung der cash-or-nothing Option existiert weiterhin die asset-or-nothing Option. Liegt der Preis des Basiswerts zum Ausübungszeitpunkt über

[1163] Vgl. Simons 2000c, S. 56.
[1164] Vgl. Müller-Möhl 2002, S. 296.
[1165] Vgl. Rudolph / Schäfer 2005, S. 354.
[1166] Vgl. Scharpf / Luz 2000, S. 349.
[1167] Vgl. Müller 2005, S. b07.

dem Basispreis einer solchen Kaufoption, so erhält der Inhaber der Option den entsprechenden Basiswert – also das Asset. Notiert der Basiswert unter dem Basispreis, verfällt die Option wertlos. Die Verkaufsoption verfällt dementsprechend wertlos, wenn der Basiswert über dem Basispreis notiert – notiert er darunter, ist der Basiswert zu liefern. Alternativ kann statt der Lieferung auch ein Barausgleich erfolgen.[1168] Da der Basispreis bei Ausübung nicht gezahlt wird, sind asset-or-nothing Optionen teurer als klassische Optionen.[1169] Eine Kombination aus cash-or-nothing und asset-or-nothing Optionen bilden Gap Optionen. Diese haben zwei Ausübungspreise. Notiert bei einem solchen Call der Basiswert über dem ersten Ausübungspreis, so erhält der Inhaber die Differenz aus dem Kurs des Basiswertes und dem zweiten Ausübungspreis. Ist die Differenz zwischen den beiden Ausübungspreisen, also der Gap, Null, so entspricht die Option einem klassischen Call. Bei einem positivem Gap, der zweite Ausübungspreis liegt über dem ersten, entspricht das Konstrukt bspw. einer Long-Position in einem klassischen Call verbunden mit der Short-Position in einem cash-or-nothing Call – durch den bei Ausübung zu zahlenden fixen Betrag in Höhe des Gap erhöht sich der effektive Ausübungspreis, wodurch im Gegenzug die Optionsprämie des Gesamtkonstrukts vermindert wird.[1170]

Bei digitalen Optionen gibt es wie beschrieben sowohl Calls und Puts als auch amerikanische und europäische Optionen. Bei europäischen Optionen ist nur die Relation des Basiswertes zum Ausübungspreis am Ende der Laufzeit relevant. Daneben gibt es auch Varianten, die bei Berührung der Kursschwelle sofort ausgeübt werden, wodurch der vereinbarte Betrag in diesem Moment ausbezahlt wird. Bei anderen Konstruktionen muss die Kursschwelle während der Laufzeit nur berührt (one-touch Option) – oder auch zweimal (double touch Option) erreicht werden. Möglich sind aber auch Ausgestaltungen, bei denen eine Auszahlung stattfindet, wenn der Ausübungspreis nicht (no-touch Option) oder nur einmal (double-no-touch Option) berührt oder überschritten wird.[1171]

[1168] Vgl. Kolb / Overdahl 2007, S. 597.
[1169] Vgl. Rudolph / Schäfer 2005, S. 353.
[1170] Vgl. Kolb / Overdahl 2007, S. 598 f.
[1171] Vgl. Bloss / Ernst 2008, S. 162.

Exchange Option

Eine Exchange Option gibt dem Inhaber das Recht, bei Ausübung einen Basiswert gegen einen anderen einzutauschen. Von diesem Recht wird er also Gebrauch machen, wenn sich der Wert des in seinem Besitz befindlichen Basiswertes schlechter entwickelt hat, als der Basiswert, den er im Austausch dafür erhalten kann. Verwendung finden solche Optionen bspw. auf Devisenmärkten, wenn sich der Optionskäufer das Recht sichern möchte, eine Fremdwährung gegen eine andere zu tauschen.[1172] Auf Aktien- und Anleihemärkten sind diese Optionen ebenso anzutreffen. Auch im Rahmen von Unternehmensübernahmen bietet sich eine praktische Anwendung.[1173] So kann das Angebot des Käufers an einen Investor, die Aktien des Übernahmeziels in Aktien des übernehmenden Unternehmens zu tauschen, für die Laufzeit des Tauschangebotes als Exchange Option betrachtet werden.[1174]

Forward Start Option

Die eigentliche Optionslaufzeit von Forward Start Optionen oder Delayed Options beginnt erst zu einem zukünftigen Zeitpunkt. Die Optionsprämie ist allerdings bereits bei Abschluss zu entrichten. Häufig werden solche Optionen im Rahmen von Mitarbeiteroptionsprogrammen verwendet, wobei die Vorlaufzeit einer Sperrfrist entspricht, in welcher die Option nicht ausgeübt werden darf. Üblicherweise werden diese Optionen so ausgestaltet, dass sie zum zukünftigen Beginn der Laufzeit am Geld notieren.[1175] Davon abweichend wird gelegentlich auch ein Parameter α verwendet und mit dem Kurs des Basiswertes multipliziert, um einen abweichenden Basispreis zum Laufzeitbeginn festzulegen. Bei einer Wahl von $\alpha=1$ entspricht der Basispreis dem Kurs des Basiswertes zum Startzeitpunkt, was der obigen Beschreibung entspricht. Alternativ wird bei $\alpha>1$ (bzw. $\alpha<1$) eine Option generiert, welche zum Start mit einem festen Prozentsatz aus dem Geld (im Geld) notiert.[1176]

[1172] Vgl. Hull 2009, S. 692.
[1173] Vgl. Michalky / Schittler 2008, S. 774 f.
[1174] Vgl. Kolb / Overdahl 2007, S. 606.
[1175] Vgl. Hull 2009, S. 681.
[1176] Vgl. Brunner 2004, S. 210.

Lookback Option

Bei klassischen Lookback Optionen wird der Basispreis, welcher bei Ausübung für den Kauf oder Verkauf des Basiswertes relevant ist, erst während der Laufzeit bestimmt. Für einen Call ist dies der tiefste Kurs des Basiswertes während der Laufzeit. Dies ermöglicht dem Inhaber der Option, den Basiswert eben zu jenem tiefsten Wert während der Laufzeit zu erwerben. Der Wert der Option bei Ausübung entspricht somit der Differenz aus dem Kurs des Basiswertes bei Fälligkeit und dessen tiefsten Kurs während der Laufzeit. Umgekehrt sichert sich der Inhaber des Puts den höchsten Verkaufskurs während der Laufzeit.[1177] Diese Ausgestaltung wird auch als Optimal Strike[1178] Option bezeichnet. Die im Gegensatz zu klassischen Optionen mit feststehenden Ausübungspreisen bestehende Chance, den Basiswert zum optimalen Kurs während der Laufzeit zu kaufen bzw. zu verkaufen verteuert diese Art von Optionen.[1179] Dagegen generieren diese Optionen bei während der Laufzeit stetig steigenden (Call) oder fallenden (Put) Kursen einen geringeren Wert, als klassische Optionen.[1180] Als weitere Variante der Lookback Option lässt sich die Optimal Rate Option identifizieren. Bei dieser bleibt der Ausübungspreis unverändert. Für die Abrechnung bei Fälligkeit zählt statt dem dann aktuellen Kassakurs des Basiswertes bei einem solchen Call dagegen der höchste Kurs des Basiswertes während der gesamten Laufzeit bzw. bei einem Put der geringste Kurs.[1181]

Power Option

Die Power Option entspricht vom Grundkonstrukt her einer klassischen Option. Für die Auszahlung aus der Option ist allerdings nicht die einfache Differenz aus Marktkurs zur Fälligkeit und Basispreis relevant. Stattdessen wird diese Differenz potenziert, wodurch sich eine exponentielle Auszahlungsfunktion ergibt. Üblich ist dabei eine Quadrierung – höhere Potenzen werden selten verwendet. Da das Gewinnpotential durch diese Quadrierung höher ist, sind Power Optionen teurer als klassische Optionen. Um die

[1177] Vgl. Simons 2000a, S. 48.
[1178] Strike = Ausübungspreis.
[1179] Vgl. Scharpf / Luz 2000, S. 350.
[1180] Vgl. Müller-Möhl 2002, S. 298. Im Gegensatz zu klassischen Optionen ist diese Absicherung insgesamt mit höheren Kosten verbunden, was zulasten der Effektivität der Absicherung in dem genannten Szenario geht.
[1181] Vgl. Scharpf / Luz 2000, S. 351.

Optionsprämie dennoch im Rahmen zu halten, wird der Auszahlungsbetrag meist auf einen Maximalbetrag limitiert. Im Übrigen lassen sich klassische Optionen (Potenz = 1) und Cash-or-nothing Optionen (Potenz = 0) aus Power Optionen ableiten.[1182]

Rainbow Option

Rainbow Optionen beziehen sich auf mehr als einen Basiswert und sind in diversen Ausführungen erhältlich. Gegenstand der Betrachtung ist üblicherweise das Minimum oder das Maximum der Kursdifferenzen zwischen den Marktpreisen bei Fälligkeit und den Ausübungspreisen.[1183] Neben den überwiegend angebotenen „Two-color" rainbow Optionen – die Zahl der Farben steht dabei für die Anzahl an Basiswerten – gibt es auch „Multi-color" rainbow Optionen, wobei es auch hier sowohl Calls als auch Puts gibt. Bei einem Two-color rainbow Call stellt die eingangs dargestellte Variante eine Kaufoption auf das Maximum der beiden Basiswerte dar. Für beide Basiswerte ist ein Ausübungspreis deklariert – der Inhaber hat somit das Recht, gegen Zahlung des Ausübungspreises den Basiswert zu erwerben, welcher sich während der Laufzeit besser entwickelt hat. Daneben gibt es Ausgestaltungen, bei denen der Ausübungspreis Null ist. Bei einem Call auf den besseren von zwei Basiswerten kann der Inhaber bei Ausübung den zu liefernden Basiswert auswählen. Als Erweiterung dessen gibt es einen Call auf die beste Position aus zwei Basiswerten und einer fixen Zahlung – der Inhaber kann sich neben der Auswahl der beiden Basiswerte also auch für einen vorab definierten Geldbetrag entscheiden. Die dargestellten Varianten lassen sich auch in der Form umkehren, dass sie das Recht auf Lieferung der schlechtesten Position verbriefen. Ebenso gibt es zu all diesen Variationen auch Put Optionen, welche entsprechend ausgestaltete Verkaufsrechte verbriefen.[1184]

Zur Gruppe der Rainbow Optionen werden auch sogenannte Basket Optionen gezählt. Diese beziehen sich auf ein ganzes Portfolio von Basiswerten. Allerdings wird nicht die relative Wertentwicklung der einzelnen Portfoliopositionen zueinander für die Wertermittlung herangezogen, sondern die Wertentwicklung des Portfolios als Ganzes.[1185]

[1182] Vgl. Hausmann et al. 2002, S. 306.
[1183] Vgl. Brunner 2004, S. 170.
[1184] Vgl. Kolb / Overdahl 2007, S. 609 ff.
[1185] Vgl. Hull 2009, S. 693.

Als weitere Unterart lassen sich Spread Optionen identifizieren. Bei diesen ist die Differenz zwischen den Kursen von zwei Basiswerten direkt für den Wert der Optionen relevant. Es erfolgt also eine Spekulation auf oder eine Absicherung gegen die Ausweitung oder die Verringerung dieser Differenz, dem Spread. Dies ermöglicht neben der Verwendung bei klassischen Basiswerten wie Aktien, Anleihen, Zinssätzen oder Rohstoffen auch den Einsatz in noch relativ jungen Handelssegmenten.[1186] So kann mit Credit Spread Options eine Absicherung gegen Bonitätsverschlechterungen von verzinslichen Anlagen stattfinden, welche sich in einer Ausweitung des Spread – also hier der Renditedifferenz – zwischen den abzusichernden risikobehafteten Anlagen und einer risikofreien verzinslichen Anlage niederschlagen.[1187] Im Bereich der Energieerzeugung werden dagegen der Dark Spread und der Spark Spread eingesetzt. Erster bezieht sich auf die Differenz aus Base-Stromfutures[1188] und den um den Brennstoffnutzungsgrad bereinigten Preis von Steinkohle-Futures. Dem Spark Spread liegt dagegen die Differenz des Peak-Stromfuture[1189] und um den Brennstoffnutzungsgrad bereinigten Preis von Erdgas-Futures zugrunde.[1190]

Range Option

Range Optionen, auch Korridor Optionen genannt, sammeln für jeden Tag einen fixen Betrag an, für welchen sich der Basiswert innerhalb einer Bandbreite (Range, Korridor) von zwei Schwellenwerten befindet. Der innere Wert der Option wächst somit während dieser Zeit kontinuierlich an, ohne dass der Basiswert großen Veränderungen unterliegt. Statt der kumulativen Ansammlung kann der vereinbarte Fixbetrag auch jeden Tag ausgeschüttet werden. Bei Verlassen der Bandbreite kann es je nach Ausgestaltung zu unterschiedlichen Folgen für den Wert der Option kommen. Bei Single Range Optionen hat das Verlassen der Range keinen Einfluss auf den inneren Wert der Option. Dagegen wird bei Dual Range Optionen für jeden Tag außerhalb der Bandbreite der innere Wert um einen fixen Betrag reduziert. Die Knock Out Range Option verfällt schließlich bei

[1186] Vgl. Müller-Möhl 2002, S. 297.
[1187] Vgl. Rudolph et al. 2007, S. 70.
[1188] Future auf die Grundlastversorgung mit elektrischer Energie.
[1189] Future auf die Spitzenlastversorgung mit elektrischer Energie.
[1190] Vgl. Erdmann / Zweifel 2008, S. 317.

Verlassen der Bandbreite wertlos.[1191] Alternativ gibt es auch Ausgestaltungen, bei denen der Kurs des Basiswertes außerhalb der Bandbreite liegen muss, um den Fixbetrag anzusammeln. Wird für die Option statt einer Bandbreitc nur eine Kursschwelle festgelegt, so handelt es sich um Schalteroptionen, welche für jeden Tag oberhalb (Bottom Up Option) oder unterhalb (Top Down Option) einer Kursschwelle einen fixen Betrag ansammeln. Diese Instrumente können aufgrund ihres fixen Auszahlungsbetrages für jeden Tag (oder abweichend für jeden Zeitpunkt, wenn keine Tagzählung erfolgt) somit auch als Aneinanderreihungen von digitalen Optionen betrachtet werden.[1192]

Shout, Ladder und Cliquet Option

Diese drei vom Grunde her europäischen Optionen ermöglichen es, einen während der Optionslaufzeit entstandenen inneren Wert festzuschreiben und damit zu sichern. Dies erfolgt bei Shout Option durch „Zuruf" – der Inhaber teilt also dem Stillhalter zu einem beliebigen Zeitpunkt mit, dass er den angesammelten inneren Wert sichern möchte. Zur Fälligkeit wird entweder der gesicherte innere Wert ausbezahlt oder der innere Wert, welcher sich für die Option bei Ausübung ergibt, so letzterer Wert höher ist. Diese Option ist teurer als eine klassische Option, aber günstiger als eine Lookback Option.[1193]

Bei der Ladder oder Karabineroption erfolgt eine Fixierung des inneren Werts bei vordefinierten Kursschwellen. Hat der Basiswert die nächste Kursschwelle erreicht, so wird der innere Wert gesichert und diese Kursschwelle wird zum neuen Basispreis. Dabei können mehrere Kursschwellen hintereinander geschalten sein, was mehrere Sicherungen während der Gesamtlaufzeit der Option ermöglicht. Üblich ist auch die Festlegung einer oberen (Calls) und unteren (Put) Kursgrenze, bis zu welcher diese Sicherungen erfolgen.[1194] Wird der innere Wert bei Erreichen einer solchen Kursschwelle nicht gesichert, sondern aufgegeben, so handelt es sich um eine Rachet Option, die durch das Nachziehen des Basispreises erheblich preiswerter als eine klassische Option ist.[1195]

1191 Vgl. Michalky / Schittler 2008, S. 768.
1192 Vgl. Rudolph / Schäfer 2005, S. 353.
1193 Vgl. Hull 2009, S. 689.
1194 Vgl. Michalky / Schittler 2008, S. 764.
1195 Vgl. Scharpf / Luz 2000, S. 352.

Statt einer Fixierung des inneren Wertes bei Über- bzw. Unterschreitung von Kursschwellen, erfolgt die Sicherung bei Cliquet Options zu vordefinierten Zeitpunkten – den ‚reset dates'. Zu diesen Terminen wird der aktuelle Marktpreis zum neuen Ausübungspreis, wobei ein positiver innerer Wert gesichert wird. Liegt die Option aus dem Geld, so vergünstigt sich bei Calls dennoch der Basispreis bzw. erhöht sich dieser bei Puts, was sich für den darauffolgenden Zeitabschnitt aus Sicht des Inhabers als positiv darstellt.[1196] Die Cliquet Option kann auch als Aneinanderreihung mehrere europäischer Optionen betrachtet werden, mit dem Unterschied, dass die inneren Werte nicht ausbezahlt, sondern gesichert werden und der Marktpreis jeweils den Ausübungspreis zum Start einer neuen Option bestimmt.[1197]

Swing Option

Swing Optionen sind spezielle Derivate für den Einsatz im Energiehandel, welche mit einer besonderen Flexibilität ausgestattet sind, indem die Lieferung oder die Abnahme von Strom oder Gas innerhalb einer festgelegten Bandbreite liegen muss.[1198] Für die Optionslaufzeit wird dafür eine feste Abnahmemenge (Call) oder Liefermenge (Put) eines Energieträgers oder von Strom vereinbart. Dies entspricht einem Forward-Kontrakt im Energiebereich. Zusätzlich erwirbt der Optionskäufer das Recht – die eigentlichen Swings – für eine definierte Anzahl von Zeitintervallen eine Mehr- oder Mindermenge abzunehmen bzw. zu liefern, für welche der Abrechnungspreis ebenfalls im Voraus festgelegt wurde. Diese Kontrakte sind eher auf die Absicherung von Mengen- als von Preisrisiken ausgerichtet, da der Inhaber mit diesen flexibler auf Angebots- und Nachfragemengen reagieren kann.[1199] Weiterhin kann eine Bandbreite der Gesamtabnahme- bzw. -liefermenge für die Laufzeit vereinbart sein, deren Verlassen Strafzahlungen nach sich zieht, wodurch auch dem Stillhalter eine bessere Planungsgrundlage gegeben wird.[1200]

[1196] Vgl. Müller-Möhl 2002, S. 300.
[1197] Vgl. Scharpf / Luz 2000, S. 348.
[1198] Vgl. Hull 2009, S. 951.
[1199] Vgl. Simons 2000f, S. 42.
[1200] Vgl. Reitz 2011, S. 128.

Quanto Option

Quanto Optionen oder auch währungsgesicherte Optionen wurden entwickelt, um das Wechselkursrisiko zu eliminieren, welches besteht, wenn der Basiswert einer Option in einer Fremdwährung notiert. In diesen Fällen hängt die Wertentwicklung der Option nicht nur vom Basiswert, sondern auch von der Entwicklung des Wechselkurses zwischen Fremd- und Heimatwährung ab. Diese beiden Entwicklungen können sich kompensieren und somit trotz positiver Entwicklung des Basiswertes dazu führen, dass eine klassische Option wertlos verfällt. Dem steht die Chance gegenüber, dass sich sowohl Basiswert als auch Wechselkurs aus Sicht des Optionsinhabers positiv entwickeln und somit den Wert der Option erhöhen. Um die Abhängigkeit von der Wechselkursentwicklung auszuschalten, beinhalten Quanto Optionen (Quantity-adjusting Options) einen fixierten Wechselkurs, welcher bei Fälligkeit zur Umrechnung des Basiswertes verwendet wird.[1201]

Auszahlungen aus exotischen Optionen

Zusammenfassend sollen die möglichen Auszahlungen aus exotischen Optionen mit Hilfe von Tabelle 39 gegenübergestellt werden. Aufgrund der Vielfältigkeit exotischer Optionen kann diese Übersicht keinen Anspruch auf Vollständigkeit erheben, sondern soll in dieser Form nur einen Anhaltspunkt zur Ermittlung der jeweiligen Auszahlungsprofile geben:

[1201] Vgl. Simons 2000e, S. 50 f.

Tabelle 39: Auszahlung exotischer Optionen bei Fälligkeit[1202]

Bezeichnung der Option	Unter-gruppe	Auszahlung zur Fälligkeit
Plain Vanilla	Call	max (0, S_T - K)
	Put	max (0, K - S_T)
Power	Call	max (0, S_T - K)^n mit natürlicher Zahl n
	Put	max (0, K - S_T)^n mit natürlicher Zahl n
Average Rate	Call	max (0, A - K)
	Put	max (0, K - A)
Average Strike	Call	max (0, S_T - A)
	Put	max (0, A - S_T)
Strike Lookback	Call	max (0, S_T - S_{min})
	Put	max (0, S_{max} - S_T)
Rate Lookback	Call	max (0, S_{max} - K)
	Put	max (0, K - S_{min})
Down and In	Call	max (0, S_T - K) falls S_t < H für einen Zeitpunkt t; 0 sonst
	Put	max (0, K - S_T) falls S_t < H für einen Zeitpunkt t; 0 sonst
Up and In	Call	max (0, S_T - K) falls S_t > H für einen Zeitpunkt t; 0 sonst
	Put	max (0, K - S_T) falls S_t > H für einen Zeitpunkt t; 0 sonst
Down and Out	Call	0 falls S_t < H für einen Zeitpunkt t; max (0, S_T - K) sonst
	Put	0 falls S_t < H für einen Zeitpunkt t; max (0, K - S_T) sonst
Up and Out	Call	0 falls S_t > H für einen Zeitpunkt t; max (S_T - K, 0) sonst
	Put	0 falls S_t > H für einen Zeitpunkt t; max (0, S_T - K) sonst
Cash or Nothing	Call	0 für S_T < K und X für S_T > K
	Put	0 für S_T > K und X für S_T < K
Asset or Nothing	Call	0 für S_T < K und S_T für S_T > K
	Put	0 für S_T > K und S_T für S_T < K
Down and In Cash or Nothing	Call	0 für S_T < K oder S > H für die Gesamtlaufzeit; X für S_T > K und S_t < H für einen Zeitpunkt t
	Put	0 für S_T > K oder S > H für die Gesamtlaufzeit; X für S_T < K und S_t < H für einen Zeitpunkt t

Legende: S_T = Kurs des Basisobjekts zur Fälligkeit T, K = Ausübungspreis, A = Kursdurchschnitt, H = Kursschwelle, X = Fixbetrag, S_{min} bzw. S_{max} = minimaler bzw. maximaler Kurs im Basisobjekt während der Optionslaufzeit

[1202] Rudolph / Schäfer 2005, S. 357.

Literaturverzeichnis

Adrian / Heidorn 2000
Adrian, Reinhold / Heidorn, Thomas: Der Bankbetrieb: Das praxisorientierte Lehrbuch für Schule, Studium und Beruf. Lehrbuch und Aufgaben. 15., überarb. Aufl. Wiesbaden: Gabler Verlag, 2000.

AKEIÜ 2010
AKEIÜ, Arbeitskreis externe und interne Überwachung der Unternehmung der Schmalenbach-Gesellschaft für Betriebswirtschaft e.V.: Aktuelle Herausforderungen im Risikomanagement - Innovationen und Leitlinien. In: Der Betrieb (Ausgabe 23) vom 11.06.2010, S. 1245-1252.

AktG
AktG : Aktiengesetz vom 6. September 1965 (BGBl. I S. 1089), das zuletzt durch Artikel 1 des Gesetzes vom 31. Juli 2009 (BGBl. I S. 2509) geändert worden ist.

Albrecht / Maurer 2008
Albrecht, Peter / Maurer, Raimond: Investment- und Risikomanagement: Modelle, Methoden, Anwendungen. 3. Aufl. Stuttgart: Schäffer-Poeschel Verlag, 2008.

Altmann 2001
Altmann, Jörn: Außenwirtschaft für Unternehmen. 2., völlig neubearbeitete und erweiterte Aufl. Stuttgart: Lucius & Lucius Verlagsgesellschaft, 2001.

Amling / Kaczmarek 2010
Amling, Thomas / Kaczmarek, Laura: COSO-Modelle. In: Risk, Compliance Audit (Ausgabe 5) 2010, S. 40-45.

Arditti 1996
Arditti, Fred D.: Derivatives: A Comprehensive Resource for Options, Futures, Interest Rate Swaps and Mortgage Securities. Cambridge: Harvard Business School Press, 1996.

Ariva 2011
Ariva: Rohstoffekurse. URL: http://www.ariva.de/rohstoffe/, Stand: 13.07.2011.

Artzner et al. 1999
Artzner, Philippe / Delbean, Freddy / Eber, Jean-Marc / Heath, David: Coherent Measures of Risk. In: Mathematical Finance (Ausgabe 3) July 1999, S. 203-228.

Auer 2002
Auer, Michael: Methoden zur Quantifizierung von Marktpreisrisiken: Ein empirischer Vergleich. Lohmar: Josef Eul Verlag, 2002.

Baetge / Schulze 1998
Baetge, Jörg / Schulze, Dennis: Möglichkeiten der Objektivierung der Lageberichterstattung über "Risiken der künftigen Entwicklung". In: Der Betrieb (Ausgabe 19) vom 08.05.1998, S. 937-948.

Bange 2005
Bange, Marika: Wertpapierrisiko-Management. In: Priermeier, Thomas (Hrsg.): Finanzrisikomanagement im Unternehmen: Ein Praxishandbuch. München: Verlag Franz Vahlen, 2005, S. 241-288.

Bartram et al. 2006
Bartram, Söhnke M. / Brown, Gregory W. / Conrad, Jennifer: Effects of Derivatives on Firm Risk and Value. URL: http://mpra.ub.uni-muenchen.de/9831/, Stand: 20.07.2009.

Baseler Ausschuss für Bankenaufsicht 1996
Baseler Ausschuss für Bankenaufsicht : Aufsichtsrechtliches Rahmenkonzept für das Backtesting (Rückvergleiche) bei der Berechnung des Eigenkapitalbedarfs zur Unterlegung des Marktrisikos mit bankeigenen Modellen. URL: http://www.bis.org/publ/bcbs22de.pdf, Stand: 28.07.2011.

Battley 1993
Battley, Nick: The World's Futures & Options Markets. 2nd Edition London: John Wiley & Sons, 1993.

BayernLB 2010
BayernLB : Mit Energie Chancen nutzen. München: Bayerische Landesbank, 2010.

Becker et al. 2008
Becker, Wolfgang / Fischer, Stefan / Staffel, Michaela / Ulrich, Patrick: Implementierungsstand von Unternehmensführung und Controlling in mittelständischen Unternehmen. In: Bamberger Betriebswirtschaftliche Beiträge (Ausgabe Band 149) vom 11.07.2008, Bamberg.

Beike / Barckow 2002
Beike, Rolf / Barckow, Andreas: Risk-Management mit Finanzderivaten: Steuerung von Zins- und Währungsrisiken. 3., aktualisierte und erw. Aufl. München: Oldenbourg Verlag, 2002.

Berk / DeMarzo 2011
Berk, Jonathan / DeMarzo, Peter: Corporate Finance. 2. Edition Boston: Pearson Education, 2011.

Bernet / Westerfeld 2008
Bernet, Beat / Westerfeld, Simone: Konzepte des KMU Rating im Vergleich. In: Everling, Oliver (Hrsg.): Certified Rating Analyst. München: Oldenbourg Wissenschaftsverlag, 2008, S. 3-19.

Bessis 2010
Bessis, Joël: Risk Management in Banking. Chichester: John Wiley & Sons Ltd, 2010.

Bieg / Kußmaul 2009
Bieg, Hartmut / Kußmaul, Heinz: Finanzierung. 2., vollständig überarbeitete Auflage München: Franz Vahlen, 2009.

Birge / Linetsky 2008
Birge, John R. / Linetsky, Vadim: Financial Engineering. Amsterdam: North-Holland, 2008.

BIS 2001
BIS, Bank for International Settlements: Quarterly Review June 2001, Statistical Annex. URL: http://www.bis.org/publ/r_qa0106.pdf.

BIS 2010
BIS, Bank for International Settlements: Quarterly Review December 2010, Statistical Annex. URL: http://www.bis.org/publ/qtrpdf/r_qa1012.pdf.

Bitz 2000
Bitz, Horst: Risikomanagement nach KonTraG: Einrichtung von Frühwarnsystemen zur Effizienzsteigerung und zur Vermeidung persönlicher Haftung. Stuttgart: Schäffer-Poeschel Verlag, 2000.

Bleuel 2006
Bleuel, Hans-H.: Natural Hedge. In: WISU - Das Wirtschaftsstudium (Ausgabe 4) 2006, S. 482.

Bloss / Ernst 2008
Bloss, Michael / Ernst, Dietmar: Derivate: Handbuch für Finanzintermediäre und Investoren. 1. Auflage München: Oldenbourg, 2008.

Bloss et al. 2011
Bloss, Michael / Ernst, Dietmar / Häcker, Joachim / Sörensen, Daniel: Financial Engineering: Certified Financial Engineer. München: Oldenbourg Wissenschaftsverlag, 2011.

Böcking / Orth 1999
Böcking, Hans-Joachim / Orth, Christian: Mehr Kontrolle und transparenz im Unternehmensbereich durch eine Verbesserung der Qualität der Abschlußprüfung?. In: BFuP (Ausgabe 4) 1999, S. 418-436.

Bodnar / Gebhardt 1998
Bodnar, Gordon M. / Gebhardt, Günther: Derivatices Usage in Risk Management in US and German Non-Financial Firms: A Comparative Study. URL: http://finance.wharton.upenn.edu/weiss/wpapers/98-3.pdf, Stand: 20.07.2009.

Böhm-Dries / Rempel-Oberem 2007
Böhm-Dries, Anne / Rempel-Oberem, Thomas: Verteilungsbasierte Risikomaße. In: WISU - Das Wirtschaftsstudium (Ausgabe 7) Juli 2007, S. 908-911.

Börse Düsseldorf 2011
Börse Düsseldorf : Der Mittelstandsmarkt: Überblick. URL: http://www.dermittelstandsmarkt.de/dermittelstandsmarkt_ueberblick, Stand: 15.03.2011.

Börse Stuttgart 2011a
Börse Stuttgart: Anleihenübersicht. URL: https://www.boerse-stuttgart.de/de/handelssegmenteundhandelsinitiativen/bondm/anleihenuebersicht.html, Stand: 10.03.2011.

Börse Stuttgart 2011b
Börse Stuttgart: BW Mittelstandsinitiative - Der Handel. URL: https://boerse-stuttgart.de/de/handelssegmenteundhandelsinitiativen/bwmittelstandsinitiative/derhandel.html, Stand: 28.02.2011.

Braunberger 2011
Braunberger, Gerald: Politische Unsicherheit befördert Volatilität. URL: http://www.faz.net/-01q1w5, Stand: 22.03.2011.

Brealey et al. 2011
Brealey, Richard A. / Myers, Steward C. / Allen, Franklin: Principles of Corporate Finance. 10. Edition New York: McGraw-Hill/Irwin, 2011.

Brenken 2006
Brenken, Anke: Die Globalisierung des Mittelstandes: Chancen und Risiken. Frankfurt am Main: KfW Bankengruppe, 2006.

Britten-Jones 1998
Britten-Jones, Mark: Fixed income and interest rate derivative analysis. Oxford: Reed Educational and Professional Publishing, 1998.

Brühweiler 2008
Brühweiler, Bruno: Neue Standards für das Risikomanagement: Sicher(er) in die Zukunft. In: QZ Qualität und Zuverlässigkeit (Ausgabe 7) 2008, S. 37-39.

Brunner 2004
Brunner, Bernhard: Marktgerechte Bewertung von Optionen. Augsburg: Deutscher Universitäts-Verlag, 2004.

BT-Drucksache 13/9712 1998
BT-Drucksache 13/9712, Deutscher Bundestag: Gesetzentwurf der Bundesregierung "Entwurf eines Gesetzes zur Kontrolle und Transparenz im Unternehmensbereich (KonTraG)". vom 28.01.1998.

BT-Drucksache 14/2353 1999
BT-Drucksache 14/2353, Deutscher Bundestag: Entwurf eines Gesetzes zur Durchführung der Richtlinie des Rates der Europäischen Union zur Änderung der Bilanz- und der Konzernbilanzrichtlinie hinsichtlich ihres Anwendungsbereichs (90/605/EWG). 14.12.1999.

Buffet 2002
Buffet, Warren E.: Berkshire Hathaway Inc. Shareholder Letter. Omaha: 2002.

Bundesministerium für Wirtschaft und Technologie 2007
Bundesministerium für Wirtschaft und Technologie: Der Mittelstand in der Bundesrepublik Deutschland: Eine volkswirtschaftliche Bestandsaufnahme. Berlin: Harzdruckerei Wernigerode GmbH, 2007.

Bundesministerium für Wirtschaft und Technologie 2011
Bundesministerium für Wirtschaft und Technologie: Politik für den Mittelstand. URL: http://www.bmwi.de/BMWi/Navigation/Mittelstand/mittelstandspolitik.html, Stand: 01.03.2011.

Bünting 2007
Bünting, Hans: Commodity-Risikomanagement. In: Seethaler, Peter / Steitz, Markus (Hrsg.): Praxishandbuch Treasury-Management: Leitfaden für die Praxis des Finanzmanagements. Band: 1. Aufl. Wiesbaden: Gabler, 2007, S. 395-412.

Burger / Buchhart 2002a
Burger, Anton / Buchhart, Anton: Risiko-Management und Risiko-Controlling in einer wertorientierten Unternehmensführung. In: Controller Magazin (Ausgabe 2) 2002, S. 152-157.

Burger / Buchhart 2002b
Burger, Anton / Buchhart, Anton: Risiko-Controlling. München: Oldenbourg Wissenschaftsverlag, 2002.

Burger et al. 2007
Burger, Markus / Graeber, Bernhard / Schindlmayr, Gero: Managing Energy Price Risk: An Integrated View on Power and Other Energy Markets. Chichester: John Wiley & Sons, 2007.

Büschgen 1997
Büschgen, Hans E.: Internationales Finanzmanagement. 3. Aufl. Frankfurt am Main: Fritz Knapp Verlag, 1997.

Büschgen 1999
Büschgen, Hans E.: Bankbetriebslehre: Bankgeschäfte und Bankmanagement. 5., vollst. überarb. und erw. Aufl. Wiesbaden: Gabler Verlag, 1999.

Chen et al. 2003
Chen, Sheng-Syan / Lee, Cheng-few / Shrestha, Keshab: Futures hedge ratios: a review. In: The Quarterly Review of Economics and Finance (Ausgabe 43) 2003, S. 433-465.

Cezanne 2005
Cezanne, Wolfgang: Allgemeine Volkswirtschaftslehre. 6. Aufl. Cottbus: Oldenbourg Wissenschaftsverlag, 2005.

Chavez-Demoulin 2004
Chavez-Demoulin, Valerie: Was ist die Extremwerttheorie. In: RISKNEWS 2004, Nr. 05, S. 42-44.

CME 2011a
CME: CME Group. URL: http://www.cmegroup.com/, Stand: 16.09.2011.

CME 2011b
CME: Copper Futures Contract Specifications. URL: http://www.cmegroup.com/trading/metals/base/copper_contract_specifications.html, Stand: 16.09.2011.

CME 2011c
CME: Platinum Futures Contract Specifications. URL: http://www.cmegroup.com/trading/metals/precious/platinum_contract_specifications.html, Stand: 16.06.2011.

CME 2011d
CME: Palladium Futures Contract Specifications. URL: http://www.cmegroup.com/trading/metals/precious/palladium_contract_specifications.html, Stand: 16.06.2011.

CME 2011e
CME: Gold Futures Contract Specifications. URL: http://www.cmegroup.com/trading/metals/precious/gold_contract_specifications.html, Stand: 16.09.2011.

CME 2011f
CME: Silver Futures Contract Specifications. URL: http://www.cmegroup.com/trading/metals/precious/silver_contract_specifications.html, Stand: 16.09.2011.

CME 2011g
CME : U.S. Midwest Domestic Hot-Rolled Coil Steel Index Futures Contract Specifications. URL: http://www.cmegroup.com/trading/metals/ferrous/hrc-steel_contract_specifications.html, Stand: 16.09.2011.

CME 2011h
CME : ron Ore 62% Fe, CFR China (TSI) Swap Futures Contract Specifications. URL: http://www.cmegroup.com/trading/metals/ferrous/iron-ore-62pct-fe-cfr-china-tsi-swap-futures_quotes_settlements_futures.html, Stand: 16.09.2011.

CME 2011i
CME : Iron Ore 62% Fe, CFR North China (Platts) Swap Futures Contract Specifications. URL: http://www.cmegroup.com/trading/metals/ferrous/iron-ore-62pct-fe-cfr-north-china-platts-swap-futures_contract_specifications.html, Stand: 16.09.2011.

CME 2011j
CME : Steel Billet, FOB Black Sea (Platts) Swap Futures Contract Specifications. URL: http://www.cmegroup.com/trading/metals/ferrous/steel-billet-fob-black-sea-platts-swap_contract_specifications.html, Stand: 16.09.2011.

CME 2011k
CME : Agricultural Commodities Products. URL: http://www.cmegroup.com/trading/agricultural/, Stand: 16.09.2011.

CME 2011l
CME : HMS 80/20 Ferrous Scrap, CFR Turkey (Platts) Swap Futures Contract Specifications. URL: http://www.cmegroup.com/trading/metals/ferrous/hms-80-20-ferrous-scrap-cfr-turkey-platts-swap_contract_specifications.html, Stand: 16.09.2011.

CME 2011m
CME : European Monthly Weather Heating Degree Day (HDD) Futures Contract Specifications. URL: http://www.cmegroup.com/trading/weather/temperature/european-monthly-weather-heating_contract_specifications.html, Stand: 16.09.2011.

CME 2011n
CME : EUR / USD Futures Contract Specifications. URL: http://www.cmegroup.com/trading/fx/g10/euro-fx_contract_specifications.html, Stand: 16.09.2011.

Copeland et al. 2008
Copeland, Thomas E. / Weston, J.Fred / Shastri, Kuldeep: Finanzierungstheorie und Unternehmenspolitik: Konzepte der kapitalmarktorientierten Unternehmensfinanzierung. 4., aktualisierte Aufl. München: Pearson Studium, 2008.

COSO 2004
COSO, The Committee of Sponsoring Organizations of the Treadway Commission: Unternehmensweites Risikomanagement - Übergreifendes Rahmenwerk: Zusammenfassung. URL: http://www.coso.org/documents/COSO_ERM_ExecutiveSummary_German.pdf.

Cünnen / Panster 2010
Cünnen, Andrea / Panster, Christian: Der Anleihemarkt - eine begehrte Geldquelle. In: Handelsblatt vom 28.12.2010, Nr. 251, S. 7.

Cuthbertson / Nitzsche 2001
Cuthbertson, Keith / Nitzsche, Dirk: Financial Engineering: Derivatives and Risk Management. Chichester: John Wiley & Sons, 2001.

Dangl / Kopel 2004
Dangl, Thomas / Kopel, Michael: Risikomanagement im Kontext wertorientierter und strategischer Unternehmensführung. In: Nowotny, Ewald / Parak, Christoph / Scheucher, Ronald F. (Hrsg.): Handbuch der österreichischen Energiewirtschaft. Band: 427-442. Wien: Manz Verlag, 2004.

Das 2006
Das, Satyajit: Derivative products and pricing. Singapor: John Wiley & Sons (Asia), 2006.

DCGK 2010
DCGK : Deutscher Corporate Governance Kodex in der Fassung vom 26. Mai 2010. URL: http://www.corporate-governance-code.de/ger/download/kodex_2010/D_CorGov_Endfassung_Mai_2010.pdf.

De Filippis 2011
De Filippis, Fernando: Währungsrisikomanagement in kleinen und mittleren Unternehmen. 1. Auflage Wiesbaden: Gabler Verlag, 2011.

Denk et al. 2006
Denk, Robert / Exner-Merkelt, Karin / Ruthner, Raoul: Risikomanagement im Unternehmen – Ein Überblick. In: Wirtschaft und Management (Ausgabe 4) Mai 2006, S. 9-39.

Deutsch 2002
Deutsch, Hans-Peter: Monte-Carlo-Simulationen in der Finanzwelt. In: Eller, Roland / Gruber, Walter / Reif, Markus (Hrsg.): Handbuch des Risikomanagements: Analyse, Quantifizierung und Steuerung von Markt-, Kredit- und operationellen Risiken. 2. Aufl. Stuttgart: Schäffer-Poeschel, 2002, S. 373-427.

Deutsch 2008
Deutsch, Hans-Peter: Derivate und interne Modelle: Modernes Risikomanagement. 4. überarbeitete Aufl. Stuttgart: Schäffer-Poeschel Verlag, 2008.

Deutsche Bank 2011
Deutsche Bank : Zins- und Währungsmanagement. URL: http://www.deutsche-bank.de/pbc/gk-auslandsgeschaeft-zins_waehrungsmanagement.html, Stand: 15.09.2011.

Deutsche Börse 2008a
Deutsche Börse : Börsenlexikon: Future. URL: http://deutsche-boerse.com/dbag/dispatch/de/kir/gdb_navigation/info_center/40_Know_how/10_Stock_Exchange_A_Z?glossaryWord=pi_glos_Future, Stand: 08.10.2008.

Deutsche Börse 2008b
Deutsche Börse : Börsenlexikon: Forward. URL: http://deutsche-boerse.com/dbag/dispatch/de/kir/gdb_navigation/info_center/40_Know_how/10_Stock_Exchange_A_Z?glossaryWord=pi_glos_Forward, Stand: 08.10.2008.

Deutsche Börse 2010a
Deutsche Börse : Börsenlexikon: Kassamarkt. URL: http://deutsche-boerse.com/dbag/dispatch/de/kir/gdb_navigation/info_center/40_Know_how/10_Stock_Exchange_A_Z?glossaryWord=pi_glos_kassamarkt, Stand: 14.09.2010.

Deutsche Börse 2010b
Deutsche Börse : Börsenlexikon: Termingeschäft. URL: http://deutsche-boerse.com/dbag/dispatch/de/kir/gdb_navigation/info_center/40_Know_how/10_Stock_Exchange_A_Z?glossaryWord=pi_glos_termingeschaeft, Stand: 14.09.2010.

Deutsche Börse 2011b
Deutsche Börse : VDAX. URL: http://deutsche-boerse.com/dbag/dispatch/de/listcontent/gdb_content_pool/cms_data/03_glossary/40_private_investors/Main_Glossary/pi_glos_deutsch_v/pi_glos_vdax.htm, Stand: 14.07.2011.

Deutsche Börse 2011a
Deutsche Börse : Entry Standard für Unternehmensanleihen. URL: http://deutsche-boerse.com/dbag/dispatch/de/kir/gdb_navigation/lc/100_Market_Structure/10_transparency_standards/35_entry_standard_bonds, Stand: 15.03.2011.

Deutsche Börse 2011c
Deutsche Börse : VDAX-NEW. URL: http://deutsche-boerse.com/dbag/dispatch/de/kir/gdb_navigation/info_center/40_Know_how/10_Stock_Exchange_A_Z?glossaryWord=pi_glos_vdax_new, Stand: 14.07.2011.

Deutsche Börse 2011d
Deutsche Börse : Börsenlexikon: Einschuss. URL: http://deutsche-boerse.com/dbag/dispatch/de/listcontent/gdb_content_pool/cms_data/03_glossary/40_private_investors/Main_Glossary/pi_glos_deutsch_e/pi_glos_Einschuss.htm, Stand: 08.08.2011.

Deutsche Bundesbank 2006
Deutsche Bundesbank : Zur wirtschaftlichen Situation kleiner und mittlerer Unternehmen in Deutschland seit 1997. URL: http://www.bundesbank.de/download/volkswirtschaft/mba/2006/200612mba_kmu.pdf.

Deutsche Bundesbank 2007
Deutsche Bundesbank : Basel II – Die neue Basler Eigenkapitalvereinbarung. URL: http://www.bundesbank.de/bankenaufsicht/bankenaufsicht_basel.php, Stand: 24.08.2010.

Deutsche Bundesbank 2010
Deutsche Bundesbank : Hochgerechnete Angaben aus Jahresabschlüssen Deutscher Unternehmen 1997 bis 2009. URL: http://www.bundesbank.de/download/statistik/stat_sonder/statso5_1997_2009.xls, Stand: 22.04.2011.

Deutsche Bundesbank 2011a
Deutsche Bundesbank : Geldmarktsätze / EURIBOR Dreimonatsgeld. URL: http://www.bundesbank.de/statistik/statistik_zeitreihen.php?lang=de&open=&func=list&tr=www_s11b_gmt, Stand: 07.07.2011.

Deutsche Bundesbank 2011b
Deutsche Bundesbank : Euro-Referenzkurse der Europäischen Zentralbank. URL: http://www.bundesbank.de/statistik/statistik_zeitreihen.php?lang=de&open=devisen&func=list&tr=www_s332_b01012_3, Stand: 07.07.2011.

Deutsche Bundesbank 2011c
Deutsch Bundesbank : Zeitreihe ST0343: Geldmarktsätze / EURIBOR Zwölfmonatsgeld / Tagessatz. URL: http://www.bundesbank.de/statistik/statistik_zeitreihen.php?lang=de&open=zinsen&func=row&tr=ST0343, Stand: 15.09.2011.

Diederichs / Reichmann 2003
Diederichs, Marc / Reichmann, Thomas: Risikomanagment und Risikocontrolling in der Praxis: Ergebnisse einer empirischen Untersuchung. In: Controlling (Ausgabe 5) Mai 2003, S. 229-234.

Dionne et al. 2005
Dionne, Georges / Duchesne, Pierre / Duchesne, Pierre: Intraday Value at Risk (IVaR) Using Tick-by-Tick Data with Application to the Toronto Stock Exchange. URL: http://ssrn.com/abstract=868594.

Dörner / Doleczik 2000
Dörner, Dietrich / Doleczik, Günter: Prüfung des Risikomanagements. In: Dörner, Dietrich / Horvárth, Péter / Kagermann, Henning (Hrsg.): Praxis des Risikomanagements: Grundlagen, Kategorien, branchenspezifische und strukturelle Aspekte. 1. Stuttgart: Schäffer-Poeschel, 2000, S. 193-217.

Dow Jones Indexes 2011
Dow Jones Indexes : Dow Jones-UBS Commodity Index. URL: http://www.djindexes.com/commodity/, Stand: 16.09.2011.

DRS
DRS : Deutscher Rechnungslegungsstandard Nr. 5 - Risikoberichterstattung, in der Fassung vom 05. Januar 2010, Bekanntmachung gem. § 342 Abs. 2 HGB durch das Bundesministerium der Justiz am 18. Februar 2010.

DRSC 2011
DRSC, Deutsches Rechnungslegungs Standards Committee e.V.: Organisation und Ziele des DRSC. URL: http://www.standardsetter.de/drsc/gasc_about.html, Stand: 30.03.2011.

DRSC 2010
DRSC, Deutsches Rechnungslegungs Standards Committee e.V.: Details - DRS 15 - Lageberichterstattung. URL: http://www.standardsetter.de/drsc/dsr/standards/index.php?do=show_details&entry_id=21, Stand: 30.03.2011.

Drukarczyk / Schüler 2009
Drukarczyk, Jochen / Schüler, Andreas: Unternehmensbewertung. 6., überarbeitete und erweiterte Aufl. München: Verlag Franz Vahlen, 2009.

DZ Bank 2011
DZ Bank : FXclick - Mit einem Klick am Markt. URL: http://www.dzbank.de/internet_gr/index.jsp;jsessionid=0000anHL5-cnVqvj41Muk-kKXM4:13ujsv2qo?fname=index.html&path=%2Fmittelstand%2Fprodukte_und_leistungen%2Ffx_click&rname=internet_gr_mittelstand&flagSite=false&mEE=mittelstand&mZE=produkte_und_leistungen&, Stand: 15.09.2011.

Eggemann / Konradt 2000
Eggemann, Gerd / Konradt, Thomas: Risikomanagement nach KonTrag aus dem Blickwinkel des Wirtschaftsprüfers. In: BB (Ausgabe 10) vom 9.März.2000, S. 503-509.

EG-Kommission 1996
EG-Kommission, Kommission der Europäischen Gemeinschaften: Empfehlung 96/280/EG der Kommission vom 3. April 1996 betreffend die Definition der kleinen und mittleren Unternehmen. In: Amtsblatt der Europäischen Gemeinschaften vom 30.04.1996, Nr. L 107, S. 4-9.

EG-Kommission 2003
EG-Kommission, Kommission der Europäischen Gemeinschaften: Empfehlung 2003/361/EG der Kommission vom 6. Mai 2003 betreffend die Definition der Kleinstunternehmen sowie der kleinen und mittleren Unternehmen. In: Amtsblatt der Europäischen Union vom 20.05.2003, Nr. L 124, S. 36-41.

Eisele 2004
Eisele, Burkhard: Value-at-Risk-basiertes Risikomanagement in Banken. Frankfurt am Main: Deutscher Universitäts-Verlag, 2004.

Eller et al. 2002
Eller, Roland / Lorenz, Björn / Knobloch, Peter / Heinzel, Detlef: Modernes Risikomanagement: Steuerung von Kassainstrumenten und Derivaten im Bankbetrieb. Wiesbaden: Gabler Verlag, 2002.

Eller et al. 2010
Eller, Roland / Heinrich, Markus / Perrot, René / Reif, Markus: Kompaktwissen Risikomanagement: Nachschlagen, verstehen und erfolgreich umsetzen. Wiesbaden: Gabler Verlag, 2010.

Ender et al. 2010
Ender, Manuela / Lanza, Gisela / Sproedt, Alexander: Cash Flow at Risk. In: Risk, Compliance & Audit (Ausgabe 01) 2010, S. 16-22.

Epstein 1999
Epstein, Richard: Risikomanagement im Export mittelständischer Unternehmen - ein interkultureller Vergleich. Berlin: dissertation.de - Verlag im Internet, 1999.

Erben et al. 2010
Erben, Franz / Offerhaus, Jan / Sitt, Axel: ISO 31010 Risk Assessment - Teil 1. In: Risk, Compliance & Audit (Ausgabe 5) 2010, S. 32-39.

Erdmann / Zweifel 2008
Erdmann, Georg / Zweifel, Peter: Energieökonomik: Theorie und Anwendungen. Berlin: Springer Verlag, 2008.

Ernst & Young 2005
Ernst & Young: Ernst & Young Best Practice Survey "Risikomanagement 2005". URL: http://www.risknet.de/fileadmin/template_risknet/dokumente/Studien/EY-Summary-Risikomanagement-2005.pdf.

Ertl 2009
Ertl, Manfred: Steuerung von Finanzmarktrisiken in Unternehmen durch die Verwendung von Limit-Systemen. In: Zeitschrift für Billanzierung und Rechnungswesen (Ausgabe 1) 2009, S. 37-41.

Eurex 2009
Eurex: Eurex clearing - Rundschreiben 060/09. URL: http://www.eurexchange.com/download/documents/circulars/cc0602009g.pdf, Stand: 08.07.2011.

Eurex 2011a
Eurex: Produkte. Eschborn: Eurex Frankfurt AG, 2011.

Eurex 2011b
Eurex: Willkommen bei Eurex – Europas globaler Finanzmarktplatz. URL: http://www.eurexchange.com, Stand: 16.09.2011.

Eurex 2011c
Eurex: Euro-Schatz-Futures. URL: http://www.eurexchange.com/trading/products/INT/FIX/FGBS_de.html, Stand: 16.09.2011.

Europäische Kommission 2006
Europäische Kommission: Die neue KMU-Definition: Benutzerhandbuch und Mustererklärung, 2006.

Europäische Kommission 2010
Europäische Kommission: Mehr Sicherheit und Transparenz für die Derivatemärkte in Europa. URL: http://europa.eu/rapid/pressReleasesAction.do?reference=IP/10/1125&format=HTML &aged=0&language=DE&guiLanguage=en, Stand: 16.02.2011.

Falter / Michel 2000
Falter, Wolfgang / Michel, Uwe: Frühaufklärung und Risikomanagement für Unternehmen der chemischen Industrie. In: Dörner, Dietrich / Horváth, Péter / Kagermann, Henning (Hrsg.): Praxis des Risikomanagements: Grundlagen, Kategorien, branchenspezifische und strukturelle Aspekte. Stuttgart: Schäffer-Poeschel, 2000, S. 471-505.

FAZ.net 2007
FAZ.net: Städte verlieren mit Zinswetten Millionen. In: FAZ.net. URL: http://www.faz.net/s/RubEC1ACFE1EE274C81BCD3621EF555C83C/Doc~E4E5A74 8831F048C0B394E6B15545BF6D~ATpl~Ecommon~Scontent.html, Stand: 20.07.2009.

Federal Housing Finance Agency 2009
Federal Housing Finance Agency: Federal Housing Finance Agency. URL: http://www.fhfa.gov/webfiles/14801/FINAL2q09hpi.pdf, Stand: 19.11.2009.

Federation of European Risk Management Associations 2003
Federation of European Risk Management Associations, FERMA: Der Risikomanagement-Standard. URL: http://www.ferma.eu/Portals/2/documents/RMS/RMS-German%282%29.pdf, Stand: 01.08.2011.

Fiege 2006
Fiege, Stefanie: Risikomanagement- und Überwachungssystem nach KontraG: Prozess, Instrumente, Träger. Wiesbaden: Deutscher Universitätsverlag, 2006.

Finke 2003
Finke, Robert B.: Risiko in Unternehmenswertmodellen. In: Romeike, Frank / Finke, Robert B. (Hrsg.): Erfolgsfaktor Risiko-Management: Chance für Industrie und Handel - Methoden, Beispiele, Checklisten. 1. Auflage Wiesbaden: Gabler, 2003, S. 85-116.

Forster 1999
Forster, Karl-Heinz: Zum Zusammenspiel von Aufsichtsrat und Abschlußprüfer nach dem KonTraG. In: AG (Ausgabe 5) 1999, S. 193-198.

Frank / Hax 2009
Frank, Günter / Hax, Herbert: Finanzwirtschaft des Unternehmens und Kapitalmarkt. 6., überarbeitete und erweiterte Aufl. Berlin: Springer-Verlag, 2009.

Franke et al. 2004
Franke, Jürgen / Härdle, Wolfgang / Hafner, Christian M: Einführung in die Statistik der Finanzmärkte. 2. Aufl. Berlin: Springer Verlag, 2004.

Franz 2000
Franz, Klaus-Peter: Corporate Governance. In: Dörner, Dietrich / Horváth, Péter / Kagermann, Henning (Hrsg.): Praxis des Risikomanagements: Grundlagen, Kategorien, branchenspezifische und strukturelle Aspekte. Stuttgart: Schäffer Poeschel, 2000, S. 41-72.

Frey 2005
Frey, Thorsten: Management von Inflationsrisiken. In: Priermeier, Thomas (Hrsg.): Finanzrisikomanagement im Unternehmen. München: Franz Vahlen Verlag, 2005, S. 329-344.

Frontzek 2010
Frontzek, Wolfgang M.: Management von Industriemetallrisiken im Treasury-Management. In: Eller, Roland / Heinrich, Markus / Perrot, René / Reif, Markus (Hrsg.): Management von Rohsoffrisiken: Strategien, Märkte und Produkte. 1. Auflage Wiesbaden: Gabler Verlag, 2010, S. 157-180.

Gabler Wirtschaftslexikon 2010
Gabler Wirtschaftslexikon: Stichwort: Derivate. URL: http://wirtschaftslexikon.gabler.de/Archiv/5421/derivate-v7.html.

Gabler Wirtschaftslexikon 2011
Gabler Wirtschaftslexikon: Risikomanagement-Kreislauf. URL: http://wirtschaftslexikon.gabler.de/media/264/222636.png, Stand: 20.02.2011.

Gantzel 1962
Gantzel, Klaus Jürgen: Wesen und Begriff der mittelständischen Unternehmung. Köln/Opladen: Westdeutscher Verlag, 1962.

Gaumert / Coenen 2006
Gaumert, Uwe / Coenen, Annette: Herausforderungen für mittelständische Unternehmen. In: Die Bank (Ausgabe 6) 2006, S. 48-52.

Gerpott / Hoffmann 2008
Gerpott, Torsten J. / Hoffmann, Alexander P.: Risikomanagement in Unternehmen. In: Wirtschaftswissenschaftliches Studium (WiSt) (Ausgabe 1) Januar 2008, S. 7-13.

GGW 2008
GGW, Gossler Gobert & Wolters Gruppe: Risikomanagement im Mittelstand: Ergebnisbericht GGW Umfrage. URL: http://www.ggw.de/fileadmin/user_upload/presse/dokumente/GGW_Umfrage_Risikomanagement%20im%20Mittelstand.pdf.

Giebel 2006
Giebel, Stefan: Stand und Entwicklungstendenzen des industriellen Risikomanagements. In: Hölscher, Reinhold (Hrsg.): Studien zum Finanz-, Bank- und Versicherungsmanagement. Band: Nr. 11. Kaiserslautern: Technische Universität Kaiserslautern, 2006.

Glaum / Klöckner 2009
Glaum, Martin / Klöckner, André: Hedging von Finanzrisiken und Hedge Accounting gemäß IAS 39: Ergebnisse einer Befragung zur Bilanzierung von Sicherungsbeziehungen. Frankfurt am Main: Fachverlag Moderne Wirtschaft, 2009.

Glaum / Förschle 2000
Glaum, Martin / Förschle, Gerhart: Finanzwirtschaftliches Risikomanagement deutscher Industrie- und Handelsunternehmen. Frankfurt am Main: Fachverlag Moderne Wirtschaft, 2000.

Gleißner et al. 2004
Gleißner, Werner / Lienhard, Herbert / Stroeder, Dirk H.: Risikomanagement im Mittelstand. 1. Auflage Eschborn: RKW-Verlag, 2004.

Gleißner 2008
Gleißner, Werner: Grundlagen des Risikomanagements im Unternehmen. München: Verlag Franz Vahlen, 2008.

Gleißner 2006
Gleißner, Werner: Serie Risikomaße und Bewertung Teil 2: Downside-Risikomaße - Risikomaße, Safety-First-Ansätze und Portfoliooptimierung. In: Risikomanager (Ausgabe 13) 2006, S. 17-23.

Gleißner 2000
Gleißner, Werner: Risikopolitik und Strategische Unternehmensführung. In: Der Betrieb (Ausgabe 33) vom 18.08.2000, S. 1625-1629.

Gleißner / Wolfrum 2006
Gleißner, Werner / Wolfrum, Marco: Risk-Map und Risiko-Portfolio: Eine kritische Betrachtung. In: Zeitschrift für Versicherungswesen, ZfV (Ausgabe 5) 2006, S. 149-153.

Goeke 2008
Goeke, Manfred: Der deutsche Mittelstand - Herzstück der deutschen Wirtschaft. In: Goeke, Manfred (Hrsg.): Praxishandbuch Mittelstandsfinanzierung: Mit Leasing, Factoring & Co. unternehmerische Potenziale ausschöpfen. 1. Auflage Wiesbaden: Gabler, 2008, S. 9-22.

Gort 2003
Gort, Christoph: Der Markt für Wetterderivate in Europa. Bern: Wirtschafts- und Sozialwissenschaftliche Fakultät der Universität Bern, 2003.

Grundmann / Luderer 2009
Grundmann, Wolfgang / Luderer, Bernd: Finanzmathematik, Versicherungsmathematik, Wertpapieranalyse: Formeln und Begriffe. 3. Aufl. Wiesbaden: Vieweg+Teubner, 2009.

Günterberg / Wolter 2002
Günterberg, Brigitte / Wolter, Hans-Jürgen: Unternehmensgrößenstatistik 2001/2002: Daten und Fakten. Bonn: Institut für Mittelstandsforschung Bonn, 2002.

Häberle 2002
Häberle, Siegfried Georg: Handbuch der Außenhandelsfinanzierung: Lehrbuch und Nachschlagewerk für Industrie, Handel und Banken sowie für die wirtschaftsorientierten Hochschulen und Schulen. 3., durch Anh. aktualisierte und erw. Aufl. München: Oldenbourg Wissenschaftsverlag, 2002.

Hachmeister 2005
Hachmeister, Dirk: Unternehmenswertsteigerung durch Risikomanagemenent auf der Unternehmensebene. In: Zeitschrift für Controlling & Management (Ausgabe 2) 2005, S. 134-142.

Hager 2004a
Hager, Peter: Value at Risk und Cash Flow at Risk in Unternehmen. Dissertation Siegen: Universität Siegen, 2004.

Hager 2004b
Hager, Peter: Was ist der "Cash Flow at Risk"? In: Risknews (Ausgabe 03) 2004, S. 40-41.

Hahn et al. 2000
Hahn, Klaus / Weber, Stefan C. / Friedrich, Jörg: Ausgestaltung des Risikomanagementsystems in mittelständischen Unternehmen. In: Betriebs-Berater (Ausgabe 51/52) vom 21.12.2000, S. 2620-2628.

Härle-Willerich / von Rekowski 2005
Härle-Willerich, Christa / von Rekowski, Klaus: Financial Risk Management (FiRM): Risikomanagement im Überblick. In: Priermeier, Thomas (Hrsg.): Finanzrisikomanagement im Unternehmen: Ein Praxishandbuch. München: Verlag Franz Vahlen, 2005, S. 1-13.

Haß / Schweizer 2010
Haß, Lars Helge / Schweizer, Denis: Diversifikations- und "Downside Protection-Potenzial" von Rohstoffportfolios in Multi-Asset-Portfolios. In: Eller, Roland / Heinrich, Markus / Perrot, René / Reif, Markus (Hrsg.): Management von Rohstoffrisiken: Strategien, Chancen, Risiken, Märkte und Produkte. 1. Aufl. Wiesbaden: Gabler Verlag, 2010, S. 407-424.

Hausmann et al. 2002
Hausmann, Wilfried / Diener, Kathrin / Käsler, Joachim: Derivate, Arbitrage und Portfolio-Selection: Stochastische Finanzmarktmodelle und ihre Anwendung. 1. Aufl. Braunschweig: Vieweg Verlag, 2002.

Hee / Hofmann 2006
Hee, Christian / Hofmann, Lutz: Wetterderivate: Grundlagen, Exposure, Anwendung und Bewertung. 1. Auflage Wiesbaden: Gabler Verlag, 2006.

Heidorn 2009
Heidorn, Thomas: Finanzmathematik in der Bankpraxis: Vom Zins zur Option. 6., überarbeitete und erweiterte Aufl. Wiesbaden: Gabler Verlag, 2009.

Henschel 2008b
Henschel, Thomas: Risikomanagement Typologie: Eine empirische Untersuchung an deutschen KMU (Teil 2). In: Zeitschrift der Unternehmensberatung (ZUB) (Ausgabe 5) 2008, S. 224-229.

Henschel 2008a
Henschel, Thomas: Risikomanagement Typologie: Eine empirische Untersuchung an deutschen KMU (Teil 1). In: Zeitschrift für Unternehmensberatung (Ausgabe 4) 2008, S. 174-180.

Henschel 2003
Henschel, Thomas: Risikomanagement im Mittelstand: Eine empirische Untersuchung. In: Zeitschrift für Controlling & Management (Ausgabe 5) 2003, S. 331-337.

Henschel 2010
Henschel, Thomas: Erfolgreiches Risikomanagement im Mittelstand: Strategien zur Unternehmenssicherung. Berlin: Erich Schmidt Verlag, 2010.

Herz / Nagl 2008
Herz, Carsten / Nagl, Hans: Die Abwehrfrot bröckelt - Kampf um Conti: Juristische Hakeleien und politische Klimmzüge. In: Handelsblatt vom 18./19./20..Juli.2008, Nr. 138, S. 12.

HGB
HGB : Handelsgesetzbuch in der im Bundesgesetzblatt Teil III, Gliederungsnummer 4100-1, veröffentlichten bereinigten Fassung, das durch Artikel 8 des Gesetzes vom 1. März 2011 (BGBl. I S. 288) geändert worden ist.

Hillier et al. 2010
Hillier, David / Ross, Stephen / Westerfield, Randolph / Jaffe, Jeffrey / Jordan, Bradford: Corporate Finance. 1. European Edition. New York: McGraw-Hill Higher Education, 2010.

Hofmann 2009
Hofmann, Mathias: Management von Refinanzierungsrisiken in Kreditinstituten: Marktzinsorientierte Kalkulation und Steuerung des Ergebnisses aus der Finanzierungsdisposition. Wiesbaden: Gabler Verlag, 2009.

Höhmann 2011
Höhmann, Ingmar: Die Firmenanleihe findet neue Fans. In: Handelsblatt vom 23.02.2011, Nr. 38, S. 56-57.

Höhmann 2011a
Höhmann, Ingmar: Banken buhlen um Unternehmen mit guter Bonität. In: Handelsblatt vom 2011.02.2011, Nr. 38, S. 57.

Hoitsch et al. 2006
Hoitsch, Hans-Jörg / Winter, Peter / Baumann, Nik: Risikocontrolling bei deutschen Kapitalgesellschaften: Ergebnisse einer empirschen Untersuchung. In: Controlling (Ausgabe 2) Februar 2006, S. 69-78.

Hoitsch / Winter 2004
Hoitsch, Hans-Jörg / Winter, Peter: Die Cash Flow at Risk-Methode als Instrument eines integriert-holistischen Risikomanagements. In: Zeitschrift für Controlling und Management (Ausgabe 4) 2004, S. 235-246.

Hölscher et al. 2006
Hölscher, Reinhold / Giebel, Stefan / Karrenbauer, Ulrike: Stand und Entwicklungstendenzen des industriellen Risikomanagements: Ergebnisse einer aktuellen Studie der Technischen Universität Kaiserslautern - Teil 1. In: Zeitschrift Risk, Fraud & Governance (Ausgabe 4) 2006, S. 149-154.

Hölscher et al. 2007
Hölscher, Reinhold / Giebel, Stefan / Karrenbauer, Ulrike: Stand und Entwicklungstendenzen des industriellen Risikomanagements: Ergebnisse einer aktuellen Studie der Technischen Universität Kaiserslautern - Teil 2. In: Zeitschrift Risk, Fraud & Governance (Ausgabe 1) 2007, S. 5-14.

Homburg / Stephan 2004
Homburg, Carsten / Stephan, Jörg: Kennzahlenbasiertes Risikocontrolling in Industrie- und Handelsunternehmen. In: Zeitschrift für Controlling und Management (Ausgabe 5) 2004, S. 313-325.

Hommelhoff / Mattheus 2000
Hommelhoff, Peter / Mattheus, Daniela: Gesetzliche Grundlagen: Deutschland und International. In: Dörner, Dietrich / Horvárth, Péter / Kagermann, Henning (Hrsg.): Praxis des Risikomanagements: Grundlagen, Kategorien, branchenspezifische und strukturelle Aspekte. 1. Stuttgart: Schäffer-Poeschel, 2000, S. 5-40.

Horváth & Partners 2007
Horváth & Partners : Balanced Scorecard umsetzen. 4., überarbeitete Aufl. Stuttgart: Schäffer-Poeschel, 2007.

Hromadka / Döhring 2007
Hromadka, Jürgen / Döhring, Jens: Entwichlung und Einsatz internen Ratingverfahren in einer genossenschaftslichen Zentralbank. In: Büschgen, Hans E. / Everling, Oliver (Hrsg.): Handbuch Rating. 2. Aufl. Wiesbaden: Gabler Verlag, 2007, S. 245-272.

Hull 2009
Hull, John C.: Optionen, Futures und andere Derivate. 7. aktualisierte Aufl. München: Pearson Studium, 2009.

Hull 2011
Hull, John C.: Risikomanagement: Banken, Versicherungen und andere Finanzinstitutionen. 2., aktualisierte Aufl. München: Pearson Studium, 2011.

Hünermann / Dietrich 2010
Hünermann, Rolf / Dietrich, Tobias: Aktuelle Rechtsentwicklungen in den USA - Einflussnahme auf europäische Unternehmen. In: CORPORATE FINANCE law (Ausgabe 6) vom 27.09.2010, S. 357-363.

Huschens 2000
Huschens, Stefan: Value-at-Risk-Berechnung durch historische Simulation. In: Dresdner Beiträge zu Quantitativen Verfahren (Ausgabe 30/00) 2000, Technische Universität Dresden: Fakultät für Wirtschaftswissenschaften.

Huschens / Locarek-Junge 2000
Huschens, Stefan / Locarek-Junge, Hermann: Konzeptionelle und statistische Grundlagen der portfolioorientierten Kreditmessung. In: Oehler, Andreas (Hrsg.): Kreditrisikomanagement: Portfoliomodelle und Derivate. Stuttgart: Schäffer-Poeschel Verlag, 2000, S. 25-49.

IAS
IAS: IAS 39: Finanzinstrumente: Ansatz und Bewertung einschließlich der Bestimmungen über die Verwendung der ‚Fair Value-Option'.

ICE 2011a
ICE, Intercontinental Exchange: Dollar Based Currency Pairs Euro/US Dollar Regular. URL: https://www.theice.com/productguide/ProductDetails.shtml?specId=2935638, Stand: 08.08.2011.

ICE 2011b
ICE, Intercontinental Exchange: Energy Futures and Options. URL: https://www.theice.com/productguide/ProductGroupHierarchy.shtml?groupSummary=&group.groupId=5, Stand: 16.09.2011.

ICE 2011c
ICE, Intercontinental Exchange: Agricultural Futures and Options. URL: https://www.theice.com/productguide/ProductGroupHierarchy.shtml?groupSummary=&group.groupId=1, Stand: 16.09.2011.

ICE 2011d
ICE, Intercontinental Exchange: Dollar Based Currency Pairs Euro/US Dollar Regular (125). URL: https://www.theice.com/productguide/ProductDetails.shtml?specId=2935638, Stand: 16.09.2011.

IDW PS 340
IDW PS 340 : IDW Prüfungsstandard 340: Die Prüfung des Risikofrüherkennungssystems nach §317 Abs. 4 HGB. In: Die Wirtschaftsprüfung (Ausgabe 16) 1999, S. 658-662.

IfM Bonn 2010a
IfM Bonn, Institut für Mittelstandsforschung: Definition der Familienunternehmen des IfM Bonn. URL: http://www.ifm-bonn.de/index.php?id=68, Stand: 08.03.2011.

IfM Bonn 2010b
IfM Bonn, Institut für Mittelstandsforschung: Schlüsselzahlen der Familienunternehmen. URL: http://www.ifm-bonn.de/index.php?id=905, Stand: 08.03.2011.

IfM Bonn 2010c
IfM Bonn, Institut für Mittelstandsforschung: KMU-Definition des IfM Bonn. URL: http://www.ifm-bonn.org/index.php?id=89, Stand: 01.03.2011.

IfM Bonn 2011a
IfM Bonn, Institut für Mittelstandsforschung: Schlüsselzahlen des Mittelstands in Deutschland gemäß der KMU-Definition des IfM Bonn. URL: http://www.ifm-bonn.de/assets/documents/SZ-Unt&Ums&Besch_2004-2008_2009&2010Sch_D_KMU_nach_IfM-Def.pdf, Stand: 08.03.2011.

IfM Bonn 2011b
IfM Bonn, Institut für Mittelstandsforschung: Kennzahlen zum Mittelstand 2009/2010 in Deutschland. URL: http://www.ifm-bonn.org/index.php?id=99, Stand: 01.03.2011.

International Swaps and Derivatives Association 2002
International Swaps and Derivatives Association, ISDA: ISDA Master Agreement. URL: http://www.isda.org/publications/isdamasteragrmnt.aspx#ma, Stand: 08.08.2011.

INW 2000
INW, Institut der Niedersächsischen Wirtschaft e.V.: Entwicklungstrends des Risikomanagements von Aktiengesellschaften in Deutschland. Hannover: Fachverlag Moderne Wirtschaft, 2000.

Jacob 1998
Jacob, Hans-Joachim: KonTrag und KapAEG-die neuen Entwürfe des Hauptfachausschusses zum Risikofrüherkennungssystem, zum Bestätigungsvermerk und zum Prüfungsbericht. In: Die Wirtschaftsprüfung (Ausgabe 23 - 24) 1998, S. 1043-1054.

Jonen / Simgen-Weber 2008
Jonen, Andreas / Simgen-Weber, Barbara: Risikowirtschaft im Mittelstand - Eine explorative Analyse. In: Lingau, Volker (Hrsg.): Die Rolle des Controllers im Mittelstand. 1. Auflage Lohmar - Köln: Josef Eul Verlag, 2008, S. 93-114.

Jorion 2007
Jorion, Philippe: Value at Risk: The New Benchmark for Managing Financial Risk. 3. Auflage New York: McGraw-Hill Companies, 2007.

Kajüter / Winkler 2004
Kajüter, Peter / Winkler, Carsten: Praxis der Risikoberichterstattung deutscher Konzerne. In: Die Wirtschaftsprüfung (Ausgabe 6) vom 15. März 2004, S. 249-261.

Kajüter 2006
Kajüter, Peter: Risk Management Systems: Empirical Evidence from German listed firms. In: IFSAM VIIIth World Congress Berlin 2006 vom 28./29..September.2006.

Kaminsky et al. 2007
Kaminsky, Christoph / Kuzmenkova, Natalja / Kuklok, Oliver: Risikomangement: Stresstest in Banken. In: Die Bank 2007, Nr. 11, S. 49-51.

Keitsch 2007
Keitsch, Detlef: Risikomanagement. 1. Auflage Stuttgart: Schäffer-Poeschel, 2007.

Klatt et al. 2005
Klatt, Michael / Kortegart, Stefan / Schubert, Matthias: Chancen- und Risikomanagement im Mittelstand - dargestellt am Beispiel der Automobilzuliefererindustrie. In: Controller Magazin (Ausgabe 01) 2005, S. 67-72.

Kless 1998
Kless, Thomas: Beherrschung der Unternehmensrisiken: Aufgaben und Prozesse eines Risikomanagements. In: Deutsches Steuerrecht (DStR) vom 16.01.1998, Nr. 3, S. 93-96.

Kolb / Overdahl 2007
Kolb, Robert W. / Overdahl, James A.: Futures, Options and Swaps. 5. Aufl. Oxford: Blackwell Publishing Ltd., 2007.

Kreutzer 2008
Kreutzer, Ralf T.: Praxisorientiertes Marketing: Grundlagen - Instrumente - Fallbeispiele. 2. Aufl. Wiesbaden: Gabler Verlag, 2008.

Kruschwitz 2009
Kruschwitz, Lutz: Investitionsrechnung. 12. Auflage München: Oldenbourg Wissenschaftsverlag GmbH, 2009.

Kruschwitz / Husmann 2010
Kruschwitz, Lutz / Husmann, Sven: Finanzierung und Investition. 6. Auflage München: Oldenbourg, 2010.

Kruse 2007
Kruse, Susanne: Derivative Finanzinstrumente. In: WISU - Das Wirtschaftsstudium (Ausgabe 6) 2007, S. 807-814.

Kühne 2010
Kühne, Jan: Anforderungen an das Risikomanagement und Risikocontrolling. In: Eller, Roland / Heinrich, Markus / Perrot, René / Reif, Markus (Hrsg.): Management von Rohstoffrisiken: Strategien, Märkte und Produkte. 1. Auflage Wiesbaden: Gabler, 2010, S. 107-138.

Lachmann 2003
Lachmann, Werner: Volkswirtschaftslehre 2: Anwendungen. 2. Aufl. Berlin: Springer, 2003.

LBBW 2011
LBBW, Landesbank Baden Württemberg: Das Online-Trading-System der LBBW für den Devisen- und Geldmarkt. URL: https://lbbw-business.de/actions/internLink?dokumentId=1000021028, Stand: 15.09.2011.

Legenhausen 1998
Legenhausen, Claas: Controllinginstrumente für den Mittelstand. Wiesbaden: Gabler, 1998.

Liermann / Klauck 2009
Liermann, Volker / Klauck, Kai-Oliver: Banken im Stresstest. In: Die Bank 2009, Nr. 05, S. 53-55.

Linsmeier / Pearson 2000
Linsmeier, Thomas J. / Pearson, Neil D.: Value at Risk. In: Financial Analysts Journal (Ausgabe 2) 2000, S. 47-67.

LME 2011a
LME, London Metal Exchange: Contract Specifications. 5. Auflage: lme.com, 2011.

LME 2011b
LME, London Metal Exchange: Non-ferrous metals. URL: http://www.lme.com/non-ferrous/index.asp, Stand: 02.08.2011.

LME 2011c
LME, London Metal Exchange: LMEminis. URL: http://www.lme.com/lmemini.asp, Stand: 09.08.2011.

LME 2011d
LME, London Metal Exchange: Listed Facilities LME Metals. URL: http://www.lme.com/downloads/warehouses/LME_METALS_080911.pdf, Stand: 18.09.2011.

LME 2011e
LME, London Metal Exchange: URL: http://www.lme.com, Stand: 13.09.2011.

Lück 1998
Lück, Wolfgang: Der umgang mit Unternehmenrischen Risiken durch ein Risikomanagementsystem und durch ein Überwachungssystem. In: Der Betrieb (Ausgabe 39) vom 25. September 1998, S. 1925-1930.

Maier 2007
Maier, Kurt M.: Risikomanagement im Immobilien- und Finanzwesen: Leitfaden für Theorie und Praxis. 3., überarbeitete und erweiterte Auflage. Frankfurt am Main: Fritz Knapp Verlag, 2007.

Malakowski / Petry 2008
Malakowski, Bernd / Petry, Markus: Operationelle Risiken: Versicherungen als Problemlöser?. In: Die Bank (Ausgabe 9) 2008, S. 56-60.

Marsh 2002a
Marsh: Studie: Risikomanagement mittelständischer Unternehmen. Marsh & McLennan Companies, 2002.

Marsh 2002b
Marsh: Risikomanagement in Europa 2002: Eine Untersuchung mittelständischer Unternehmen. Marsh & McLennan Companies, 2002.

Martin / Bär 2002
Martin, Thomas A. / Bär, Thomas: Grundzüge des Risikomanagements nach KonTraG: Das Risikomanagementsystem zur Krisenfrüherkennung nach § 91 Abs. 2 AktG. 1. Auflage München: Oldenbourg Wissenschaftsverlag, 2002.

Maslen 2010
Maslen, Martin: Steuerung und Reduktion operationeller Risiken im Bankensektor. Hamburg: Diplomica Verlag, 2010.

Meier 2004
Meier, Christian: Risikotreiber in einem Kreditportfolio. In: Der Schweizer Treuhänder (Ausgabe 04) 2004, S. 255-260.

Meier-Burkert 2011
Meier-Burkert, Friederike: Kapital auf Zeit. In: Financial Times Deutschland vom 04.01.2011, Nr. 2, S. 24-25.

Meissner / Priermeier 2005
Meissner, Falko / Priermeier, Thomas: Wetterrisikomanagement. In: Priermeier, Thomas (Hrsg.): Finanzrisikomanagement im Unternehmen: Ein Praxishandbuch. München: Verlag Franz Vahlen, 2005, S. 289-327.

Merk 2011
Merk, Andreas: Optionsbewertung in Theorie und Praxis: Theoretische und empirische Überprüfung des Black/Scholes-Modells. Wiesbaden: Gabler Verlag, 2011.

Meyding / Mörsdorf 1999
Meyding, Thomas / Mörsdorf, Roland: Neuregelungen durch das KonTraG und Tendenzen in der Rechtsprechung. In: Saitz, Bernd / Braun, Frank (Hrsg.): Das Kontroll- und Transparenzgesetz: Herausforderungen und Chancen für das Risikomanagement. 1. Auflage Wiesbaden: Gabler Verlag, 1999, S. 5-46.

Michalky / Schittler 2008
Michalky, Martin / Schittler, Robert: Das große Buch der Börse. 1. Aufl. München: FinanzBuch Verlag, 2008.

Mihm 2011
Mihm, Andreas: Atomausstieg: Planwirtschaft in der Energiewirtschaft. URL: http://www.faz.net/artikel/C32436/atomausstieg-planwirtschaft-in-der-energiewirtschaft-30432288.html, Stand: 14.06.2011.

Mihm 2010
Mihm, Andreas: Zukunftssorgen: Deutsche Industrie warnt vor Rohstoffmangel. URL: http://www.faz.net/-01j65t, Stand: 27.10.2010.

Mißler-Behr 2008
Mißler-Behr, Magdalena: Erfolgreiches Risikomanagement durch systematische Identifikation und Bewertung der Risiken. In: Information, Management & Consulting (Ausgabe Heft 4) 2008, S. 80-86.

Müller / Grandi 2003
Müller, Andreas / Grandi, Marcel: Wetterderivate zur Absicherung von Wetterrisiken: Spekulationsinstrument oder Bestandteil des risikopolitischen Instrumentariums in wettersensiblen Branchen? URL: http://www.riva-online.de/download/publikationen-AM/mueller-grandi-wetter-derivate-d-zfv-2000.pdf, Stand: 19.08.2010.

Müller 1993
Müller, Wolfgang: Risiko und Ungewissheit. In: Wittmann, Waldemar / Kern, Werner / Köhler, Richard / Küpper, Hans-Ulrich / von Wysocki, Klaus (Hrsg.): Handwörterbuch der Betriebswirtschaft. Band: 3. 5., völlig neu gestaltete Auflage Stuttgart: Schäffer-Poeschel, 1993, S. 3813-3825.

Müller 2005
Müller, Katrin: Digitale Optionen sind Turbos fürs Portfolio. In: Handelsblatt vom 14.09.2005, Nr. 178, S. b07.

Müller-Möhl 2002
Müller-Möhl, Ernst: Optionen und Futures: Grundlagen und Strategien für das Termingeschäft in Deutschland, Österreich und in der Schweiz. 5., überarbeitete Aufl. Stuttgart: Schäffer-Poeschel Verlag, 2002.

Murphy 2008
Murphy, David: Understanding Risk: The Theory and Practice af Financial Risk Management. Boca Raton, Florida: Chapman & Hall / CRC, 2008.

Neusser 2009
Neusser, Klaus: Zeitreihenanalyse in den Wirtschaftswissenschaften. 2., aktualisierte Aufl. Wiesbaden: Vieweg+Teubner, 2009.

Nimwegen / Koelen 2010
Nimwegen, Sebastian / Koelen, Peter: COSO II als Rahmen für die Beschreibung der wesentlichen Merkmale eines internen Kontroll- und des Risikomanagementsystems. In: Der Betrieb (Ausgabe 37) vom 17.09.2010, S. 2011-2015.

NYSE Euronext 2011
NYSE Euronext : US Dollar / Euro Futures. URL: http://globalderivatives.nyx.com/en/contract/content/29368/contract-specification, Stand: 15.09.2011.

OECD 2002
OECD, Organisation for Economic Co-operation and Development: OECD public debt markets: trend and recent structural changes. Paris: OECD, 2002.

Oehler / Unser 2002
Oehler, Andreas / Unser, Matthias: Finanzwirtschaftliches Risikomanagement. 2.,verb. Auflage Berlin: Springer-Verlag, 2002.

Onvista 2011
Onvista : DAX-Volatilitätsindex. URL: http://www.onvista.de/index/quote_history.html?ID_NOTATION=1555056&RANGE =120M, Stand: 14.07.2011.

Paschold 2010
Paschold, Thomas: Produkte und Praxisfälle des Risikomanagements. In: Eller, Roland / Heinrich, Markus / Perrot, René / Reif, Markus (Hrsg.): fManagement von Rohstoffrisiken: Strategien, Märkte und Produkte. Wiesbaden: Gabler Verlag, 2010, S. 139-156.

Paul 2008
Paul, Holger: Deutsche Bank zu hohem Schadenersatz verurteilt. In: FAZ.net. URL: http://www.faz.net/s/Rub0E9EEF84AC1E4A389A8DC6C23161FE44/Doc~E213E8F C5261046A6A1446067C0DBC58F~ATpl~Ecommon~Scontent.html, Stand: 20.07.2009.

Perridon et al. 2009
Perridon, Louis / Steiner, Manfred / Rathgeber, Andreas: Finanzwirtschaft der Unternehmung. 15., überarbeitete und erweiterte Auflage München: Vahlen Verlag, 2009.

Pfohl 2006
Pfohl, Hans-Christian: Abgrenzung der Klein- und Mittelbetriebe von Großbetrieben. In: Pfohl, Hans-Christian (Hrsg.): Betriebswirtschaftslehre der Mittel- und Kleinbetriebe: Größenspezifische Probleme und Möglichkeiten zu ihrer Lösung. 4. Auflage Berlin: Erich-Schmid-Verlag, 2006, S. 1-24.

Piening et al. 2008
Piening, Jose Anita / Engelberger, Raphael / Schiller, Ulf / Sallin, Bernard: Aufbau und Augestaltung eines internen Kontrollsystems (IKS) in mittelständischen Unternehmen-Ein alternativer Ansatz. In: Zeitschrift für Controlling & Management 2008, Nr. 6, S. 394-400.

Poddig et al. 2008
Poddig, Thorsten / Dichtl, Hubert / Petersheimer, Kerstin: Statisitik, Ökonometrie, Optimierung: Methoden und ihre praktische Anwendung in Finanzanalyse und Portfoliomanagement. 4. vollständing überarbeitete Aufl. Bad Soden: Uhlenbruch Verlag, 2008.

Podding et al. 2009
Podding, Thorsten / Brinkmann, Ulf / Seiler, Katharina: Portfoliomanagement: Konzepte und Strategien. 2. Aufl. Bad Soden: Uhlenbruch Verlag, 2009.

Prätsch et al. 2007
Prätsch, Joachim / Schikorra, Uwe / Ludwig, Eberhard: Finanzmanagement. 3. Auflage Berlin: Springer, 2007.

Priermeier 2005
Priermeier, Thomas: Der Prozess der Risikosteuerung. In: Priermeier, Thomas (Hrsg.): Finanzrisikomanagement im Unternehmen: Ein Praxisbuch. München: Verlag Franz Vahlen, 2005, S. 15-101.

Pritzer 1999
Pritzer, Bernd: Risikomanagment als wettbewerbliche Notwendigkeit. In: Saitz, Bernd / Braun, Frank (Hrsg.): Das Kontroll- und Transparenzgesetz: Herausforderungen und Chancen für das Risikomanagement. Wiesbaden: Gabler, 1999, S. 145-167.

PwC 1999
PwC, PricewaterhouseCoopers Deutsche Revision: Unternehmensweites Risikomanagement: Maßnahmen zur Sicherung Ihres Unternehmenserfolges. 2., überarbeitete Aufl. Frankfurt am Main: PwC Deutsche Revision Aktiengesellschaft Wirtschaftsprüfungsgesellschaft, 1999.

PwC 2011
PwC, PricewaterhouseCoopers International Limited: Entry Standard ermöglicht Emission von Anleihen. URL: http://www.pwc.de/de/kapitalmarktorientierte-unternehmen/entry-standard-ermoeglicht-emission-von-anleihen.jhtml, Stand: 15.03.2011.

Rapp 2007
Rapp, Steffen: DOW JONES - NE Metalle Tag 26./27.Juni 2007. Frankfurt am Main: Deutsche Bank AG, 2007.

Rautenstrauch / Wurm 2008
Rautenstrauch, Thomas / Wurm, Christian: Stand des Risikomanagements in deutschen KMU. In: Zeitschrift für Krisen-, Sanierungs- und Insolvenzberatung (Ausgabe 03) 2008, S. 106-111.

Reichling et al. 2007
Reichling, Peter / Bietke, Daniela / Henne, Antje: Praxishandbuch Risikomanagement und Rating: Ein Leitfaden. 2., überarb. und erw. Auflage Wiesbaden: Gabler Verlag, 2007.

Reichling et al. 2007
Reichling, Peter / Bietke, Daniela / Henne, Antje: Praxishandbuch Risikomanagement und Rating: Ein Leitfaden. 2., überarbeitete und erw. Auflage Wiesbaden: Gabler Verlag, 2007.

Reitz 2011
Reitz, Stefan: Mathematik in der modernen Finanzwelt: Derivate, Portfoliomodelle und Ratingverfahren. 1. Aufl. Stuttgart: Vieweg+Teubner Verlag, 2011.

Reuse 2006
Reuse, Svend: Berechnung des Value-at-Risk mit der Monte-Carlo-Simulation: Vorstellung bestehender Modelle und Würdigung der Ergebnisse. In: BankPraktiker (Ausgabe 07-08) 2006, S. 366-371.

Rolfes / Kirmße 2000
Rolfes, Bernd / Kirmße, Stefan: Risikomanagement in Banken. In: Dörner, Dietrich / Horváth, Péter / Kagermann, Henning (Hrsg.): Praxis des Risikomanagements: Grundlagen, Kategorien, branchenspezifische und strukturelle Aspekte. Stuttgart: Schäffer-Poeschel Verlag, 2000, S. 623-668.

Romeike 2003a
Romeike, Frank: Gesetzliche Grundlagen, Einordnung und Trends. In: Romeike, Frank / Finke, Robert B. (Hrsg.): Erfolgsfaktor Risiko-Management: Chance für Industrie und Handel - Methoden, Beispiele Checklisten. 1. Aufl. Wiesbaden: Gabler Verlag, 2003, S. 65-81.

Romeike 2003b
Romeike, Frank: Risikoidentifikation und Risikokategorien. In: Romeike, Frank / Finke, Robert B. (Hrsg.): Erfolgsfaktor Risiko-Management: Chance für Industrie und Handel - Methoden, Beispiele Checklisten. 1. Auflage Wiesbaden: Gabler Verlag, 2003, S. 165-181.

Romeike 2003c
Romeike, Frank: Der Prozess des strategischen und operativen Risikomanagements. In: Romeike, Frank / Finke, Robert B. (Hrsg.): Erfolgsfaktor Risikomanagement: Chance für Industrie und Handel - Methoden, Beispiele Checklisten. 1. Auflage Wiesbaden: Gabler, 2003, S. 147-161.

Romeike 2003d
Romeike, Frank: Bewertung und Aggregation von Risiken. In: Romeike, Frank / Finke, Robert B. (Hrsg.): Erfolgsfaktor Risiko-Management: Chance für Industrie und Handel. Methoden, Beispiele, Checklisten. Wiesbaden: Gabler Verlag, 2003, S. 183-198.

Romeike 2003e
Romeike, Frank: Der Prozess der Risikosteuerung und -kontrolle. In: Romeike, Frank / Finke, Robert B. (Hrsg.): Erfolgsfaktor Risiko-Management: Chance für Industrie und Handel. Methoden, Beispiele, Checklisten. Wiesbaden: Gabler Verlag, 2003, S. 235-243.

Romeike 2004
Romeike, Frank: Lexikon Risikomanagement: 1000 Begriffe rund ums Risiko-Management nachschlagen, verstehen, anwenden. 1. Aufl. Köln: Bank-Verlag, 2004.

Rosenkranz / Mißler-Behr 2005
Rosenkranz, Friedrich / Mißler-Behr, Magdalena: Unternehmensrisiken erkennen und Managen: Einführung in die quantitative Planung. 1. Auflage Berlin Heidelberg: Springer, 2005.

Rudolf 2000
Rudolf, Markus: Zinsstrukturmodelle. Heidelberg: Physika-Verlag, 2000.

Rudolph / Schäfer 2005
Rudolph, Bernd / Schäfer, Klaus: Derivative Finanzmarktinstrumente: Eine anwendungsbezogene Einführung in Märkte, Strategien und Bewertung. 1. Auflage Berlin: Springer, 2005.

Rudolph et al. 2007
Rudolph, Bernd / Hofmann, Bernd / Schaber, Albert / Schäfer, Klaus: Kreditrisikotransfer: Moderne Instrumente und Methoden. Berlin: Springer Verlag, 2007.

Ruso 2009
Ruso, Harald: No Risk, No Business. In: Controller Magazin März/April 2009, S. 35.

Ruud / Sommer 2006
Ruud, T. Flemming / Sommer, Katerina: Enterprise Risk Management: Das COSO-ERM-Framework. In: Der Schweizer Treuhänder (Ausgabe 3) vom 07.03.2006, S. 126-131.

Scharpf 2000
Scharpf, Paul: Finanzrisiken. In: Dörner, Dietrich / Horváth, Péter / Kagermann, Henning (Hrsg.): Praxis des Risikomanagements: Grundlagen, Kategorien, branchenspezifische und strukturelle Aspekte. Stuttgart: Schäffer-Poeschel Verlag, 2000, S. 253-282.

Scharpf / Luz 2000
Scharpf, Paul / Luz, Günther: Risikomanagement, Bilanzierung und Aufsicht von Finanzderivaten. 2. überarb. und erw. Auflage Stuttgart: Schäffer-Poeschel Verlag, 2000.

Scherpereel 2005
Scherpereel, Peter: Risikokapitalallokation in dezentral organisierten Unternehmen. Köln: Deutscher Universitäts-Verlag, 2005.

Schierenbeck et al. 2008
Schierenbeck, Henner / Lister, Michael / Kirmße, Stefan: Ertragsorientiertes Bankmanagement: Risiko-Controlling und integrierte Rendite-/Risikosteuerung. 9., aktualisierte und überarbeitete Aufl. Wiesbaden: Gabler Verlag, 2008.

Schirm 2000
Schirm, Antje: Wetterderivate - Finanzmarktprodukte für das Management wetterbedingter Geschäftsrisiken. In: Finanzbetrieb (Ausgabe 11) 2000, S. 722-730.

Schmeisser 2010
Schmeisser, Wilhelm: Corporate Finance und Risk Management. München: Oldenbourg Wissenschaftsverlag, 2010.

Schmidt 2006
Schmidt, Martin: Derivate Finanzinstrumente: Eine anwendungsorientierte Einführung. 3., überarbeitete und erweiterte Auflage Stuttgart: Schäffer-Poeschel Verlag, 2006.

Schneck 2008
Schneck, Ottmar: Rating: Wie Sie Ihre Bank überzeugen. München: Deutscher Taschenbuch Verlag, 2008.

Schneiter / Cajos 2009
Schneiter, Beat / Cajos, Jachen: Risikomanagement auf der Basis der ISO-Norm 31000: Erfahrungen mit der Umsetzung. In: Der Schweizer Treuhänder (Ausgabe 8) 2009, S. 529-537.

Serfling 1992
Serfling, Klaus: Controlling. 2., überarb. u. erw. Aufl. Berlin: Kohlhammer, 1992.

Simons 2000a
Simons, Howard L.: Look back in anger. In: Futures Magazine March 2000, S. 48-50.

Simons 2000b
Simons, Howard L.: Choose your friends, choose your options. In: Futures Magazine April 2000, S. 56-58.

Simons 2000c
Simons, Howard L.: Compounding the problem. In: Futures Magazine May 2000, S. 56-58.

Simons 2000d
Simons, Howard L.: The Mid-Ocean Club. In: Futures Magazine June 2000, S. 52-54.

Simons 2000e
Simons, Howard L.: Don't leave home without them. In: Futures Magazine August 2000, S. 50-52.

Simons 2000f
Simons, Howard L.: Everybody's got to swing. In: Futures Magazine September 2000, S. 42-44.

Soll / Labes 1999
Soll, Reiner / Labes, Hubertus W.: Der Einfluß des KonTraG auf das Wechselspiel zwischen Interner Revision und Abschlußprüfer. In: Saitz, Bernd / Braun, Frank (Hrsg.): Das Kontroll- und Transparenzgesetz. Wiesbaden: Gabler Verlag, 1999, S. 195-205.

Sperber / Sprink 1999
Sperber, Herbert / Sprink, Joachim: Finanzmanagement internationaler Unternehmen: Grundlagen - Strategien - Instrumente. Stuttgart: Verlag W. Kohlhammer, 1999.

Spremann 2010
Spremann, Klaus: Finance. 4. Aufl. München: Oldenbourg Wissenschaftsverlag, 2010.

Stallinger 2011
Stallinger, Manfred: Wertschöpfung durch Risikomanagement? In: Risk, Compliance & Audit (Ausgabe 01) 2011, S. 15-20.

Statistisches Bundesamt Deutschland 2011
Statistisches Bundesamt Deutschland : Export: Waren und Dienstleistungen. URL: http://www.destatis.de/jetspeed/portal/cms/Sites/destatis/Internet/DE/Content/Statistiken/Internationales/InternationaleStatistik/Thema/Tabellen/Basistabelle__Exportquote,templateId=renderPrint.psml, Stand: 09.07.2011.

Steinbrenner 2008
Steinbrenner, Hans-Peter: Der Einsatz derivativer Instrumente in kleineren und mittelständischen Unternehmen. In: Goeke, Manfred (Hrsg.): Praxishandbuch Mittelstandsfinanzierung: Mit Leasing, Factoring & Co. unternehmerische Potenziale ausschöpfen. 1. Aufl. Wiesbaden: Gabler Verlag, 2008, S. 213-254.

Stephan 2006
Stephan, Jörg: Finanzielle Kennzahlen für Industrie- und Handelsunternehmen. Wiesbaden: Deutscher Universitäts-Verlag, 2006.

Stocker 2001
Stocker, Klaus: Wechselkursmanagement auf Euro-Basis. 1. Aufl. Wiesbaden: Gabler Verlag, 2001.

Stocker 2006
Stocker, Klaus: Management Internationaler Finanz- und Währungsrisiken. 2., vollständig überarbeitete Auflage Wiesbaden: Gabler Verlag, 2006.

Strohmeier 2007
Strohmeier, Georg: Ganzheitliches Risikomanagement in Industriebetrieben: Grundlagen, Gestaltungsmodell und praktische Anwendung. Wiesbaden: Deutscher Universitäts-Verlag, 2007.

Süchting 1995
Süchting, Joachim: Finanzmanagement: Theorie und Politik der Unternehmensfinanzierung. 6. Aufl. Wiesbaden: Gabler Verlag, 1995.

Tritschler 2001
Tritschler, Nicole: Risikomanagementsysteme - eine empirische Studie zum aktuellen Stand der Integration in deutschen und internationalen Unternehmen. Pforzheim: Hochschule für Gestaltung, Technik und Wirtschaft, 2001.

United Nations Conference on Trade and Development 2010
United Nations Conference on Trade and Development, UNCTAD: UNCTAD Handbook of Statistics. New York und Genf: United Nations Publication, 2010.

Uszczapowski 1999
Uszczapowski, Igor: Optionen und Futures verstehen: Grundlagen und neuere Entwicklungen. 4., aktualisierte Aufl. München: Deutscher Taschenbuch-Verlag, 1999.

Varnholt 2006
Varnholt, Andreas: Portfoliooptimierung mittels risikoadjustierter Performancekennzahlen. 1. Aufl. Norderstedt: GRIN Verlag, 2006.

Vogler et al. 2000
Vogler, Matthias / Steven, Engelhard / Gundert, Martin: Risikomanagementsysteme - Stand der Umsetzung: Ergebnisse einer empirischen Untersuchung. In: Der Betrieb (Ausgabe 29) vom 21 Juli 2000, S. 1425-1431.

von Bernstorff 2008
von Bernstorff, Christoph Graf: Risikomanagement im Auslandsgeschäft: Internationale Geschäfte sicher abschließen, Forderungsausfälle vermeiden. 4., neu bearbeitete und erweiterte Aufl. Frankfurt am Main: Fritz Knapp Verlag, 2008.

Wala / Messner 2006
Wala, Thomas / Messner, Stephanie: Die Berücksichtigung von Ungewissheit und Risiko in der Investitionsrechnung. In: Wirtschaft und Management (Ausgabe 4) Mai 2006, S. 57-76.

Wallau 2006
Wallau, Frank: Mittelständische Unternehmen in Deutschland. In: Schnauf, Malcolm (Hrsg.): Unternehmensführung im Mittelstand: Rollenwandel kleiner und mittlerer Unternehmen in der Globalisierung. München und Mering: Rainer Hampp Verlag, 2006, S. 9-33.

Wallau / Kayser 2001
Wallau, Frank / Kayser, Gunter: Das industrielle Familienunternehmen: Kontinuität im Wandel. Bonn: Institut für Mittelstandsforschung, 2001.

Wallau et al. 2007a
Wallau, Frank / Haunschild, Ljuba / Hauser, Hans-Eduard / Wolter, Hans-Jürgen: Die volkswirtschaftliche Bedeutung der Familienunternehmen: Top 500-Listen. Bonn: Institut für Mittelstandsforschung, 2007.

Wallau et al. 2007b
Wallau, Frank / Haunschild, Ljuba / Hauser, Hans-Eduard / Wolter, Hans-Jürgen: Die volkswirtschaftliche Bedeutung der Familienunternehmen. Bonn: Institut für Mittelstandsforschung, 2007.

Weber / Kabst 2000
Weber, Wolfgang / Kabst, Rüdiger: Internationalisierung mittelständischer Unternehmen. In: Gutmann, Joachim / Kabst, Rüdiger (Hrsg.): Internationalisierung im Mittelstand: Chancen - Risiken - Erfolgsfaktoren. 1. Auflage Wiesbaden: Gabler Verlag, 2000, S. 3-89.

Welt.de 2008
Welt.de: Preisschock: Ölpreis schießt pfeilschnell in die Höhe. URL: http://www.welt.de/finanzen/article2479730/Oelpreis-schiesst-pfeilschnell-in-die-Hoehe.html, Stand: 28.07.2011.

Wesenberg 2005
Wesenberg, Tino: Zinsrisikomanagement. In: Priermeier, Thomas (Hrsg.): Finanzrisikomanagement im Unternehmen. München: Verlag Franz Vahlen, 2005, S. 103-170.

WestLB 2011a
WestLB: Euro Zinsswap Indikationen. URL: http://www.westlbtrust.de/cms/sitecontent/westlb/westlb_de/de/ul/services/new_swapindikationen/euro_swap_indikationen/zinsswaps.standard.gid-N2FkNDZmMzU4OWFmYTIyMWM3N2Q2N2Q0YmU1NmI0OGU_.html, Stand: 20.09.2011.

WestLB 2011b
WestLB: At-the-Money Swaptions. URL: http://www.westlbtrust.de/cms/sitecontent/westlb/westlb_de/de/firmenkunden/TMT/zinsd/1/at-the-money_swaptions.standard.gid-N2FkNDZmMzU4OWFmYTIyMWM3N2Q2N2Q0YmU1NmI0OGU_.html, Stand: 21.09.2011.

WestLB 2011c
WestLB: Caps & Floors. URL: http://www.westlbtrust.de/cms/sitecontent/westlb/westlb_de/de/ul/services/new_swapindikationen/caps_floors.standard.gid-N2FkNDZmMzU4OWFmYTIyMWM3N2Q2N2Q0YmU1NmI0OGU_.html, Stand: 21.09.2011.

Wheeler 2004
Wheeler, Graeme: Sound practice in government debt management. Washington, D.C.: The International Bank for Reconstruction and Development / The World Bank, 2004.

Wiedemann / Hager 2004
Wiedemann, Arnd / Hager, Peter: Zinsrisiko in Unternehmen: Die Entdeckung einer neuen Risikokategorie. In: Finanzbetrieb (Ausgabe Heft 11) 2004, S. 725-729.

Wiedemann 2000
Wiedemann, Arnd: Studie "Finanzielles Risikomanagement in Unternehmen". In: Finanzbetrieb (Ausgabe 6) 2000, S. 382-384.

Wiedemann 2003
Wiedemann, Arnd: Identifikation, Messung und Steuerung finanzieller Risiken in Unternehmen. In: Romeike, Frank / Finke, Robert B. (Hrsg.): Erfolgsfaktor Risikomanagement. Wiesbaden: Gabler, 2003, S. 199-216.

Wiedemann / Hager 2003
Wiedemann, Arnd / Hager, Peter: Messung finanzieller Risiken mit dem Cash-Flow-at-Risk / Earnings-at-Risk-Verfahren. In: Romeike, Frank / Finke, Robert B. (Hrsg.): Erofolgsfaktor Risiko-Management: Chance für Industrie und Handel. Methoden, Beispiel, Checklisten.. 1. Aufl. Wiesbaden: Gabler Verlag, 2003, S. 217-233.

Wilkens / Wimschulte 2008a
Wilkens, Sascha / Wimschulte, Jens: Börsliche Absicherung von Inflationsrisiken. In: Die Bank (Ausgabe 07) 2008, S. 22-27.

Wilkens / Wimschulte 2008b
Wilkens, Sascha / Wimschulte, Jens: Frachtderivate: Leinen los. In: Die Bank (Ausgabe 12) 2008, S. 22-28.

Wilkens / Wimschulte 2009
Wilkens, Sacha / Wimschulte, Jens: Immobilienderivate: Neue Handelsmöglichkeiten an der Terminbörse EUREX. In: Immobilien & Finanzierung (Ausgabe 22) 2009, S. 20-23.

Wilkens 2002
Wilkens, Sascha: Optionsbewertung und Risikomanagement unter gemischten Verteilungen: Theoretische Analyse und empirische Evaluation am europäischen Terminmarkt. Münster: Deutscher Universitätsverlag, 2002.

Wimmer 2004
Wimmer, Konrad: Bankkalkulation und Risikomanagement. 3. Aufl. Berlin: Erich Schmidt Verlag, 2004.

Winter 2004
Winter, Peter: Cashflow at Risk als Instrument des industriellen Risikomanagements. In: Wirtschaftswissenschaftliches Studium (Ausgabe 5) Mai 2004.

Winter 2008
Winter, Peter: Der Controller als Risikomanager? Die Rolle von Controllern beim Unternehmensrisikomanagement. In: Lingau, Volker (Hrsg.): Die Rolle des Controllers im Mittelstand. 1. Auflage Lohmar - Köln: Josef Eul Verlag, 2008, S. 71-92.

Wittenzeller 1997
Wittenzeller, Helmutt: Sicherungsinstrumente gegen Exportrisiken. Frankfurt am Main: Peter Lang GmbH, 1997.

Wittmann 1999
Wittmann, Edgar: Organisatorische Einbindung des Risikomanagements. In: Saitz, Bernd / Braun, Frank (Hrsg.): Das Kontroll- und Transparenzgesetz: Herausforderungen und Chancen für das Risikomanagement. Wiesbaden: Gabler Verlag, 1999, S. 130-143.

Wöhe / Döring 2010
Wöhe, Günter / Döring, Ulrich: Einführung in die Allgemeine Betriebswirtschaftslehre. 24., überarbeitete und aktualisierte Auflage München: Franz Vahlen, 2010.

Wolbert 1999
Wolbert, Joachim: Die Früherkennung von Risiken mit Hilfe wertorientierter Unternehmensführung. In: Saitz, Bernd / Braun, Frank (Hrsg.): Das Kontroll- und Transparenzgesetz: Herausforderung und Chancen für das Risikomanagement. 1. Auflage Wiesbaden: Gabler, 1999, S. 99-116.

Wolf / Runzheimer 2003
Wolf, Klaus / Runzheimer, Bodo: Risikomanagement und KonTraG: Konzeption und Implementierung. 4. Auflage Wiesbaden: Gabler Verlag, 2003.

Wolke 2008
Wolke, Thomas: Risikomanagement. 2., vollständig überarbeitete und erweiterte Auflage München: Oldenbourg Wissenschaftsverlag, 2008.

Wolter / Hauser 2001
Wolter, Hans-Jürgen / Hauser, Hans-Eduard: Die Bedeutung des Eigentümerunternehmens in Deutschland - Eine Auseinandersetzung mit der qualitativen und quantitativen Definition des Mittelstands. In: (IfM), Institut für Mittelstandsforschung Bonn (Hrsg.): Jahrbuch zur Mittelstandsforschung 1/2001. Band: Schriften zur Mittelstandsforschung, Nr. 90 NF. Wiesbaden: Deutscher Universitätsverlag, 2001, S. 25-77.

Wolz 2001
Wolz, Matthias: Zum Stand der Umsetzung von Risikomanagementsystemen aus der Sicht börsennotierter Aktiengesellschaften und ihrer Prüfer: Eine empirische Studie. In: Die Wirtschaftsprüfung (Ausgabe 16) vom 15 August 2001, S. 789-801.

FINANZIERUNG, KAPITALMARKT UND BANKEN

Herausgegeben von Prof. Dr. Hermann Locarek-Junge, Dresden, Prof. Dr. Klaus Röder, Regensburg, und Prof. Dr. Mark Wahrenburg, Frankfurt

Band 77
Jens Bies
Die Flow Analyse – Eine alternative Kapitalmarktanalyseform zur Optimierung der Portfoliomanagementprozesse
Lohmar – Köln 2011 • 424 S. • € 67,- (D) • ISBN 978-3-8441-0052-5

Band 78
Hans Christian Elbracht
Statistische Methoden zur Quantifizierung und Schätzung des Loss Given Default
Lohmar – Köln 2011 • 132 S. • € 43,- (D) • ISBN 978-3-8441-0054-9

Band 79
Christian Schäffler
Steuerung der Liquiditätsbevorratung in Banken anhand eines quantitativen Transferpreismodells
Lohmar – Köln 2011 • 324 S. • € 62,- (D) • ISBN 978-3-8441-0055-6

Band 80
Max Mihm
Indexbasierte Anlagestrategien – Eine theoretische und empirische Untersuchung am britischen Aktienmarkt
Lohmar – Köln 2011 • 344 S. • € 63,- (D) • ISBN 978-3-8441-0064-8

Band 81
Stephan Gellrich
Equity Carve-outs in Germany – The ECO Puzzle
Lohmar – Köln 2012 • 272 S. • € 58,- (D) • ISBN 978-3-8441-0136-2

Band 82
Maik Kästner
Risikomanagement im Mittelstand – Anforderungen und Ausgestaltung quantitativer Risikosteuerung
Lohmar – Köln 2012 • 396 S. • € 66,- (D) • ISBN 978-3-8441-0161-4

JOSEF EUL VERLAG